全国机械行业职业教育优质规划教材（高职高专）

经全国机械职业教育教学指导委员会审定

机械制造与自动化专业

# 金属材料与热加工基础

主　编　李　蕾

副主编　万春芬

参　编　王玲玲　刘兵群

主　审　姜敏凤

U0369430

机械工业出版社

本书是全国机械行业职业教育优质规划教材，经全国机械职业教育教学指导委员会审定。

本书全面系统地介绍了金属材料与热加工的基本知识，编写过程中力求突出实际应用，共八章，包括认识金属材料的性能、金属晶体结构及结晶分析、钢的热处理工艺及应用、常用金属材料的应用、非金属材料和复合材料的应用、铸造加工及应用、锻压加工及应用、焊接加工及应用。书后附录包括压痕直径与布氏硬度对照表、各种硬度与强度换算表、常用钢的临界温度、实验指导书、热加工实训指导书。第五章非金属材料和复合材料的应用为选学章节。为便于阅读，本书采用双色印刷。

本书可作为高职高专院校、成人教育、技师院校机械类和近机械类专业的教材，也可供中等职业学校、职工培训使用。

本书有配套的PPT，可以通过扫描二维码获得相应的视频、动画，课后习题配有答案。凡使用本书作教材的教师可登录机械工业出版社教育服务网（http://www.cmpedu.com），注册后免费下载。咨询电话：010-88379375。

## 图书在版编目（CIP）数据

金属材料与热加工基础/李蕾主编. —北京：机械工业出版社，2018.8
（2020.10 重印）
全国机械行业职业教育优质规划教材. 高职高专　经全国机械职业教育教学指导委员会审定　机械制造与自动化专业
ISBN 978-7-111-60693-2

Ⅰ.①金…　Ⅱ.①李…　Ⅲ.①金属材料-热加工-高等职业教育-教材
Ⅳ.①TG306

中国版本图书馆 CIP 数据核字（2018）第 184365 号

机械工业出版社（北京市百万庄大街22号　邮政编码100037）
策划编辑：王海峰　责任编辑：王海峰　王英杰　杨　璇
责任校对：郑　婕　封面设计：鞠　杨
责任印制：李　昂
河北鹏盛贤印刷有限公司印刷
2020 年 10 月第 1 版第 2 次印刷
184mm×260mm · 16.5 印张 · 406 千字
1901—3800 册
标准书号：ISBN 978-7-111-60693-2
定价：44.80 元

# 前　言

《金属材料与热加工基础》是 2015 年全国机械职业教育"十二五"规划专项研究课题"机械制造与自动化专业系列课程开发"教材之一。

本书根据教育部关于加强高职高专教育人才培养工作的意见的基本要求，结合各参编学校长期教学改革实践及编者多年的教学经验，对传统的"工程材料"和"热加工基础"课程进行整合，突出教学内容的先进性、实用性、应用性和完整性，力求使基础理论知识以必需、够用为度，做到深入浅出，通俗易懂。本书是高职高专机电类专业通用教材，也可以供各类中等职业学校选用及有关工程技术人员参考。本书有以下特点。

1）"基本+特色"的体例结构。"基本"就是内容符合教学大纲规定的基本内容；"特色"主要展现与本书相关的新技术、新工艺、新材料、新设备，体现与课程紧密相关的实践性教学环节等。

2）编写"薄、简、新、实"。"薄"是篇幅小；"简"是内容简单；"新"是反映新技术、新的教改形势，贯彻新标准；"实"是符合教学实际情况，好教易学，具有教学的可操作性。

3）每一章都根据章节的内容以贴近生活或工程应用的案例导入本章的学习，采用了大量的实物图片，对重点内容采用提示加重点标注的形式，其目的就是增强本书的可读性，引起学生学习兴趣，引发学生积极思考问题。

4）每一章都有知识目标、能力目标、拓展知识、本章小结以及知识巩固与能力训练题，可供学生巩固所学知识，培养分析问题和解决问题的能力。

5）注重实践教学，在书后的附录部分有三个实验指导和三个实训指导，对实践教学有很好的指导作用。

6）全书名词术语、材料牌号等均遵循现行国家标准。

7）本书有相应配套的 PPT、电子教案等，并且书中植入二维码，便于学生扫码学习。

本书由黑龙江职业学院李蕾担任主编，湖北工程职业学院万春芬担任副主编，河北机电职业技术学院王玲玲和邢台职业技术学院刘兵群参加了编写工作。具体编写分工如下：李蕾编写绪论，第三、七章和附录 C 及 E 中的锻造实训指导；万春芬编写第四章的前四节和第八章及附录 E 中的焊接实训指导；王玲玲编写第二、六章和第四章的后三节及附录 E 中的铸造实训指导；刘兵群编写第一、五章和附录 A、B、D。李蕾负责全书的组织和统稿。全书由无锡职业技术学院姜敏凤主审。

由于编者水平有限，书中难免有错误和不妥之处，恳请广大读者批评指正。同时，本书编写过程中参考了有关文献，在此向文献的作者致以诚挚的谢意！

编　者

# 目 录

# 绪 论

一、材料的发展、地位及分类

1. 材料的发展及地位

材料是人类用来制作各种产品的物质，是人类生产和生活的物质基础。人类利用材料制作生产和生活用的工具、设备和设施，不断改善自身的生存环境与空间，创造了丰富多彩的物质文明和精神文明。以材料的使用为标志，人类社会经历了石器时代、陶器时代、青铜器时代、铁器时代、钢铁时代、硅时代和新材料时代。石器时代（大约公元前 10 万年），这段时期群居洞穴的人类通过简单加工获得石器以狩猎、护身和生存；陶器时代（大约公元前 8000 年），人类发明了火，掌握了钻木取火的技术，有了火，不仅可以吃熟食、取暖、照明和驱兽，还可以烧制陶器，从此人类对材料的使用由天然材料向人工材料发展；青铜器时代（大约公元前 3000 年），人类在大量地烧制陶器的实践中，熟练地掌握了高温加工技术，利用这种技术来冶炼矿石，逐渐冶炼出铜及其合金青铜，可以说这是人类社会最早出现的金属材料，青铜器大大促进了农业和手工业的出现；铁器时代（大约公元前 1000 年），伴随着冶炼技术的提高，人类社会进入铁器时代，用铁作为材料来制造农具，使农业生产力得到空前的提高，并促使奴隶社会解体和封建社会兴起；钢铁时代（大约公元 1800 年），18 世纪发明了蒸汽机，爆发了产业革命，小作坊式的手工操作被工厂的机械操作所代替，工业迅猛发展，生产力空前提高，迫切要求发展铁路、航运，使生产出来的产品远销他国，占据国际市场，社会经济的发展推动和促进了以钢铁为中心的金属材料大规模发展，钢铁的出现和广泛应用，使人类社会开始从农业和手工业社会进入了工业社会；硅时代（大约公元 1950 年），半导体硅、高集成芯片的出现和广泛应用，则把人类由工业社会推向信息和知识经济社会；新材料时代（大约公元 1990 年），一种新材料的出现，往往可以导致一系列技术的突破，而各种新技术及新兴产业的发展，无不依赖于新材料的研发，如没有耐高温复合涂层材料，就没有人类探索太空的飞船。

如今，高性能的新型金属材料持续发展，复合材料异军突起，使得材料与能源、信息构成社会文明和国民经济的三大支柱，其中材料更是科学技术发展的物质基础和技术先导。

2. 材料的分类

现代材料的种类很多，按照材料的成分和组成，可以分为金属材料、非金属材料和复合材料，如图 0-1 所示；按照材料的使用性能，可以分为结构材料和功能材料；按照材料的应用领域，可以分为机械工程材料、建筑材料、信息材料、能源材料、生物材料、航空航天材料等。本书主要介绍机械工程材料，其主要是指用于机械工程（机械装备制造）、电器工程、建筑工程、石油化工工程、航空航天工程以及国防建设、交通运输等领域的结构材料，其中使用最多的是金属材料。

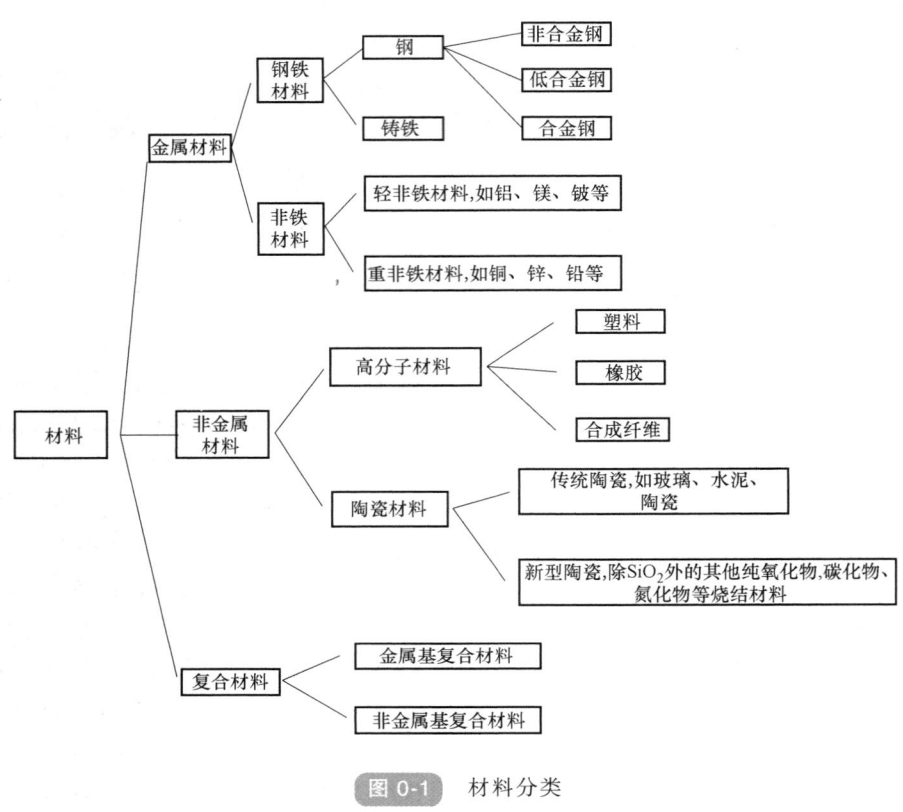

**图 0-1** 材料分类

## 二、热加工技术的发展及地位

机械产品的制造过程一般是将工程材料制成零件的毛坯或半成品，再经过机械加工制成所需零件，最后将零件装配成机械产品，如图 0-2 所示。

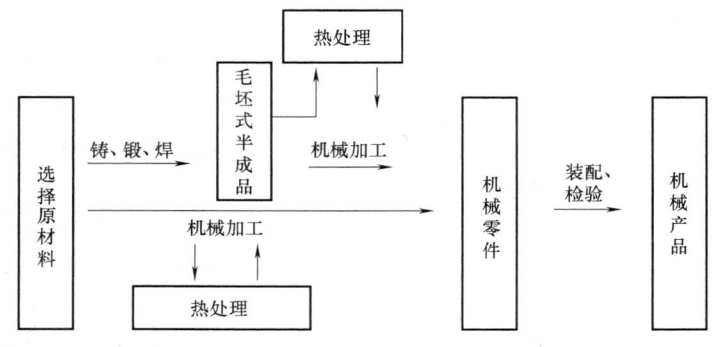

**图 0-2** 机械产品的制造过程简图

热加工是指铸造、锻造、焊接等工艺方法。我国有着悠久的热加工工艺发展历史。早在春秋时期我国已用铸铁制作农具，比欧洲国家早1800多年；商代后母戊鼎，出土于河南安阳，鼎通体高133cm、口长112cm、口宽79.2cm，重达832.84kg，是世界迄今出土最大、最重的青铜器，享有"镇国之宝"的美誉，其是3000多年前商朝冶铸的；河南辉县战国墓中出土的铜器上，其本体、耳、足部都是用锡钎焊和银钎焊连接，比欧洲国家应用钎焊技术早2000多年；河北藁城出土的商朝铁刃铜钺，说明在3000多年前我国就掌握了锻造技术。如今，我国的铸造、锻造、焊接正朝着高速、自动、精密方向快速发展。

据统计，占全世界总产量将近一半的钢材是通过焊接制成构件或产品后投入使用的；在机床和通用机械中铸件质量占70%~80%；农业机械中铸件质量占40%~70%；汽车中铸件质量约占20%，锻件质量约占70%；飞机上的锻件质量约占85%；发电设备中的主要零件如主轴、叶轮、转子等，其毛坯均为锻件；家用电器和通信产品中60%~80%的零部件是冲压件和塑料成型件。图0-3所示为某轿车外部组成及材料的选择和成形方法。图0-4所示为某轿车内部组成及材料的选择和成形方法。

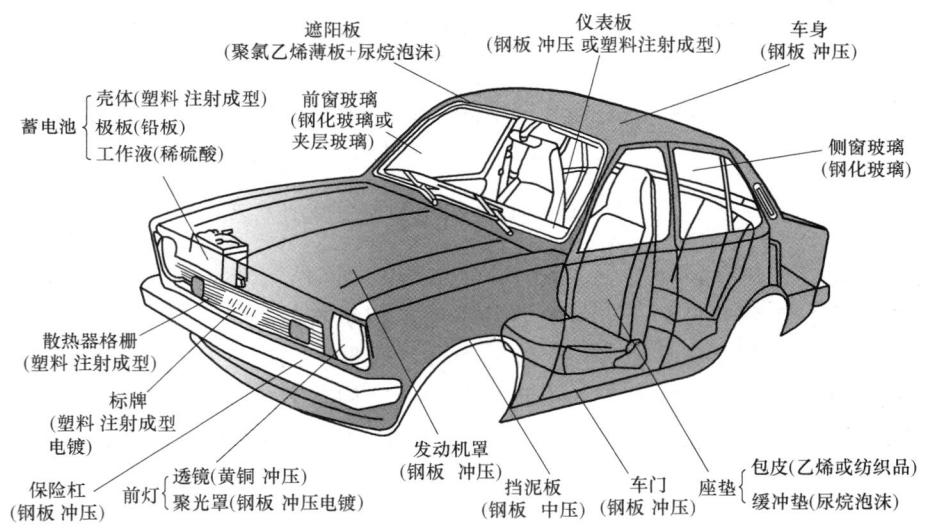

**图 0-3** 某轿车外部组成及材料的选择和成形方法

### 三、本课程性质、目的与学习方法

本课程是研究机器零件常用材料和热加工方法的一门专业基础必修课，有较强的理论性和应用性。课程整体分为两大部分：第一部分——机械工程材料，这部分主要是从材料（重点是金属材料）使用出发，紧紧围绕材料的化学成分、组织结构和性能的关系，阐述各类材料的性能，改善材料性能的途径（主要是热处理工艺）以及合理选择材料、使用材料的原则和方法；第二部分——热加工基础，这部分主要是懂得各种热加工方法的基本原理、工艺特点和应用场合，能具有进行材料热加工工艺分析和合理选择毛坯（或零件）成形方法的初步能力以及综合运用工艺知识分析零件结构工艺性的初步能力，并了解与材料成形技术有关的新材料、新工艺及其发展趋势。

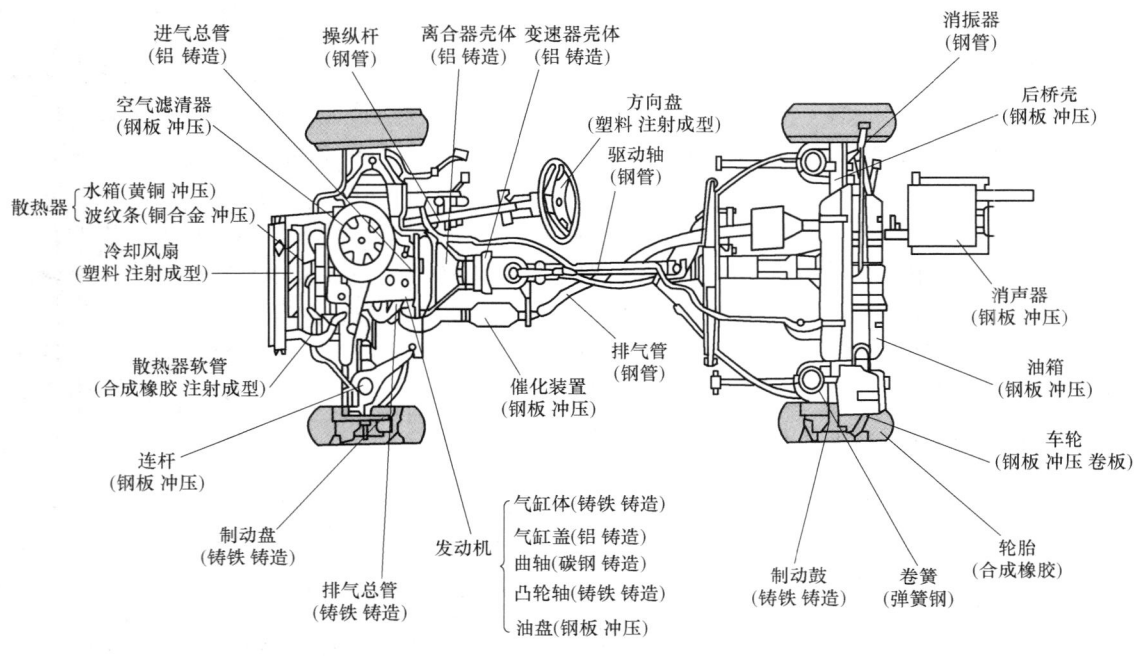

**图 0-4** 某轿车内部组成及材料的选择和成形方法

　　本课程是一门体系较为庞杂、知识点多而分散的课程，因此在学习中要注意抓好课程的主线。对于机械工程材料部分，其内容基本上是围绕着材料的"成分—性能—应用"这条主线开展的；对于热加工基础部分，每一类材料成形工艺的内容基本上都是围绕着"工艺原理—成形方法及应用—成形工艺设计—工件的结构工艺性"这样一条主线开展的。按照主线对知识点进行归纳整理，将有利于在学习中保持清晰的思路，有利于对本课程内容的总体把握。

# 第一章
# 认识金属材料的性能

**知识目标**

1) 掌握力学性能各指标的概念、测试方法及应用。

2) 了解金属材料的物理性能、化学性能对选材的意义。

3) 了解金属材料的工艺性能。

**能力目标**

具有测试材料的力学性能指标的能力。

## 案例导入

1998 年 6 月 3 日，德国发生了战后最惨重的一起铁路交通事故。一列高速列车脱轨，造成 100 多人遇难，如图 1-1 所示。

事故的原因是因为一节车厢的车轮发生了内部疲劳断裂。首先是一个车轮的轮毂发生断裂，导致车轮脱轨，进而造成车厢横摆。此时列车正在通过桥洞，横摆的车厢以其巨大的力量将桥墩撞断，造成桥梁坍塌，压住了通过的列车车厢，并使已通过桥洞的车头及前 5 节车厢断开，而后面的几节车厢则在巨大惯性的推动下接二连三地撞在坍塌的桥体上，从而导致了这场德国战后近 50 年来最惨重的铁路事故。

图 1-1 铁路交通事故现场

从上述案例看到，造成这场事故的原因是车轮的内部疲劳断裂致使车轮失效。

金属材料由于其性能能满足各种工程构件或机械零件的要求，在现代装备制造业中应用广泛。研究金属材料的性能，发挥其性能潜力，是合理选择金属材料的基础。

不同的金属材料具有不同的性能。金属材料的性能主要包括使用性能和工艺性能两方面，如图 1-2 所示。

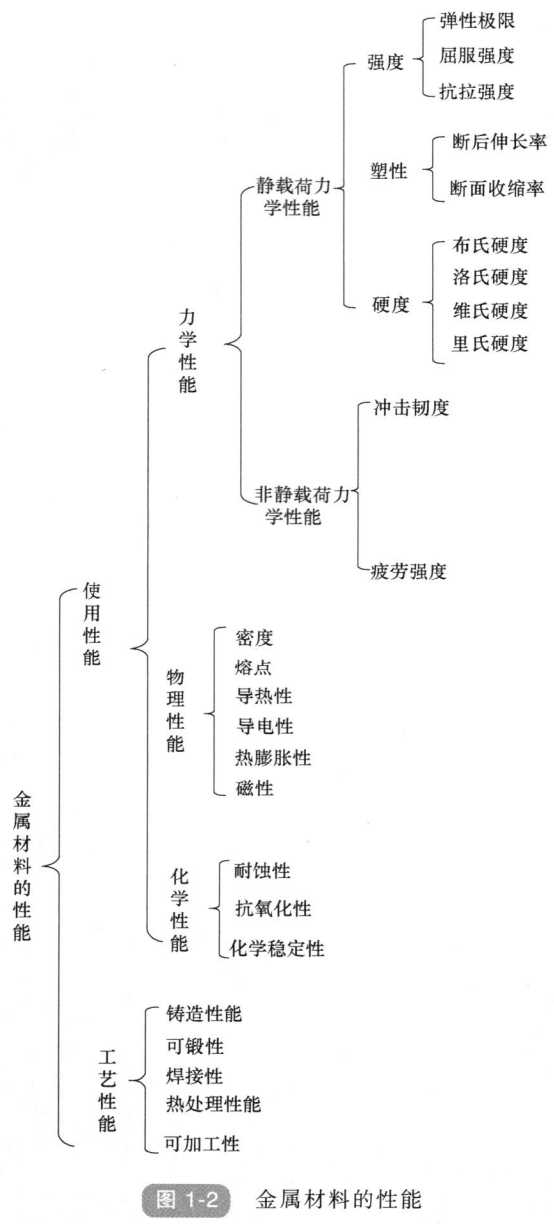

图 1-2　金属材料的性能

# 第一节　金属材料的使用性能

金属材料的使用性能是金属材料在使用过程中所表现出来的性能，包括力学性能、物理性能、化学性能等。使用性能是材料的内部性能，不随材料的形状和尺寸改变而变化。使用性能的优劣，决定了材料的应用范围和使用寿命。

### 一、力学性能的主要指标及测试

金属材料的力学性能是指在外力（载荷）作用时所表现出来的性能。载荷按作用性质的不同分为静载荷和非静载荷。静载荷是指大小不变或变化过程缓慢的载荷，金属材料在静载荷的作用下所表现出来的力学性能主要有强度、塑性、硬度等；非静载荷是指加载速度较快，使材料的塑性变形速度也较快的冲击载荷以及作用力大小和方向做周期性变化的交变载荷，在非静载荷作用下表现出来的力学性能主要有冲击韧度、疲劳强度等。

1. 强度及其测试

强度是指金属材料在外力作用下抵抗永久变形或断裂的能力。强度的大小通常用单位面积所承受的内力即应力来表示，单位为 MPa。在工程上，一般用屈服强度、抗拉强度作为强度的主要评定指标，通常是通过拉伸试验测得的。

（1）拉伸试验　拉伸试验是指用静拉伸力对标准拉伸试样进行缓慢轴向拉伸，直至试样被拉断为止的一种试验方法。

1）拉伸试样。试验前，首先将被测材料按国家标准加工成标准拉伸试样，试样横截面可以是圆形、矩形、多边形，其中以圆形横截面居多。图 1-3a 所示为圆形横截面拉伸试样，$d_o$ 为试样的原始直径，$L_o$ 是试样有效工作部分的长度，称为原始标距；图 1-3b 所示为拉断后试样，$d_u$ 为试样拉断后的直径，$L_u$ 是试样拉断后的标距长度，称为断后标距。

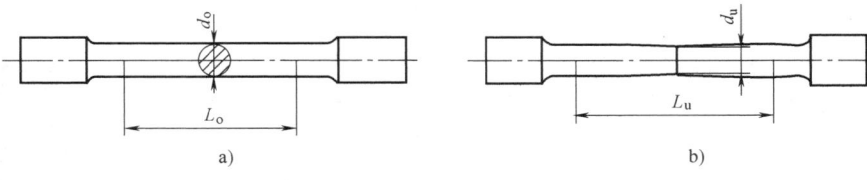

a)　　　　　　　　　　　　　b)

图 1-3　标准拉伸试样

2）拉伸试验方法。拉伸试验一般在液压式万能拉伸试验机或数字式万能拉伸试验机上进行。图 1-4 所示为数字式万能拉伸试验机。试验前要根据试样的材质和尺寸估算出试样断裂前所能承受的最大试验力，以便选择合适的夹持装置及量程。将加工好的试样夹持在拉伸试验机的两个夹头中，缓慢且均匀地增加轴向试验力，试样标距部分逐渐被拉长，直至被拉断。

图 1-4　数字式万能拉伸试验机

3）拉伸曲线。拉伸试验时，利用试验机的自动绘图器或自动绘图软件可绘出力-伸长（$F$-$\Delta L$）曲线，通常称为拉伸曲线。图 1-5 所示为低碳钢的拉伸曲线与试样拉断前的变形过程。

（2）拉伸曲线分析　由图1-5中的曲线可以看出，试样拉断前的变形过程主要有以下几个阶段。

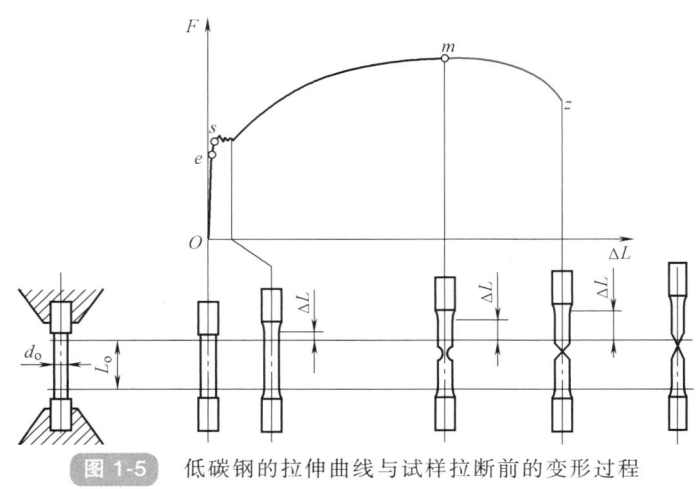

**图 1-5**　低碳钢的拉伸曲线与试样拉断前的变形过程

1）弹性变形阶段（$Oe$）。此阶段加载时试样变形，卸载后试样能完全恢复原状，$F_e$是发生弹性变形的最大力。

2）微量塑性变形阶段（$es$）。当载荷超过$F_e$后，材料除发生弹性变形外，还有微量塑性变形，即载荷去除后试样不能恢复原状，尚有微量伸长量残留下来。

3）屈服阶段（$s$点附近的平台）。当载荷增大至$F_s$后，曲线呈近似水平线段，表示载荷虽未增加而试样继续伸长，这种现象称为屈服现象，$s$点称为屈服点。

4）强化阶段（$sm$）。这个阶段也称为大量塑性变形阶段。屈服阶段结束后，继续增加载荷，试样继续伸长，试样随着塑性变形的增大，材料的变形抗力逐渐增加，这种现象称为形变强化。

5）缩颈阶段（$mz$）。当超过$m$点后，试样出现局部变细的缩颈现象（图1-6），这时变形所需载荷也逐渐降低，伸长部位主要集中在缩颈处，直到$z$点，试样在缩颈处断裂。

**提示**：进行拉伸试验时，低碳钢等塑性材料在断裂前有明显的塑性变形，有屈服现象；而铸铁等脆性材料在断裂前不仅没有屈服现象，而且也没有明显的缩颈现象。

**图 1-6**　缩颈现象

（3）强度指标及意义

1）屈服强度。屈服强度是指当材料呈现屈服现象时，在试验期间发生塑性变形而力不增加时的应力。屈服强度分为上屈服强度（用$R_{eH}$表示）和下屈服强度（用$R_{eL}$表示）。机械设计中常将下屈服强度$R_{eL}$选为屈服强度指标（旧标准中用$\sigma_s$表示），即

$$R_{eL} = \frac{F_{eL}}{S_o}$$

式中　　$F_{eL}$——试样发生屈服时承受的最小载荷（N）；

　　　　$S_o$——试样原始横截面面积（$mm^2$）。

对高碳钢、铸铁等在拉伸试验时无明显屈服现象的脆性材料，通常规定以试样塑性变形量为 0.2% 时的应力值作为屈服强度，称为该材料的条件屈服强度，如图 1-7 所示，以 $R_{p0.2}$（旧标准中用 $\sigma_{0.2}$）表示，即

$$R_{p0.2} = \frac{F_{p0.2}}{S_o}$$

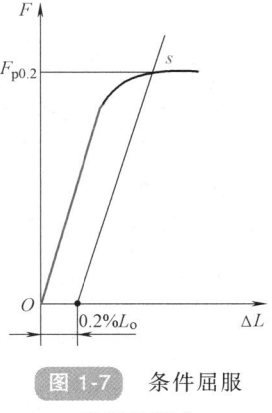

图 1-7　条件屈服强度的测定

式中　$F_{p0.2}$——塑性变形量为试样长度的 0.2% 时的载荷（N）；

$S_o$——试样原始横截面面积（mm²）。

**提示**：有些零件，如精密弹簧、发动机气缸螺栓，工作时不允许产生微量的塑性变形，设计时应根据弹性极限作为选材的依据；材料的弹性极限用试样发生弹性变形时对应最大载荷与试样原始横截面面积的比值来求得。在生产中，当一般不允许零件产生明显的塑性变形时，则屈服强度是机械零件设计和选材的主要依据。

2）抗拉强度。抗拉强度是指在拉伸试验时，材料在断裂前所能承受的最大应力值，用 $R_m$（旧标准中用 $\sigma_b$）表示，即

$$R_m = \frac{F_m}{S_o}$$

式中　$F_m$——拉断试样所需的最大载荷（N）；

$S_o$——试样原始横截面面积（mm²）。

抗拉强度是设计和选材的主要依据之一。一般情况下，在静载荷作用下，只要工作应力不超过材料的抗拉强度，零件就不会发生断裂。

材料的强度对机械零件的设计具有非常重要的意义。强度越高，相同横截面面积的材料在工作时所能承受的载荷（力）就越大；当载荷一定时，选用高强度的材料，就可以减小构件的横截面尺寸，从而减小其自重。

材料除了承受拉伸载荷外，还可能承受压缩、弯曲、剪切和扭转等载荷的作用，对应的强度指标分别有抗压强度、抗弯强度、抗剪强度和抗扭强度等。

2. 塑性及其测试

塑性是金属材料在外力作用下，断裂前产生永久变形（塑形变形）的能力。材料的塑性指标有断后伸长率 $A$ 和断面收缩率 $Z$，它们通常也是通过拉伸试验测得的。

（1）断后伸长率　断后伸长率是指试样拉断后试样伸长量（$\Delta L$）与原始标距（$L_o$）之比的百分率，用符号 $A$（旧标准中用 $\delta$）表示，即

$$A = \frac{L_u - L_o}{L_o} \times 100\%$$

式中　$L_u$——试样拉断后标距长度（mm）；

$L_o$——试样原始标距长度（mm）。

断后伸长率的数值和试样标距长度有关。同一材料的试样长短不同，测得的断后伸长率略有不同。长试样（$L_o = 10d_o$）的断后伸长率比短试样（$L_o = 5d_o$）略小。

（2）断面收缩率　断面收缩率是指试样拉断后缩颈处横截面面积的最大缩减量与原始横截面面积之比的百分率，用符号 $Z$（旧标准中用 $\psi$）表示，即

$$Z = \frac{S_o - S_u}{S_o} \times 100\%$$

式中　$S_u$——试样拉断后横截面面积（$mm^2$）；

　　　$S_o$——试样原始横截面面积（$mm^2$）。

断面收缩率与试样的尺寸因素无关，能比较准确地反映材料的塑性。

金属材料的 $A$ 和 $Z$ 值越大，则材料的塑性越好。良好的塑性是材料塑性成形（如锻造、轧制、冲压等）不可缺少的条件。例如：低碳钢的 $A$ 值可达 30%，$Z$ 值可达 60%，可以拉成细丝，轧成薄板，进行深冲成形；而铸铁的 $A$ 和 $Z$ 值几乎为 0，所以不能进行塑性加工。另外，良好的塑性还可以缓和应力集中和防止突然脆断，提高了零件工作的安全性。

3. 硬度及其测试

材料抵抗其他更硬物体压入其表面的能力称为硬度。它一般是指材料抵抗局部变形，特别是塑性变形、压痕或划痕的能力。它是衡量材料软硬的指标，是金属材料力学性能的重要指标之一。一般情况下，材料的硬度越高，其耐磨性就越好。

硬度值的大小不仅取决于材料的成分和组织结构，而且还取决于测定方法和试验条件。硬度试验设备简单，操作迅速方便，一般不需要破坏零件或构件，而且对于大多数金属材料来说，硬度与它的力学性能（如强度等）以及工艺性能（如切削加工性能、焊接性能等）之间存在着一定的对应关系。因此，在工程上，硬度被广泛地用于检验原材料和热处理件的质量，鉴定热处理工艺的合理性以及作为评定工艺性能的参考。

机械制造中应用广泛的是静试验载荷压入法，即在规定的静态试验载荷下，将压头压入材料表层，然后根据载荷的大小、压痕表面积或深度确定其硬度值。常用的方法有布氏硬度、洛氏硬度和维氏硬度等试验方法。随着数字技术的发展，用冲击法测试硬度值的里氏硬度法在生产中也得到广泛应用。

（1）布氏硬度　布氏硬度是硬度指标的一种。它根据压痕单位面积上的载荷大小来计算硬度值，适用于测定硬度较低的材料。

1）布氏硬度试验原理（测试原理）。根据国家标准，布氏硬度试验是在一定试验力 $F$（N）的作用下，将一定直径 $D$（mm）的硬质合金球压头压入被测试样表面，保持规定时间，卸除试验力并用读数显微镜测量被测试样表面压痕直径 $d$（mm），然后查表（附录 A）得出布氏硬度值或计算单位压痕面积 $S$（$mm^2$）上承受的平均压力，以此作为被测试样的布氏硬度值，如图 1-8 所示。

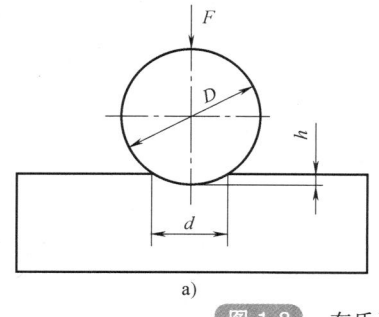
a）

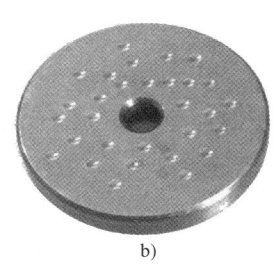
b）

图 1-8　布氏硬度试验原理及压痕

a）试验原理　b）压痕

布氏硬度的符号为 HBW，单位为 $N/mm^2$（旧标准中为 $kgf/mm^2$），习惯上不标出单位。

2）布氏硬度测试。布氏硬度测试在布氏硬度计上完成，如图 1-9 所示。目前市场上销售的布氏硬度计种类很多，除了机械式布氏硬度计外，还有数字式布氏硬度计、液压便携式布氏硬度计、剪销式布氏硬度计等。

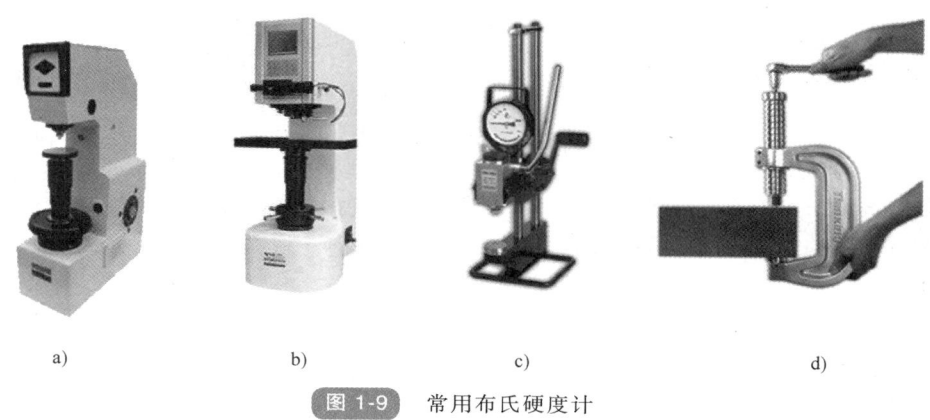

a)　　　　　　　　b)　　　　　　　　c)　　　　　　　　d)

图 1-9　常用布氏硬度计

a）机械式布氏硬度计　b）数字式布氏硬度计　c）液压便携式布氏硬度计　d）剪销式布氏硬度计

布氏硬度测试时，材料越软，试样上压痕直径越大，布氏硬度值越小；反之，布氏硬度值越大。试验力的选定应保证压痕直径在（0.24～0.6）$D$ 之间，试验力与硬质合金球压头直径平方之间的比率（0.102$F/D^2$）应根据材料和硬度值选择，见表 1-1。

表 1-1　布氏硬度试验规范

| 材料种类 | 布氏硬度 HBW | $0.102F/D^2$ /（$N/mm^2$） | 备　　注 |
|---|---|---|---|
| 钢、镍合金、钛合金 | | 30 | |
| 铸铁 | <140 | 10 | 条件允许时，尽量选择 $D$ 为 10mm 的压头（压头直径 $D$ 有 2.5mm、5mm 和 10mm 三种） |
| | ≥140 | 30 | |
| 铜及铜合金 | <35 | 5 | |
| | 35～80 | 10 | |
| | >80 | 30 | |

布氏硬度的表示方法为：布氏硬度值+硬度符号+试验条件。例如：190HBW10/1000/30 表示用直径为 10mm 的硬质合金球压头，在 1000 kgf（9807 N）的试验力作用下，保持 30s（试验力持续时间在 10～15s 时，可以不标出）时测得的布氏硬度值为 190$N/mm^2$（MPa）。一般在零件图样和工艺文件上标注材料要求的布氏硬度值时，不规定试验条件，只需标出要求的硬度值范围和硬度符号，如 200～220HBW。

布氏硬度测试方法的优点是测定结果较准确，数据稳定、重复性好；缺点是由于其压痕较大，对试样表面的损伤也较大，不宜测量成品或太小、太薄的试样。布氏硬度试验主要用来测定原材料，如铸铁、非铁金属及经退火、正火或调质处理的钢材及半成品的硬度。

（2）洛氏硬度 洛氏硬度也是用压入法测试材料的硬度。与布氏硬度不同，洛氏硬度是测定压痕的深度，根据压头压入试样深度来计算出材料的硬度值。

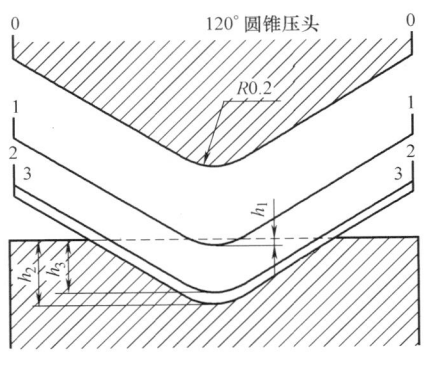

图 1-10 洛氏硬度试验原理示意图

0—0—试验前压头位置 1—1—施加初试验力时压头位置 2—2—施加主试验力时压头位置 3—3—卸除主试验力后压头位置

1）洛氏硬度试验原理（测试原理）。它是采用顶角为120°的金刚石圆锥或直径为 1.588mm 的硬质合金球为压头，在初试验力和主试验力的作用下，压入被测试样的表面，经规定的保持时间后，卸除主试验力，在保留初试验力的情况下，通过指示器表盘或显示屏上读取硬度值。洛氏硬度用符号 HR 表示，其值无单位。图 1-10所示为洛氏硬度试验原理示意图。

2）洛氏硬度测试。洛氏硬度测试在洛氏硬度计上完成，如图 1-11 所示。目前使用的洛氏硬度计，除传统手动式 HR-150 洛氏硬度计外，随着新技术的发展，数字式洛氏硬度计、磁力式洛氏硬度计、便携式洛氏硬度计等在生产中日益广泛应用。

　　　　a) 　　　　　　　b) 　　　　　　　c) 　　　　　　　d)

图 1-11 常用洛氏硬度计

a) 手动式洛氏硬度计 b) 数字式洛氏硬度计 c) 磁力式洛氏硬度计 d) 便携式洛氏硬度计

洛氏硬度测试时，试样材料越软，压痕越深，硬度值越小；反之，硬度值越大。根据所加试验力（载荷）和压头的不同，将洛氏硬度分为 A、B、C、D、E 等若干标尺，分别用 HRA、HRB、HRC、HRD、HRE 等表示。常用的洛氏硬度有 HRA、HRB、HRC 三个标尺，其中 HRC 应用最广。常用洛氏硬度试验规范及应用范围见表 1-2。

表 1-2 常用洛氏硬度试验规范及应用范围

| 硬度符号 | 压头类型 | 初试验力/N | 主试验力/N | 测量范围 | 应用范围 |
|---|---|---|---|---|---|
| HRA | 金刚石圆锥 | 98.07 | 490.3 | 20~88 | 硬质合金、表面淬火层、渗碳层等 |
| HRB | $\phi$1.588mm 硬质合金球 | 98.07 | 882.6 | 20~100 | 软钢、铜合金、铝合金、可锻铸铁等 |
| HRC | 金刚石圆锥 | 98.07 | 1373 | 20~70 | 淬火钢、调质钢等 |

洛氏硬度的表示方法为：洛氏硬度值+硬度符号。例如：25HRC 表示用 C 标尺测出的洛氏硬度值为 25。

提示：洛氏硬度各个标尺间没有对应关系，因此各个标尺之间测得的硬度值不能直接比较；在中等硬度情况下，洛氏硬度 HRC 与布氏硬度 HBW 之比约为 1：10。

洛氏硬度测试方法是目前应用最广泛的硬度测试方法，其优点是测量迅速简便，压痕小，可用于测量成品件或较薄工件；缺点是测得的硬度值不够准确，数据重复性差。因此，在测试试样的洛氏硬度值时，需要选取不同部位至少测定 3 次，取其平均值作为该试样的洛氏硬度值。

（3）维氏硬度　维氏硬度与布氏硬度、洛氏硬度的试验方法相似，都是用的压入法，其试验原理和布氏硬度基本相似。

1）维氏硬度试验原理（测试原理）。将顶部两相对面夹角为 136° 的金刚石正四棱锥压头，在规定试验力 F 作用下压入试样表面，保持规定时间后，卸除试验力，测量试样表面压痕对角线长度 d，如图 1-12 所示，查国家标准或在显示屏上直接得到硬度值。

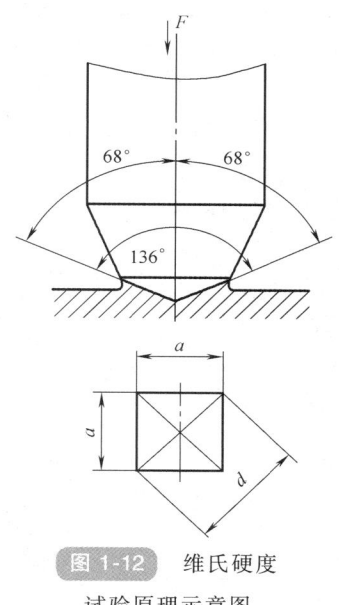

图 1-12　维氏硬度试验原理示意图

2）维氏硬度测试。维氏硬度测试在维氏硬度计上完成，如图 1-13 所示。

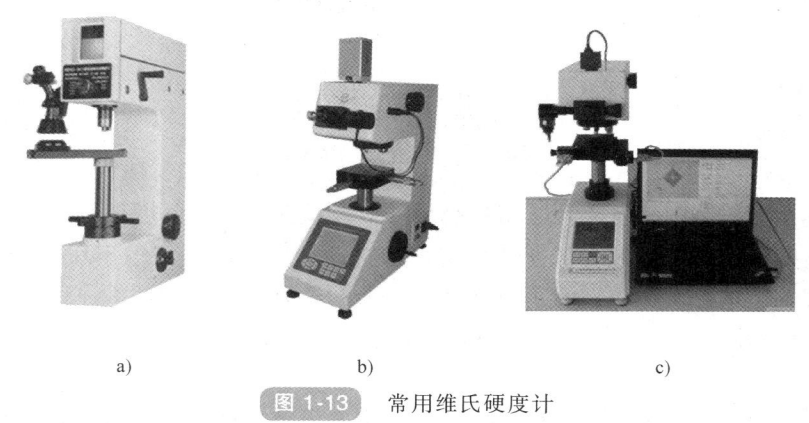

a)　　　　　　　　b)　　　　　　　　c)

图 1-13　常用维氏硬度计

a）普通维氏硬度计　b）数字维氏硬度计　c）维氏硬度计试验系统

维氏硬度用符号 HV 表示，单位为 $N/mm^2$，一般不予标出。维氏硬度的表示方法与布氏硬度相同，硬度值写在 HV 的前面，试验条件写在 HV 的后面，若试验力的保持时间为 10~15s 时，可以不标出。例如：600HV30/20 表示在 30kgf（294.2N）试验力作用下，保持 20s 所得的维氏硬度值为 $600N/mm^2$。

维氏硬度测试方法的优点是所用试验力小，压痕较浅，使用范围宽，测量范围为 5~3000HV，可以测试从极软到极硬的各种金属材料，尤其适合测量零件表面淬火层及化学热处理的表面层。同时维氏硬度只用一种标尺，试样的软硬可以直接通过维氏硬度值来比较，既不存在布氏硬度试验力与压头直径间关系的约束，也不存在洛氏硬度不同标尺间的硬度值无法比较的问题。维氏硬度试验方法的缺点是对试样表面要求较高，压痕对角线测量比较麻烦。

（4）里氏硬度 里氏硬度是由瑞士 LEEB 博士于 1978 年首次提出而得名。

1）里氏硬度试验原理（测试原理）。里氏硬度试验原理与前三种硬度试验原理不同，它是采用速度比来测定的。测试时用规定质量的冲击体在弹力作用下以一定速度冲击试样表面，用冲击体在距离试样表面 1mm 处的回弹速度与冲击速度之比计算出的数值。

里氏硬度用符号 HL 表示，其表示方法为：里氏硬度值+硬度符号+冲击装置型号，常用的冲击装置有 D、DC、G、C 四种。例如：660HLD 表示用 D 型冲击装置测定的里氏硬度值为 660。里氏硬度无单位。

2）里氏硬度测试。里氏硬度测试在里氏硬度计上完成，测量简单快捷，如图 1-14 所示。

a)                                          b)

图 1-14 常用里氏硬度计

a）笔式里氏硬度计 b）多功能里氏硬度计

里氏硬度计测量范围大，适用于所有金属的硬度检测。里氏硬度值和其他硬度值之间有对应关系。里氏硬度计可通过内部微计算机进行自动转换，可直接输出所需的布氏、洛氏、维氏等硬度值，操作方便，测试时由主观因素造成的误差小，且对试样损伤极小，适合各类试件的各个方位的测试，特别是现场测试是其他硬度计无法比拟的，缺点是物理意义不够明确。

**提示**：各个硬度测试方法各有优缺点；实验室常用洛氏硬度计检测钢铁材料，维氏硬度计检测薄件及渗层；现场检测目前应用较多的是里氏硬度计。附录 B 中列出了各种硬度与强度换算表。

**4. 冲击韧度及其测试**

前面讨论的是金属材料在静载荷作用下的力学性能指标，生产中很多零部件往往承受的是非静载荷。

许多机械零件或工具，如压力机冲头、飞机起落架、电锤锤头等，都是在冲击载荷下工作的。由于冲击载荷加载速度快、时间短，机件常因局部载荷过大而产生变形或断裂。因此，对于承受冲击载荷的机件，不仅要具有较高的强度，还要有足够抵抗冲击载荷的能力。

金属材料在冲击载荷作用下，抵抗破坏的能力称为冲击韧度。冲击韧度的大小通常用冲击吸收能量来衡量，冲击吸收能量的单位是 J。

冲击韧度常用冲击试验来测试，冲击试验一般在夏比摆锤冲击试验机上进行，如图 1-15 所示。

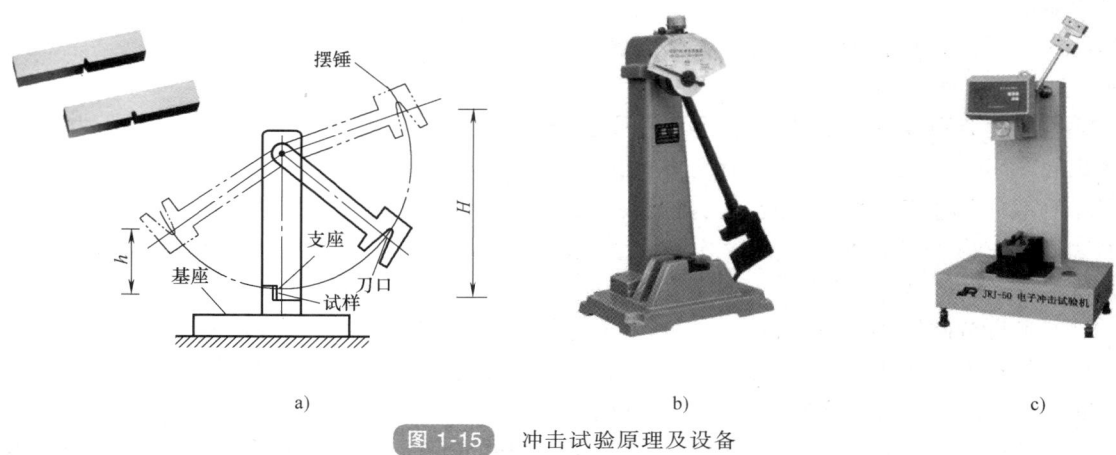

**图 1-15**　冲击试验原理及设备

a）冲击试验原理及试样　b）机械式冲击试验机　c）电子冲击试验机

试验时，将一个带有 U 型或 V 型缺口的试样放在试验机的两个砧座上，试样缺口背向摆锤冲击方向，将质量为 m 的摆锤抬升至一定高度 H，然后释放摆锤，冲断试样；冲断后，由于惯性继续向另外方向运动到 h 高度。摆锤一次冲断试样所消耗的能量用 K 表示，即 $K = mgH - mgh = mg(H - h)$。此时，可在指示器表盘或显示屏上读出冲断试样所消耗的冲击吸收能量 K，V 型缺口试样和 U 型缺口试样的冲击吸收能量分别用 KV 和 KU 表示。

材料受冲击时，吸收的能量 K 越大，材料的韧性越好，越能承受较大的冲击载荷。一般把冲击吸收能量低的材料称为脆性材料，而把冲击吸收能量高的材料称为韧性材料。脆性材料断裂前无明显塑性变形，韧性材料在断裂前有明显的塑性变形。

材料的冲击韧度的高低除了取决于材料本身以外，还与环境温度及缺口状况密切相关。对于同一种材料，随着温度的降低，韧性材料可以转变为脆性材料。使韧性材料转变为脆性材料的温度称为韧脆转变温度，此温度决定了金属材料的使用温度。转变温度越低，表明材料的低温韧性越好，对于在寒冷地区使用的材料十分重要。例如：一般碳钢，其韧脆转变温度大约为-20℃，因此在较低温度（低于-20℃）地区使用的碳钢构件，如桥梁、管道等在冬天容易发生脆断现象。因而在选择金属材料时，应考虑其工作条件的最低温度必须高于它的韧脆转变温度。

5. 疲劳强度及其测试

疲劳强度是指材料经过无限次交变载荷作用而不发生断裂的最大应力。疲劳强度也称为疲劳极限。

许多机械零件，如齿轮、曲轴、连杆、弹簧等在交变载荷的作用下，往往出现在工作应力小于其屈服强度的情况下突然断裂，这种断裂称为疲劳断裂。疲劳断裂是突然发生的，无论脆性材料还是韧性材料，断裂前都无明显的塑性变形，很难事先发现，因此具有很大的危险性。统计显示，80% 以上的机械零件或构件失效均为疲劳引起的。

材料的疲劳强度是在疲劳试验机上测定的。材料所能承受的交变应力 $S$ 与断裂前的应力循环次数 $N$ 的变化规律（疲劳曲线）如图 1-16 所示。由图 1-16 可知，应力越小，材料所能承受的应力循环次数越多，当应力小到某一值后，材料就能承受无限次应力循环而不断裂。

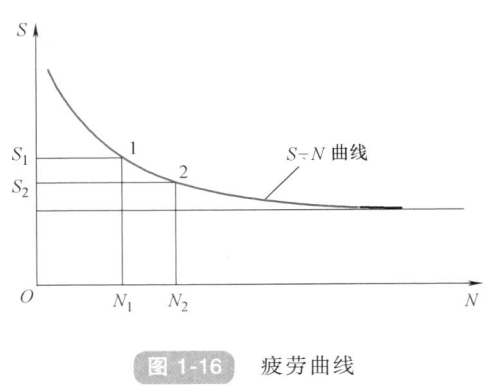

图 1-16　疲劳曲线

虽然疲劳强度是材料在无数次重复交变载荷的作用下不致引起断裂的最大应力，但实际上不可能进行无数次试验。工程上规定，钢铁材料应力循环次数 $N$ 为 $10^7$ 次，非铁金属材料 $N$ 为 $10^8$ 次。

产生疲劳破坏的原因很多，一般是由于材料有夹杂、表面粗糙度值较大及其他能引起应力集中的缺陷造成的。这些缺陷又随着应力循环次数的增加而逐渐扩展致使零件的有效截面不断减小，最后承受不住所加载荷而突然破坏。

为了提高零件的疲劳强度，除改善内部组织和外部形状避免应力集中外，还可以降低零件表面粗糙度值及对零件表面进行强化来达到，如表面淬火、喷丸处理、表面滚压等。

二、物理性能的主要指标及应用

金属材料的物理性能是指金属材料在固态下所表现出的一系列物理现象，主要有密度、熔点、导热性、导电性、热膨胀性和磁性等。

由于机器零件的用途不同，对其物理性能要求也有所不同。例如：飞机零件常选用密度小的铝、镁、钛合金来制造；设计电动机、电器零件时，常要考虑金属材料的导电性等。

金属材料的物理性能有时对加工工艺也有一定的影响。例如：高速钢的导热性较差，锻造时应采用低的速度来加热升温，否则容易产生裂纹；材料的导热性对切削刀具的温升有重大影响；铸铁和铸钢的熔点不同，故所选的熔炼设备、铸型材料等均有很大的不同。

1. 密度及其应用

密度是单位体积物质的质量，用符号 $\rho$ 表示，单位为 $g/cm^3$ 或 $kg/m^3$。在生产中，常用金属的密度来计算毛坯或零件的质量；密度也是机械设备选择材料的依据，如飞机、航天器（图 1-17）等，为了减轻自重，需要选择密度小而强度高的材料制造。

2. 熔点及其应用

金属的熔点是指金属由固态转变（熔化）为液态的温度，一般用 $T_m$ 表示；反之，由液态转变为固态的温度，称为凝固点。

纯金属的熔点是恒定的，如纯铁的熔点为 1535℃，纯铝的熔点为 660℃。合金的熔点取决于它的成分，从开始熔化到完全熔化是在一个温度区间完成的。习惯上将合金加热到最初微量液体出现时的温度称为熔点。熔点是金属和合金进

图 1-17　航天器

行冶炼、铸造、焊接时的重要参数。

按熔点的高低，常将金属分为易熔金属和难熔金属。熔点低于700℃的金属称为易熔金属，如锡、铅、铋及其合金；熔点高于700℃的金属称为难熔金属，如铁、铬、钨、钼及其合金。工业上利用易熔金属熔点低的特点，制造电器熔断器和防火安全阀等；利用难熔金属制造锅炉、加热炉燃烧室及发动机排气口等，在火箭、导弹等方面也被广泛应用，如图1-18所示。

a)

b)

图 1-18 易熔金属及难熔金属的应用

a）易熔金属制造的防火安全阀 b）难熔金属制造的航天返回舱

3. 导热性及其应用

金属的导热性是指在金属内部或相互接触的金属之间的热量传递能力，通常用热导率 $\lambda$ 表示，单位为 $W/(m \cdot K)$。导热性是金属材料的重要性能之一，在制订铸造、锻造、焊接等热加工工艺时，必须考虑材料的导热性，防止金属材料在加热或冷却过程中形成过大的内应力而产生变形或开裂。不同金属的导热能力不同，纯金属的导热能力一般大于合金。在常用金属中，银、铜、铝的导热率最高。

4. 导电性及其应用

金属传导电流的能力称为导电性，通常用电导率 $\gamma$ 表示，单位为 $S/m$。金属的电导率是电阻率的倒数。电导率越大，金属的导电能力越强。金属导电能力的顺序与金属导热能力的顺序基本相同，也是银、铜、铝的电导率最高。工业上常用电导率高的材料制造电器零件，如电线、电缆、电器元件等；用电导率低的金属，如镍铬合金和铁铬铝合金制造电阻器或电热元件。

5. 热膨胀性及其应用

热膨胀性是指固态金属在温度变化时热胀冷缩的能力，工程上常用线膨胀系数 $\alpha_l$ 来表示，其物理意义是：固态金属的温度每变化1℃时，金属单位长度的变化率。

熔焊时，由于热源对焊件进行局部加热，使焊件上的温度分布极不均匀，因此造成焊件上出现不均匀的热膨胀，从而导致不均匀的变形和焊接应力。被焊材料的线膨胀系数越大，引发的焊接应力和变形越大。

6. 磁性及其应用

能够吸引铁、钴、镍等物质的性质称为磁性。具有磁性的物质都能被磁铁所吸引。对某些金属来说，磁性也可变化。例如：铁在常温下是铁磁性材料，但当温度升至770℃以上时就会失去磁性。

金属材料根据其在磁场中受到的磁化程度不同，可分为铁磁性材料（铁、钴、镍等）、顺磁性材料（锰、铬等）和抗磁性材料（铜、锌等）三种。顺磁性材料和抗磁性材料也称为无磁性材料。

铁磁性材料可用于制造变压器、电动机、测量仪器等。

### 三、化学性能的主要指标及应用

金属材料的化学性能是指金属材料在室温或高温时抵抗各种化学介质作用时表现出来的性能，如耐蚀性、抗氧化性和化学稳定性等。

#### 1. 耐蚀性

金属材料抵抗周围介质腐蚀破坏的能力称为耐蚀性。耐蚀性由材料的成分、化学性能、组织形态等决定。

金属腐蚀的种类包括化学腐蚀、电化学腐蚀、一般腐蚀、晶间腐蚀、点腐蚀、应力腐蚀等。腐蚀作用对金属的危害很大，它不仅使金属材料本身受到损伤，严重时还会使金属构件遭到破坏，引起重大事故。因此，提高金属材料的耐蚀性，对于节约金属材料及延长金属材料的使用寿命，具有现实的经济意义。在工程上，一般在强酸、强碱等腐蚀环境下工作的零部件，需要选择耐蚀性好的材料。

对于钢铁类材料，加入可以形成保护膜的铬、镍、铝、钛，改变电极电位的铜以及改善晶间腐蚀的钛、铌等，可以提高其耐蚀性。

#### 2. 抗氧化性

金属材料在加热时抵抗氧化作用的能力，称为抗氧化性。金属材料的氧化随温度升高而加速，如钢铁在铸造、锻造、焊接等热加工作业时，氧化比较严重。氧化不仅造成材料过量的损耗，也会形成各种缺陷。

避免金属材料氧化的措施：一是在工件周围施加保护气体；二是将工件周围的空气抽出，使工件处于近似真空状态。

#### 3. 化学稳定性

化学稳定性是金属材料耐蚀性和抗氧化性的总称。金属材料在高温下的化学稳定性称为热稳定性。在高温条件下工作的设备，如锅炉、加热设备、汽轮机、喷气发动机等需要选择热稳定性好的材料来制造。

# 第二节　金属材料的工艺性能

金属材料的工艺性能是指金属材料在制造、加工过程中所表现出来的各种性能，是金属材料承受外部因素影响而改变其形状和尺寸的能力。它直接影响工件的成形难易程度和成形质量，是选材和制订加工路线必须考虑的一个重要因素。

#### 1. 铸造性能

金属或合金适合于铸造成形的能力，称为铸造性能。铸造性能的指标有流动性、收缩性和偏析等。

#### 2. 可锻性

材料利用锻压加工方法获得优良锻件的难易程度称为可锻性。

#### 3. 焊接性

焊接性是指金属材料对焊接加工的适应性，即在一定的焊接工艺条件下，获得优质焊接接头的难易程度。

4. 热处理性能

金属热处理是指在固态下，通过加热、保温和冷却的方式，改变材料表面或内部的化学成分与组织，获得所需性能的一种工艺方法。热处理性能是指金属材料接受热处理的能力。

热处理性能包括淬透性、淬硬性、淬火变形开裂倾向、过热敏感性、回火脆性倾向、氧化脱碳倾向等。

5. 可加工性

用切削工具（包括刀具、磨具和磨料）把工件上多余的材料层切去，使工件获得规定的几何形状、尺寸和表面质量的加工方法称为切削加工。材料在切削加工时成形的难易程度称为可加工性。

影响金属材料切削加工性能的因素主要有化学成分、组织状态、硬度、韧性及导热性等。一般认为，材料具有适当的硬度和足够的脆性时较易切削。铸铁比钢的可加工性好，碳钢比高合金钢的可加工性好。改变钢的化学成分和进行适当的热处理，是改善可加工性的重要途径。

提示：在设计零件和选择工艺方法时，都要考虑材料的工艺性能，以便降低成本，获得质量优良的零件。各种材料的工艺性能将在以后有关章节中介绍。

## 拓展知识

### 探伤在金属材料中的应用简介

探伤就是利用声、光、磁和电等特性，在不损害或不影响被检对象使用性能的前提下，对被检对象的表面和内部质量进行检查的一种检测手段。常用的探伤方法包括超声探伤、磁粉探伤、着色（渗透）探伤及射线探伤四种。

1. 超声探伤

通过超声波与零件相互作用，能够对零件进行宏观缺陷检测、几何特性测量、组织结构和力学性能变化的检测和表征，进而对其特定应用性进行评价的检测技术。超声波工作的原理是：采用一定的方式使超声波进入零件；超声波在零件中传播并与零件材料以及其中的缺陷相互作用，使其传播方向或特征改变；改变后的超声波通过检测设备被接收，并对其进行处理和分析；根据接收的超声波特征，评估零件本身及其内部是否存在缺陷及缺陷的特性。

2. 磁粉探伤

磁粉探伤是用来检测铁磁性材料表面和近表面缺陷的一种检测方法。铁磁性材料工件被磁化后，由于不连续性的存在，使工件表面和近表面的磁力线发生局部畸变而产生漏磁场，吸附施加在工件表面的磁粉，形成在合适光照下目视可见的磁痕，从而显示出不连续性的位置、形状和大小。

3. 着色（渗透）探伤

零件表面被施涂含有荧光染料或着色染料的渗透液后，在毛细管作用下，经过一段时间，渗透液可以渗透进表面开口缺陷中；去除零件表面多余的渗透液后，再在零件表面施涂显像剂，同样，在毛细管作用下，显像剂将吸引缺陷中保留的渗透液，渗透液回渗到显像剂中，在一定的光源下（紫外线光或白光），缺陷处的渗透液痕迹被显现（黄绿色荧光或鲜艳红色），从而探测出缺陷的形貌及分布状态。

### 4. 射线探伤

X 射线穿过被照射物体后会有损耗，不同厚度、不同物质对它的吸收率不同，把底片放在被照射物体的另一侧，会因为射线强度不同而产生相应的图形，评片人员就可以根据影像来判断物体内部是否有缺陷以及缺陷的性质。

## 本章小结

| | | | | | |
|---|---|---|---|---|---|
| 金属材料的性能 | 使用性能 | 力学性能 | 静载荷 | 强度 指标 | 屈服强度（$R_{eL}$ 或 $R_{p0.2}$） | 生产中，一般不允许零件产生明显的塑性变形时,屈服强度是机械零件设计和选材的主要依据 |
| | | | | | 抗拉强度（$R_m$） | 抗拉强度是设计和选材的主要依据之一。一般情况下,在静载荷作用下,只要工作应力不超过材料的抗拉强度,零件就不会发生断裂 |
| | | | | 塑性 指标 | 断后伸长率（$A$） | $A$、$Z$ 越大,塑性越好;塑性好的材料易于通过压力加工制成复杂零件 |
| | | | | | 断面收缩率（$Z$） | |
| | | | | 硬度 常用的测量方法 | 布氏硬度（HBW） | 常用来测量原材料或半成品,HBW<650 |
| | | | | | 洛氏硬度（HR） | 常用来测量成品或薄件,有三种标尺,测量范围为 20～88HRA、20～100HRB、20～70HRC |
| | | | | | 维氏硬度（HV） | 常用来测量较薄件,也可测量表面淬火层及化学热处理的表面层硬度,如渗碳层、渗氮层 |
| | | | | | 里氏硬度（HL） | 里氏硬度测值范围大,适用于所有金属的硬度检测,可直接输出所需的布氏、洛氏、维氏等硬度值 |
| | | | 动载荷 | 韧性 判据 | 冲击吸收能量（$K$） | $K$ 越大,材料的韧性越好,其也是受冲击零件设计、选材的依据 |
| | | | | 疲劳强度 判据 | 疲劳强度（$S$） | 疲劳强度一般都小于屈服强度,其也是受循环交变载荷零件设计、选材的依据 |
| | | 物理性能 | | | | 金属材料的物理性能是指金属材料在固态下所表现出的一系列物理现象,主要有密度、熔点、导热性、导电性、热膨胀性和磁性等。由于机器零件的用途不同,对其物理性能要求也有所不同 |
| | | 化学性能 | | | | 金属材料的化学性能是指金属材料在室温或高温时抵抗各种化学介质作用时表现出来的性能,如耐蚀性、抗氧化性和化学稳定性等 |
| | 工艺性能 | | | | | 金属材料的工艺性能是指金属材料在制造、加工过程中所表现出来的各种性能,主要包括铸造性能、可锻性、焊接性、热处理性能及可加工性 |

## 知识巩固与能力训练题

### 一、填空题

1. 金属材料力学性能的主要指标有 _____ 、_____ 、_____ 、_____ 、_____ 等。

2. 在静载荷作用下，设计在工作中不允许产生明显塑性变形的零件时，应使其承受的最大应力小于 _____ ；若使零件在工作中不产生断裂，应使其承受的最大应力小于 _____ 。

3. $R_{eL}$ 表示 _____ ；$R_{p0.2}$ 表示 _____ ，其数值越大，材料抵抗 _____ 的能力越强。

4. 材料常用的塑性指标有_____和_____两种，其中用_____表示塑性更接近材料的真实变形。

5. 测量硬度的方法主要有_____、_____、_____、_____等。

二、判断题

1. 压力机冲头承受的载荷是静载荷。（　　　）

2. $R_{eL}$、$R_m$ 都是应力。（　　　）

3. 将橡皮筋拉长属于弹性变形，将橡皮泥拉长属于塑性变形。（　　　）

4. 强度的单位和布氏硬度的单位都是 $N/mm^2$，所以强度和硬度其实是一回事。（　　　）

5. A 工件的硬度为 240HBW，B 工件的硬度为 45HRC，说明 A 工件的硬度比 B 工件高。（　　　）

6. 塑性、导热性、导电性都是材料的力学性能指标。（　　　）

7. $R_{eL}$、$\rho$、HRC 等都是材料的使用性能指标。（　　　）

8. 保险盒里的熔体一般是用钨丝制成的。（　　　）

9. 脆性材料的屈服强度用 $R_{p0.2}$ 表示。（　　　）

10. 断面收缩率 Z 值越大，说明材料的塑性越好。（　　　）

三、应用题

1. 请为下列材料、零件或刀具选用合适的硬度测量方法。

淬火钢、铸铁、锉刀、硬质合金、表面淬火层、铝合金、精磨后的大型齿轮

2. 判断下列几种硬度标注方法是否正确。

①HBW260～280；　　②460～490HBW；　　③25～30HRC；

④130HRB；　　⑤15HRC；　　⑥600～660HV；　　⑦300HLC。

3. 画出低碳钢拉伸曲线图，分析各个阶段的意义。

4. 国家标准规定，15 钢的力学性能指标不应低于下列数值：$R_m \geqslant 375MPa$、$R_{eL} \geqslant 225MPa$、$A \geqslant 27\%$、$Z \geqslant 55\%$。现将购进的 15 钢制成 $d_o = 10mm$ 的圆形横截面短试样，经拉伸试验后测得 $F_m = 34500N$、$F_{eL} = 21100N$、$L_u = 65mm$、$d_u = 6mm$。讨论 15 钢的力学性能是否合格。

5. 将 6500N 的力施加于直径为 10mm、屈服强度为 530MPa 的钢棒上，通过计算说明钢棒是否会产生明显的塑性变形。

# 第二章

# 金属晶体结构及结晶分析

**知识目标**

1）掌握晶体结构的基本概念及常见的金属晶格类型。

2）掌握合金的基本概念及基本组织。

3）了解纯金属及合金的结晶过程。

4）掌握铁碳合金基本相及基本组织。

5）掌握典型的铁碳合金结晶过程和室温组织。

6）掌握碳的质量分数对铁碳合金性能的影响。

7）学会利用光学显微镜观察铁碳合金组织。

**能力目标**

1）能根据碳的质量分数判断铁碳合金力学性能。

2）具有分析和应用铁碳合金相图的能力。

3）具有应用光学显微镜观察铁碳合金显微组织的能力。

## 案例导入

"钻石恒久远，一颗永流传"，这句广告词相信大家都听说过，这是全球最大的钻石公司南非的戴比尔斯公司的经典广告词。这一广告词的推出，还有一段和奥斯卡颁奖有关的小故事。1945年，哈里（戴比尔斯董事）出席了一年一度的奥斯卡颁奖盛典，当他将一根镶有24克拉钻石的项链递到美丽动人的影后琼·克劳馥手上时，她当场就叫出声来："真是太漂亮了，这是用什么做的？"哈里说："这是我们公司的产品，24克拉纯钻石项链。"对方问："钻石，它有些什么特别的意义呢？"哈里回答说："钻石代表了坚硬、亘古不变的品质，就是您的下一代、再下一代之后，它依然会保持今天的美丽和光鲜！""是吗？"克劳馥有些伤感，"要是一个人能有像钻石一样的爱情，那该多好啊！"说者无意，听者有心。哈里听到后，似乎一下子找到了钻石的灵魂，于是，他推出了这一广告。至此，钻戒成了婚礼的必备，成了爱意和忠诚的象征。

然而，你是否相信价值连城的钻石和价格低廉的石墨都是由碳元素组成的？如图2-1所示，同样是由碳元素组成的，为什么钻石（金刚石）是硬度最高的物质，而石墨却很软？这主要是由于内部结构不同，导致钻石和石墨的性能不同。因此，了解金属材料的晶体结构及其对性能的影响，对选用和加工金属材料，具有非常重要的意义。

a)　　　　　　　　　　　　　　　　b)

图 2-1　碳元素组成的物质

a）钻石　b）石墨

# 第一节　认识金属的晶体结构

**一、纯金属的晶体结构**

自然界中的固态物质，按其内部粒子（原子或分子等）的聚集状态不同分为晶体和非晶体。晶体是指原子规则排列的物质，如金刚石、石墨及一切固态金属等都是晶体。非晶体是指原子无规则堆积的物质，如松香、沥青、玻璃、石蜡等是非晶体。晶体具有固定的熔点和各向异性的特征，而非晶体则没有固定的熔点且各向同性。

1. 晶体结构基本知识

（1）晶格　在金属晶体中，原子是按一定的几何规律周期性排列的，如图 2-2a 所示。为了便于分析，把金属晶体中的原子近似看作固定不动的刚性小球，用一些假想的线条将各球中心连接起来，形成一个空间格子，简称为晶格，如图 2-2b 所示。

（2）晶胞　根据晶体中原子排列具有周期性的特点，通常从晶格中选取一个能充分反映晶体特征的最小几何单元来分析原子的排列规律。这个最小几何单元称为晶胞，如图 2-2c 所示。

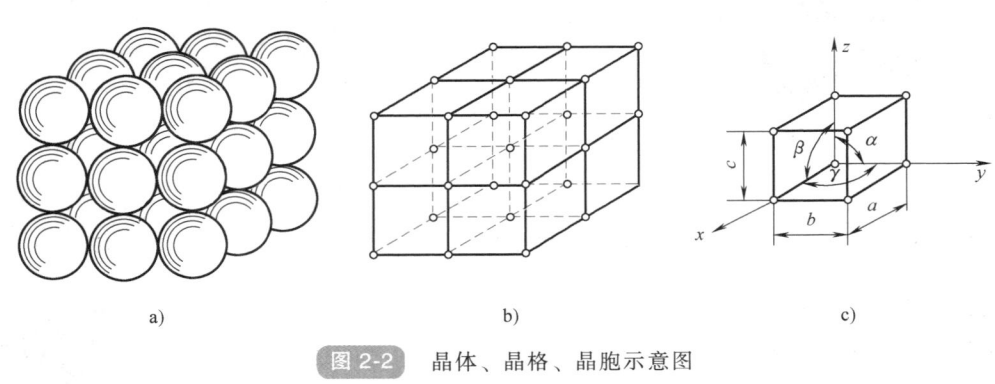

a)　　　　　　　　　　b)　　　　　　　　　　c)

图 2-2　晶体、晶格、晶胞示意图

a）晶体　b）晶格　c）晶胞

（3）晶格常数　晶胞的大小用晶胞各棱边长度 $a$、$b$、$c$ 和棱边夹角 $\alpha$、$\beta$、$\gamma$ 来表示，其中 $a$、$b$、$c$ 称为晶格常数。当 $a=b=c$、$\alpha=\beta=\gamma=90°$ 时，若仅有 8 个顶点分布着原子，这种晶胞称为简单立方晶胞。由简单立方晶胞组成的晶格称为简单立方晶格。

2. 金属中常见的晶格类型

不同的金属具有不同的性能，主要是由于它们具有不同的晶格类型。金属的晶格类型虽然很多，但最常见的晶格类型有以下三种。

（1）体心立方晶格　体心立方晶格的晶胞是一个立方体，在立方体的 8 个顶点和中心各有 1 个原子，如图 2-3 所示。常见的具有体心立方晶格的金属有 α 铁（α-Fe）、铬（Cr）、钨（W）、钼（Mo）、钒（V）等。这些金属都具有较大的强度和较好的塑性。

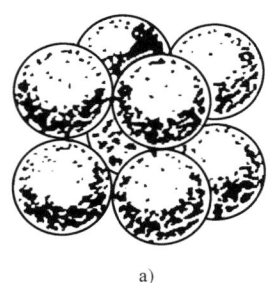 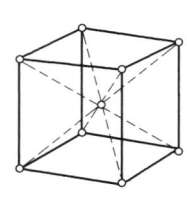 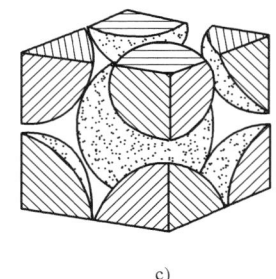

a)　　　　　　　　b)　　　　　　　　c)

**图 2-3**　体心立方晶格的晶胞示意图

a）钢球模型　b）晶胞　c）晶胞原子数

（2）面心立方晶格　面心立方晶格的晶胞也是一个立方体，在立方体的 8 个顶点和 6 个面的中心各有 1 个原子，如图 2-4 所示。常见的具有面心立方晶格的金属有 γ 铁（γ-Fe）、金（Au）、银（Ag）、铜（Cu）、铝（Al）、镍（Ni）等。这些金属都具有较好的塑性。

 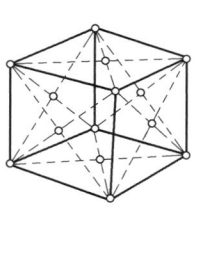 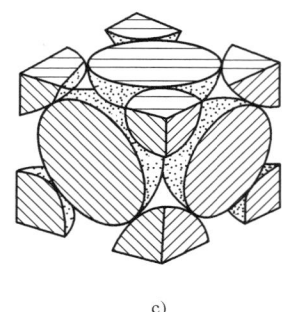

a)　　　　　　　　b)　　　　　　　　c)

**图 2-4**　面心立方晶格的晶胞示意图

a）钢球模型　b）晶胞　c）晶胞原子数

（3）密排六方晶格　密排六方晶格的晶胞是六方柱体，在六方柱体的 12 个顶点和上下底面中心各有 1 个原子，另外在上下底面之间还有 3 个独立排列的原子，如图 2-5 所示。常见的具有密排六方晶格的金属有镁（Mg）、锌

（Zn）、α钛（α-Ti）、铍（Be）等。这类金属通常较脆。

 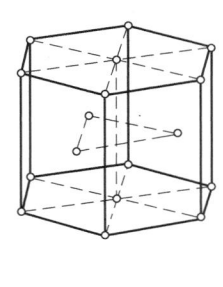 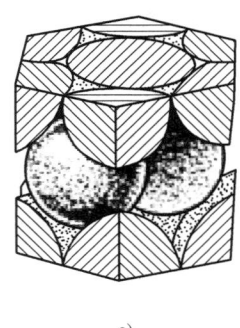

a)　　　　　　　　　　b)　　　　　　　　　c)

**图 2-5**　密排六方晶格的晶胞示意图

a）钢球模型　b）晶胞　c）晶胞原子数

**提示**：各类金属因其晶格类型不同，所以它们的性能也不一样，即使同一晶格类型，但由于晶格常数不同，其性能也不相同。

3. 实际金属的晶体结构

前面讨论的晶体结构都是理想单晶体（即原子排列的位向完全一致）的情况，而实际金属几乎都是由许多原子排列位向不同的单晶体组成的多晶体，如图 2-6 所示。其中，每一个小的单晶体称为晶粒。晶粒与晶粒之间的界面称为晶界。

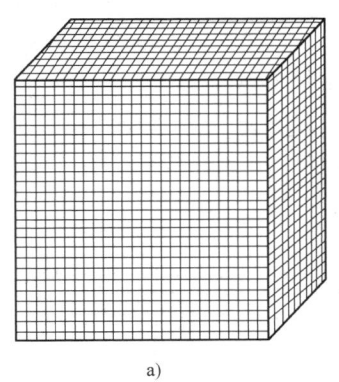 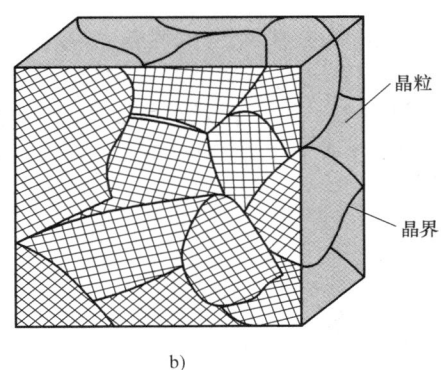

晶粒

晶界

a)　　　　　　　　　　　b)

**图 2-6**　晶体结构示意图

a）单晶体　b）多晶体

由于多晶体中各个晶粒的内部结构是相同的，只是原子排列的位向不同，所以通常测出的性能都是各个位向不同的晶粒的平均性能，结果就使金属显示出各向同性。

金属实际的晶体结构不仅是多晶体结构，而且内部还存在各种缺陷。实际使用的金属材料内部的原子排列并不是完全规则的，这种局部原子排列不规则的现象称为晶体缺陷。晶体缺陷虽然只是局部的，但它对金属的性能（如强度、塑性等）有很大影响。根据晶体缺陷的几何形态不同，可分为点缺陷、线缺陷和面缺陷。

（1）点缺陷 它是指长、宽、高尺寸都很小的缺陷。常见的点缺陷包括空位、间隙原子和置换原子。如图 2-7 所示，在正常的晶格结点位置空缺原子称为空位；位于晶格空隙之间的多余原子称为间隙原子；位于晶体点阵位置的异类原子称为置换原子。无论是空位、间隙原子还是置换原子，其周围晶格都会产生变形，这种现象称为晶格畸变。

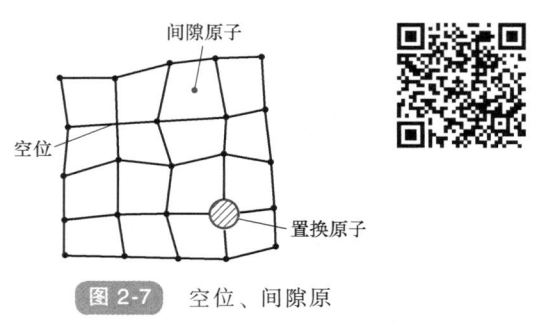

图 2-7 空位、间隙原子和置换原子示意图

晶格畸变将使晶体性能发生改变，如强度、硬度增加和塑性、韧性降低。

（2）线缺陷 它是指空间二维方向上尺寸较小，在另一维方面上尺寸较大的缺陷，其在晶体内部呈线状分布，如图 2-8 所示。常见的线缺陷是各种类型的位错。位错是晶体中一列或若干列原子发生了有规律的错排现象。由于位错也会导致晶格畸变，所以也会使晶体的性能发生变化。

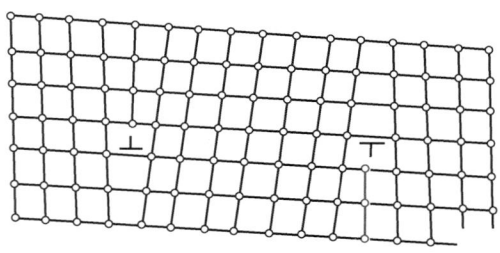

图 2-8 线缺陷示意图

（3）面缺陷 它是指二维尺寸很大而第三维尺寸很小的缺陷。晶体中最常见的面缺陷主要有晶界和亚晶界。晶界可以被看成是两个邻近晶粒间具有一定宽度的过渡地带，其原子排列不规则，使晶格处于畸变状态，如图 2-9 所示。晶界越多，晶粒越细小，金属的强度、硬度、塑性越好。在金属的晶粒内部，存在着许多尺寸很小、位向差很小的小晶块。这些小晶块称为亚晶粒。在亚晶粒内部，原子的排列位向是一致的，相邻亚晶粒间的边界称为亚晶界，如图 2-10 所示。亚晶界同样可以阻碍塑性变形，故亚晶界的细化可以提高金属材料的强度、硬度。

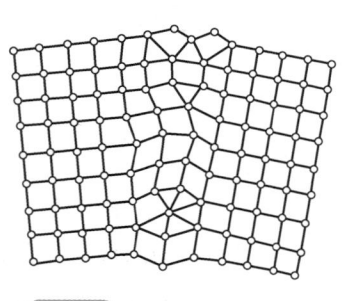

图 2-9 晶界结构示意图

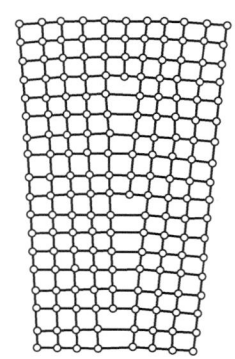

图 2-10 亚晶界结构示意图

二、合金的晶体结构

由于纯金属具有较高的导电性、导热性、化学稳定性以及金属光泽，所以纯金属在人类生产和生活中，得到了广泛的应用。但它的强度、硬度一般都比较低，不宜用于制作对力学

性能要求较高的各种机械零件、工具和模具等，也无法满足人类在生产和生活中对金属材料多品种、高性能的要求，所以在工业上大量使用的不是纯金属而是合金。

1. 合金基本知识

（1）合金　合金是由两种或两种以上的金属与金属或非金属组成的具有金属特性的物质。例如：工业上广泛应用的钢铁材料就是主要由铁和碳两种元素组成的合金。

（2）组元　组成合金的独立的、最基本的单元称为组元。组元可以是组成合金的元素或稳定的化合物。根据合金组元的数目，合金可分为二元合金、三元合金和多元合金，如黄铜是由铜和锌组成的二元合金。

（3）相　合金中凡是成分、结构和性能相同并以界面分开的各个均匀组成部分称为相，如在铁碳合金中 $\alpha$-Fe 为一个相，$Fe_3C$ 为一个相。

（4）组织　组织是指借助金相显微镜观察到的具有某种形态特征的合金组成物。实质上它是一种或多种相按一定的方式相互结合所构成的整体的总称，其直接决定着合金的性能。

2. 合金的相结构

合金的结构比纯金属复杂。根据组成合金的各组元之间的相互作用，合金的相结构可分为固溶体、金属化合物两种类型。

（1）固溶体　固溶体是指合金在液态下相互溶解，在固态下也相互溶解，即一种组元的晶格溶解了另一组元的原子而形成的均匀相。例如：将糖溶于水中，可以得到糖在水中的"液溶体"，如果糖水结冰，其中水是溶剂，糖是溶质，便形成糖在水中的"固溶体"。

固溶体的晶体结构与溶剂相同，是一种单一均匀的物质。工业上使用的金属材料，绝大部分是以固溶体为基体的，有的甚至完全由固溶体所组成。例如：应用广泛的钢，均以固溶体为基体相。因此，对固溶体的研究有很重要的实际意义。

根据溶质原子在溶剂晶格中所占位置的不同，固溶体分为间隙固溶体和置换固溶体。

溶质原子分布在溶剂晶格的间隙中所形成的固溶体称为间隙固溶体，如图 2-11a 所示。由于溶剂晶格的间隙很小，所以只有溶质原子与溶剂原子半径之比较小时（小于 0.59）才能形成间隙固溶体。例如：铁碳合金中的铁素体和奥氏体都是碳溶于铁中形成的间隙固溶体。

溶质原子占据部分溶剂晶格结点位置所形成的固溶体称为置换固溶体，如图 2-11b 所示。例如：黄铜就是锌溶于铜形成的置换固溶体。

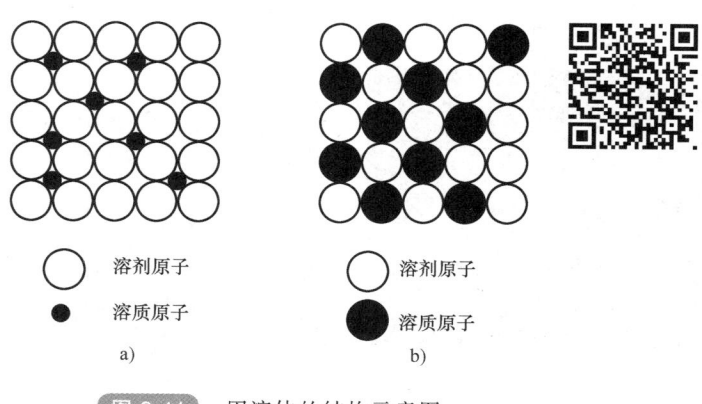

溶剂原子

溶质原子

a）

溶剂原子

溶质原子

b）

图 2-11　固溶体的结构示意图

a）间隙固溶体　b）置换固溶体

当溶质原子含量很少时，固溶体性能与溶剂金属性能基本相同。但随溶质原子含量的增多，会使金属的强度和硬度升高，而塑性和韧性有所下降，这种现象称为固溶强化。置换固溶体和间隙固溶体都会产生固溶强化现象。

适当控制溶质原子含量，可明显提高合金的强度和硬度，同时仍能保证足够高的塑性和韧性，所以说固溶体使合金一般具有较好的综合力学性能。因此要求有综合力学性能的结构材料，几乎都以固溶体作为基本相。这就使固溶强化成为一种重要强化方法，在工业生产中得以广泛应用，如高温合金钢固溶强化即是一个典型应用实例。

（2）金属化合物　合金组元间发生相互作用而形成一种新的具有金属特性的物质称为金属化合物。它的晶体结构与性能和原组元都不同。例如：铁碳合金中的渗碳体就是铁和碳所组成的金属化合物。其晶体结构与性能和铁、碳都不同。

金属化合物的熔点较高，性能硬而脆。当合金中出现金属化合物时，通常能提高合金的强度、硬度和耐磨性，但会降低塑性和韧性。

金属化合物是各类合金钢和硬质合金的重要组成相，常常作为强化相来发挥作用。

固溶体和金属化合物都是组成合金的基本相。由这些基本相按照一定比例构成的组织称为机械混合物。在机械混合物中各组成相仍保持着各自原有的晶格类型和性能，而整个机械混合物的性能则介于各组成相性能之间，并与各组成相的数量、形状、大小和分布有关。绝大多数工业用合金都是机械混合物。例如：珠光体就是铁素体相和渗碳体相组成的机械混合物。

## 第二节　金属结晶分析

在北方寒冷的冬天，我们常常会看到漂亮的雪花、冰窗花和雾凇，如图 2-12 所示。它们堪称大自然的杰作。你知道它们是怎样形成的吗？你知道金属是怎样结晶的吗？

物质从液态到固态的转变过程称为凝固。若凝固后的固态物质是晶体，则这种凝固过程称为结晶。大多数金属材料都是经过冶炼得到液态金属，然后再经过浇注而得到固态金属。液态金属转变为固态金属的过程称为结晶。金属结晶后的组织将会对金属的性能有很重要的影响。因此，研究金属结晶对实际生产具有重要意义。

a)　　　　　　　　　　b)　　　　　　　　　　c)

图 2-12　自然界中的晶体

a）雪花　b）冰窗花　c）雾凇

### 一、纯金属的结晶

1. 纯金属结晶的基本规律

（1）冷却曲线　纯金属的结晶过程可以用热分析法来测量。测量时，先将纯金属熔化成液体，然后以非常缓慢的速度冷却，观察并记录温度随时间变化的数据，将其绘制在温度-时间坐标轴中，便得到如图 2-13a 所示的冷却曲线。

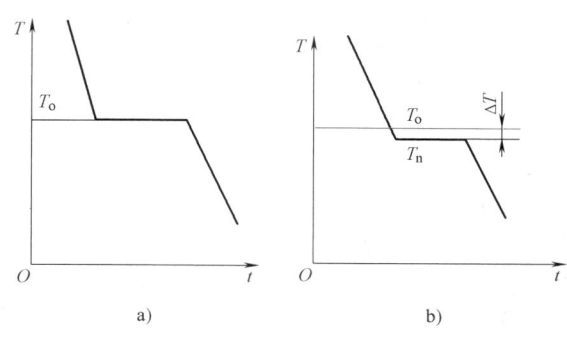

图 2-13 纯金属结晶时的冷却曲线

a）以非常缓慢的速度冷却 b）在实际冷却条件下冷却

由图 2-13a 可知，金属液缓慢冷却时，随着热量向外散失，温度不断下降，当温度降到 $T_0$ 时，开始结晶。由于结晶时放出的结晶潜热补偿了其冷却时向外散失的热量，故结晶过程中温度不变，即冷却曲线上出现了一条水平线段，水平线段所对应的温度称为理论结晶温度 $T_0$。在理论结晶温度 $T_0$ 时，金属液与其晶体处于平衡状态，这时液体中的原子结晶为晶体的速度与晶体上的原子溶入液体中的速度相等。在宏观上看，这时既不结晶也不熔化，晶体与液体处于平衡状态，只有温度低于理论结晶温度 $T_0$ 的某一温度时，才能有效地进行结晶。

（2）过冷现象 在实际生产中，金属结晶的冷却速度都很快。因此，金属液的实际结晶温度 $T_n$ 总是低于理论结晶温度 $T_0$，如图 2-13b 所示。金属结晶时的这种现象称为过冷，两者温度之差称为过冷度，以 $\Delta T$ 表示，即 $\Delta T = T_0 - T_n$。

金属结晶时的过冷度与其冷却速度有关，冷却速度越快，过冷度就越大，金属的实际结晶温度就越低。实践证明，金属结晶必须在一定的过冷度下进行，因此过冷是金属结晶的必要条件。

2. 纯金属的结晶过程

（1）晶核的形成 纯金属的结晶过程是在冷却曲线的平台上所经历的时间内发生的。金属液内部最先形成的、作为结晶核心的微小晶体称为晶核，这种晶核称为自发晶核。另外，金属液中一些未熔杂质也可作为晶核，这种晶核称为非自发晶核。非自发晶核在金属结晶过程中起着非常重要的作用。这两种晶核都是结晶过程中晶粒发展和成长的基础。

（2）晶核的长大 随着时间的推移，已形成的晶核不断长大，同时，金属液中又会不断形成新的晶核并不断长大，直到金属液全部消失，晶粒彼此接触为止，如图 2-14 所示。

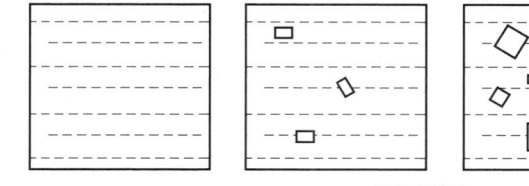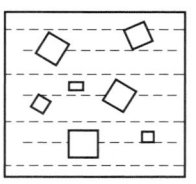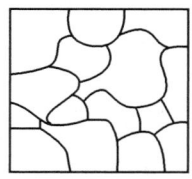

图 2-14 纯金属结晶过程示意图

**提示**：纯金属的结晶规律为在一定的温度下结晶，必须过冷，结晶时有潜热放出，结晶的过程是不断形成晶核和晶核不断长大的过程，结晶后每一个晶核长成的晶体就是一个晶粒，因此，固态金属是由许多外形不规则、大小不等、排列位向不相同的小晶粒组成的多晶体。

### 3. 晶粒大小及控制

（1）晶粒大小对金属力学性能的影响　金属的晶粒大小对力学性能有很大影响。一般情况下，晶粒越细小，金属的强度、硬度越高，塑性、韧性也越好。所以在实际生产中，总是希望获得细小的晶粒。

（2）细化晶粒常用的方法

1）增加过冷度。金属液的过冷度越大，产生的晶核越多。铸造生产上常用改变浇注温度和冷却条件的方法来细化晶粒。例如：对于中小型铸件采用蓄热大和散热快的金属铸型，可以获得比砂型铸造更大的过冷度，从而得到细小的晶粒。

2）变质处理。变质处理是向金属液中加入一定量的变质剂来促进形核，抑制晶粒长大，从而细化晶粒的方法。例如：向铁液中加入硅铁，能使石墨变细，从而提高力学性能。在生产中，多采用变质处理的方法来细化晶粒。

此外，还可采用机械振动、电磁振动和超声波振动等措施，来使生长中的枝晶破碎，使晶核数目增多，从而细化晶粒。对于固态下的粗大晶粒的金属材料，可通过热处理的方法细化，相关内容将在热处理有关章节中加以讲述。

### 4. 金属的同素异构转变

大多数金属在结晶完成之后晶格类型不再变化，但有些金属如铁、钴、锰、钛等在结晶成固态后继续冷却时，其晶格类型还会发生一定的变化。金属在固态下随温度的改变由一种晶格转变为另外一种晶格的现象，称为金属的同素异构转变。由同素异构转变所得到的不同晶格类型的晶体，称为同素异构体。

纯铁是典型的具有同素异构转变特性的金属。如图 2-15 所示的纯铁的冷却曲线，纯铁的同素异构转变可以用下式表示，即

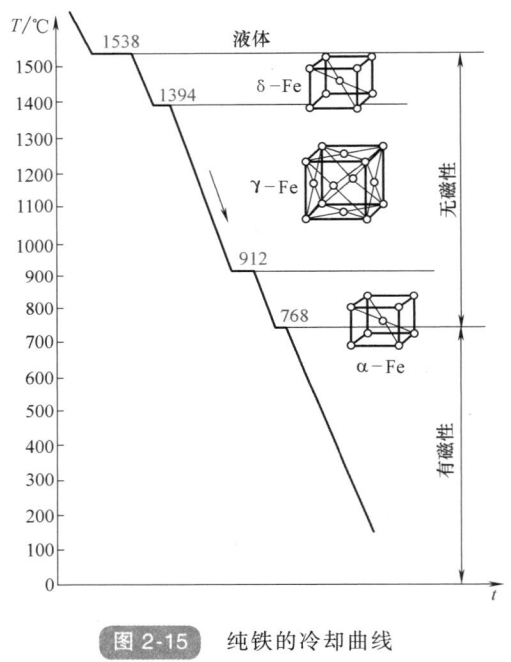

**图 2-15**　纯铁的冷却曲线

$$\delta\text{-Fe} \xrightleftharpoons{1394℃} \gamma\text{-Fe} \xrightleftharpoons{912℃} \alpha\text{-Fe}$$

（体心立方晶格）　　（面心立方晶格）　（体心立方晶格）

金属的同素异构转变是一个重结晶的过程，与金属液的结晶过程类似，转变过程也是通过形核和晶核长大的过程来完成的。但由于金属的同素异构转变是在固态下发生的，转变时容易产生较大的内应力。

同素异构转变是金属的一个重要性能。凡是具有同素异构转变的金属及其合金，都可以用热处理的方法改变其性能。

### 二、合金的结晶

合金的结晶过程和组织比纯金属要复杂得多，为了研究合金的结晶过程和组织变化规

律，需要采用相图才能表示清楚。

1. 二元合金相图的建立

合金相图是表示在十分缓慢的加热或冷却条件（平衡条件）下，合金的成分、温度和组织之间关系的图形，也称为平衡图。利用相图可以方便地掌握合金的结晶过程和组织的变化。

合金相图是通过实验方法测定的，最常用的是热分析法。现以铜镍（Cu-Ni）合金为例，说明用热分析法建立二元合金相图的基本步骤，如图 2-16 所示。

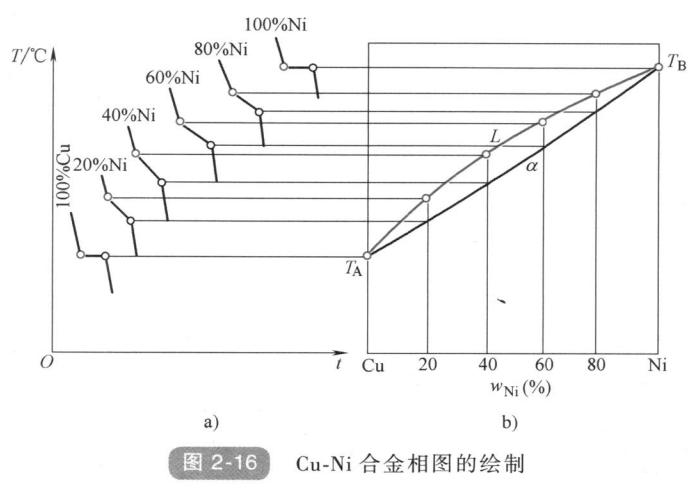

图 2-16　Cu-Ni 合金相图的绘制

a）冷却曲线　b）Cu-Ni 合金相图

1）配制若干组不同成分的 Cu-Ni 合金。合金配制得越多，测得的图形越准确。

2）在极其缓慢的冷却条件下，测定各成分合金的冷却曲线，并找出冷却曲线上的临界点（结晶开始温度和结晶结束温度）。

3）将合金的各临界点标在温度-成分坐标系中相应成分的位置上，并将具有相同意义的点连接成曲线，就得到 Cu-Ni 合金相图。

提示：与纯金属不同的是，一般合金有两个临界点，说明合金的结晶过程是在一个温度范围内进行的；相图上的每个点、线、区都具有一定的物理意义。

2. 二元合金的结晶过程

二元合金的结晶过程可以通过匀晶相图和二元共晶相图来分析。

（1）匀晶相图　匀晶相图是两组元在液态和固态均能无限互溶时所构成的相图，如 Cu-Ni、Cu-Au、W-Mo、Fe-Ni 等都属于匀晶相图。现以 Cu-Ni 合金相图为例进行分析。

如图 2-17 所示，相图中 A 点为 Cu 的熔点，B 点为 Ni 的熔点。向上凸的 AB 线为液相线，代表各种成分的 Cu-Ni 合金在冷却过程中开始结晶（或加热过程中熔化终了）的温度连线，在此线以上，合金为液相 L；向下凹的 AB 线为固相线，代表各种成分的 Cu-Ni 合金在冷却过程中结晶终了（或加热过程中开始熔化）的温度连线，在此线以下，合金处于固相，用 $\alpha$ 表示；液相线和固相线之间是两相共存区，即 L+$\alpha$。

固溶体的显微组织与纯金属相似，常由呈多边形的晶粒组成。在实际生产中，冷却速度往往较快，固溶体中的原子来不及扩散，则成分不均匀的状况被保留下来，这种现象称为偏

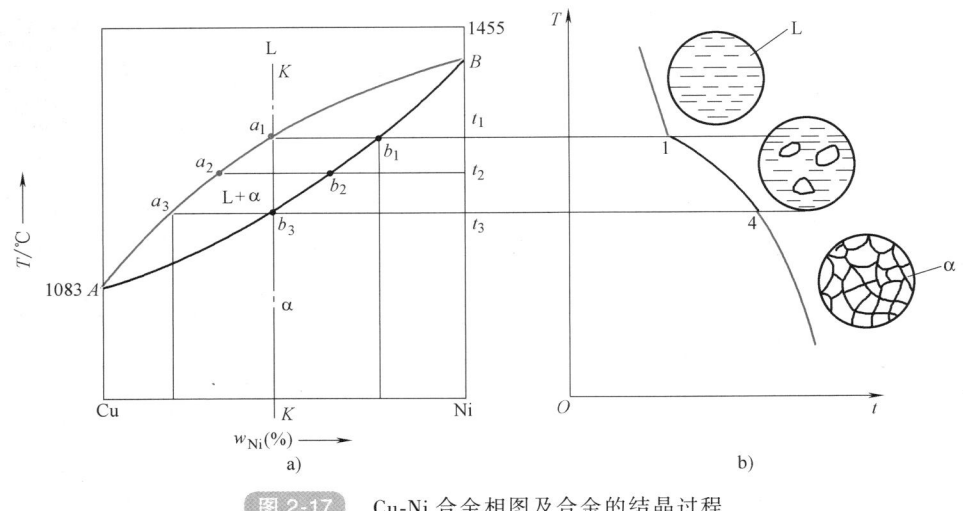

图 2-17    Cu-Ni 合金相图及合金的结晶过程

a）Cu-Ni 合金相图    b）合金的结晶过程

析。由于固溶体结晶一般按树枝状长大，故这种偏析也呈树枝状分布，又称为枝晶偏析。枝晶偏析会严重影响合金的力学性能、耐蚀性等。生产上常将铸件加热到固相线以下 100~200℃的温度长时间保温来消除枝晶偏析，这种热处理工艺称为均匀化退火。

（2）二元共晶相图    二元共晶相图是两组元在液态下无限互溶，在固态下有限互溶，并发生共晶反应，形成共晶组织的相图，如 Pb-Sn、Pb-Sb、Ag-Cu、Al-Si 等都属于二元共晶相图。共晶转变是指一定成分的液相在一定温度下，同时结晶出两种不同固相的转变。由共晶转变获得的两相混合物成为共晶组织。

图 2-18 所示为 Pb-Sn 二元共晶相图。其中 A 点为 Pb 的熔点，B 点为 Sn 的熔点，AEB 线为液相线，AMENB 线为固相线，MF 线和 NG 线分别为 Sn 在 Pb 中和 Pb 在 Sn 中的溶解度曲线。可以看出，随温度降低，固溶体的溶解度下降。合金系中有 L、α 和 β 三个相。α 相是 Sn 溶于 Pb 的固溶体，β 相是 Pb 溶于 Sn 中的固溶体。MEN 线为 L、α、β 三相共存的水平线。

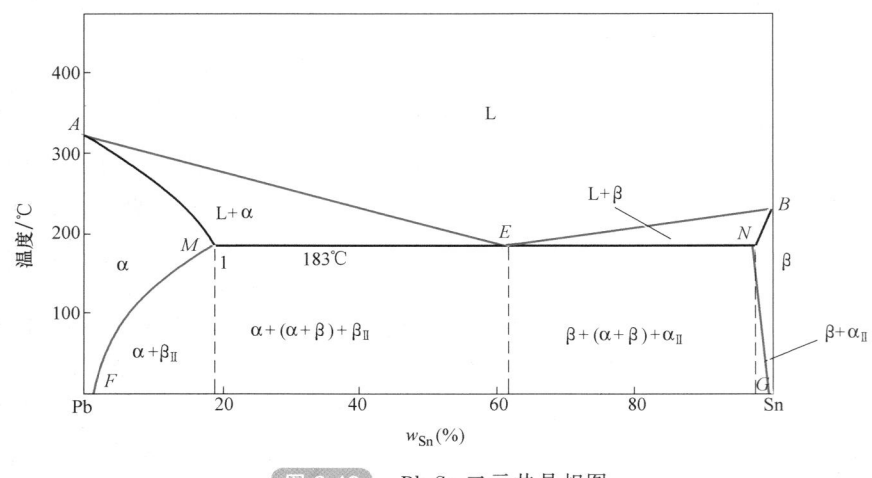

图 2-18    Pb-Sn 二元共晶相图

相图中的水平线 *MEN* 称为共晶线。在水平线对应的温度（183℃），*E* 点成分的液相将同时结晶出 *M* 点成分的 $\alpha_M$ 固溶体和 *N* 点成分的 $\beta_N$ 固溶体，其反应式为

$$L_E \xrightleftharpoons{183℃} \alpha_M + \beta_N$$

这种在一定温度下，由一定成分的液相同时结晶出两个成分和结构都不相同的新固相的转变过程称为共晶转变或共晶反应。共晶反应的产物即两相的机械混合物称为共晶体或共晶组织。发生共晶反应的温度称为共晶温度，发生共晶反应的成分称为共晶成分，代表共晶温度和共晶成分的 *E* 点称为共晶点，具有共晶成分的合金称为共晶合金。在共晶线上，凡成分位于共晶点以左的合金称为亚共晶合金，位于共晶点以右的合金称为过共晶合金。凡具有共晶线成分的合金液体冷却到共晶温度时都将发生共晶反应。发生共晶反应时，L、$\alpha$、$\beta$ 三个相平衡共存，它们的成分固定，但各自的重量在不断变化。因此，水平线 *MEN* 是一个三相区。

在合金结晶过程中，如果结晶的晶体密度与其余的液体密度相差较大，则这些晶体会上浮或下沉，使最后凝固的合金出现上、下部成分不同，这种现象称为密度偏析。在亚共晶或过共晶合金中，如果开始结晶的晶体密度与其余的液体密度相差悬殊，就会形成这种偏析。例如：过共晶铸铁中的石墨飘浮、Pb-Sb 轴承合金中密度较小的 $\beta$ 固溶体上浮，都是密度偏析现象。

密度偏析不能用热处理来消除或减轻，只能控制成分或在凝固时采取措施，如增加结晶的冷却速度或搅拌等。

# 第三节　铁碳合金相图

钢铁材料是工业生产和日常生活中应用最为广泛的金属材料。钢铁材料的主要组元是铁和碳，故称为铁碳合金。研究铁碳合金的组织结构和性能变化规律，对掌握钢铁材料的性能及应用具有重要意义。

## 一、铁碳合金的基本组织

碳的质量分数 $w_C$ 超过 6.69% 的合金因太脆而无实用价值。因此，通常仅研究 $w_C \leqslant$ 6.69% 的铁碳合金，其又称为 $Fe-Fe_3C$ 合金。

### 1. 铁素体

碳溶于 $\alpha$-Fe 中形成的间隙固溶体称为铁素体，用 F 表示。铁素体保持了 $\alpha$-Fe 的体心立方晶格结构。由于 $\alpha$-Fe 的间隙很小，因而溶碳能力极差，在 727℃ 时溶碳量（质量分数）最大，为 0.0218%，在室温下只有约 0.0008%。故铁素体的力学性能与纯铁接近，即强度、硬度较低，但塑性、韧性良好。铁素体的显微组织与纯铁近似，为明亮白色的等轴多边形晶粒，如图 2-19 所示。它在 770℃ 以下具有铁磁性。

### 2. 奥氏体

碳溶于 $\gamma$-Fe 中形成的间隙固溶体称为奥氏体，用 A 表示。奥氏体保持了 $\gamma$-Fe 的面心立方晶格结构。由于面心立方晶格的间隙较大，故溶碳能力也较大。在 1148℃ 时溶碳量（质量分数）为 2.11%，随温度的下降，溶碳量逐渐减小，在 727℃ 时溶碳量（质量分数）为 0.77%。奥氏体是一种高温相，在 727℃ 以上存在。奥氏体的强度、硬度较低，塑性、韧性

好，易于压力加工。因此生产中常将钢材加热到奥氏体状态进行压力加工。奥氏体的显微组织也为明亮的多边形晶粒，如图2-20所示。

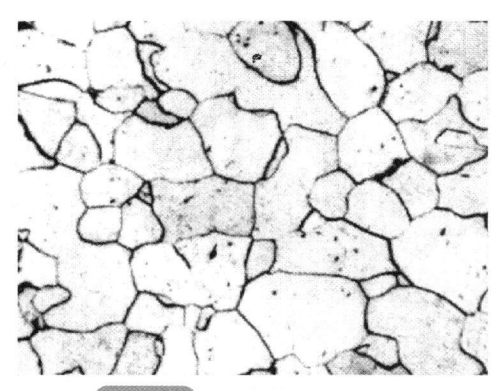

图 2-19　铁素体的显微组织

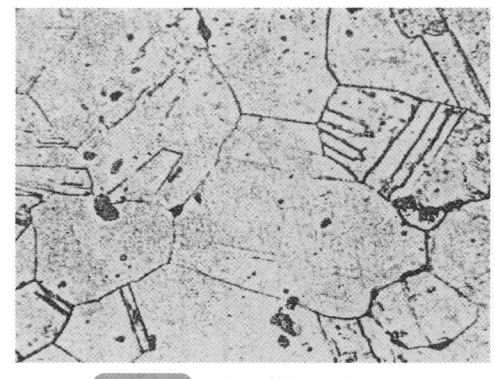

图 2-20　奥氏体的显微组织

### 3. 渗碳体

渗碳体为铁和碳相互作用形成的金属化合物，用其分子式 $Fe_3C$ 表示。渗碳体中碳的质量分数为 6.69%，熔点为 1227℃，具有复杂的晶体结构。渗碳体的性能特点是硬而脆，是铁碳合金的主要强化相。渗碳体在铁碳合金中的形态可呈片状、网状、粒状、板条状。它的数量和形态对铁碳合金的力学性能有很大影响。通常，渗碳体越细小，在固溶体基体中分布越均匀，合金的力学性能越好；反之，越粗大或呈网状分布则脆性越大。

### 4. 珠光体

珠光体是铁素体和渗碳体相间排列而成的层片状的机械混合物，用 P 表示，如图 2-21 所示。珠光体中碳的质量分数为 0.77%，强度较高，硬度适中，具有一定的塑性。

### 5. 莱氏体

莱氏体是碳的质量分数为 4.3% 的液态铁碳合金，在 1148℃ 时从液态中同时结晶出的奥氏体和渗碳体的机械混合物，用 Ld 表示。由于奥氏体在 727℃ 时将转变为珠光体，所以在室温下的莱氏体是由珠光体和渗碳体组

图 2-21　珠光体的显微组织

成，这种混合物称为低温莱氏体，用 L'd 表示。莱氏体以渗碳体为基体，性能与渗碳体相似，硬度很高，塑性很差。

上述五种基本组织中，铁素体、奥氏体和渗碳体都是单相组织，称为铁碳合金的基本相；珠光体、莱氏体则是由基本相混合组成的多相组织。

### 二、铁碳合金相图的分析

铁碳合金相图是表示在缓慢加热（冷却）条件下（即平衡状态），铁碳合金的成分、温度和组织之间关系的图形。它是研究铁碳合金的重要工具。图 2-22 所示为简化后的铁碳合金相图。

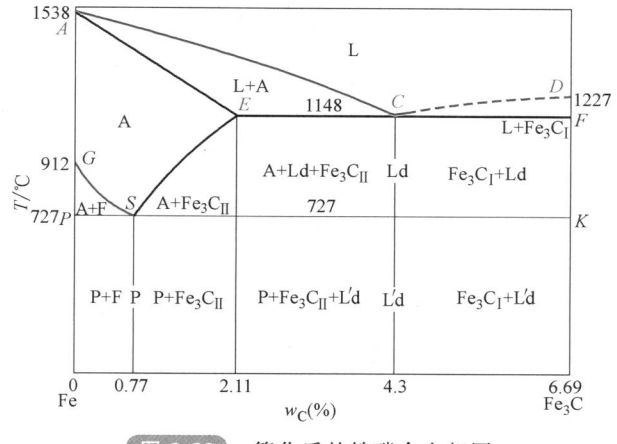

图 2-22　简化后的铁碳合金相图

**1. 铁碳合金相图的主要特征点与特征线**

（1）铁碳合金相图的主要特征点　铁碳合金相图中的主要特征点见表 2-1。

表 2-1　铁碳合金相图中的主要特征点

| 特性点 | 温度/℃ | $w_C$(%) | 含　　义 |
|---|---|---|---|
| $A$ | 1538 | 0 | 纯铁的熔点 |
| $C$ | 1148 | 4.3 | 共晶点,发生共晶反应($L_C \Longleftrightarrow A_E + Fe_3C_I$) |
| $D$ | 1227 | 6.69 | 渗碳体的熔点 |
| $E$ | 1148 | 2.11 | 碳在 γ-Fe 中的最大溶解度,碳钢与白口铸铁的分界点 |
| $G$ | 912 | 0 | 纯铁的同素异构转变点(α-Fe $\Longleftrightarrow$ γ-Fe) |
| $P$ | 727 | 0.0218 | 碳在 α-Fe 中的最大溶解度 |
| $S$ | 727 | 0.77 | 共析点,发生共析转变($A_S \Longleftrightarrow F_P + Fe_3C_{II}$) |

（2）铁碳合金相图的主要特征线　铁碳合金相图中有若干合金状态的分界线，它们是不同合金具有相同含义的临界点的连线。表 2-2 列出了铁碳合金相图中的主要特征线。

表 2-2　铁碳合金相图中的主要特征线

| 特性线 | 名　称 | 含　　义 |
|---|---|---|
| $ACD$ | 液相线 | 此线以上合金全部为液相(L)。金属液冷却到 $AC$ 线以下和 $CD$ 线以下从液相中分别结晶出奥氏体和一次渗碳体 $Fe_3C_I$ |
| $AECF$ | 固相线 | 金属液冷却到此线全部结晶为固态,此线以下为固态区。液相线与固相线之间为金属液的结晶区。这个区域内金属液相与固相并存,$AEC$ 区域内为金属液相与奥氏体,$CDF$ 区域内为金属液相与一次渗碳体 |
| $ECF$ | 共晶线 | $w_C > 2.11\%$ 的铁碳合金,缓冷到此线时(1148℃),液相将发生共晶转变而生成莱氏体(Ld) |
| $PSK$ | 共析线 | 又称为 $A_1$ 线,$w_C > 0.0218\%$ 的铁碳合金,缓冷至此线(727℃),均将发生共析转变,即奥氏体将生成铁素体和渗碳体组成的机械混合物珠光体(P) |

（续）

| 特性线 | 名　称 | 含　义 |
|---|---|---|
| GS | $A_3$线 | 也称为奥氏体和铁素体相互转变线。冷却时，从奥氏体中析出铁素体的开始线；加热时，铁素体全部转变成奥氏体的结束线 |
| ES | $A_{cm}$线 | 碳在奥氏体中的溶解度曲线。碳在奥氏体中的最大溶解度是 $E$ 点（$w_C = 2.11\%$）。随着温度的降低，碳在奥氏体中的溶解度减小，将由奥氏体中析出渗碳体。为和直接从液相中结晶出来的渗碳体（$Fe_3C_I$）相区别，将奥氏体中析出的渗碳体称为二次渗碳体（$Fe_3C_{II}$） |

**2. 铁碳合金的分类**

根据碳的质量分数、组织转变的特点及室温组织，铁碳合金可以分为以下几类，见表 2-3。

表 2-3　铁碳合金的分类

| 铁碳合金 | | $w_C$（%） | 显微组织 |
|---|---|---|---|
| 工业纯铁 | | <0.0218 | F |
| 钢 | 亚共析钢 | 0.0218~0.77 | P+F |
| | 共析钢 | 0.77 | P |
| | 过共析钢 | 0.77~2.11 | P+Fe$_3$C$_{II}$ |
| 白口铸铁 | 亚共晶白口铸铁 | 2.11~4.3 | P+Fe$_3$C$_{II}$+L'd |
| | 共晶白口铸铁 | 4.3 | L'd |
| | 过共晶白口铸铁 | 4.3~6.69 | Fe$_3$C$_I$+L'd |

注：钢 0.0218~2.11；白口铸铁 2.11~6.69

**3. 典型铁碳合金平衡结晶过程分析**

为了进一步认识、理解铁碳合金相图，现以碳钢和白口铸铁的几种典型合金为例，分析其结晶过程及在室温下的显微组织。

（1）共析钢　图 2-23 所示合金 I 为 $w_C = 0.77\%$ 的共析钢，其结晶过程如图 2-24 所示。当合金温度在 1 点以上时全部为液相（L）。当缓冷至 1 点时，开始从液相中结晶出奥氏体（A）。当缓冷至 2 点时，液相全部结晶为奥氏体。在 2~3 点（S 点）间，组织不发生变化。继续冷却时，发生共析反应：$A_S \underset{PSK（727℃）}{\overset{}{\rightleftharpoons}} F+Fe_3C_{II}$。

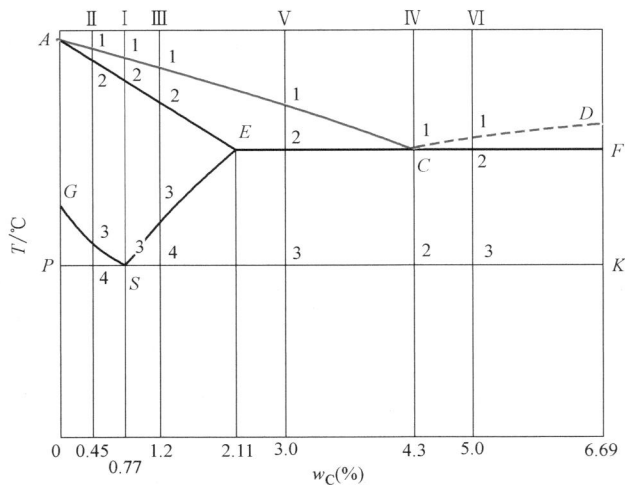

图 2-23　典型合金在铁碳合金相图中的位置

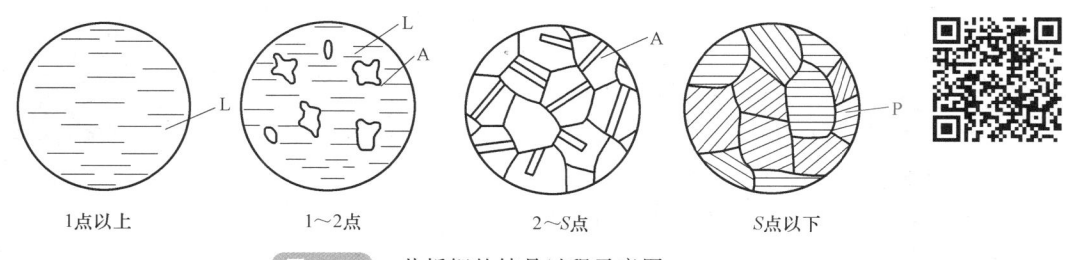

图 2-24　共析钢的结晶过程示意图

从 $S$ 点继续冷却时将从铁素体中析出极少量的三次渗碳体，但量很少，对钢的影响不大，故可忽略不计。因此，共析钢的室温组织是珠光体。共析钢（珠光体）的显微组织如图 2-21 所示，其中白色基体为铁素体，黑色层片为渗碳体。

（2）亚共析钢　图 2-23 所示合金 Ⅱ 为 $w_C = 0.45\%$ 的亚共析钢，其结晶过程如图 2-25 所示。

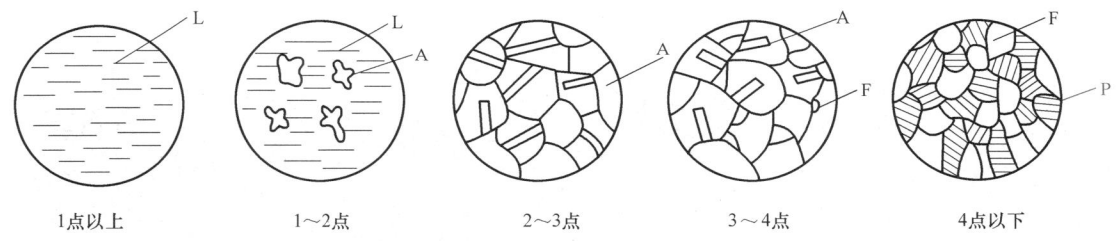

图 2-25　亚共析钢的结晶过程示意图

合金 Ⅱ 在 3 点以上的冷却过程与共析钢在 3 点以上相似。当缓冷至 3 点时，开始从奥氏体中析出铁素体。当缓冷至 4 点时，剩余奥氏体的成分达到共析成分（$w_C = 0.77\%$），发生共析转变形成珠光体。4 点以下至室温，铁素体中析出极少量的三次渗碳体，可忽略不计，故其室温组织是铁素体与珠光体。

所有亚共析钢的结晶过程都相似，其室温组织都是铁素体与珠光体。但随碳的质量分数增加，铁素体量逐渐减少，珠光体量逐渐增多，如图 2-26 所示。

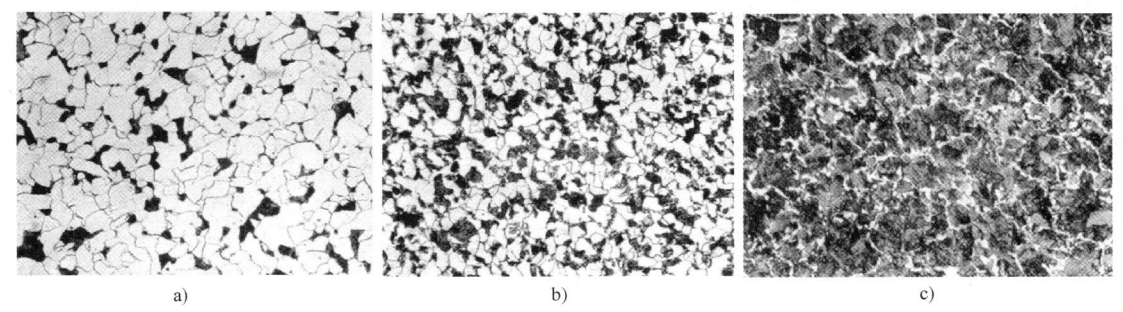

图 2-26　不同含碳量亚共析钢的显微组织

a）$w_C = 0.2\%$　b）$w_C = 0.45\%$　c）$w_C = 0.6\%$

（3）过共析钢　图 2-23 中合金 Ⅲ 为 $w_C = 1.2\%$ 的过共析钢，其结晶过程如图 2-27 所示。

合金在 3 点以上的冷却过程与共析钢在 3 点以上相似。当冷却至 3 点时，奥氏体中碳的质量分数达到饱和而开始从奥氏体的晶界处析出 $Fe_3C_{II}$。随温度降低，析出的二次渗碳体量不断增多，而奥氏体量逐渐减少，其成分沿 ES 线变化。当缓冷至 4 点时，剩余奥氏体的成分达到共析成分（$w_C = 0.77\%$），发生共析转变形成珠光体。从 4 点以下至室温温度，合金组织基本不发生变化。故其室温组织是珠光体与二次渗碳体，其中 $Fe_3C_{II}$ 呈网状分布，如图 2-28 所示。

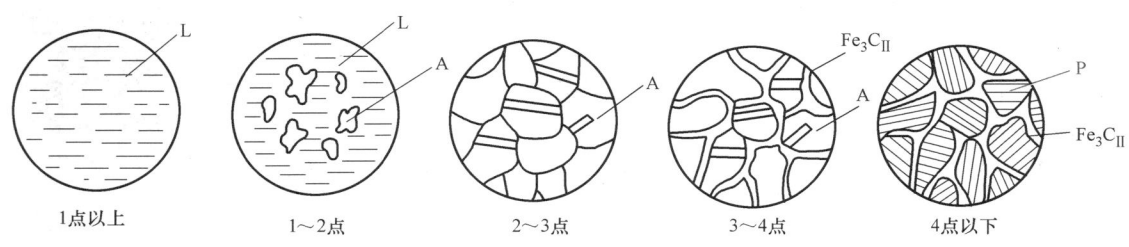

**图 2-27**　过共析钢的结晶过程示意图

所有过共析钢的室温组织都是珠光体与网状二次渗碳体。但随碳的质量分数的增加，珠光体量逐渐减少，二次渗碳体量逐渐增多。

二次渗碳体以网状分布在晶界上，将明显降低钢的强度和韧性。因此，过共析钢在使用之前，应采用热处理等方法消除网状二次渗碳体。

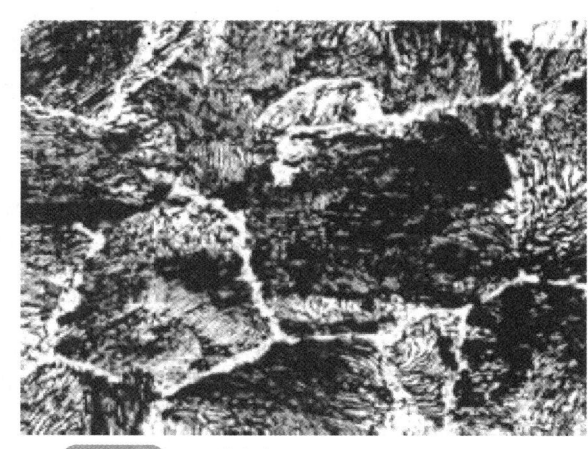

**图 2-28**　过共析钢（$w_C = 1.2\%$）的显微组织

（4）共晶白口铸铁　图 2-23 中合金 Ⅳ 为 $w_C = 4.3\%$ 的共晶白口铸铁，其结晶过程如图 2-29 所示。

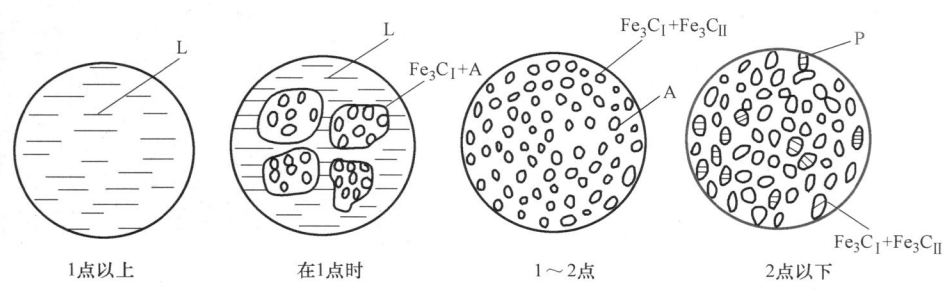

**图 2-29**　共晶白口铸铁的结晶过程示意图

合金温度在 1 点以上时全部为液相（L），当缓冷至 1 点时，液态合金发生共晶转变形成莱氏体 Ld，即 $L_C \xrightleftharpoons{1148℃} A_E + Fe_3C_I$（Ld）。继续冷却，从共晶奥氏体中开始析出二次渗碳体（$Fe_3C_{II}$）。随温度降低，二次渗碳体量不断增多，而共晶奥氏体量逐渐减少，其成分沿 ES 线向共析成分接近。当冷却至 2 点时，共晶奥氏体的成分达到共析成分（$w_C = 0.77\%$），发生共析转变形成珠光体，二次渗碳体将保留至室温。故共晶白口铸铁的室温组织是珠光体和渗碳体（共晶渗碳体和二次渗碳体）

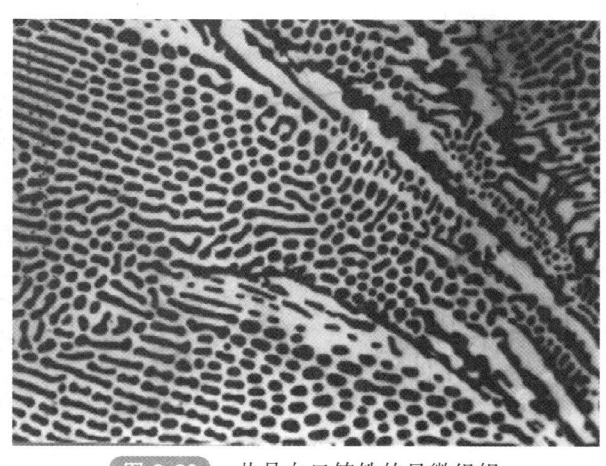

图 2-30　共晶白口铸铁的显微组织

组成的两相组织，即低温莱氏体 L'd。共晶白口铸铁的显微组织如图 2-30 所示，黑色部分为珠光体，白色基体为渗碳体（共晶渗碳体和二次渗碳体连在一起难以分辨）。

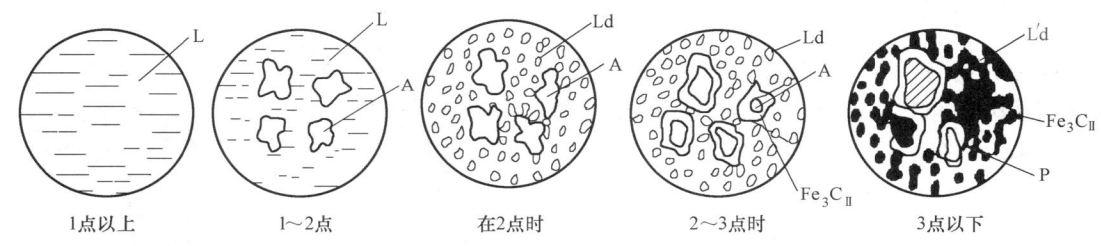

1点以上　　　1～2点　　　在2点时　　　2～3点时　　　3点以下

图 2-31　亚共晶白口铸铁的结晶过程示意图

（5）亚共晶白口铸铁　图 2-23 中合金 V 为 $w_C = 3.0\%$ 的亚共晶白口铸铁，其结晶过程如图 2-31 所示。当缓冷至 1 点温度时，开始从液相中结晶出奥氏体（A）。随温度的下降，奥氏体量逐渐增多，其成分沿 AE 线变化，而剩余液相逐渐减少，其成分沿 AC 线变化。当缓冷至 2 点时，剩余液相成分达到共晶成分（$w_C = 4.3\%$），发生共晶转变形成莱氏体 Ld。继续冷却，奥氏体量逐渐减少，并

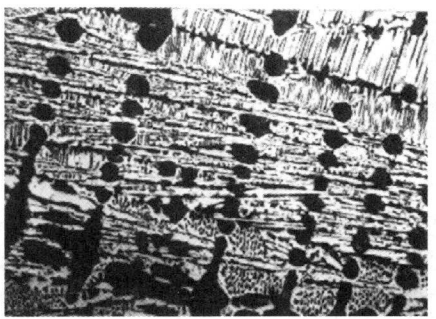

图 2-32　亚共晶白口铸铁的显微组织

不断析出二次渗碳体（$Fe_3C_{II}$），此二次渗碳体将保留至室温。当缓冷至 3 点时，剩余奥氏体达到共析成分（$w_C = 0.77\%$）发生共析转变形成珠光体。故其室温组织是珠光体、二次渗碳体和低温莱氏体 L'd，如图 2-32 所示，黑色枝状或块状为珠光体，黑白相间的基体为低温莱氏体，珠光体周围白色网状为二次渗碳体。

（6）过共晶白口铸铁 图 2-23 中合金Ⅵ为 $w_C = 5.0\%$ 的过共晶白口铸铁，其结晶过程如图 2-33 所示。

当缓冷至 1 点时开始从液相中结晶出 $Fe_3C_I$。继续降温，$Fe_3C_I$ 量逐渐增多，剩余液相逐渐减少。当冷却至 2 点时，剩余液相成分达到共晶成分而发生共晶转变形成莱氏体 Ld。其后冷却过程与共晶白口铸铁相同。故其室温组织是低温莱氏体 $L'd$ 和 $Fe_3C_I$，如图 2-34 所示，白色条状为 $Fe_3C_I$，基体为低温莱氏体。

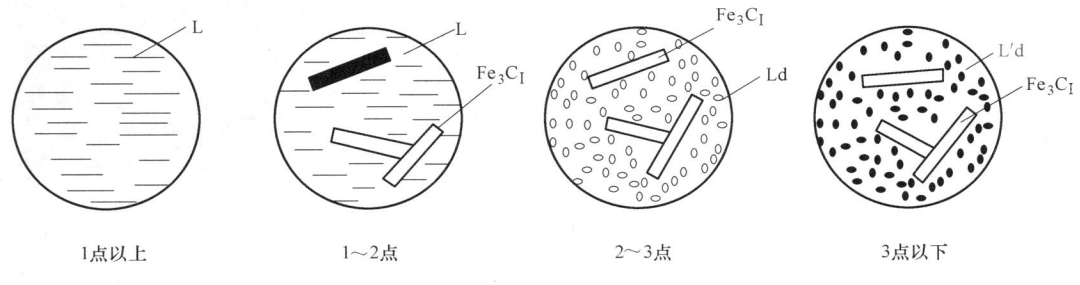

| 1点以上 | 1～2点 | 2～3点 | 3点以下 |

图 2-33 过共晶白口铸铁的结晶过程示意图

### 三、碳的质量分数对铁碳合金组织和性能的影响

1. 碳的质量分数对铁碳合金平衡组织的影响

通过对典型铁碳合金结晶过程分析可知，不同成分的铁碳合金其室温组织不同。随着碳的质量分数的增加，铁碳合金的室温组织变化如下。

$$F \rightarrow P+F \rightarrow P \rightarrow P+Fe_3C_{II} \rightarrow P+Fe_3C_{II}+$$
$$L'd \rightarrow L'd \rightarrow Fe_3C_I+L'd$$

当碳的质量分数增加时，组织中不仅渗碳体数量增加，而且渗碳体的大小、形态和分布情况也随之发生变化。渗碳体由层状分布在铁素体基体内（如珠光体），进而变为呈网状分布在晶界上（如 $Fe_3C_{II}$），最后形成莱氏体时，渗碳体已作为基体出现。因此，不同成分的铁碳合金具有不同的性能。

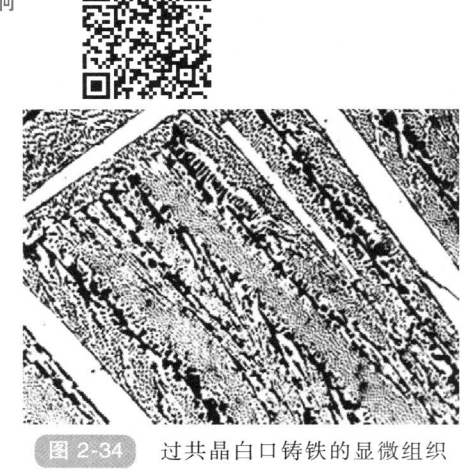

图 2-34 过共晶白口铸铁的显微组织

2. 碳的质量分数对铁碳合金力学性能的影响

碳的质量分数对铁碳合金力学性能的影响如图 2-35 所示。从图 2-35 可见，随着碳的质量分数的增加，铁碳合金的强度和硬度增加，而塑性和韧性降低。这是由于碳的质量分数越高，合金中的硬脆相渗碳体越多的缘故。但当碳的质量分数超过 0.9% 时，由于网状渗碳体的存在，使合金的强度反而降低。因此，为了保证工业用钢具有足够的强度，并具有一定的塑性和韧性，钢的碳的质量分数一般不超过 1.3%～1.4%。

白口铸铁中碳的质量分数大于 2.11%，因其组织中含有大量硬而脆的渗碳体，既难于切削加工，又不能锻压加工，故很少采用。

### 四、铁碳合金相图的应用

铁碳合金相图在生产中具有重大的实际意义，主要应用在以下几个方面。

**1. 作为选用钢铁材料的依据**

铁碳合金相图所表明的成分、组织与性能之间的关系，为合理选用钢铁材料提供了依据。例如：要求塑性、韧性好的各种型材和建筑用钢，应选用碳的质量分数低的钢；承受冲击载荷，并要求较高强度、塑性和韧性的机械零件，应选用碳的质量分数为 0.25%~0.55% 的钢；要求硬度高、耐磨性好的各种工具，应选用碳的质量分数大于 0.55% 的钢；形状复杂、不受冲击、要求耐磨的铸件（如冷轧辊、拉丝模、犁铧等），应选用铸铁。

**2. 在铸造生产上的应用**

根据铁碳合金相图可以确定合金的浇注温度。靠近共晶成分的铁碳合金不仅熔点低，而且其凝固温度区间也较小，故其流动性好、分散缩孔少、偏析小，即具有良好的铸造性

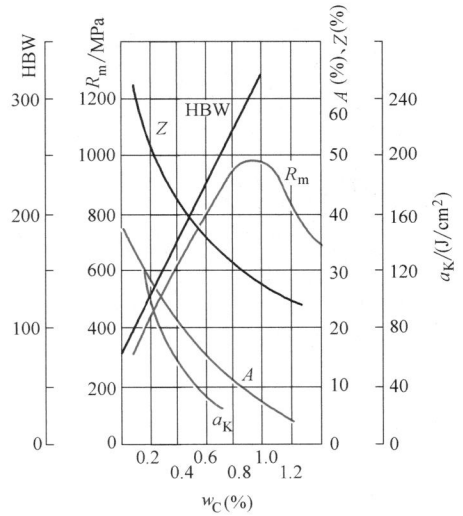

图 2-35　碳的质量分数对铁碳合金力学性能的影响

能。因此，这类合金在铸造生产中获得广泛的应用。铸钢也是常用的铸造合金，碳的质量分数在 0.15%~0.6% 之间的钢，其凝固温度区间较小，铸造性能较好。

**3. 在锻压工艺方面的应用**

钢材轧制或锻造温度范围通常选在铁碳合金相图中单相奥氏体区的适当范围，其选择原则是开始轧制或锻造温度不得过高，以免钢材氧化严重，甚至发生奥氏体晶界部分熔化，使工件报废，而终止温度也不能过低，以免钢材塑性差，产生裂纹。

**4. 在热处理工艺方面的应用**

铁碳合金相图对于制订热处理工艺有着特别重要的意义。各种热处理工艺的加热温度都是参考铁碳合金相图选定的，这将在后续章节中详细谈论。

## 拓展知识

### 雪花的形成

图 2-36 所示为美科学家用显微镜呈现的雪花结构。看到如此美丽的雪花图片，我们禁不住会想：在天空中运动的水汽怎样才能形成降雪呢？是不是温度低于零度就可以了？不是的，水汽想要结晶，形成降雪必须具备两个条件。

一个条件是水汽饱和。空气在某一个温度下所能包含的最大水汽量，称为饱和水汽量。空气达到饱和时的温度，称为露点。饱和的空气冷却到露点以下的温度时，空气里就有多余的水汽变成水滴或冰晶。因为冰晶饱和水汽量比水面要低，所以冰晶生长所要求的水汽饱和程度比水滴要低。也就是说，水滴必须在相对湿度（相对湿度是指空气中的实际水汽压与同温度下空气的饱和水汽压的比值）不小于 100% 时才能增长；而冰晶往往相对湿度不足 100% 时也能增长。例如：空气温度为 -20℃ 时，相对湿度只有 80%，冰晶就能增长了。气温越低，冰晶增长所需的湿度越小。因此，在高空低温环境里，冰晶比水滴更容易产生。

图 2-36　美科学家用显微镜呈现的雪花结构

　　另一个条件是空气里必须有凝结核。有人做过试验，如果没有凝结核，空气里的水汽，过饱和到相对湿度 500% 以上的程度，才有可能凝聚成水滴，但这样大的过饱和现象在自然大气里是不会存在的。没有凝结核的话，地球上就很难能见到雨雪，所以我们有时才会见到天空中有云，却不见降雪。在这种情况下人们往往采用人工降雪。凝结核是一些悬浮在空中的很微小的固体微粒。最理想的凝结核是那些吸收水分最强的物质微粒，如海盐、硫酸、氮和其他一些化学物质的微粒。

## 本章小结

| 常见金属的晶格类型 | 体心立方晶格 | 实际金属的晶体结构 | 多晶体 | | | | 合金的相结构 | 类别 | 固溶体 | 金属化合物 |
|---|---|---|---|---|---|---|---|---|---|---|
| | 面心立方晶格 | | 晶体缺陷 | 类别 | 点缺陷 | 线缺陷 | 面缺陷 | | | |
| | 密排六方晶格 | | | 主要形式 | 空位、间隙原子和置换原子 | 位错 | 晶界、亚晶界 | 主要力学性能 | 塑性、韧性好，强度比纯组元高 | 熔点高、硬度大、脆性大 |
| | | | | 影响 | 金属扩散的主要形式 | 加工硬化、固溶强化、弥散强化等 | 易腐蚀、易扩散、熔点低、强度高、细晶强化 | | | |

| 合金的结晶 | 相图类型 | 对应的转变 | 合金性能 |
|---|---|---|---|
| | 匀晶相图 | 匀晶转变，从液相中结晶出单相固溶体的过程 | 当合金形成单向固溶体时，溶质溶入量越多，合金的强度和硬度越高，电阻越大　　纯组元和共晶成分的合金流动性最好。相图中液相线距离越小，铸造性能越好。当合金形成两相机械混合物时，硬度随成分变化呈直线关系 |
| | 共晶相图 | 共晶转变，在一定温度下由一定成分的液相同时结晶出两种固相的过程 | |
| | 共析相图 | 共析转变，在一定温度下由一定成分的固相同时析出两个成分和结构完全不同的新固相的过程 | |

（续）

| 名称 | 符号 | 定义 | 晶体结构 | 主要力学性能 |
|------|------|------|----------|--------------|
| 铁素体 | F | 碳溶于 α-Fe 中形成的间隙固溶体 | 体心立方晶格 | 塑性、韧性良好 |
| 奥氏体 | A | 碳溶于 γ-Fe 中形成的间隙固溶体 | 面心立方晶格 | 塑性、韧性良好 |
| 渗碳体 | Fe₃C | 铁和碳相互作用形成的金属化合物 | 复杂斜方晶格 | 硬而脆，塑性、韧性极低 |
| 珠光体 | P | 铁素体和渗碳体形成的机械混合物 | 两相组织 | 良好的力学性能 |
| 高温莱氏体 | Ld | 奥氏体和渗碳体形成的机械混合物 | 两相组织 | 硬而脆 |
| 低温莱氏体 | L'd | 珠光体和渗碳体形成的机械混合物 | 两相组织 | 硬而脆 |

（表格左侧纵排文字：铁碳合金的基本组织及性能）

## 知识巩固与能力训练题

一、填空题

1. 常见的金属晶格类型有_____、_____、_____三种，锌属于_____晶格，铬属于_____晶格，铜属于_____晶格。

2. 晶体缺陷的存在都会造成_____，从而使金属的_____提高。

3. _____和_____之差称为过冷度。过冷度的大小与_____有关。_____越快，金属的实际结晶温度越_____，过冷度也就越大。

4. 细化晶粒的根本途径是控制结晶时的_____及_____。

5. 金属结晶时，形核率_____，晶体长大速度_____，单位体积内的晶核就_____，晶粒就越细。

6. 金属液内部最先形成的、作为结晶核心的微小晶体称为_____，包括_____和_____。

7. 金属化合物是指合金组元间发生相互作用而生成的一种新相，通常其性能特点是具有很高的_____、_____和_____。

8. 碳溶于 α-Fe 中形成的间隙固溶体称为_____，用_____表示。

9. 碳溶于 γ-Fe 中形成的间隙固溶体称为_____，用_____表示。

10. _____为铁和碳相互作用形成的金属化合物，用_____表示。

二、选择题

1. γ-Fe 转变为 α-Fe 时，纯铁的体积会_____。

A. 收缩　　　　B. 膨胀　　　　C. 不变　　　　D. 无法判断

2. 金属发生结构改变的温度称为_____。

A. 临界点　　　B. 凝固点　　　C. 熔点　　　　D. 结晶点

3. 晶体中某处的一列或若干列原子有规律的错排现象称为_____。

A. 同素异构转变　　B. 位错　　　C. 晶格畸变　　D. 亚晶界

4. 同种元素具有不同的晶格类型的晶体称为_____。

A. 同位素　　　　　　B. 同素异晶体　　　C. 同素异性体　　　D. 同素异构体

5. 金属经剧烈冷变形后，位错密度_____。

A. 降低　　　　　　　B. 稍有变化　　　　C. 大大提高　　　　D. 没有变化

6. 同素异构转变可以改变金属的_____。

A. 晶粒形状　　　　　B. 晶粒大小　　　　C. 化学成分　　　　D. 晶格类型

7. 多晶体是由许多原子排列位向不同的_____组成。

A. 晶格　　　　　　　B. 晶胞　　　　　　C. 晶粒　　　　　　D. 亚晶粒

8. 在铸造生产中，由砂型铸造改为金属型铸造是利用_____细化晶粒的实例。

A. 变质处理　　　　　B. 机械振动　　　　C. 增大过冷度　　　D. 电磁搅拌

9. 合金固溶强化的基本原因是_____。

A. 晶格的类型改变　　B. 晶粒细化　　　　C. 晶格发生畸变　　D. 增加了原子结合力

10. 固溶体具有_____的晶格类型。

A. 溶质组元　　　　　　　　　　　　　　B. 溶剂组元

C. 溶质与溶剂组元之间　　　　　　　　　D. 不同于任何组元

三、判断题

1. 金属材料的力学性能差异是由内部组织结构所决定的。（　　　）

2. 非晶体具有各向异性的特点。（　　　）

3. 一般来说，晶粒越细小，金属材料的力学性能越好。（　　　）

4. 单晶体具有各向异性的特点。（　　　）

5. 多晶体中各晶粒的位向是完全相同的。（　　　）

6. 同素异构转变过程也遵循晶核形成与长大的规律。（　　　）

7. 晶格由晶胞组成，晶胞又由原子组成。（　　　）

8. 金属化合物的晶格类型与组成化合物的各组元晶格类型完全不同。（　　　）

9. 合金是由成分、结构都相同的同种晶粒组成，其组织是同一相。（　　　）

10. 合金相图的水平线是三相共存线。（　　　）

11. 组成合金的元素只能是金属和非金属元素。（　　　）

12. 在实际生产中，冷却速度越大，结晶后造成的枝晶偏析越大。（　　　）

13. 固溶体、金属化合物、机械混合物均是合金的基本相。（　　　）

14. 机械混合物一般没有确定的相组成数量比，且各个组成相保持各自原有的晶格和性能。（　　　）

15. 二元共晶相图共晶线以下的组织组成物就是相组成物。（　　　）

四、应用题

1. 晶粒大小对金属的力学性能有何影响？生产中有哪些细化晶粒的方法？

2. 如果其他条件相同，试比较下列铸造条件下，铸件晶粒的大小。

1）高温浇注与低温浇注。

2）浇注时采用振动与不采用振动。

3）厚大铸件的表面部分与中心部分。

3. 过冷度与冷却速度有何关系？它对金属结晶过程有何影响？对铸件晶粒大小有何影响？

4. 在平衡条件下，比较 45 钢、T8 钢、T12 钢的硬度、强度、塑性、韧性哪个最大、哪个最小？变化规律是什么？原因何在？

5. 仓库内存放的两种同规格钢材，其碳的质量分数分别为 $w_C = 0.45\%$、$w_C = 0.8\%$，因管理不当混合在一起，试提出两种方法加以鉴别。

6. 根据铁碳合金相图，说明下列现象产生的原因。

1）低温莱氏体（L′d）比珠光体（P）塑性差。

2）加热到 1100℃，$w_C = 0.4\%$ 的钢能进行锻造，$w_C = 4\%$ 的铸铁不能进行锻造。

3）钳工锯高碳成分（$w_C \geqslant 0.77\%$）的钢料比锯低碳成分（$w_C \leqslant 0.2\%$）的钢料费力，锯条容易磨损。

4）钢适宜于锻压加工成形，而铸铁适宜于铸造成形。

5）钢铆钉一般用低碳钢制成。

# 第三章

# 钢的热处理工艺及应用

**知识目标**

1）掌握钢热处理的原理。

2）掌握常用热处理的目的、工艺及应用。

**能力目标**

1）初步具有热处理工艺编制的能力。

2）具有分析热处理常见缺陷及预防的能力。

## 案例导入

1）青铜时代第一次出现了人造金属器物。它们是用石斧锤击自然金或自然铜而制成的，后来用矿石熔炼出的铜制造器物。冷锻时，原始人类遇到加工硬化现象，难以制作薄刀和尖锐箭头。为了使金属再次变软，工匠不得不将冷锻铜放到炉膛加热，这个方法就是再结晶退火。可靠的证据表明，最早使用这种方法的年代可追溯到公元前四千多年。再结晶退火是恢复锻造铜片塑性不可缺少的步骤。以后将这种方法用于青铜。在公元前一千多年，经这种处理的青铜片大量用于制作盘碟。

2）相传三国时诸葛亮带兵打仗，请当时的著名工匠蒲元为他的军队制造了 3000 把钢刀，蒲元运用了"清水淬其锋"的淬火工艺，使钢刀削铁如泥，从而打败敌军。

上面两个小故事中的再结晶退火和"清水淬其锋"的淬火工艺，都是提高和改善零件性能的重要工艺——热处理工艺。

## 第一节　钢的热处理工艺基础

**一、热处理实质、作用及分类**

*1. 热处理实质、作用*

热处理是采用适当的方式对金属材料或工件进行加热、保温、冷却，以改变其组织结构从而获得不同性能的工艺方法。

钢的热处理工艺包括加热、保温和冷却三个阶段。热处理工艺可以用温度和时间曲线来表示，如图 3-1 所示。

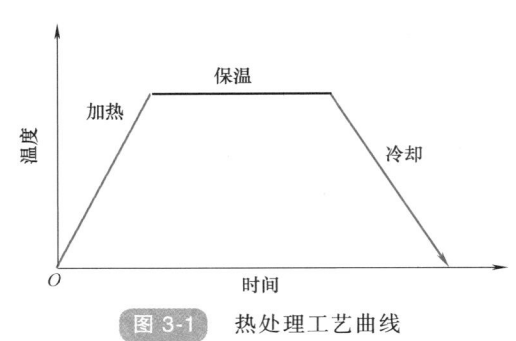

图 3-1　热处理工艺曲线

热处理是提高材料使用性能和改善工艺性能的基本途径之一，是挖掘材料潜力、保证产品质量、延长使用寿命的重要工艺。它在机械制造工业中被广泛地应用着。例如：机床中60%～70%的零件要进行热处理；汽车、拖拉机中70%～80%的零件要进行热处理；各种量具、刃具、模具和滚动轴承几乎100%要进行热处理；可见，热处理在机械制造工业中占有十分重要的地位。

　　**提示**：与其他加工工艺比较，热处理一般不改变工件的形状，仅改变钢的内部组织和结构，从而改变钢的性能，而这种改变过程并不能通过人眼从零件的外观上看到，材料是否能够通过热处理而改善其性能，关键条件是材料在加热和冷却过程中是否发生组织和结构的变化。

　　2. 热处理分类

　　根据工艺类型、工艺名称和加热、冷却方式的不同，热处理工艺分类及名称如图 3-2 所示。

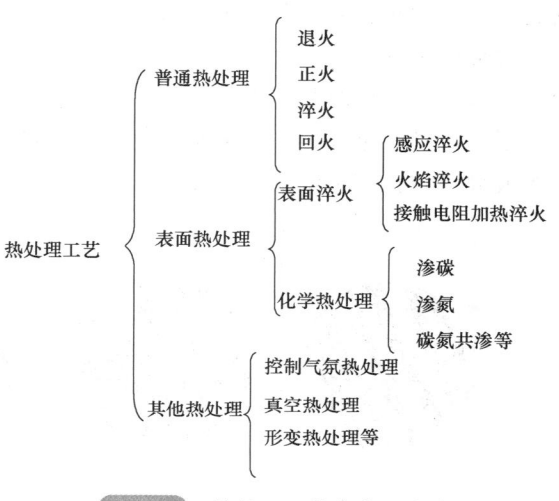

**图 3-2**　热处理工艺分类及名称

　　二、钢在加热时的组织转变

　　钢热处理的原理是依据铁碳合金相图，利用钢在加热和冷却时其内部组织发生转变的基本规律，根据这些基本规律和零件预期的使用性能要求，选择科学合理的加热温度、保温时间和冷却介质等参数，以实现改善钢的性能，满足零件的性能需要。

　　1. 钢的临界转变温度

　　金属材料在加热或冷却过程中，发生相变的温度称为临界转变温度（或称为相变点）。钢的临界转变温度是钢在热处理时制订加热、保温、冷却工艺的重要依据，由铁碳合金相图确定。如图 3-3 所示，$A_1$、$A_3$、$A_{cm}$是钢在缓慢加热或缓慢冷却条件下测得的，是平衡条件下的临界点也称为理论临界转变温度。

　　在实际生产过程中，加热或冷却速度比较快，实际的临界转变温度与理论临界

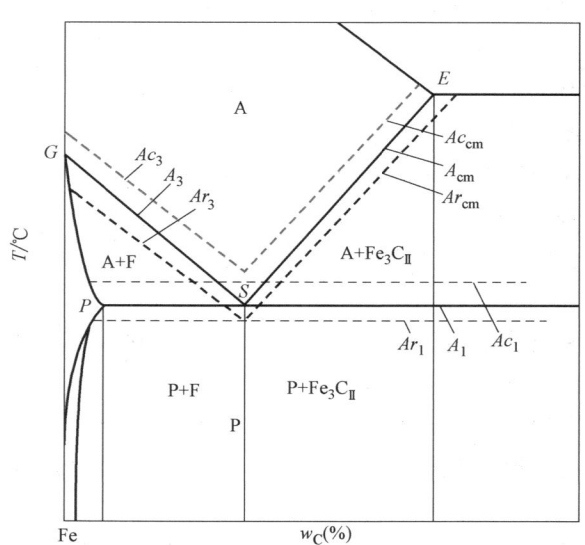

**图 3-3**　实际加热（冷却）时，钢的临界转变温度在铁碳合金相图上的位置

转变温度有偏离，$Ac_1$、$Ac_3$、$Ac_{cm}$为实际加热时的临界转变温度，$Ar_1$、$Ar_3$、$Ar_{cm}$为实际冷却时的临界转变温度。

2. 奥氏体的形成过程

钢热处理加热的目的是为了获得奥氏体组织。只有使钢获得奥氏体组织，才能通过不同的冷却方式使其转变为不同的组织，从而获得不同的性能。钢加热后获得全部奥氏体组织称为完全奥氏体化，获得部分奥氏体组织称为不完全奥氏体化。以共析钢为例，说明共析钢奥氏体的形成过程。

共析钢在常温时具有珠光体组织，当加热到$Ac_1$以上温度时，将形成奥氏体组织。奥氏体的形成也是通过形核和长大来实现的。此过程可分为奥氏体形核、长大，渗碳体溶解和奥氏体成分均匀化四个阶段，如图3-4所示。

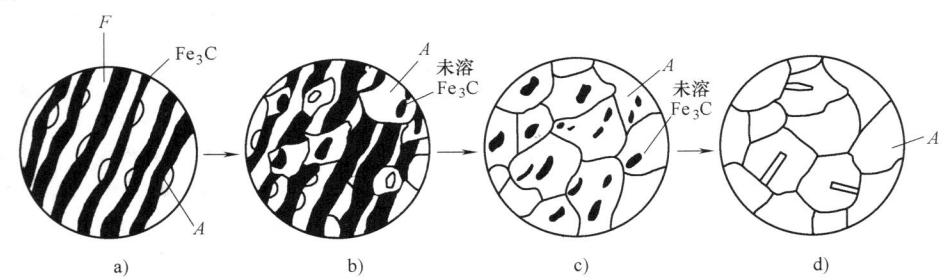

图 3-4 共析钢奥氏体形成过程示意图

a）奥氏体形核 b）奥氏体长大 c）渗碳体溶解 d）奥氏体成分均匀化

（1）奥氏体形核 共析钢加热到$Ac_1$温度时，奥氏体晶核优先在铁素体和渗碳体的相界处形成。

（2）奥氏体长大 奥氏体形核后，奥氏体晶核的相界面将会向铁素体与渗碳体两个方向同时长大。

（3）渗碳体（$Fe_3C$）溶解 由于渗碳体的晶体结构和碳的质量分数与奥氏体差别较大，因此渗碳体向奥氏体中的溶解速度落后于铁素体向奥氏体的转变速度。在铁素体全部转变完成后，仍会有部分渗碳体未溶解，需要一段时间继续向奥氏体溶解，直至全部溶解完为止。

（4）奥氏体成分均匀化 渗碳体溶解结束后，奥氏体成分极不均匀，原铁素体区域碳的质量分数低，原渗碳体区域碳的质量分数高。通过保温，使碳原子充分扩散，奥氏体成分最终均匀化。

亚共析钢和过共析钢的奥氏体形成过程与共析钢基本相同。但是，由于这两类钢的室温组织中除了珠光体以外，亚共析钢中还有先共析铁素体，过共析钢中还有先共析二次渗碳体，所以要想得到单一奥氏体组织，亚共析钢要加热到$Ac_3$线以上，过共析钢要加热到$Ac_{cm}$线以上，以使先共析铁素体或先共析二次渗碳体完成向奥氏体的转变或溶解。

3. 奥氏体晶粒的大小及其影响因素

奥氏体晶粒的大小关系到随后冷却组织晶粒的粗细程度，对钢的性能有着重大的影响。加热时获得的奥氏体晶粒越细小，冷却转变的产物组织晶粒也越细小，其强度、塑性、韧性都比较好；反之，冷却转变的产物组织晶粒也越粗大，其强度、塑性、韧性也越差。将钢加热到临界点以上时，刚形成奥氏体晶粒一般都很细小。在生产中常采用以下措施来控制奥氏体晶粒的大小。

1）合理选择加热温度和保温时间。加热温度越高，保温时间越长，奥氏体晶粒长得越大。通常加热温度对奥氏体晶粒长大的影响比保温时间更显著。

2）加热速度。当加热温度确定后，加热速度越快，奥氏体晶粒越细小。因此，快速高温加热和短时间保温，是生产中常用的一种细化晶粒方法。

3）钢中加入一定量合金元素。在钢的奥氏体化过程中，合金元素（除 Mn、P 外）均阻碍奥氏体晶粒的长大。

评价奥氏体晶粒大小的指标是晶粒度。对比标准晶粒度等级图确定钢的奥氏体晶粒大小。如图 3-5 所示，标准晶粒度等级分为 8 个等级，1~4 级为粗晶粒，5~8 级为细晶粒。

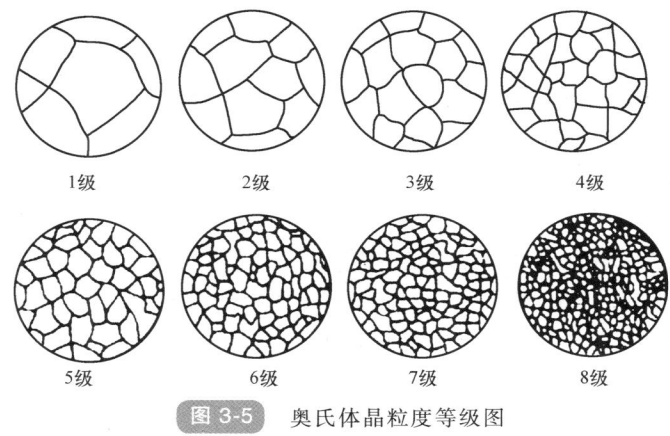

1级　　2级　　3级　　4级

5级　　6级　　7级　　8级

图 3-5　奥氏体晶粒度等级图

提示：钢在热处理加热后必须有保温阶段，不仅是为了使工件"热透"，也是为了使组织转变完全以及保证奥氏体成分均匀。

三、钢在冷却时的组织转变

在生产中，通常钢热处理的冷却方式主要有两种，一种是等温冷却，另一种是连续冷却，如图 3-6 所示。

冷却是钢热处理的重要工序，其决定了钢热处理后的组织和性能。表 3-1 列出了 45 钢 840℃奥氏体化后，不同冷却速度时的力学性能。冷却速度比较快，组织之间的转变已不能用平衡状态时的铁碳合金相图组织之间的转变规律来解释了。因此，为了控制钢热处理后的性能就必须研究奥氏体的冷却转变规律。正确认识钢在冷却时的组织转变规律，这对制订热处理工艺具有重要的意义。

钢在一定冷却速度下进行冷却时，奥氏体需要冷却到共析温度 $A_1$ 以下才能发生组织转变。在共析温度 $A_1$ 以下存在的奥氏体被称为过冷奥氏体，

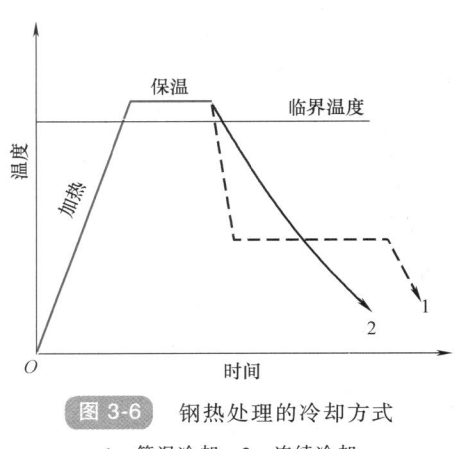

图 3-6　钢热处理的冷却方式

1—等温冷却　2—连续冷却

其处于不稳定状态，具有较强的相变趋势，可以转变成其他组织。

**提示：** 奥氏体和过冷奥氏体的区别在于存在的温度，临界点以上存在的为奥氏体，低于临界点存在的为过冷奥氏体。

表 3-1 45钢840℃奥氏体化后，不同冷却速度时的力学性能

| 冷却方式 | 屈服强度 $R_{eL}$/MPa | 抗拉强度 $R_m$/MPa | 断后伸长率 A(%) | 硬度 HRC |
|---|---|---|---|---|
| 随炉冷却 | 280 | 530 | 32.5 | 15 ~ 18 |
| 空气冷却 | 340 | 670 ~ 720 | 15 ~ 18 | 18 ~ 24 |
| 油中冷却 | 620 | 900 | 18 ~ 20 | 40 ~ 50 |
| 水中冷却 | 720 | 1100 | 7 ~ 8 | 52 ~ 60 |

1. 过冷奥氏体的等温转变

（1）过冷奥氏体等温图的建立　现以共析钢为例来说明过冷奥氏体等温转变图的建立。

1）首先将共析钢制成若干小圆形薄片试样，加热至奥氏体化后，分别迅速放入 $A_1$ 线以下不同温度的恒温盐浴槽中进行等温转变。

2）分别测出在各温度下，过冷奥氏体向其他组织转变的开始时间、终了时间以及转变产物。

3）将所测得的参数画在温度-时间坐标系上，并将各转变开始点和终了点分别用光滑曲线连起来，便得到共析钢过冷奥氏体等温转变图，如图3-7所示。因过冷奥氏体在不同过冷度下，转变所需时间相差很大，故图中用对数坐标表示时间。

（2）共析钢过冷奥氏体的等温转变图分析　图形形状与字母"C"相似，故又简称为C曲线，如图3-8所示。

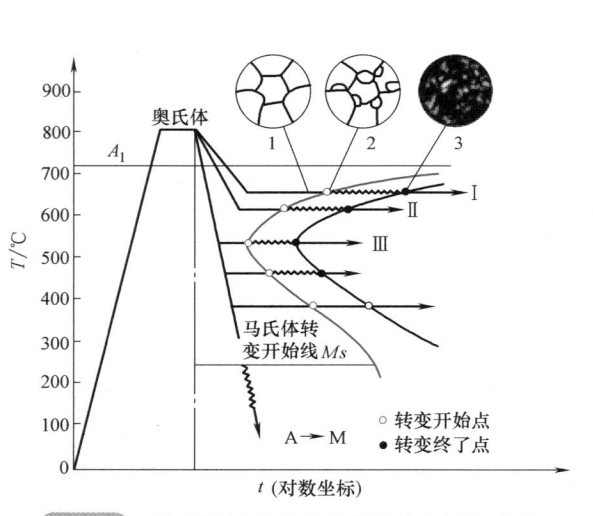

图 3-7　共析钢过冷奥氏体等温转变图的建立

1—孕育期的显微组织　2—转变开始点的显微组织　3—转变终了点的显微组织

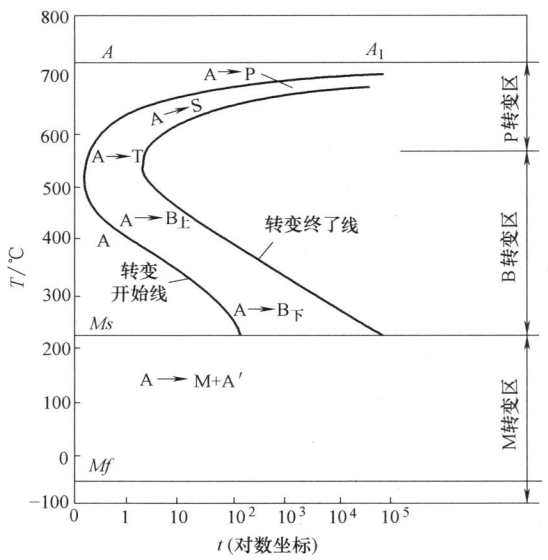

图 3-8　共析钢过冷奥氏体等温转变图

1）各特性线的含义。$A_1$ 线为奥氏体向珠光体转变的临界温度（即共析线）；$Ms$（$Mf$）线为过冷奥氏体向马氏体转变的开始温度（终了温度），应说明的是马氏体是在连续冷却条件下形成，所以 $Ms$（$Mf$）线不属于等温转变特征线；图 3-8 中左边曲线为过冷奥氏体等温转变开始线，右边曲线为过冷奥氏体等温转变终了线。

2）区的含义。$A_1$ 线以上是奥氏体的稳定区；$A_1$ 线以下，转变开始线以左，是过冷奥氏体暂存区；$A_1$ 线以下，转变终了线以右是转变产物区；转变开始线和转变终了线之间是过冷奥氏体和转变产物共存区。

3）孕育期。由曲线可以看出，过冷奥氏体在各个温度的等温转变，并不是瞬间就开始的，而是有一段孕育期（转变开始线与纵坐标轴间的水平距离）。孕育期随转变温度的降低，先是逐渐缩短，而后又逐渐增长，在曲线拐弯处（或称为"鼻尖"，约 550℃ 左右），孕育期最短，过冷奥氏体最不稳定，转变速度最快。

亚共析钢的过冷奥氏体等温转变图与共析钢的不同是，在"鼻尖"上方过冷奥氏体将先有一部分转变为铁素体，剩余的过冷奥氏体再转变为珠光体组织，因此多了一条先共析铁素体转变线（图 3-9a）。同理，过共析钢多了一条先共析渗碳体转变线，如图 3-9b 所示。

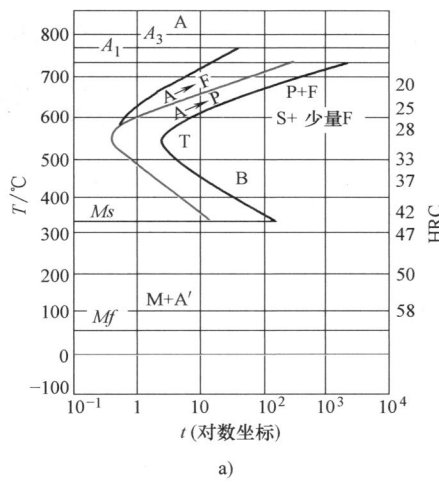
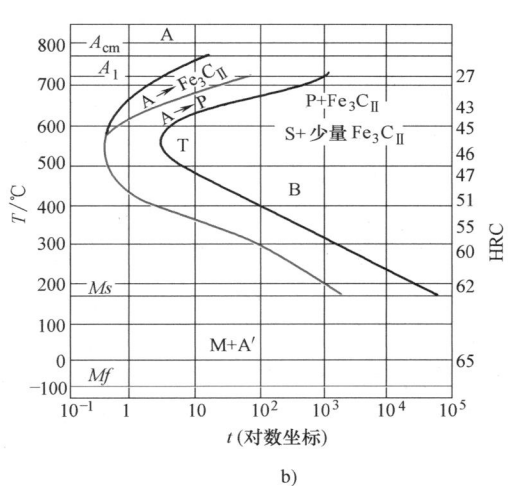

a)                                    b)

图 3-9  亚共析钢和过共析钢过冷奥氏体等温转变图

a）亚共析钢过冷奥氏体等温转变图  b）过共析钢过冷奥氏体等温转变图

（3）过冷奥氏体等温转变产物的组织和性能  如图 3-8 所示，在 $A_1$ 温度以下不同温度区间，过冷奥氏体可以发生三种不同的转变。$A_1$ 至等温转变图"鼻尖"之间的转变为高温转变，转变产物是珠光体，也称为珠光体型转变；等温转变图"鼻尖"至 $Ms$ 的转变为中温转变，转变产物为贝氏体，也称为贝氏体型转变；在 $Ms$ 至 $Mf$ 区间为低温转变，转变产物为马氏体，也称为马氏体型转变。

共析钢过冷奥氏体等温转变温度与转变产物的组织和性能见表 3-2。

表 3-2　共析钢过冷奥氏体等温转变温度与转变产物的组织和性能

| 转变类型 | 转变温度范围/℃ | 过冷程度 | 转变产物 | 符号 | 显微组织形态 | 层片间距 | 硬度 |
|---|---|---|---|---|---|---|---|
| 珠光体型转变 | $A_1 \sim 650$ | 小 | 珠光体 | P | 粗片状 | 约 0.3μm | 170~220HBW（<20HRC） |
| | 650~600 | 中 | 索氏体 | S | 细片状 | 0.1~0.3μm | 25~35HRC |
| | 600~550 | 较大 | 托氏体 | T | 极细片状 | 约 0.1μm | 35~40HRC |
| 贝氏体型转变 | 550~350 | 大 | 上贝氏体 | $B_上$ | 羽毛状 | — | 42~48HRC |
| | 350~$Ms$ | 更大 | 下贝氏体 | $B_下$ | 针叶状 | — | 48~58HRC |
| 马氏体型转变 | $Ms \sim Mf$ | 最大 | 马氏体 $0.25\% < w_C < 1.0\%$ | M | 片状和板条状 | — | 50~60HRC |
| | | 最大 | 马氏体 $w_C > 1.0\%$ | M | 凸透镜状 | — | 62~65HRC |

**2. 过冷奥氏体的连续冷却转变**

在实际生产中，如一般的退火、正火、淬火等，过冷奥氏体的转变大多数在连续冷却过程中完成的。

（1）过冷奥氏体连续冷却转变图分析　共析钢过冷奥氏体连续冷却转变图比较简单，如图 3-10 所示。由图 3-10 可知，连续冷却转变图只有等温转变图的上半部分，没有下半部分，即连续冷却转变时不形成贝氏体组织，且较奥氏体等温转变图向右下方移一些。$Ps$ 线为过冷奥氏体向珠光体转变开始线；$Pf$ 线为过冷奥氏体向珠光体转变终了线；$K$ 线为过冷奥氏体向珠光体转变中止线，它表示当冷却速度线与 $K$ 线相交时，过冷奥氏体不再向珠光体转变，一直保留到 $Ms$ 线以下转变为马氏体。

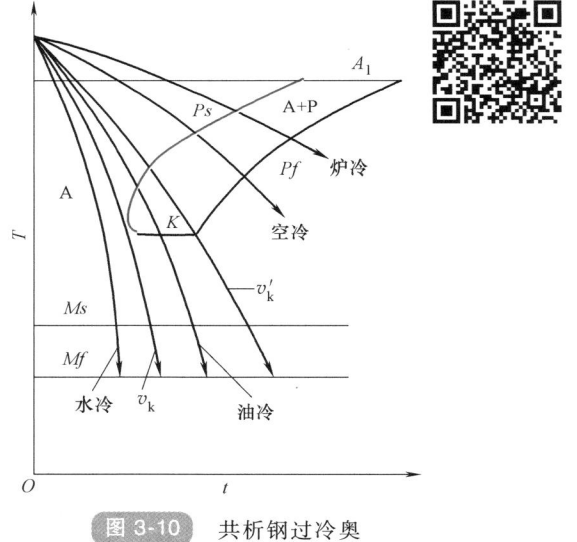

图 3-10　共析钢过冷奥氏体连续冷却转变图

与连续冷却转变图的开始线相切的冷却速度 $v_k$，称为上临界冷却速度（或称为马氏体临界冷却速度），它是获得全部马氏体组织的最小冷却速度。$v_k'$ 称为下临界冷却速度，它是获得全部珠光体的最大冷却速度。

（2）过冷奥氏体连续冷却转变与等温转变的关系　连续冷却过程可以看成是无数个微小的等温过程，在经过每一温度时都停留一个微小的时间。连续冷却转变就是在这些微小等温过程中孕育、发生的。连续冷却转变过程实质上是由无数个微小等温转变过程组成的。

（3）过冷奥氏体等温转变图在连续冷却中的应用　由于过冷奥氏体连续冷却转变曲线

测定较困难，至今还有许多使用较广泛的钢种的过冷奥氏体连续冷却转变曲线未被测出，所以目前还常用过冷奥氏体等温转变曲线来定性、近似地分析过冷奥氏体在连续冷却时的转变。

以共析钢为例，将连续冷却速度线画在过冷奥氏体等温转变曲线上，根据与过冷奥氏体等温转变曲线相交的位置，可估计出连续冷却转变的产物，如图 3-11 所示。

图 3-11 中 $v_1$ 相当于随炉冷却的速度（退火），根据它与奥氏体等温转变曲线相交的位置，可估计出连续冷却后转变产物为珠光体，硬度为 170~220HBW；$v_2$ 相当于空冷的冷却速度（正火），可估计出连续冷却后转变产物为索氏体，硬度为 25~35HRC；$v_3$ 相当于油冷的冷却速度（油淬），它只与奥氏体等温转变曲线的转变开始

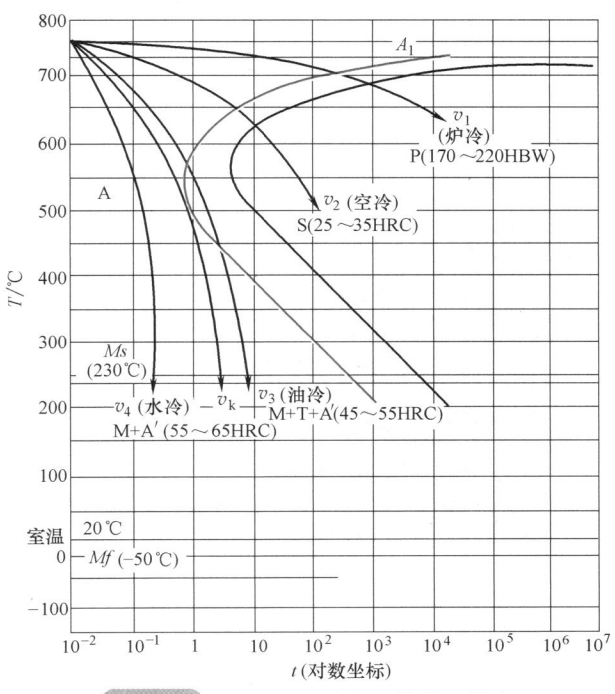

图 3-11 共析钢过冷奥氏体等温转变图在连续冷却中的应用

线相交于 550℃ 左右处，未与转变终了线相交，并通过 $Ms$ 线，这表明只有一部分过冷奥氏体转变为托氏体，剩余的过冷奥氏体到 $Ms$ 线以下转变为马氏体，最后得到托氏体和马氏体及残留奥氏体（A′）的复相组织，硬度为 45~55HRC；$v_4$ 相当于在水中冷却的冷却速度（淬火），它不与奥氏体等温转变曲线相交，直接通过 $Ms$ 线，转变为马氏体，得到马氏体和残留奥氏体组织，硬度为 55~65HRC。

**提示**：采用连续冷却转变时，由于连续冷却转变是在一个温度范围内进行的，因此，连续冷却转变的转变产物往往不是单一的，根据冷却速度的不同，其转变产物有可能为 P+S、S+T 和 T+M 等。

（4）马氏体的组织形态和性能

1）马氏体的组织形态。马氏体组织形态有片状（针状）和板条状两种，其组织形态主要取决于奥氏体中碳的质量分数。奥氏体中 $w_C > 1.0\%$ 时，马氏体呈凸透镜状，称为片状马氏体，又称为高碳马氏体，观察金相磨片其断面呈针状。片状马氏体显微组织如图 3-12 所示。

当 $w_C < 0.25\%$ 时，马氏体呈板条状，故称为板条状马氏体，又称为低碳马氏体。板条状马氏体显微组织如图 3-13 所示。若 $w_C$

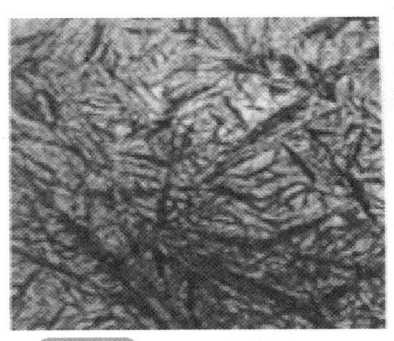

图 3-12 片状马氏体显微组织

在 0.25%~1.0%之间，则为片状和板条状马氏体的混合组织。

2）马氏体的性能。马氏体硬度和强度主要取决于马氏体中碳的质量分数。如图 3-14 所示，马氏体硬度和强度随着马氏体中碳质量分数的增加而升高，但当马氏体的 $w_C$>0.6%后，硬度和强度提高得并不明显。马氏体塑性和韧性也与其碳的质量分数有关，片状高碳马氏体的塑性和韧性差，而板条状马氏体的塑性和韧性较好。

图 3-13　板条状马氏体显微组织

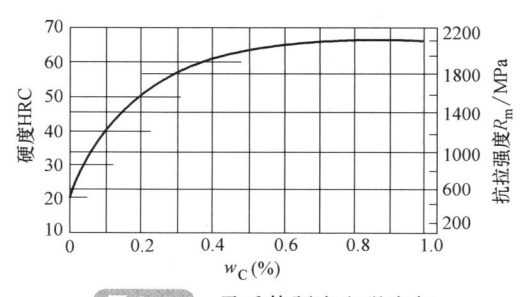

图 3-14　马氏体硬度和强度与
碳的质量分数的关系

## 第二节　钢的整体热处理工艺及应用

整体热处理是对工件整体进行穿透加热，常用的方法有退火、正火、淬火和回火。

一、退火和正火

退火和正火是应用非常广泛的热处理工艺。在机器零件和工具、模具等工件的加工制造过程中，退火和正火经常作为预备热处理工序，安排在铸、锻、焊工序之后，切削（粗）加工之前，用以消除前一工序所带来的某些缺陷，为随后的工序做准备。

退火和正火除经常作为预备热处理工序外，对一些普通铸件、焊件以及不重要的热加工工件，还可作为最终热处理工序。综上所述，退火和正火的主要目的如下。

1）调整硬度以便进行切削加工。

2）消除残余应力，防止钢件的变形、开裂。

3）细化晶粒、改善组织，以提高钢的力学性能。

4）为最终热处理做好组织准备

1. 退火工艺及其应用

钢的退火是将钢件加热到适当温度，保温一定时间，然后缓慢冷却，以获得接近平衡组织状态的热处理工艺。

除了炉冷外，退火还可以采用坑冷、灰冷和埋砂冷等冷却方式，以获得珠光体为主的组织。

（1）完全退火　完全退火是指将钢件完全奥氏体化（加热至 $Ac_3$ 以上 30~50℃），保温一定时间后，随之缓慢冷却，获得接近平衡组织的退火工艺。生产中为提高生产率，一般随炉冷至 600℃ 左右，将工件出炉空冷。常用结构钢的完全退火加热温度与退火后的硬度见表 3-3。

完全退火主要用于亚共析钢的铸件、锻件、热轧型材和焊件等，通过完全退火使热加工造成的粗大晶粒细化，消除内应力。

**提示**：完全退火不适合用于过共析钢，因为加热到 $Ac_{cm}$ 以上随后缓冷时，会沿奥氏体晶界析出网状二次渗碳体，使钢件韧性降低。

表 3-3　常用结构钢的完全退火加热温度与退火后的硬度

| 牌号 | 加热温度/℃ | 退火后的硬度 HBW |
| --- | --- | --- |
| 35 | 850~880 | ≤187 |
| 45 | 820~840 | ≤207 |
| 35CrMo | 830~850 | 197~229 |
| 40Cr | 840~860 | ≤207 |
| 40MnB | 820~860 | ≤207 |
| 40CrNiMo | 810~870 | 197~229 |
| 42CrMo | 810~870 | 197~229 |
| 50CrVA | 810~870 | 197~255 |
| 65Mn | 790~840 | 197~229 |
| 60Si2MnA | 840~860 | 255~284 |
| 38CrMoAl | 900~930 | ≤229 |

完全退火的主要缺点是时间长，特别是对于某些奥氏体比较稳定的合金钢，退火一般需要几十个小时。

（2）等温退火　为了缩短完全退火时间，生产中常采用等温退火工艺，即将钢件加热到 $Ac_3$ 以上 30~50℃（亚共析钢）或 $Ac_1$ 以上 10~20℃（共析钢、过共析钢），保温适当时间后，较快冷却到珠光体转变温度区间的适当温度，并保持等温，使奥氏体转变为珠光体型组织，然后在空气中冷却的退火工艺。

等温退火与完全退火目的相同，但转变较易控制，所用时间比完全退火缩短约 1/3，并可获得均匀的组织和性能。特别是对某些合金钢，生产中常用等温退火来代替完全退火或球化退火。图 3-15 所示为高速工具钢完全退火与等温退火的比较。

（3）球化退火　球化退火是指将共析钢或过共析钢加热到 $Ac_1$ 以上 10~20℃，保温一定时间后，随炉缓冷至室温，或快冷到略低于 $Ar_1$ 温度，保温一段时间，然后冷却至 600℃ 左右后出炉空冷，使钢中碳化物球状化的退火工艺，如图 3-16 所示。

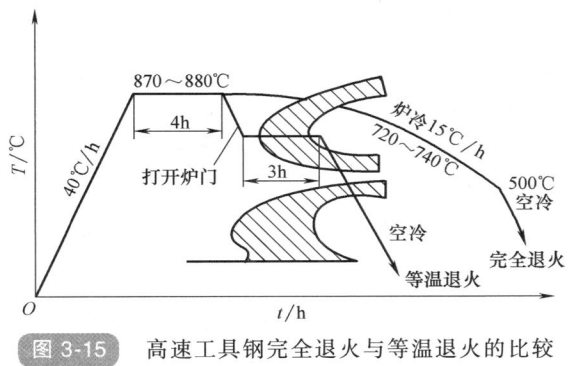

图 3-15　高速工具钢完全退火与等温退火的比较

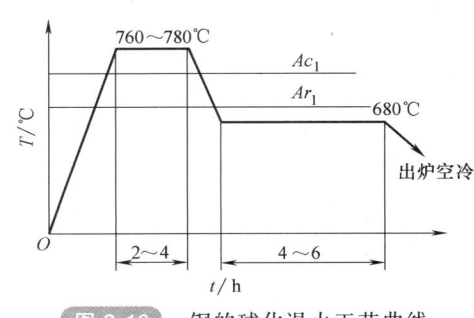

图 3-16　钢的球化退火工艺曲线

过共析钢及合金工具钢热加工后，组织中常出现粗片状珠光体和网状二次渗碳体，钢的硬度和脆性增加，可加工性变差，且淬火时易产生变形和开裂。为消除上述缺陷，可采用球化退火，使珠光体中的粗片状渗碳体和钢中网状二次渗碳体均呈球（粒）状，这种在铁素体基体上弥散分布着球状渗碳体的复相组织，称为球化体，如图 3-17 所示。

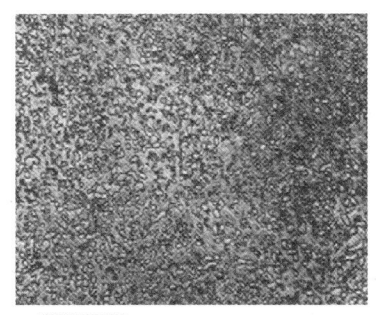

**图 3-17** 球化体的显微组织

**提示**：对于存在有严重网状二次渗碳体的钢，可在球化退火前，先进行一次正火。

近些年来，球化退火应用于亚共析钢已获得成效，只要严格控制工艺，同样可以获得良好的球化体组织，其具有最佳的塑性和较低的硬度，从而有利于冷挤压、冷拔、冲压等冷成形加工。

（4）去应力退火　去应力退火是指为去除各种冷、热加工所产生的内应力而进行的退火。

去应力退火工艺是将钢件加热至 $Ac_1$ 以下 $100 \sim 200℃$，保温后，随炉缓冷至 $200 \sim 300℃$ 出炉空冷。它的目的主要是消除工件塑性变形加工、切削加工或焊接造成的应力以及铸件内存在的残余应力，对形状复杂及壁厚不均匀的零件尤为重要。由于加热温度低于 $A_1$，因此在退火过程中不发生相变。

若采用高温退火（如完全退火），也可以更彻底地消除应力，但会使氧化、脱碳严重，还会产生高温变形，故为了消除应力，一般是采用去应力退火。

（5）均匀化退火　均匀化退火是将钢锭、铸件或锻坯加热到高温（因相线以下 $100 \sim 200℃$），并在此温度下长时间保温（$10 \sim 15h$），然后缓慢冷却，以达到化学成分和组织均匀化的退火工艺。

均匀化退火时间长，消耗能量大，成本高，主要用于减少中碳合金钢、高合金钢铸件或锻、轧件化学成分和组织偏析，使之均匀化。均匀化退火后，钢的晶粒粗大，因此还要进行完全退火或正火。

#### 2. 正火工艺及其应用

正火是指将钢件加热到 $Ac_3$（亚共析钢）或 $Ac_{cm}$（过共析钢）以上 $30 \sim 50℃$，经保温后在空气中冷却的热处理工艺。

正火与退火的主要区别是正火冷却速度稍快，得到的组织较细小，强度和硬度有所提高，操作简便，生产周期短，成本较低。一般正火主要应用于以下场合。

（1）改善低碳钢的可加工性　低碳钢切削加工时，由于在退火状态下，硬度较低，切削加工时有时容易"黏刀"，经正火后，可适当提高其硬度，改善可加工性。

（2）可作为最终热处理　对于使用性能要求不高的零件以及某些大型或形状复杂的零件，当淬火有开裂危险时，可采用正火作为最终热处理。

（3）可消除钢中网状二次渗碳体　对于过共析钢，可消除网状二次渗碳体，为球化退火做好组织准备。由于正火加热温度较高，过共析钢加热到 $Ac_{cm}$ 以上温度时可使网状二次渗碳体充分溶解到奥氏体中，在空冷时碳化物来不及析出，这样便消除网状二次渗碳体，同时也细化了珠光体组织。

3. 退火和正火的选用原则

（1）从可加工性上考虑 金属材料的硬度一般在 170~230HBW 范围内时，其可加工性较好。在切削加工时，应尽量使工件处于最佳切削硬度范围内，表 3-4 列了不同碳质量分数的钢正火和退火后的硬度。

表 3-4 不同碳质量分数的钢正火和退火后的硬度

| $w_C$(%) | <0.25 | 0.25~0.65 | 0.65~0.8 | 0.9~1.2% |
|---|---|---|---|---|
| 退火硬度 HBW | <150 | 150~180 | 180~220 | 187~217 |
| 正火硬度 HBW | <156 | 156~228 | 228~280 | 230~340 |

（2）从零件的结构形状考虑 对于形状复杂的零件或尺寸较大的大型钢件，若采用正火，可能会导致较大的内应力和变形，甚至开裂，这种情况应选用退火。

（3）从经济上考虑 正火生产周期短、生产率高、成本较低、操作方便，故在可能条件下，应优先采用正火。

退火和正火的加热温度范围及热处理工艺曲线如图 3-18 所示。

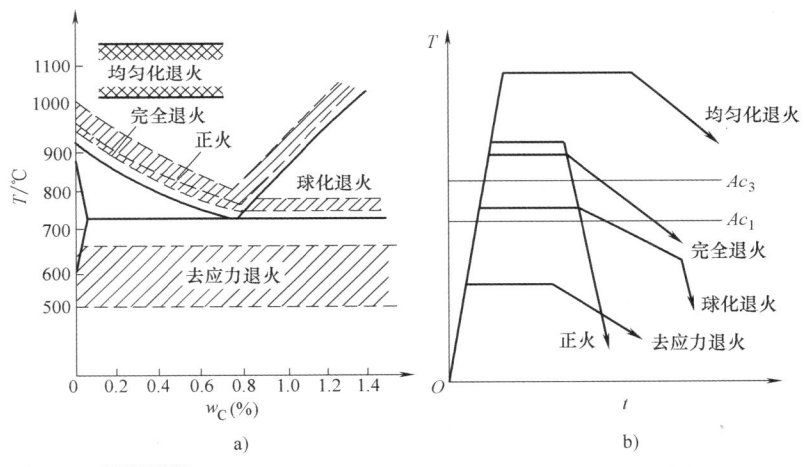

图 3-18 退火和正火的加热温度范围及热处理工艺曲线

a）加热温度范围 b）热处理工艺曲线

4. 退火和正火常见缺陷及对策

退火和正火常见缺陷及对策见表 3-5。

表 3-5 退火和正火常见缺陷及对策

| 缺陷 | 说　明 | 对　策 |
|---|---|---|
| 过烧 | 加热温度过高使晶界局部熔化 | 报废 |
| 过热 | 加热温度过高使奥氏体晶粒粗大,冷却后形成粗晶组织 | 完全退火或正火补救 |
| 网状组织 | 加热温度过高及冷却速度慢形成网状铁素体或渗碳体 | 重新退火 |
| 球化不均匀 | 球化退火前未消除网状碳化物,退火后残存大块状碳化物 | 正火后重新球化退火 |
| 硬度偏高 | 退火冷却速度过快或球化不好 | 重新退火 |
| 脱碳 | 工件表面脱碳严重超过技术条件要求 | 在保护气氛中退火或复碳处理 |

## 二、钢的淬火

淬火是将钢加热至临界点（$Ac_3$ 或 $Ac_1$）以上，保温后以大于 $v_k$ 的速度冷却，使过冷奥氏体转变成马氏体（或下贝氏体）的热处理工艺。淬火的目的是为了得到马氏体组织，其是钢的最主要的强化方式。

### 1. 淬火工艺

（1）淬火加热温度 在选择淬火加热温度时，应使获得的组织硬度越大越好，获得的晶粒越小越好。

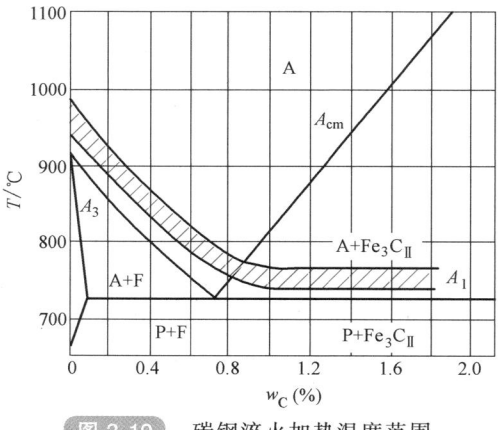

图 3-19 碳钢淬火加热温度范围

1）对于亚共析钢，淬火温度一般为 $Ac_3$ 以上 30～50℃，淬火后得到均匀细小的马氏体和少量残留奥氏体。若淬火温度过低，则淬火后组织中将会有铁素体，使钢的强度、硬度降低；若加热温度超过 $Ac_3$ 以上 30～50℃，奥氏体晶粒粗化，淬火后得到粗大的马氏体，钢的力学性能变差，且淬火应力增大，易导致变形和开裂。

2）对于共析钢或过共析钢，淬火加热温度为 $Ac_1$ 以上 30～50℃，淬火后得到细小的马氏体和少量残留奥氏体（共析钢），或细小的马氏体、少量渗碳体和残留奥氏体（过共析钢），由于渗碳体的存在，使钢的硬度和耐磨性提高。若温度过高，如过共析钢加热到 $Ac_{cm}$ 以上温度，由于渗碳体全部溶入奥氏体中，奥氏体中碳的质量分数提高，$Ms$ 温度降低，淬火后残留奥氏体量增多，钢的硬度和耐磨性降低。此外，因温度高，奥氏体晶粒粗化，淬火后得到粗大的马氏体，脆性增大。若加热温度低于 $Ac_1$，组织没发生相变，达不到淬火目的。碳钢淬火加热温度范围如图 3-19 所示。

对于合金钢，由于大多数合金元素有阻碍奥氏体晶粒长大的作用，因而淬火加热温度比碳钢高，使合金元素在奥氏体中充分溶解和均匀化，以获得较好的淬火效果。

在实际生产中，淬火加热温度的确定，还需考虑工件形状尺寸、淬火冷却介质和技术要求等因素。

（2）淬火加热时间 淬火加热时间包括升温时间和保温时间。通常以装炉后温度达到淬火加热温度所需时间为升温时间，并以此作为保温时间的开始。保温时间是指工件烧透并完成奥氏体均匀化所需时间。

淬火加热时间受工件成分、形状、尺寸、装炉方式、装炉量、加热炉类型、炉温和加热介质等影响，一般用下述经验公式确定，即

$$t = \alpha D$$

式中　$t$——淬火加热时间（min）；

　　　$\alpha$——加热系数（min/mm）；

　　　$D$——工件有效厚度（mm）。

加热系数表示工件单位有效厚度所需的加热时间。常用钢的加热系数 $\alpha$ 见表 3-6。

（3）淬火冷却介质 钢进行淬火时冷却是最关键的工序。淬火的冷却速度必须大于临界冷却速度，快冷才能得到马氏体，但快冷总会带来内应力，往往会引起工件的变形和开

裂。那么，怎样才能既得到马氏体而又能减小变形和开裂呢？由过冷奥氏体等温转变图可知，理想的淬火冷却介质应保证在650℃以上冷却速度可慢些，以减小工件内、外温差引起的热应力，防止工件变形；在650~400℃范围内，尤其在"鼻尖"处，冷却速度大于马氏体临界冷却速度，才能保证过冷奥氏体在此区间不形成珠光体；在300~200℃范围内应缓冷，以减小热应力和组织应力，防止产生变形和开裂，理想的淬火冷却介质如图3-20所示。

表3-6 常用钢的加热系数 α　　　　　　（单位：min/mm）

| 钢的种类 | 工件直径/mm | <600℃ 箱式炉中加热 | 750~850℃ 盐浴炉中加热 | 800~900℃ 箱式炉或井式炉中加热 | 1100~1300℃ 高温盐浴炉中加热 |
|---|---|---|---|---|---|
| 碳钢 | ≤50 | — | 0.3~0.4 | 1.0~1.2 | — |
|  | >50 |  | 0.4~0.5 | 1.2~1.5 |  |
| 合金钢 | ≤50 | — | 0.45~0.5 | 1.2~1.5 | — |
|  | >50 |  | 0.5~0.55 | 1.5~1.8 |  |
| 高合金钢 | — | 0.35~0.40 | 0.3~0.35 | — | 0.17~0.20 |

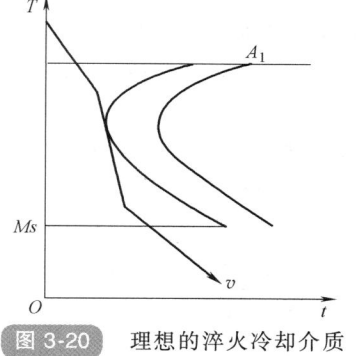

图3-20 理想的淬火冷却介质

但是在实际生产中，淬火冷却介质很难能完全符合这一理想淬火冷却介质的要求。在生产中，常用的淬火冷却介质是水、油或盐、碱水溶液。

1）水。水有较强的冷却能力，且成本低，是最常用的淬火冷却介质。但它的缺点是在650~400℃范围内冷却能力不够强，而在300~200℃范围内冷却能力又很大，因此常会引起淬火钢的内应力增大，导致工件变形和开裂。因此，水在生产中主要用于形状简单、截面较大的碳钢零件的淬火。

2）油。淬火常用的油有机油、变压器油、柴油等。油在300~200℃范围内的冷却速度比水小，有利于减小工件变形和开裂，但油在650~400℃范围内冷却速度也比水小，不利于工件淬硬，因此只能用于低合金钢、合金钢的淬火。

3）盐、碱水溶液。在水中加入盐或碱类物质，能增加在650~400℃范围内的冷却能力，这对保证工件，特别是碳钢的淬硬是非常有利的，但盐水仍具有清水的缺点，即在300~200℃范围内冷却能力很大，工件变形、开裂倾向很大。盐水比较适用于形状简单、硬度要求高而均匀、表面要求光洁、变形要求不严格的碳钢零件

为了减少工件淬火时的变形，可采用碱浴作为淬火冷却介质，如熔化的NaNO$_3$、KNO$_3$等。它主要用于贝氏体等温淬火和马氏体分级淬火，其特点是沸点高，冷却能力介于水与油之间，常用于形状复杂、尺寸较小和变形要求严格的工件。

盐、碱水溶液对工件有一定的锈蚀作用，淬火后工件必须清洗干净。

2. 常用的淬火方法

在实际生产中应根据淬火件的具体情况采用不同的淬火方法。常用的淬火方法如图3-21所示。

（1）单液淬火　单液淬火是将工件奥氏体化后，保温适当时间后，放入一种介质中连续冷却至室温的操作方法。这种方法操作简单，易实现机械化，适用于形状简单的碳钢和合金钢工件。

（2）双液淬火　双液淬火是将工件奥氏体化后，先浸入冷却能力强的介质中，在组织将要发生马氏体转变时立即转入冷却能力弱的介质中冷却的淬火工艺。常用的有先水后油和先水后空气等。这种方法操作时，如能控制好工件在水中停留的时间，就可有效地防止淬火变形和开裂，但要求有较高的操作技术。它主要用于形状复杂的高碳钢件和尺寸较大的合金钢件。

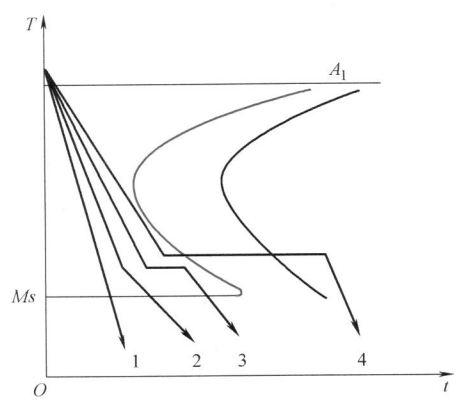

图 3-21　常用的淬火方法
1—单液淬火　2—双液淬火
3—马氏体分级淬火　4—等温淬火

（3）马氏体分级淬火　马氏体分级淬火是将工件奥氏体化后，随之浸入温度稍高或稍低于 $Ms$ 的盐浴或碱浴中，保持适当时间，待工件整体达到介质温度后取出空冷，以获得马氏体组织的淬火工艺。这种方法操作比双液淬火容易控制，能减小热应力、相变应力和变形，防止开裂。它主要用于截面尺寸较小（直径或厚度 <12mm）、形状较复杂工件的淬火。

（4）等温淬火　等温淬火是将工件奥氏体化后，随之快冷到下贝氏体转变温度区间保持等温，使奥氏体转变为下贝氏体的淬火工艺。这种方法淬火后应力和变形很小，但生产周期长，效率低。它主要用于形状复杂、尺寸要求精确，并要求有较高强韧性的小型工具、模具及弹簧的淬火。

（5）冷处理　为了尽量减少钢中残留奥氏体，以获得最大数量的马氏体，可采用冷处理，即把钢淬冷至室温后，继续冷却至-70～-80℃（或更低温度），保持一定时间，使残留奥氏体在继续冷却过程中转变为马氏体，这样可提高钢的硬度和耐磨性，并稳定工件尺寸。获得低温的方法是采用干冰（固态 $CO_2$）和酒精的混合剂或冷冻剂冷却。只有特殊的冷处理才置于-103℃的液化乙烯或-192℃的液态氮中进行。

3. 钢的淬透性与淬硬性

（1）钢的淬透性　淬透性是钢的主要热处理工艺性能，其对合理选用材料及正确制订热处理工艺，具有十分重要的意义。

1）淬透性的概念。淬透性是表示钢接受淬火的能力，即钢在淬火时获得淬硬层深度的能力。淬硬层深度越大，则钢的淬透性越好。淬透性好的钢材，可使工件整个截面获得均匀一致的力学性能。

实际淬火工作中，如果整个截面都得到马氏体，即表明工件已淬透。但大的工件经常是表面淬成了马氏体，而心部未得到马氏体，这是因为淬火时，表层冷却速度大于临界冷却速度而心部小于临界冷却速度的缘故，如图 3-22 所示。

钢的淬硬层深度与钢的临界冷却速度、工件的截面尺寸和介质的冷却能力有关。同样条件下，钢的临界冷却速度越小，工件的淬硬层深度越深。

提示：不要把钢的淬透性和具体条件下具体零件的淬硬层深度混为一谈；在同样奥氏体条件下，同一种钢的淬透性是相同的，但不能说同一种钢水淬与油淬时的有效淬硬层深度相同。

2）淬透性的应用。力学性能是机械设计中选材的主要依据，而钢的淬透性又会直接影响热处理后的力学性能。因此选材时，必须对钢的淬透性有充分了解。

① 对于截面尺寸较大和在动载荷下工作的许多重要零件以及承受拉应力和压应力的连接螺栓、拉杆、锤杆等重要零件，常常要求零件的表面与心部力学性能一致，此时应选用高淬透性的钢制造，并要求全部淬透。

② 对于承受弯曲或扭转载荷的轴类、齿轮零件，其表面受力最大、心部受力最小，则可选用淬透性较低的钢种，只要求淬硬层深度为工件半径或厚度的 $1/2 \sim 1/3$ 即可。对于某些工件，不可选用淬透性高的钢。例如：焊件若选用高淬透性钢，易在焊缝热影响区内出现淬火组织，造成焊件变形、开裂。

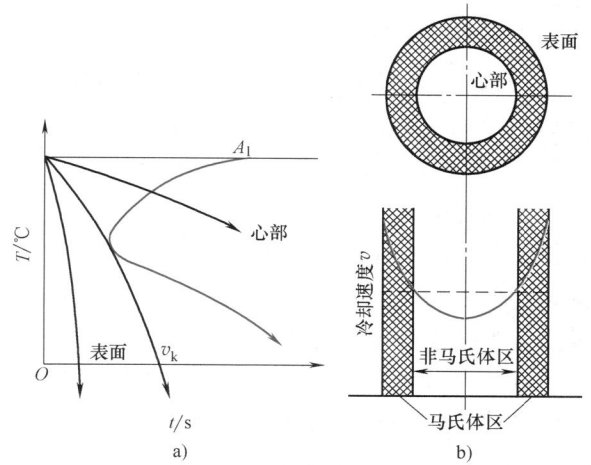

图 3-22　工件淬硬层深度与冷却速度的关系示意图
a）工件截面上不同冷却速度　b）工件淬硬区与半淬硬区

（2）钢的淬硬性　淬硬性是指以钢在理想条件下，进行淬火硬化所能达到的最高硬度来表征的材料特性。淬火后硬度值越高，淬硬性越好。淬硬性主要取决于马氏体中碳的质量分数，合金元素含量对淬硬性没有显著影响，但对淬透性却有很大影响，所以淬透性好的钢，其淬硬性不一定高。

4. 淬火常见缺陷及其对策

钢进行淬火过程中，常常出现硬度不足、软点、过热和过烧等缺陷。表 3-7 列出了淬火常见缺陷及其对策。

表 3-7　淬火常见缺陷及其对策

| 序号 | 缺陷 | 产生原因 | 对策 |
| --- | --- | --- | --- |
| 1 | 硬度不足 | 1）欠热：加热温度过低或加热时间不够<br>2）过热：加热温度过高或加热时间太长，晶粒粗大，增加了奥氏体的稳定性<br>3）冷却速度不够：淬火冷却介质选择不当、淬火冷却介质温度过高或淬火冷却介质老化<br>4）操作不合理：预冷时间过长，中间停留时间太短，分级等温温度过高，等温时间太长<br>5）钢的淬透性太差，且工件有效截面尺寸大<br>6）高碳钢、合金钢加热温度太高，淬火后残留奥氏体过多<br>7）氧化脱碳：氧化零件表面被烧损，脱碳导致表面层含碳量降低等 | 1）合理选择加热温度和加热时间<br>2）定期检验测温仪的准确性<br>3）合理选择淬火冷却介质，控制淬火冷却介质使用温度<br>4）正确控制预冷时间：双液淬火时严格控制在水或盐水中的冷却时间；正确控制分级淬火的停留时间<br>5）更换淬透性高的钢或提高冷却速度<br>6）采用允许的加热温度进行加热；在 600℃ 左右预热，然后加热到淬火温度，以减少在高温下的加热时间<br>7）采用良好的加热防氧化、脱碳措施 |
| 2 | 软点 | 1）原材料中的缺陷：钢中存在带状组织或大块铁素体组织<br>2）欠热：加热温度过低或加热时间不够<br>3）冷却不均：工件在淬火冷却介质中移动不充分；工件上有氧化皮和污物等造成冷却不均；局部冷却速度过慢，以致发生珠光体转变而产生软点 | 1）合理选择材料；对有缺陷的材料进行预备热处理，消除缺陷<br>2）正确选择加热温度和加热时间<br>3）合理选择淬火冷却介质；使工件在淬火冷却介质中移动充分或对淬火冷却介质进行搅动；保持淬火冷却介质的清洁；碳钢在盐水中淬火冷却有利于避免产生软点 |

(续)

| 序号 | 缺陷 | 产生原因 | 对策 |
|---|---|---|---|
| 3 | 过热和过烧 | 1）加热温度过高或加热时间太长，晶粒粗大。过热需返修，过烧造成废品<br>2）测温仪失灵，未及时发现 | 1）过热的工件需采用正火细化晶粒，然后按正常加热温度加热和保温；过烧的工件只能作为熔炼的回炉料<br>2）定期检查测温仪的准确性 |

### 三、钢的回火

钢的回火是指将淬火后的钢加热到 $Ac_1$ 以下的某一温度，保温一定时间，然后冷却到室温的热处理工艺。淬火后钢的组织为马氏体和少量的残留奥氏体，它们都是亚稳定组织，有自发转变为铁素体和渗碳体两相平衡组织的倾向。

一般淬火后的钢都要进行回火，才能使钢具有不同的力学性能，以满足各类零件或工具、模具的使用要求。

#### 1. 回火过程中的组织转变

淬火后的钢随着回火温度的不同，发生如下转变。

（1）马氏体分解（<200℃） 淬火组织经过回火转变为回火马氏体，即过饱和度较低的马氏体和极细微的碳化物混合组织。由于碳化物析出，晶格畸变降低，淬火应力有所减小，但硬度基本不降低。回火马氏体的显微组织如图 3-23 所示。

（2）残留奥氏体分解（200～300℃） 残留奥氏体从 200℃ 开始分解，到 300℃ 左右基本结束，转变为下贝氏体。在此温度范围内，马氏体仍在继续分解，因而淬火应力进一步减小，硬度无明显降低。

（3）碳化物转变（250～400℃） 马氏体分解完成，得到由针状铁素体和极细小粒状渗碳体组成的复相组织，称为回火托氏体，其显微组织如图 3-24 所示。此时，淬火应力基本消除，硬度降低。

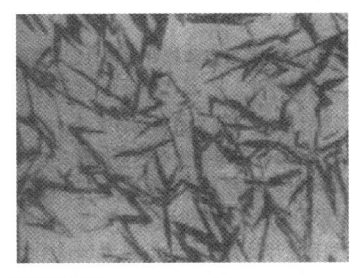

图 3-23　回火马氏体的显微组织

（4）渗碳体聚集长大和铁素体的再结晶（>400℃）
铁素体由针状转变为块状（多边形）。这种在多边形铁素体基体上分布着粗粒状渗碳体的复相组织，称为回火索氏体，其显微组织如图 3-25 所示。淬火应力完全消除，硬度明显下降。

图 3-24　回火托氏体的显微组织

图 3-25　回火索氏体的显微组织

由上述可知，淬火钢回火时的组织转变，是在不同温度范围内进行的，但多半又是交叉重叠进行的，即在同一回火温度下，可能进行几种不同的转变。淬火钢回火后的性能取决于组织变化，随着回火温度的升高，强度、硬度降低，而塑性、韧性提高，如图 3-26 所示。温度越高，变化越明显。

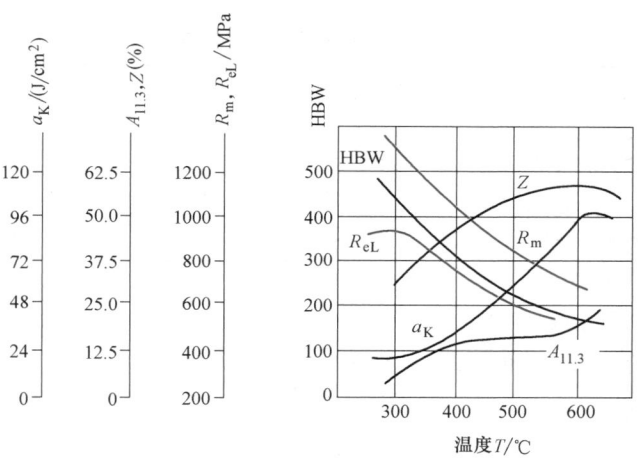

图 3-26 40 钢回火温度与力学性能的关系

2. 回火方法及应用

淬火后钢必须进行回火。根据回火温度不同，将回火分为低温回火、中温回火、高温回火。各种回火方法、目的、组织及应用见表 3-8。

表 3-8 各种回火方法、目的、组织及应用

| 回火方法 | 目的 | 组织 | 应用 |
|---|---|---|---|
| 低温回火 (150~250℃) | 减小淬火应力和脆性，保持淬火后的高硬度 (58~64HRC) 和高耐磨性 | 回火马氏体 | 主要用于刃具、量具、模具、滚动轴承以及渗碳、表面淬火的工件 |
| 中温回火 (350~500℃) | 获得高的弹性极限、屈服强度和较好的韧性，硬度一般为 35~50HRC | 回火托氏体 | 主要用于各种弹簧、锻模等 |
| 高温回火 (500~650℃) | 获得强度、塑性、韧性都较好的综合力学性能，硬度一般为 200~350HBW | 回火索氏体 | 广泛用于各种重要结构件(如轴、齿轮、连杆、螺栓等)，也可作为某些精密工件的预备热处理 |

工业上将工件淬火并高温回火的复合热处理工艺称为调质。钢经调质后的硬度与正火后的硬度相近，但塑性和韧性却显著高于正火，因此，重要的结构件如螺栓、传动轴、连杆、曲轴、齿轮等常采用调质处理，而不采用正火。

调质处理还常作为表面淬火、化学热处理及量具、模具等精密零件的预备热处理。

3. 回火脆性

回火温度的确定不只考虑硬度，而且要顾及钢的特性和回火温度对韧性的影响。在实际回火过程中，回火温度升高时，在 250~350℃ 和 500~650℃ 两个温度区冲击韧度显著降低，也就是脆性增加，这种脆化现象称为回火脆性。前者为第一类回火脆性，后者为第二类回火脆性。

## 4. 回火常见缺陷及其对策

钢在回火过程中，常出现硬度达不到要求或变形开裂等缺陷。表3-9列出了回火常见缺陷及对策。

表3-9 回火常见缺陷及其对策

| 缺陷 | 产生原因 | 对策 |
| --- | --- | --- |
| 回火硬度偏高 | 回火温度低 | 提高回火温度 |
| 回火硬度偏低 | 回火温度高 | 降低回火温度 |
| 回火硬度不均 | 回火温度不均 | 采用有气流循环的设备回火 |
| 回火畸变 | 回火时消除内应力而引起的 | 采用夹具等压紧回火 |
| 回火脆性 | 在回火脆性温度区回火 | 避开第一类回火脆性温度区回火 |
| 网状裂纹 | 回火加热速度太快，表面产生多向拉应力 | 采用较缓慢的加热速度 |
| 回火开裂 | 淬火后因未及时回火形成显微裂纹，在回火过程中发展为开裂 | 减少淬火应力 |
| 表面腐蚀 | 工件表面附有残盐 | 淬火后及时清洗工件上的残盐 |

## 第三节 钢的表面热处理工艺及应用

在实际生产中，有一些零件如齿轮、曲轴、凸轮等是在弯曲和扭转等交变载荷、冲击载荷及摩擦条件下工作的，要求其表面具有高的硬度和高的耐磨性，而心部具有一定的强度和足够的韧性。要达到零件性能"表里不一"的要求，单从材料方面解决比较困难。例如：用低碳钢只能满足心部具有一定的强度和足够的韧性，但其表面具有高的硬度和高的耐磨性无法满足；用高碳钢虽能满足其表面具有高的硬度和高的耐磨性，但心部的足够韧性将无法满足。在这种情况下，应采用表面热处理工艺来满足其性能的要求。

钢的表面热处理是指仅对工件表层一定深度进行的热处理工艺，主要是通过改变工件表层的组织，或既改变工件表层的组织又改变其化学成分，以改变其表层性能的工艺方法。常用的表面热处理有表面淬火及化学热处理两大类。

### 一、表面淬火

钢的表面淬火是将工件表面快速加热到淬火温度，然后迅速冷却，使工件表面得到一定深度的淬硬层，而心部仍保持未淬火状态的组织的热处理工艺。表面淬火主要有感应淬火、火焰淬火、接触电阻加热淬火等。目前广泛应用的主要是感应淬火、火焰淬火。

#### 1. 感应淬火

感应淬火是利用感应电流通过工件所产生的热量，使工件表层、局部或整体加热并快速冷却的淬火工艺。

（1）感应淬火的基本原理 将工件放在用空心铜管绕成的感应器内，通入一定频率的交流电流时，在工件表面形成相同频率但方向相反的感应电流，感应电流在工件内部自成回路，故称为"涡流"。"涡流"在工件内的分布是不均匀的，工件表面的电流密度大，而工件心部的电流密度几乎为零。通入加热感应器的电流频率越高，"涡流"越集中在工件的表层，这种现象称为趋肤效应。由于工件自身电阻，工件表面迅速加热到相变温度（几秒钟内即可升温800～1000℃，心部仍接近室温），随即立即喷水冷却（或浸油淬火），使工件表面层获得马氏体组织，而心部组织保持不变，如图3-27所示。

**提示**：通过感应器的电流频率越高，感应电流的趋肤效应越强，电流集中的深度越薄，淬火后的工件淬硬层深度也越薄。

（2）感应淬火的应用

1）感应淬火用钢。最适宜的钢种是中碳钢（如40钢、45钢等）和中碳合金钢（如40Cr钢、40MnB钢等），也可用于高碳工具钢、含合金元素较少的合金工具钢及铸铁等。

2）感应淬火频率的确定。根据交流电频率的不同，感应淬火分为高频感应淬火、中频感应淬火和工频感应淬火。在生产中，根据对工件表面有效淬硬层深度的要求，选择合适的频率，见表3-10。

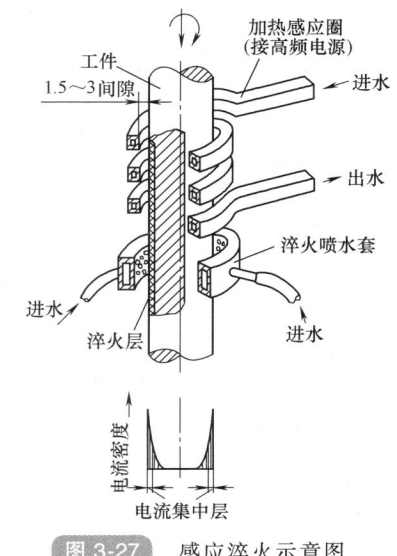

图 3-27 感应淬火示意图

表 3-10 感应淬火的主要应用

| 分类 | 频率范围/kHz | 淬硬层深度/mm | 应用范围 |
| --- | --- | --- | --- |
| 高频感应淬火 | 50～300 | 0.3～2.5 | 主要用于中、小模数齿轮和中、小尺寸轴类零件等 |
| 中频感应淬火 | 1～10 | 3～10 | 主要用于大、中模数齿轮和大尺寸轴类零件等 |
| 工频感应淬火 | 0.05 | 10～20 | 主要用于大直径零件（如轧辊、火车车轮等）的表面淬火和直径较大钢件的穿透加热 |

一般表面淬火前应对工件进行正火或调质，以保证心部有良好的力学性能，并为表层加热做好组织准备。表面淬火后应进行低温回火，以降低淬火应力和脆性。

（3）感应淬火常见缺陷及其对策 感应淬火常见缺陷有加热不均、硬度不足、开裂、变形等。表3-11列出了感应淬火常见缺陷及对策。

表 3-11 感应淬火常见缺陷及其对策

| 缺陷 | 产生原因 | 对策 |
| --- | --- | --- |
| 加热不均 | 1）感应器与工件之间间隙不均匀<br>2）淬火机床心轴的同轴度差，旋转时偏摆大 | 1）调整间隙，四周应均匀<br>2）提高心轴的同轴度，校正或更换 |
| 硬度不足 | 1）加热温度低<br>2）原始组织粗大<br>3）冷却速度慢，水量不足，感应器与喷嘴距离太大<br>4）冷却操作速度慢 | 1）按正常温度加热<br>2）增加预备热处理以细化组织<br>3）增大水量，提高冷却速度，调整感应器与喷嘴距离<br>4）提高冷却操作速度 |

（续）

| 缺陷 | 产生原因 | 对策 |
|---|---|---|
| 开裂 | 1）材料含有连续分布的夹杂物<br>2）加热温度过高<br><br>3）加热温度过高，温度不均匀，零件上尖角、沟槽、圆孔处应力集中<br><br>4）冷却速度过快<br><br><br>5）二次淬火 | 1）应选用优质钢材；高碳钢应进行球化退火<br>2）选用较低的加热温度<br><br>3）调整电参数，降低单位面积电功率，缩短加热时间；淬火前用石棉绳或金属棒料堵塞沟槽、孔洞；尖角倒圆，轴端留 2~8mm 非淬硬区<br>4）降低水压，提高温度，缩短喷水时间，合金钢改用喷乳化液、油、聚乙烯醇水溶液冷却<br>5）二次淬火前，感应加热到 700~750℃ 空冷后再按淬火规范淬火 |
| 变形 | 1）轴类工件淬硬层不均匀<br><br>2）齿轮件齿形变化及内孔胀缩 | 1）加热时转动工件，淬火机床心轴偏摆要小<br>2）采用较大的比功率，缩短加热时间，选择适当的冷却方法和淬火冷却介质，合理地设计工艺路线 |

### 2. 火焰淬火

火焰淬火是利用氧-乙炔（或其他可燃气体）火焰对工件表层加热，并快速冷却的淬火工艺，如图 3-28 所示。淬硬层深度一般为 2~6mm。若要获得更深的淬硬层，往往会引起工件表面严重过热，且易产生淬火裂纹。

（1）火焰淬火的特点　它的特点是操作简便，设备简单，成本低，灵活性大，但加热温度不易控制，工件表面易过热，淬火质量不稳定。它主要用于单件、小批生产以及大型零件（如大模数齿轮、大型轴类件等）的表面淬火。

（2）火焰淬火的应用　火焰淬火可以用于中碳钢和中碳合金钢，也可以用于灰铸铁和合金铸铁。火焰淬火后应及时回火，回火温度一般为 180~220℃。

### 二、化学热处理

化学热处理是将工件置于适当的活性介质中加热、保温，使一种或几种元素渗入其表层，以改变表层一定深度的化学成分、组织和性能的热处理工艺。

**提示：**化学热处理与表面淬火相比，其特点是表层不仅有组织的变化，而且还有化学成分的变化。

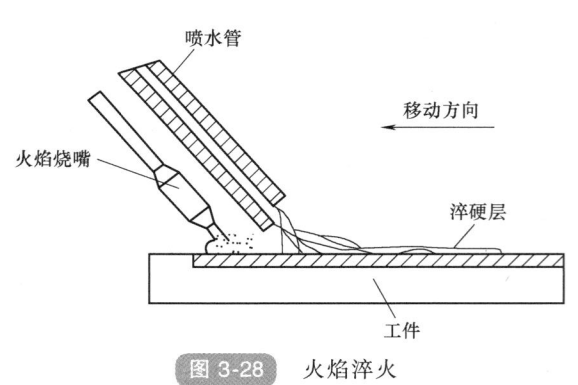

图 3-28　火焰淬火

化学热处理的方法很多，通常以渗入元素来命名，如渗碳、渗氮、碳氮共渗、渗硼、渗金属等。由于渗入的元素不同，工件表面处理后获得的性能也不相同。渗碳、渗氮、碳氮共渗是以提高工件表面硬度和耐磨性为主；渗金属的主要目的是提高表面的耐蚀性和抗氧化性。

化学热处理的基本过程是：活性介质在一定温度下通过化学反应进行分解，形成渗入元素的活性原子；活性原子被工件表面吸收，即活性原子溶入铁的晶格形成固溶体或与钢中某种元素形成化合物；被吸收的活性原子由工件表面逐渐向内部扩散，形成一定深度的渗层。

目前在机械制造行业上，最常用的化学热处理有渗碳、渗氮、碳氮共渗等。

1. 渗碳

渗碳是将工件放入渗碳气氛中，并在 900~950℃ 的温度下加热、保温，以提高工件表层碳的质量分数并在其中形成一定的碳的质量分数梯度的化学热处理工艺。它的目的是使工件表面具有高的硬度和耐磨性，而心部仍保持一定强度和较高的韧性。渗碳层深度一般为 0.5~2.5mm，渗碳层碳的质量分数为 0.8%~1.1%，齿轮、凸轮轴、活塞销等零件常采用渗碳处理。

（1）渗碳方法　渗碳所用介质称为渗碳剂。根据渗碳剂的不同，渗碳方法分为固体渗碳、液体渗碳和气体渗碳等。

1）固体渗碳法。将工件置于四周填满固体渗碳剂的箱中，用盖和耐火泥将箱密封后，送入炉中加热至渗碳温度，保温一定时间使工件表面增碳。常用的固体渗碳剂是碳粉和碳酸盐（$BaCO_3$ 或 $Na_2CO_3$ 等）的混合物。固体渗碳平均速度为 0.1mm/h。固体渗碳主要适用于生产条件简陋、单批投产的工件。

2）液体渗碳。它是将工件置于一定温度下可分解出碳原子的熔融盐浴中进行渗碳的热处理工艺。液体渗碳优点是加热均匀、渗碳速度较快，便于直接淬火；缺点是成本高，渗碳盐浴有毒，劳动条件差。液体渗碳目前基本停止使用。

3）气体渗碳。它是将工件置于一定温度下的富碳气体介质中进行渗碳的热处理工艺，图 3-29 所示为气体渗碳示意图。气体渗碳是将工件置于密封的井式渗碳炉中，滴入易于热分解和汽化的液体（如煤油、甲醇等）或直接通入渗碳气体（如煤气、石油液化气等），加热到渗碳温度，上述液体或气体在高温下分解形成渗碳气氛（即由 CO、$CO_2$、$H_2$、$CH_4$ 等组成）。渗碳气氛在工件表面发生反应，提供活性碳原子 C，活性碳原子 C 被工件表面吸收而溶入高温奥氏体中，并向工件内部扩散形成一定深度的渗碳层。气体渗碳速度平均为 0.2~0.5mm/h。

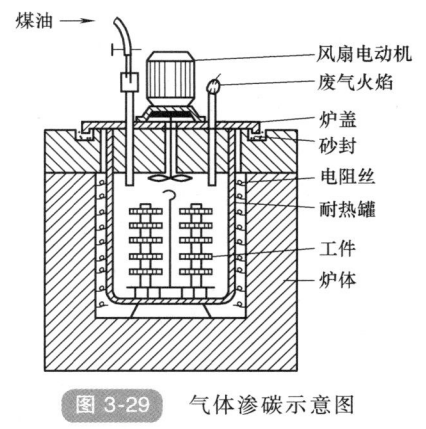

图 3-29　气体渗碳示意图

煤油 →
风扇电动机
废气火焰
炉盖
砂封
电阻丝
耐热罐
工件
炉体

气体渗碳生产率高，渗碳过程易控制，渗碳层质量好，易实现机械化，但设备成本高，且不适宜单件、小批生产，故广泛应用于大批量生产中。

（2）渗碳用钢及渗碳后的组织

1）渗碳用钢。淬碳用钢为低碳钢和低碳合金钢，碳的质量分数一般为 0.1%~0.25%。碳的质量分数提高，将降低工件心部的韧性。

2）渗碳后的组织。工件渗碳后其表层碳的质量分数通常为 0.85%~1.05%。渗碳缓冷后的组织如图 3-30 所示，表层为过共析组织，与其相邻为共析组织，再向里为亚共析组织的过渡层，心部为原低碳钢组织。

（3）渗碳后的热处理　工件渗碳后必须进行适当的热处理，即淬火并低温回火，才能

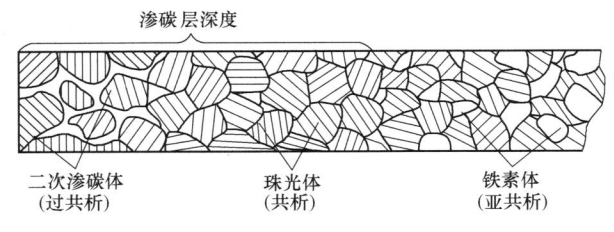

图 3-30　渗碳缓冷后的组织

达到性能要求，如图 3-31 所示。渗碳件的淬火一般分为直接淬火、一次淬火和二次淬火三种。

1）直接淬火。先将渗碳件自渗碳温度预冷至某一温度（一般为 850～880℃），立即淬入水或油中，然后再进行低温回火。

2）一次淬火。工件渗碳后出炉缓冷至室温，然后再重新加热进行淬火、低温回火。由于工件在重新加热时奥氏体晶粒得到细化，因而可提高钢的力学性能。此方法应用比较广泛。

3）二次淬火。第一次淬火是为了改善心部组织和消除表面网状二次渗碳体，第二次淬火是为细化工件表层组织，获得细小马氏体和均匀分布的粒状二次渗碳体。

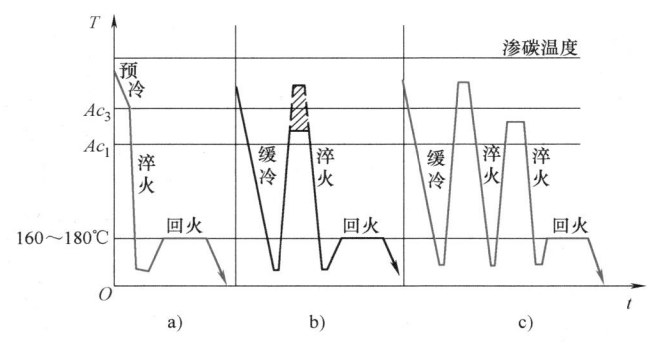

图 3-31　渗碳后常用的热处理方法

a）直接淬火　b）一次淬火　c）二次淬火

2. 渗氮

渗氮是指在一定温度下（一般在 $Ac_1$）以下，使活性氮原子渗入工件表面的化学热处理工艺。它的目的是使工件表面获得高硬度、高耐磨性、高疲劳强度、高热硬性和良好耐蚀性，因渗氮温度低，变形小，故应用广泛。

（1）渗氮方法　常用的渗氮方法有气体渗氮和离子渗氮。

1）气体渗氮。它是指在一定温度下于可提供活性氮原子的气氛中，使氮原子渗入工件表面形成氮化层，同时向心部扩散的热处理工艺。

2）离子渗氮。在低于 $1 \times 10^5 \mathrm{Pa}$（通常是 $10^{-1} \sim 10 \mathrm{Pa}$）的渗氮气氛中，利用工件（阴极）和阳极之间产生的等离子体进行的渗氮称为离子渗氮。

（2）渗氮用钢及应用 渗氮用钢一般是含有 Al、Cr、Mo、Ti、V 等合金元素的钢。这些元素能与氮形成颗粒细小、分布均匀、硬度高的各种氮化物（CrN、MoN、AlN），渗氮层深度为 0.6~0.7mm。渗氮后工件表面有很高的硬度（1000~1200HV，相当于 72HRC）和耐磨性，因此渗氮后不需再进行淬火，且在 600℃ 左右时，硬度无明显下降，热硬性高。

渗氮前工件须经调质处理，以保证心部的强度和韧性。对于形状复杂或精度要求较高的工件，在渗氮前精加工后还要进行消除应力的退火，以减少渗氮时的变形。

渗氮主要用于耐磨性和精度要求很高的精密零件或承受交变载荷的重要零件以及要求耐热、耐蚀、耐磨的零件，如精密机床的主轴、蜗杆、发动机曲轴、高速精密齿轮等。但由于渗氮温度低，所需时间特别长，一般渗氮需要 30~60h 才能获得 0.2~0.5mm 的渗氮层，因此限制了它的应用。

3. 碳氮共渗

碳氮共渗是指在工件表面同时渗入碳和氮，并以渗碳为主的化学热处理工艺。它的主要目的是提高工件表面的硬度和耐磨性，其共渗层比渗碳层的硬度、耐磨性和抗疲劳性高，因此广泛应用于自行车、缝纫机、仪表的零件，以及齿轮、轴类、模具、量具等表面处理。常用的是气体碳氮共渗。

碳氮共渗后要进行淬火、低温回火。共渗层表面组织为回火马氏体、粒状碳氮化合物和少量残留奥氏体，共渗层深度一般为 0.3~0.8mm。气体碳氮共渗用钢，大多为低碳或中碳的碳钢、低合金钢及合金钢。

# 第四节 热处理工艺的制订

一、热处理技术条件的标注

根据零件的性能要求，在零件图样上应标出热处理的技术条件，其内容包括最终热处理方法（如调质、淬火、回火、渗碳等）以及应达到的力学性能指标，以此作为热处理生产及检验时的依据。力学性能指标一般只标出硬度值（硬度值有一定允许范围，布氏硬度值一般为 30~40 单位，洛氏硬度值一般为 5 个单位）。例如：调质 220~250HBW，淬火和回火 40~45HRC。对于力学性能要求较高的重要件，如主轴、齿轮、曲轴、连杆等，还应标出强度、塑性和韧性指标，有时还要对金相组织提出要求。对于渗碳或渗氮件应标出渗碳或渗氮部位、渗层深度、渗碳或渗氮后的硬度等。表面淬火零件应标出淬硬层深度、硬度及部位等。

热处理工艺代号由基础分类代号及附加分类代号组成。在基础分类代号中按照工艺总称，工艺类型和工艺名称三个层次进行分类，均有相应的代号，见表 3-12。

二、热处理工序位置的安排

热处理按目的和工序位置不同，分为预备热处理和最终热处理，其工序位置安排如下。

1. 预备热处理的工序位置

预备热处理包括退火、正火、调质等，一般均安排在毛坯生产之后，切削加工之前或粗加工之后，半精加工之前。

（1）退火、正火工序的位置 退火、正火件的加工路线为毛坯生产→退火（或正火）→切削加工。

表 3-12　热处理工艺分类及代号

| 代号 | 工艺总称 | 代号 | 工艺类型 | 代号 | 工艺名称 |
|---|---|---|---|---|---|
| 5 | 热处理 | 1 | 整体热处理 | 1 | 退火 |
| | | | | 2 | 正火 |
| | | | | 3 | 淬火 |
| | | | | 4 | 淬火和回火 |
| | | | | 5 | 调质 |
| | | | | 6 | 稳定化处理 |
| | | | | 7 | 固溶处理;水韧处理 |
| | | | | 8 | 固溶处理和时效 |
| | | 2 | 表面热处理 | 1 | 表面淬火和回火 |
| | | | | 2 | 物理气相沉积 |
| | | | | 3 | 化学气相沉积 |
| | | | | 4 | 等离子体增强化学气相沉积 |
| | | | | 5 | 离子注入 |
| | | 3 | 化学热处理 | 1 | 渗碳 |
| | | | | 2 | 碳氮共渗 |
| | | | | 3 | 渗氮 |
| | | | | 4 | 氮碳共渗 |
| | | | | 5 | 渗其他非金属 |
| | | | | 6 | 渗金属 |
| | | | | 7 | 多元共渗 |

（2）调质工序的位置　调质工序的位置一般安排在粗加工后，半精加工或精加工前。若在粗加工前调质，则工件表面调质层的优良组织有可能在粗加工中大部分被切除掉，失去调质的作用。

调质件的加工路线一般为下料→锻造→正火（或退火）→粗加工（留余量）→调质→半精加工（或精加工）。

在生产中，灰铸铁件、铸钢件和某些无特殊要求的锻钢件，经退火、正火或调质后，已能满足使用性能要求，不再进行最终热处理，此时上述热处理就是最终热处理。

2. 最终热处理的工序位置

最终热处理包括淬火、回火、渗碳、渗氮等。工件经最终热处理后硬度较高，除磨削外不宜再进行其他切削加工，因此工序位置一般安排在半精加工后，磨削加工前。

（1）淬火工序的位置　淬火分为整体淬火和表面淬火两种。

1）整体淬火工序的位置。整体淬火件加工路线一般为下料→锻造→退火（或正火）→粗加工、半精加工（留磨量）→淬火、回火（低、中温）→磨削。

2）表面淬火工序的位置。表面淬火件加工路线一般为下料→锻造→退火（或正火）→粗加工→调质→半精加工（留磨量）→表面淬火、低温回火→磨削。

（2）渗碳工序的位置　渗碳分为整体渗碳和局部渗碳两种。对局部渗碳件，不需要渗碳部位需采取增大原加工余量（增大的量称为防渗余量）或镀铜的方法来防渗。待渗碳后淬火前切去该部位的防渗余量。渗碳件（整体与局部渗碳）的加工路线一般为下料→锻造→正火→粗、半精加工→渗碳→淬火、低温回火→磨削。

（3）渗氮工序的位置 渗氮温度低，变形小，渗氮层硬而薄，因此工序位置应尽量靠后，通常渗氮后不再磨削，对个别质量要求高的工件，应进行精磨、研磨或抛光。为保证渗氮件心部有良好的综合力学性能，在粗加工和半精加工之间进行调质。为防止因切削加工产生的残余应力，使渗氮件变形，渗氮前应进行去应力退火。渗氮件加工路线一般为下料→锻造→退火→粗加工→调质→半精加工→去应力退火（俗称为高温回火）→粗磨→渗氮→精磨、研磨或抛光。

3. 热处理工艺应用实例分析

（1）齿轮 齿轮在机器中主要担负着传递动力和变速的重要任务。齿轮工作时要求心部具有很好的韧性，齿面有相对滚动和滑动的部分应具有很高的硬度和耐磨性。

图 3-32 所示为汽车变速器齿轮，其在工作中受力较大，受冲击较频繁，要求其耐磨性、疲劳强度、心部强度及冲击韧度都较高。热处理技术条件是：齿轮表面层硬度为 58~62HRC，心部硬度为 35~45HRC。一般选合金渗碳钢 20CrMnTi，其加工路线如下。

图 3-32 汽车变速器齿轮

下料→锻造→正火（950~970℃ 空冷）→切削加工→渗碳、淬火（920℃ 加热，保温 6~8h，预冷至 870~880℃ 油冷）、低温回火（200℃ 保温 2~3h）→喷丸→磨削。

正火的作用是消除齿轮锻造时产生的内应力，细化晶粒，保证心部硬度为 35~45HRC。

渗碳可提高齿轮表面层碳的质量分数，再经淬火和低温回火，表面层硬度可达 58~62HRC，获得高的耐磨性和抗疲劳性，而心部具有良好的强韧性。

（2）机床主轴（图 3-33） 主轴是机床中传递动力的重要零件。它要求有良好的综合力学性能，同时还要兼顾有摩擦的表面要有一定的硬度和耐磨性。

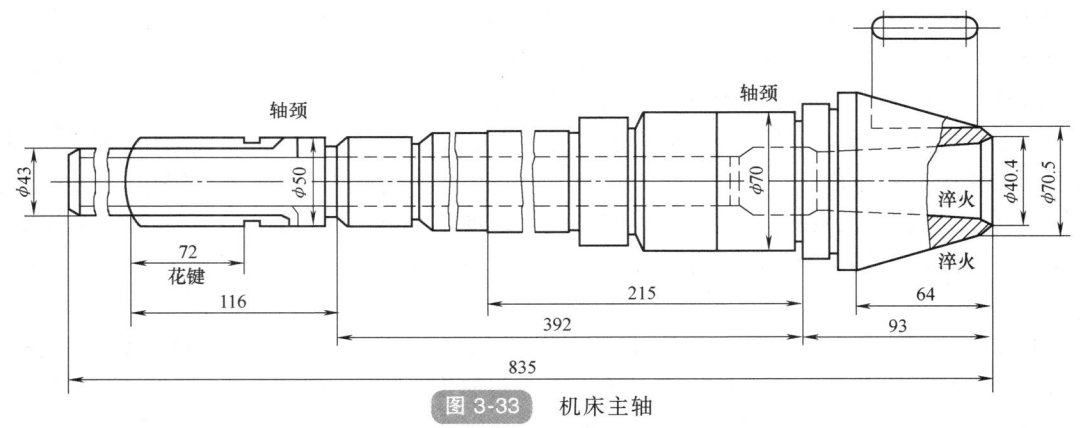
图 3-33 机床主轴

材料：45 钢或 40Cr

热处理技术条件：整体调质后硬度为 200~230HBW，组织为回火索氏体；内锥孔和外锥体硬度为 45~50HRC，表面 3~5mm 内组织为回火托氏体和少量回火马氏体；花键部分硬度为 48~53HRC，组织同上。

加工路线为下料→锻造→正火→粗加工→调质→半精车外圆→钻中心孔→精车外圆→铣键槽→内锥孔和外锥体的局部淬火、回火→粗磨→铣花键→花键淬火、回火→精磨。

## 拓展知识

### 热处理新技术简介

近年来，随着热处理新工艺、新设备、新技术的不断创新以及计算机的应用，使热处理生产的机械化、自动化水平不断提高，其产品的质量和性能不断改进。目前，热处理技术一方面是对常规热处理方法进行工艺改进，另一方面是在新能源、新工艺方面的突破，从而达到既节约能源，提高经济效益，减少或防止环境污染，又能获得优异的性能。

1. 真空热处理

在真空环境（低于一个大气压）中进行的热处理称为真空热处理。它主要有真空淬火、真空退火、真空回火等。真空热处理的优点：可大大减少工件的氧化和脱碳；升温速度慢，工件截面温差小，热处理变形小；表面氧化物、油污在真空加热时分解，被真空泵排出，使得工件表面光洁美观，提高了工件的疲劳强度、耐磨性和韧性；工艺操作条件好，易实现机械化和自动化，节约能源，减少污染。但它的设备较复杂，价格昂贵。目前它主要用于工模具和精密零件的热处理。

2. 可控气氛热处理

可控气氛热处理是指在成分可控的炉气中进行的热处理，其目的是防止工件加热时产生氧化、脱碳等现象，提高工件表面质量，有效地进行渗碳、碳氮共渗等化学热处理，对脱碳的工件进行复碳等。通过建立气体渗碳数学模型和计算机碳势优化控制以及碳势动态控制，在气体渗碳中实现渗层浓度分布的优化控制、层深的精确控制和生产率的提高，取得重大效益。

3. 激光热处理

激光热处理是利用专门的激光器发出能量密度极高的激光，以极快速度加热工件表面，自冷淬火后使工件强化的热处理。目前生产中大都使用 $CO_2$ 气体激光器，其功率可达 10~15kW，效率高，并能长时间连续工作。通过控制激光入射功率密度、照射时间及照射方式，即可达到不同的淬硬层深度、硬度、组织及其他性能要求。

激光热处理加热速度快，加热到相变温度以上仅需要百分之几秒；淬火不用冷却介质，而是靠工件自身的热传导自冷淬火；光斑小，能量集中，可控性好，可对复杂的工件进行选择加热淬火；能细化晶粒，显著提高表面硬度和耐磨性；淬火后，几乎无变形，且表面质量好等。它主要用于精密工件的局部表面淬火，也可对微孔、沟槽、不通孔等部位进行淬火。

4. 形变热处理

形变热处理是将塑性变形和热处理有机结合起来，获得形变强化和相变强化综合效果的工艺方法。此工艺能获得单一强化方法所不能得到的优异性能（强韧性），此外还能简化工艺，节约能源、设备，减少工件氧化和脱碳，提高经济效益和产品质量。形变热处理方法很多，有低温形变热处理、高温形变热处理、等温形变热处理、形变化学热处理等。以低温形变热处理为例，将工件加热至奥氏体状态，保温一定时间后，迅速冷却至 $Ar_1$ 至 $Ms$ 之间的某一温度进行形变，然后立即淬火、回火。与普通热处理相比，可以显著提高钢的强度，提高钢的抗磨损和抗回火的能力。它主要用于强度要求极高的工件，如高速钢刀具、模具、轴承、飞机起落架及重要弹簧等。

5. 计算机在热处理中的应用

计算机首先用于热处理工艺基本参数（如炉温、时间和真空度等）及设备动作的程序控制；而后扩展到整条生产线（如包括渗碳、淬火、清洗及回火的整条生产线）的控制；进而发展到计算机辅助热处理工艺最优化设计和在线控制以及建立热处理数据库，为热处理计算机辅助设计及性能预测提供了重要支持。

## 本章小结

| | | | 钢的类型 | 加热温度 | 组织 |
|---|---|---|---|---|---|
| 钢的热处理原理 | 加热的目的：获得奥氏体 | 奥氏体化的四个阶段：奥氏体形核；奥氏体长大；渗碳体溶解；奥氏体成分均匀化 | 完全奥氏体化 | | |
| | | | 亚共析钢 | $Ac_3$ 以上 | A |
| | | | 共析钢 | $Ac_1$ 以上 | A |
| | | | 过共析钢 | $Ac_{cm}$ 以上 | A |
| | | | 不完全奥氏体化 | | |
| | | | 亚共析钢 | $Ac_1 \sim Ac_3$ | A+F |
| | | | 过共析钢 | $Ac_1 \sim Ac_{cm}$ | $A+Fe_3C_I$ |

| | | | $T/℃$ | 组织转变 | 硬度 HRC |
|---|---|---|---|---|---|
| 钢在冷却时的组织转变 | 冷却（以共析钢为例） | 等温冷却 | $A_1 \sim 650$ | A→P | ~20 |
| | | | $650 \sim 600$ | A→S | 25~35 |
| | | | $600 \sim 550$ | A→T | 35~40 |
| | | | $550 \sim 350$ | A→$B_上$ | 42~48 |
| | | | $350 \sim Ms$ | A→$B_下$ | 48~58 |
| | | 连续冷却 | 冷却方式 | 组织转变 | 硬度 HRC |
| | | | 炉冷 | A→P | ~20 |
| | | | 空冷 | A→S | 25~35 |
| | | | 油冷 | A→T+M+A′ | 45~55 |
| | | | 水冷 | A→M+A′ | 55~65 |

| | | 种类 | 加热温度 | 冷却方式 | 目的 | 主要应用 |
|---|---|---|---|---|---|---|
| 钢的热处理工艺及应用 | 退火 | 完全退火 | $Ac_3$ 以上 30~50℃ | 随炉冷却至600℃左右后空冷 | 消除残余应力，细化晶粒 | 亚共析钢的铸、锻、焊件 |
| | | 球化退火 | $Ac_1$ 以上 10~20℃ | 冷至略低于 $Ar_1$ 温度，保温后随炉冷至600℃左右后空冷 | 片状珠光体转变成粒状珠光体，降低硬度，改善切削加工性能，为淬火做好组织准备 | 过共析钢的刃具、量具、模具 |
| | | 等温退火 | $Ac_3$ 以上 30~50℃ $Ac_1$ 以上 10~20℃ | 冷却到珠光体型转变温度区等温，使奥氏体转变成珠光体型组织后空冷 | 与完全退火和球化退火目的相同，但组织更均匀、晶粒更细小，可缩短生产周期 | 高碳钢、合金工具钢和高合金钢 |

（续）

| | 种类 | 加热温度 | 冷却方式 | 目 的 | 主 要 应 用 |
|---|---|---|---|---|---|
| 钢的热处理工艺及应用 | 退火 / 均匀化退火 | 回相线以下100~200℃ | 保温 10~15h 后缓冷 | 消除铸造过程中产生的偏析,使成分均匀化 | 亚共析钢的铸锭 |
| | 退火 / 去应力退火 | $Ac_1$ 以下 100~200℃ | 随炉冷却至 200~300℃出炉空冷 | 消除残余应力、稳定尺寸,减少变形 | 铸件、锻件、焊件、冲压件及机械加工件等 |
| | 正火 | $Ac_3$ 或 $Ac_{cm}$ 以上 30~50℃ | 空冷 | 细化晶粒,消除过共析钢的网状二次渗碳体,改善切削加工性能,为最终热处理做组织准备 | 低碳钢、中碳钢的预备热处理;作为一般要求钢件的最终热处理 |
| | 淬火 | $Ac_3$ 以上 30~50℃ $Ac_1$ 以上 30~50℃ | 以大于钢的淬火临界冷却速度冷却,一般合金钢油淬,非合金钢水淬 | 获得马氏体,提高钢的硬度及耐磨性 | 各种工具、模具、量具、滚动轴承 |
| | 回火 / 低温回火 | 150~250℃ | 空冷 | 保持高硬度同时,减小淬火应力和脆性 | 各种工具、模具、量具、轴承、渗碳件及表面淬火的工件 |
| | 回火 / 中温回火 | 350~500℃ | 空冷 | 提高弹性极限及屈服强度 | 各种类的弹簧以及其他结构件 |
| | 回火 / 高温回火 | 500~650℃ | 空冷 | 获得良好的综合力学性能,硬度一般为200~350HBW | 各种重要的机械结构件,特别是受交变载荷的零件,如连杆、轴等 |
| | 钢的表面淬火 | 钢表面加热到其淬火温度 | 表面急冷 | 表面获得一定深度的淬硬层,提高表面的硬度和耐磨性,而心部还具有很好的塑性、韧性 | 在扭转和弯曲等交变载荷作用下工作的零件,如齿轮、凸轮、曲轴、活塞销 |
| | 钢的化学热处理 / 渗碳 | 900~950℃ | 缓冷 | 提高表面硬度、耐磨性及疲劳强度,保持心部良好的韧性和塑性 | 用于低碳钢、低碳合金钢,如汽车、拖拉机变速器齿轮 |
| | 钢的化学热处理 / 渗氮 | 一般在 $Ac_1$ 以下 | 油冷、空冷、炉冷 | 提高表面硬度、耐磨性、耐蚀性及疲劳强度 | 常用于 $w_C$ = 0.15% ~ 0.45% 的合金结构钢 |

# 知识巩固与能力训练题

## 一、填空题

1. 热处理工艺过程由＿＿＿＿＿、＿＿＿＿＿和＿＿＿＿＿三个阶段组成。

2. 奥氏体的形成过程可归纳为＿＿＿＿＿、＿＿＿＿＿、＿＿＿＿＿和＿＿＿＿＿四个阶段。

3. 常用的整体热处理工艺有＿＿＿＿＿、＿＿＿＿＿、＿＿＿＿＿和＿＿＿＿＿。

4. 共析钢过冷奥氏体等温转变区产物,分别为＿＿＿＿＿、＿＿＿＿＿和＿＿＿＿＿。

5. 根据退火的目的,退火分为＿＿＿＿＿、＿＿＿＿＿、＿＿＿＿＿、＿＿＿＿＿和＿＿等。

6. 常用的淬火方法有＿＿＿＿＿、＿＿＿＿＿、＿＿＿＿＿和＿＿＿＿＿。

7. 按回火温度不同,回火分为＿＿＿＿＿、＿＿＿＿＿和＿＿＿＿＿。淬火后进行高温回火,称为＿＿＿＿＿。

8. 表面淬火方法有_____、_____等。根据交流电频率的不同，感应淬火分为_____、_____和_____三种。

9. 化学热处理的基本过程一般分为_____、_____和_____三个阶段。

10. 目前最常用的化学热处理方法有_____、_____和碳氮共渗。

二、选择题

1. 铁碳合金相图上的 ES 线用符号_____表示，PSK 线用符号_____表示，GS 线用符号_____表示。

A. $A_1$　　　　B. $A_{cm}$　　　　C. $A_3$　　　　D. $Ac_1$

2. 过冷奥氏体是在_____温度下暂存的、不稳定、尚未转变的奥氏体。

A. $Ms$　　　　B. $A_{cm}$　　　　C. $A_3$　　　　D. $A_1$

3. 调质处理就是_____的热处理。

A. 淬火和低温回火　　　　　　　B. 淬火和中温回火

C. 淬火和高温回火　　　　　　　D. 渗碳淬火

4. 汽车变速器齿轮渗碳后，一般需要经过_____处理，才能达到表面高硬度和高耐磨性的目的。

A. 整体淬火　　　B. 表面淬火　　　C. 低温回火　　　D. 正火

5. 在制造 45 钢轴类工件的工艺路线中，调质处理应安排在_____。

A. 粗加工之前　　B. 粗精加工之间　　C. 精加工之后　　D. 无法确定

6. 弹簧类工件一般最终热处理安排为_____。

A. 淬火和低温回火　　　　　　　B. 淬火和中温回火

C. 淬火和高温回火　　　　　　　D. 渗碳淬火

7. 为了提高 45 钢轴类工件表面硬度和耐磨性，其最终热处理一般安排为_____。

A. 感应淬火　　　　　　　　　　B. 整体淬火

C. 正火　　　　　　　　　　　　D. 渗碳

8. 化学热处理与其他热处理方法的基本区别是_____。

A. 加热温度　　　　　　　　　　B. 组织变化

C. 改变表面化学成分　　　　　　D. 冷却方式

9. 为了提高 38CrMoAlA 加工的连杆表面的硬度和耐磨性，其最终热处理一般安排为_____。

A. 正火　　　　　B. 整体淬火　　　C. 渗碳　　　　　D. 渗氮

10. 工件渗氮后_____，即可以达到表面高硬度和高耐磨性的目的。

A. 淬火和低温回火　　　　　　　B. 淬火和中温回火

C. 淬火和高温回火　　　　　　　D. 不用热处理

三、判断题

1. 热处理既可改变工件的内部组织和性能，还能改变工件的外形。（　　）

2. 共析钢加热为奥氏体，冷却时所形成的组织主要取决于共析钢的加热温度。（　　）

3. 低碳钢或高碳钢为便于进行机械加工，可预先进行球化退火。（　　）

4. 钢的实际晶粒度主要取决于钢在加热后的冷却速度。（　　）

5. 过冷奥氏体的冷却速度越快，钢冷却后的硬度越高。（　　）

6. 高碳钢可用正火代替退火，以改善其可加工性。 （　　）

7. 钢中碳的质量分数越高，其淬火加热温度越高。 （　　）

8. 淬透性好的钢淬火后硬度一定高，淬硬性高的钢淬透性一定好。 （　　）

9. 调质处理主要目的是提高钢的综合力学性能。 （　　）

10. 渗氮后的工件不用再进行热处理。 （　　）

四、应用题

1. 试绘出共析钢过冷奥氏体等温转变图，说明其物理意义；并分析过冷奥氏体在700℃、620℃、570℃、500℃及300℃等温转变时，所得到的组织在结构上和力学性能上的不同。

2. 试绘出共析钢过冷奥氏体连续冷却转变图，说明其物理意义；为了获得以下组织，应采用何种冷却方法？并在所绘出的连续冷却转变图上画出其冷却曲线示意图。

①珠光体；②索氏体；③托氏体+马氏体+残留奥氏体；④马氏体+残留奥氏体。

3. 用原为平衡状态的45钢制成4个$\phi 10mm \times 10mm$的试样，分别进行如下热处理，试分别定性地比较试样1与2、2与3、3与4所得硬度的大小，并说明原因。

①试样1加热至710℃，水中速冷；②试样2加热至750℃，水中速冷；

③试样3加热至840℃，水中速冷；④试样4加热至840℃，油中冷却。

4. 拟用T10钢制成形状简单的车刀，其加工路线为锻造→热处理→机械加工→热处理→磨削加工。试问：

①两次热处理具体工艺名称和作用是什么？②确定最终热处理工艺参数，并指出获得的显微组织。

5. 确定下列工件的退火方法，并指出退火目的及退火后的组织。

①经冷轧后的15钢钢板，要求降低硬度；②ZG270-500的铸造齿轮；③锻造过热的60钢锻坯；④具有片状渗碳体的T12钢坯。

6. 有一直径为10mm的20钢工件，经渗碳处理后空冷，随后进行正常的淬火和低温回火处理，试分析工件在渗碳空冷后及淬火和回火后，由表面到心部的组织。

7. 渗碳和表面淬火分别靠什么方法来提高钢的性能？

8. 某型号柴油机的凸轮轴，要求凸轮表面有高的硬度（>50HRC），而心部具有良好的韧性（$a_K > 40J/cm^2$），原采用45钢调质处理再在凸轮表面进行高频感应淬火，最后低温回火，现因工厂库存的45钢已用完，只剩15钢，拟用15钢代替。试说明：

①原45钢各热处理工序的作用；②改用15钢后，仍按原热处理工序进行能否满足性能要求？为什么？③改用15钢后，为达到所要求的性能，在心部强度足够的前提下应采用何种热处理工艺？

9. 车床主轴要求轴颈表面处的硬度为56～58HRC，其余处为20～24HRC，其加工路线为锻造→正火→机械加工→轴颈表面淬火+低温回火→磨削加工，请指出：

①主轴应选用何种材料？②正火、表面淬火及低温回火的目的和大致工艺。

③轴颈表面处的组织和其余处的组织。

10. 现有低碳钢和中碳钢齿轮各一个，为了使齿面具有高的硬度和耐磨性，试问各进行何种热处理？并比较它们经热处理后在组织和性能上有何不同？

11. 利用所学知识，解释图3-34中热处理工艺曲线的含义。

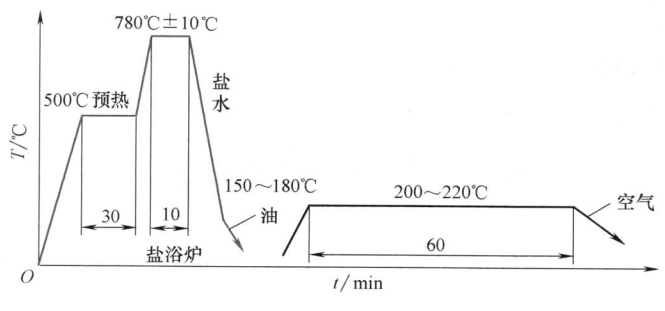

**图 3-34**　热处理工艺曲线

**五、课外拓展题**

通过查阅资料和相互交流，以生活用品或机械零件为例，谈谈热处理在日常生活中和生产中的应用，对其热处理工艺及其所需性能进行分析，以提高对实际问题的分析能力。

# 第四章
# 常用金属材料的应用

**知识目标**

1) 了解合金元素对金属材料性能的影响。

2) 掌握常用金属材料的分类。

3) 掌握常用金属材料的牌号、性能、用途及热处理特点。

**能力目标**

1) 具有识别常用金属材料牌号的能力。

2) 具有根据金属材料的化学成分分析材料性能的能力。

3) 具有根据零件性能的要求合理选择常用金属材料的能力。

**案例导入**

图4-1所示为国家大剧院,其由法国建筑师保罗·安德鲁主持设计,工程于2001年12月13日开工,于2007年9月建成。国家大剧院主体建筑为独特的超椭球形钢结构壳体。壳体表面由钛金属板和超白透明玻璃共同组成,两种材质的巧妙拼接呈现出唯美的曲线,营造了舞台帷幕徐徐拉开的视觉效果。

在近代,材料专家把金属材料比做现代工业的骨架。没有钢铁材料,就没有今天的高楼大厦;没有铝合金和钛合金,就不可能有现代宇航工业的发展。

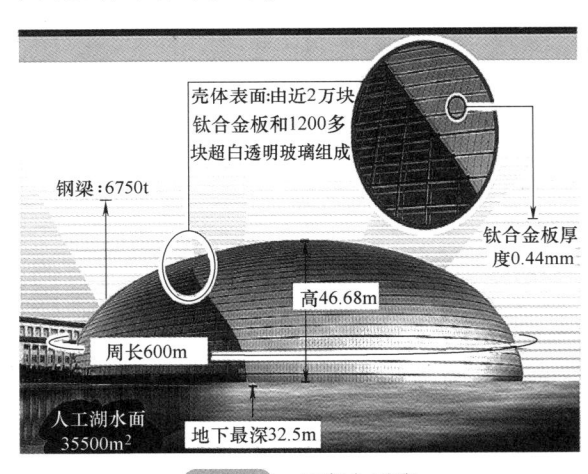

图 4-1 国家大剧院

机械制造离不开金属材料,其在国民经济中具有重要的作用和突出的地位,是现代工业、农业、国防及科学技术的重要物质基础。这一章将学习常用金属材料的应用。

金属材料通常分为钢铁材料和非铁金属两大类。

## 第一节 钢铁材料基础知识

钢铁材料也称为黑色金属,是钢和铸铁的总称。钢和铸铁都是以铁和碳为主要元素组成的合金,也称为铁碳合金。根据统计,在汽车制造业中,钢铁材料占72%,铝合金占

5.3%，塑料占 8.5%。

## 一、钢铁材料的分类

### 1. 钢的分类

钢是指以铁为主要元素，碳的质量分数一般在 2.11% 以下并含有其他元素的金属材料。钢的分类方法很多，表 4-1 列出了钢的主要分类方法。

表 4-1 钢的主要分类方法

| | | | |
|---|---|---|---|
| 按化学成分分类 | 非合金钢（碳钢） | 按碳的质量分数分类 | 低碳钢（$w_C<0.25\%$）、中碳钢（$0.25\%\leqslant w_C\leqslant0.6\%$）、高碳钢（$w_C>0.6\%$） |
| | | 按用途分类 | 结构钢、工具钢、铸造钢等 |
| | 合金钢 | 按合金元素的质量分数分类 | 低合金钢（$w_{Me}<5\%$）、中合金钢（$5\%\leqslant w_{Me}\leqslant10\%$）、高合金钢（$w_{Me}>10\%$） |
| | | 按用途分类 | 合金结构钢 — 工程用合金结构钢：低合金高强度结构钢、低合金耐候钢等；机械零件用合金结构钢：合金渗碳钢、合金调质钢、合金弹簧钢、滚动轴承钢等 |
| | | | 合金工具钢：合金刃具钢、合金模具钢、合金量具钢等 |
| | | | 特殊性能钢：不锈钢、耐热钢、耐磨钢等 |
| | | | 专用钢：各个工业部门专业用途的钢，如汽车用钢、农机用钢、航空用钢、化工机械用钢、锅炉用钢、电工用钢、焊条用钢等 |
| 按主要质量等级分类 | | | 普通钢（$w_S\leqslant0.055\%$、$w_P\leqslant0.045\%$）；优质钢（$w_S$、$w_P\leqslant0.04\%$）；高级优质钢（$w_S\leqslant0.03\%$、$w_P\leqslant0.035\%$）；特级优质钢（$w_S\leqslant0.025\%$、$w_P\leqslant0.03\%$） |
| 按脱氧程度分类 | | | 沸腾钢：浇注时，钢中氧与碳发生作用析出大量 CO。因此钢液在钢模内呈沸腾现象，称为沸腾钢。沸腾钢牌号后加"F"<br>镇静钢：浇注时没有沸腾现象，镇静钢牌号后加"Z"<br>半镇静钢：脱氧程度在镇静钢与沸腾钢之间，牌号后加"b"，半镇静钢应用较少 |

### 2. 铸铁的分类

铸铁是碳的质量分数大于 2.11% 的铁碳合金的总称。表 4-2 列出了铸铁的主要分类。

表 4-2 铸铁的主要分类

| | | | | |
|---|---|---|---|---|
| 按化学成分分类 | 普通铸铁 | | 主要元素是铁和碳，且碳的质量分数大于 2.11% 的铁碳合金。它比碳钢含有较多的硫、磷等杂质元素 | |
| | 合金铸铁 | | 有时为了提高铸铁的力学性能或某些特殊性能，还可以加入铬、钼、钒、铜、铝等合金元素，或提高硅、锰、磷等元素的质量分数，形成合金铸铁 | |
| 按碳的存在形式分类 | 白口铸铁 | | 碳主要以渗碳体的形式存在，断口呈银白色，硬度高，脆性大，难以切削加工，故很少直接制造机械零件，主要用作炼钢原料或可锻铸铁的毛坯以及不需要切削加工、要求硬度高和耐磨性好的铁件，如犁铧、轧辊、球磨机的磨球等 | |
| | 麻口铸铁 | | 铸铁中的碳一部分以渗碳体析出，另一部分以石墨形式析出，断口灰、白相间。这类铸铁的脆性大，硬度高，难以加工，故很少使用 | |
| | 灰铸铁 | 铸铁中的碳主要以石墨形式存在，断口呈暗灰色 | | |
| | | 按石墨形态的不同进行分类 | 普通灰铸铁 | 铸铁中石墨呈片状存在 |
| | | | 球墨铸铁 | 铸铁中石墨呈球状存在 |
| | | | 蠕墨铸铁 | 铸铁中石墨呈蠕虫状存在 |
| | | | 可锻铸铁 | 铸铁中石墨呈团絮状存在 |

**提示**：铸铁的力学性能主要取决于基体的组织和石墨的形态、数量、大小以及分布状态，其中基体的组织一般可通过不同的热处理加以改变，但石墨的形态和分布却无法改变，故要想得到细小而分布均匀的石墨，就需要在石墨化时对其析出过程加以控制。

### 二、钢中杂质元素及合金元素对钢性能的影响

#### 1. 常存杂质元素对钢性能的影响

钢中常存杂质元素主要是硅、锰、硫和磷。这些常存杂质元素对钢的性能有一定的影响。

（1）硅的影响　硅（Si）在钢中的质量分数小于 0.50%，也是钢中的有益元素。在钢的冶炼过程中，硅能起到脱氧和促进钢液流动性的作用，还能提高钢的强度、硬度和弹性。但硅的质量分数超过 0.8% 时，钢的塑性和韧性显著下降。

（2）锰的影响　锰（Mn）在钢中的质量分数一般为 0.25%～0.8%。锰是在炼钢时作为脱氧去硫的元素加入钢中的。锰属于有益元素。锰溶于铁素体引起固溶强化，提高钢的强度和硬度。锰还与硫化合成硫化锰（MnS），以减轻硫的有害作用，降低钢的脆性，改善钢的热加工性能。

（3）硫的影响　硫（S）是在炼钢时由矿石和燃料带入的杂质，是钢中的有害元素，是炼钢时不能除尽的杂质。硫以共晶的形式分布在晶体的界面上，易导致钢在热加工时产生开裂，也就是常说的"热脆"或"红脆"。因此，钢中硫的质量分数必须严格控制。国家标准中规定，优质钢中硫的质量分数不得超过 0.04%，普通钢中硫的质量分数也不得超过 0.055%。但硫有个优点，就是能提高钢的切削加工性能，在我国的易切削钢中，硫的质量分数高达 0.25%。

（4）磷的影响　磷（P）是钢中有害的杂质元素，其来源于炼钢原料。磷能全部溶于铁素体，提高了铁素体的强度、硬度；但在室温下使钢的塑性、韧性急剧下降，特别是它能使钢的冷脆性急剧加大，对钢材产生很大的危害，故要严格控制磷在钢中的质量分数。

磷的有害作用在一定条件也可以转化，如在易切削钢中也可适当地提高磷的质量分数，以脆化铁素体，改善钢材的可加工性。

#### 2. 合金元素对钢性能的影响

为了改善钢的某些性能或使之具有某些特殊性能（如耐蚀、抗氧化、耐磨、热硬性、高淬透性等），在炼钢时有意加入的元素称为合金元素。钢材中加入的合金元素主要有硅、锰、铬、镍、钨、钼、钒、钛、铌、钴、铝、硼及稀土元素等。

（1）合金元素在钢中的存在形式及作用　合金元素在钢中主要以两种形式存在：一种形式是溶入铁素体中形成合金铁素体；另一种形式是与碳化合形成合金碳化物。

1）形成合金铁素体。大多数合金元素都能不同程度地溶入铁素体中，形成合金铁素体。由于它们的原子大小及晶格类型与铁不同，使铁素体晶格发生不同程度的畸变，其结果使铁素体的强度、硬度提高，当合金元素超过一定的质量分数后，铁素体的韧性和塑性会降低。

与铁素体有相同晶格类型的合金元素（如铬、钼、钨、钒、铌等）强化铁素体的作用较弱；而与铁素体具有不同晶格类型的合金元素（如硅、锰、镍等）强化铁素体的作用较强。当硅、锰的质量分数小于 1% 时，既能强化铁素体，又不明显降低其韧性。

2）形成合金碳化物。形成碳化物的合金元素，按它们与碳结合的能力，由强到弱排列为钛、铌、钒、钨、钼、铬、锰和铁，所形成的合金碳化物为 TiC、NbC、VC、WC、$Cr_7C_3$、$(Fe，Cr，)_3C$ 及 $(Fe，Mn)_3C$ 等。合金碳化物具有很高的硬度，提高了钢的强度、硬度和耐磨性。

（2）合金元素对热处理的影响　合金元素对热处理的影响主要表现在对加热、冷却和回火过程中的相变等方面上。

1）阻碍奥氏体晶粒长大。合金钢的奥氏体形成过程基本上与碳钢相同，也包括奥氏体形核、奥氏体长大、合金碳化物溶解和奥氏体成分均匀化四个阶段。在奥氏体形成过程中，几乎所有的合金元素（除锰以外）都能减缓钢的奥氏体化过程、阻止奥氏体晶粒长大，尤其是碳化物形成元素钛、钒、钼、钨、铌等。在元素周期表中，这些元素都位于铁的左侧，越远离铁，越容易形成比铁的碳化物更稳定的碳化物，如 TiC、VC、MoC 等，这些碳化物在加热时很难溶解，能强烈地阻碍奥氏体晶粒长大。因此，合金钢在热处理时，应相应提高加热温度或延长保温时间才能保证奥氏体化过程的充分进行，并且与相应的碳钢相比，在同样加热条件下，合金钢的组织较细，力学性能更高。

2）提高淬透性。大多数合金元素（除钴以外）溶解于奥氏体中以后，都能提高过冷奥氏体的稳定性，使等温转变图位置右移，如图4-2 所示，其临界冷却速度减小，从而提高钢的淬透性。

显著提高钢的淬透性的元素有钼、锰、铬、镍等，特别是多种元素同时加入要比各元素单独加入更为有效。故目前淬透性高的钢多采用"多元少量"的合金化原则。

此外，多数合金元素（除钴、铝外）溶入奥氏体后，使马氏体转变温度 $Ms$ 和 $Mf$ 下降，淬火后钢中残留奥氏体含量增加。

3）提高回火稳定性。合金元素在回火过程

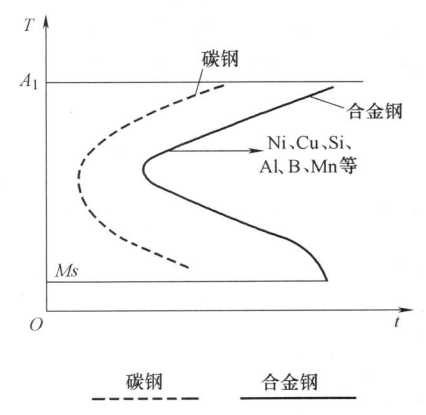

图 4-2　合金元素对等温转变图的影响

中，由于合金元素的阻碍作用，推迟了马氏体的分解和残留奥氏体的转变，提高了铁素体的再结晶温度，使碳化物不易聚集长大，而保持较大的弥散度，因此提高了钢对回火软化的抗力，即提高了钢的回火稳定性。和碳钢相比，在相同的回火温度下，合金钢比同样碳的质量分数的碳钢具有更高的硬度和强度，对工具钢和耐热钢尤为重要；在达到相同强度的条件下，合金钢可以在更高的温度下回火，以充分消除内应力，而使韧性更好，这对结构钢尤为重要。

除此之外，一些碳化物形成元素如铬、钨、钼、钒等，在回火过程中又析出了新的更细的特殊碳化物，发挥了第二相的弥散强化作用，使硬度进一步提高。这种二次硬化现象在合金工具钢中很有价值。含铬、镍、锰、硅等元素的合金结构钢在 450～600℃范围内长期保温或回火后缓冷均出现第二类回火脆性，应在回火后采用快冷。

提示：钢中的杂质元素是随着炼钢原料进入钢液中的，不是故意添加的；而合金元素是为了提高钢的某种性能故意添加的，两者有着本质的不同。

# 第二节　非合金钢的应用

非合金钢习惯称为碳钢。这类钢不仅价格低廉，工艺性能良好，而且能满足一般工程结构和机械零部件的使用性能要求，是工、农业生产中应用广泛的工程材料。

一、非合金结构钢（碳素结构钢）

1. 普通质量非合金结构钢（普通质量碳素结构钢）

（1）牌号　普通质量碳素结构钢的牌号是由屈服强度的"屈"字汉语拼音首位字母"Q"＋屈服强度数值＋质量等级符号＋脱氧方法四部分组成的。其中质量等级分为A、B、C、D四级，质量依次提高；分别用F、Z、TZ表示沸腾钢、镇静钢、特殊镇静钢。在牌号中，符号"Z"和"TZ"均可省略。例如：Q235AF钢，表示的是屈服强度≥235MPa，质量等级为A级的沸腾钢。

（2）性能及用途　普通质量碳素结构钢中的硫、磷和非金属夹杂物含量比优质碳素结构钢多，在相同碳的质量分数及热处理条件下，其塑性、韧性较低，加工成形后一般不进行热处理，大都在热轧状态下直接使用，通常轧制成板材、线材及各种型钢，如图4-3和图4-4所示。钢的总产量中此类钢占很大的比例。普通质量碳素结构钢的牌号、质量等级、化学成分、力学性能及用途见表4-3。

表4-3　普通质量碳素结构钢的牌号、质量等级、化学成分、
力学性能及用途（板材厚度≤16mm）

| 牌号 | 质量等级 | 化学成分（质量分数，%） | | 力学性能 | | | 用途 |
|---|---|---|---|---|---|---|---|
| | | C | Mn | 屈服强度 $R_{eL}$/MPa | 抗拉强度 $R_m$/MPa | 断后伸长率 A（%） | |
| Q195 | — | 0.06～0.12 | 0.25～0.50 | 195 | 315～430 | 33 | Q195系列和Q215系列塑性好，常用于制造薄板、焊接钢管、钢丝、铁钉、铆钉、垫圈、地脚螺栓、冲压件、屋面板、烟囱等 |
| Q215 | A | 0.09～0.15 | 0.25～0.55 | 215 | 335～450 | 31 | |
| Q215 | B | 0.09～0.15 | 0.25～0.55 | 215 | 335～450 | 31 | |
| Q235 | A | 0.14～0.22 | 0.30～0.65 | 235 | 370～500 | 26 | 常用于制造薄板、中板、型钢、钢筋、钢管、铆钉、螺栓、连杆、销、小轴、法兰盘、机壳、桥梁与建筑结构件、焊接结构件等 |
| Q235 | B | 0.12～0.20 | 0.30～0.70 | 235 | 370～500 | 26 | |
| Q235 | C | ≤0.17 | 0.35～0.80 | 235 | 370～500 | 26 | |
| Q235 | D | ≤0.18 | 0.35～0.80 | 235 | 370～500 | 26 | |
| Q275 | — | 0.28～0.38 | 0.50～0.80 | 275 | 410～540 | 20 | 强度较高，常用于制造要求高强度的拉杆、连杆、键、轴、销等 |

2. 优质非合金结构钢（优质碳素结构钢）

（1）牌号　优质非合金结构钢习惯称为优质碳素结构钢，其牌号用两位数字表示。两位数字表示该钢的碳的平均质量分数的万分数，如45表示碳的平均质量分数为0.45%的优质碳素结构钢；08表示碳的平均质量分数为0.08%的优质碳素结构钢。

图 4-3　线材

图 4-4　型钢

（2）性能及用途　这类结构钢的硫、磷含量较低（$w_P$、$w_S \leqslant 0.035\%$），非金属夹杂物也较少，钢的品质较高，塑性、韧性都比普通碳素结构钢更佳，出厂时既要保证化学成分，又要保证力学性能，主要用于制造较重要的机械零件。

这类钢主要用来制造冲压件、齿轮、轴套（图 4-5）、轴（图 4-6）以及弹簧（图 4-7）。优质碳素结构钢的牌号、化学成分、性能及用途见表 4-4。

图 4-5　轴套　　　　　图 4-6　轴　　　　　图 4-7　弹簧

表 4-4　优质碳素结构钢的牌号、化学成分、性能及用途

| 牌号 | $w_C(\%)$ | 力学性能 | | | | 硬度 HBW | | 用　途 |
|---|---|---|---|---|---|---|---|---|
| | | 屈服强度 $R_{eL}$/MPa | 抗拉强度 $R_m$/MPa | 断后伸长率 $A(\%)$ | 断面收缩率 $Z(\%)$ | 未退火处理 | 退火钢 | |
| | | ≥ | | | | | | |
| 05F | ≤0.05 | — | — | — | — | — | — | |
| 08F | 0.05~0.11 | 175 | 295 | 35 | 60 | 131 | — | |
| 08 | 0.05~0.11 | 195 | 325 | 33 | 60 | 131 | — | |
| 10F | 0.07~0.13 | 190 | 320 | 33 | 55 | 137 | — | |
| 10 | 0.07~0.13 | 205 | 335 | 31 | 55 | 137 | — | 塑性好，一般轧制成薄钢板或带钢供应，主要用来制造冲压件，如汽车外壳、仪器和仪表外壳等 |
| 15F | 0.12~0.18 | 205 | 355 | 29 | 55 | 143 | — | |
| 15 | 0.12~0.18 | 225 | 375 | 27 | 55 | 143 | — | |
| 20F | 0.17~0.23 | 230 | 390 | 27 | 55 | 156 | — | |
| 20 | 0.17~0.23 | 245 | 410 | 25 | 55 | 156 | — | |
| 25 | 0.22~0.29 | 275 | 450 | 23 | 50 | 170 | — | |

（续）

| 牌号 | $w_C$(%) | 力学性能 | | | | 硬度 HBW | | 用　　途 |
|---|---|---|---|---|---|---|---|---|
| | | 屈服强度 $R_{eL}$/MPa | 抗拉强度 $R_m$/MPa | 断后伸长率 $A$(%) | 断面收缩率 $Z$(%) | 未退火处理 | 退火钢 | |
| | | $\geqslant$ | | | | | | |
| 30 | 0.27~0.34 | 295 | 490 | 21 | 50 | 179 | — | 有良好的综合力学性能,主要用于受力零件,如轴类零件、连杆等,也可经表面淬火处理,提高其表面硬度和耐磨性,如齿轮类零件 |
| 35 | 0.32~0.39 | 315 | 530 | 20 | 45 | 197 | — | |
| 40 | 0.37~0.44 | 335 | 570 | 19 | 45 | 217 | 187 | |
| 45 | 0.42~0.50 | 355 | 600 | 16 | 40 | 229 | 197 | |
| 50 | 0.47~0.55 | 375 | 630 | 14 | 40 | 241 | 207 | |
| 55 | 0.52~0.6 | 380 | 645 | 13 | 35 | 255 | 217 | |
| 60 | 0.57~0.65 | 400 | 675 | 12 | 35 | 255 | 229 | 强度、硬度高,主要用于制造强度高、弹性好的零件,如弹簧、板簧等 |
| 65 | 0.62~0.7 | 410 | 695 | 10 | 30 | 255 | 229 | |

**二、非合金工具钢**（碳素工具钢）

非合金工具钢习惯称为碳素工具钢,是用于制造刀具、模具和量具的钢。由于大多数工具都要求高硬度和高耐磨性,故碳素工具钢碳的质量分数一般都在 0.7% 以上,而且此类钢都是优质钢和高级优质钢,有害杂质元素（S、P）含量较少,质量较高。

1. 牌号

碳素工具钢的牌号以"碳"字汉语拼音首位字母"T"开头,其后的数字表示碳的平均质量分数的千分数。例如：T8 表示碳的平均质量分数为 0.80% 的碳素工具钢。如果是高级优质碳素工具钢,则在钢的牌号后面标以字母 A,如 T12A 表示碳的平均质量分数为 1.2%的高级优质碳素工具钢。如在末尾加上 Mn,则表示含锰量较高。

2. 性能及用途

碳素工具钢价廉易得,易于锻造成形,可加工性也比较好。碳素工具钢的主要缺点是淬透性差,需要用水、盐水或碱水淬火,畸变和开裂倾向性大,耐磨性和热强度都很低。因此,碳素工具钢只能用来制造一些小型手工刀具或木工刀具,以及精度要求不高、形状简单、尺寸小、载荷轻的小型冷作模具,如用来制造小冲头、剪刀（图 4-8）、锉刀（图 4-9）、冷冲模、冷镦模等。碳素工具钢的牌号、化学成分、硬度、性能和用途见表 4-5。

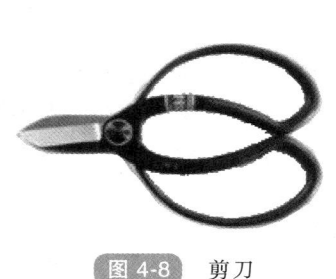

图 4-8　剪刀

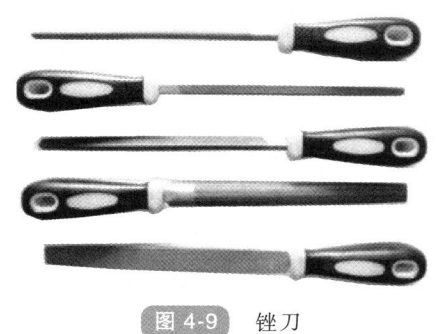

图 4-9　锉刀

表 4-5　碳素工具钢的牌号、化学成分、硬度、性能和用途

| 牌号 | 化学成分(质量分数,%) | | | 硬度 | | | 性　能 | 用　途 |
|---|---|---|---|---|---|---|---|---|
| | | | | 退火状态 | 试样淬火 | | | |
| | C | Mn | Si | HBW (≤) | 淬火温度和冷却介质 | HRC (≥) | | |
| T7 | 0.65~0.74 | ≤0.40 | ≤0.35 | 187 | 800~820℃、水 | 62 | 热处理后,具有较高的强度、韧性和相当的硬度,淬透性和热硬性低,淬火时变形 | 淬火和回火后常用于制造要求有较高硬度和耐磨性的工具,如冲头、木工工具、剪切金属用剪刀等 |
| T8 | 0.75~0.84 | ≤0.40 | ≤0.35 | 187 | 780~800℃、水 | 62 | 淬火和回火后,硬度较高,耐磨性良好,强度、塑性不高,淬透性低,加热时易过热,易变形,热硬性低,承受冲击的能力低 | |
| T9 | 0.85~0.94 | ≤0.40 | ≤0.35 | 192 | 760~780℃、水 | 62 | 性能和T8相近,淬硬层较深 | 制造耐磨性要求较高、不受剧烈振动、具有一定韧性及锋利刃口的各种工具,如刨刀、车刀、钻头、丝锥、手锯锯条、拉丝模、冲模等 |
| T10 | 0.95~1.04 | ≤0.40 | ≤0.35 | 197 | 760~780℃、水 | 62 | 韧性较好,强度较高,耐磨性比T8、T8A高,热硬性低,淬透性不高,淬火变形较大 | |
| T11 | 1.05~1.14 | ≤0.40 | ≤0.35 | 207 | 760~780℃、水 | 62 | 硬度和耐磨性高,韧性较低,热硬性差,淬透性不好,淬火变形大 | 制造不受冲击要求的高硬度的各种工具,如丝锥、锉刀、铰刀、板牙、量具等 |
| T12 | 1.15~1.24 | ≤0.40 | ≤0.35 | 207 | 760~780℃、水 | 62 | 硬度和耐磨性高,韧性较低,热硬性差,淬透性不好,淬火变形大 | |
| T13 | 1.25~1.35 | ≤0.40 | ≤0.35 | 217 | 760~780℃、水 | 62 | 碳钢中硬度和耐磨性最好的工具钢,但韧性较差,不能承受冲击 | |

### 三、非合金铸造钢（铸造碳钢）

**1. 牌号**

非合金铸造钢习惯称为铸造碳钢,其牌号是用"铸钢"两字的汉语拼音首位字母"ZG"加两组数字组成,第一组数字代表屈服强度的最低值,第二组数字代表抗拉强度的最低值。例如:ZG200-400 表示屈服强度≥200MPa、抗拉强度≥400MPa 的一般工程用铸造碳钢。工程用铸造碳钢的牌号有 ZG200-400、ZG230-450、ZC270-500、ZC310-570 和 ZG340-640 等。

**2. 性能及用途**

生产中有许多形状复杂的零件,常用铸造方法成形,用铸铁铸造又难以满足力学性能要求,这时常选用铸造碳钢,如轧钢机机架（图 4-10）、水压机底座等；在铁路车辆上用于制造受力大又承受冲击的零件,如摇枕、车轮（图 4-11）和车钩等。

工程用铸造碳钢的牌号、化学成分、力学性能及用途见表 4-6。

图 4-10　轧钢机机架

图 4-11　车轮

表 4-6　工程用铸造碳钢的牌号、化学成分、力学性能及用途

| 牌　号 | 化学成分（质量分数,%） | | | | | 室温力学性能 | | | | | 性能特点 | 用　途 |
|---|---|---|---|---|---|---|---|---|---|---|---|---|
| | C | Si | Mn | P | S | $R_{eL}$ $(R_{p0.2})$ /MPa | $R_m$ /MPa | $A$ (%) | $Z$ (%) | $KV$ /J | | |
| | ≤ | | | | | ≥ | | | | | | |
| ZG200-400 | 0.20 | | 0.80 | | | 200 | 400 | 25 | 40 | 30 | 有良好的塑性、韧性和焊接性,焊补不需要预热 | 用于受力不大、要求韧性好的各种机械零件,如机座、变速箱外壳等 |
| ZG230-450 | 0.30 | | | | | 230 | 450 | 22 | 32 | 25 | | |
| ZG270-500 | 0.40 | 0.60 | 0.90 | 0.035 | | 270 | 500 | 18 | 25 | 22 | 有较高的强度、塑性,可加工性能好,焊接性尚好 | 用于轧钢机机架、轴承座、连杆、曲轴、缸体等 |
| ZG310-570 | 0.50 | | | | | 310 | 570 | 15 | 21 | 15 | 有较高的强度、硬度和耐磨性,切削性能良好,焊接性能差,焊补要预热 | 用于齿轮、车轮、制动轮、棘轮等 |
| ZG340-640 | 0.60 | | | | | 340 | 640 | 10 | 18 | 10 | | |

# 第三节　合金钢的应用

　　合金钢是指在碳钢的基础上加入其他合金元素形成的钢。加入合金元素的种类、数量不同，则钢的性能、用途也有所不同。由于它具有高强度、高硬度、高耐磨性及特殊的物理性能与化学性能等，广泛应用于工程、机械零件及各种工模具上。合金钢按用途不同，主要分为合金结构钢、合金工具钢、特殊性能钢及专用钢。

## 一、合金结构钢

### 1. 工程用合金结构钢

　　制造承受载荷的工程结构所用的钢，称为工程用合金结构钢，也称为建筑结构钢。对这类钢性能的要求主要是有足够的强度，以保证在使用过程中不产生永久变形和破坏。另外，这类钢在使用过程中常需要切割、弯曲、铆接和焊接，因此还要求有良好的成形性和焊接性。它的碳的质量分数<0.2%，合金元素总量（质量分数）<3%。它主要靠加入 Mn、Si 等元素强化铁素体，提高强度；加入 V、Ti 等元素细化组织，提高韧性；加入 Cu、P 等元素

提高耐蚀性。

工程用合金结构钢大多轧制成一定截面形状的型钢（如角钢、槽钢、工字钢、螺纹钢等）、钢板和钢管来使用，常用于船舶、车辆、容器、起重运输机械等工程结构上，在建筑工程中则用于制造桥梁、钢柱、钢梁、桁架等。常用的工程用合金结构钢有低合金高强度结构钢、低合金耐候钢、低合金专用钢等。

（1）低合金高强度结构钢 低合金高强度结构钢是在碳素结构钢的基础上加入少量合金元素而形成的。

1）牌号。低合金高强度结构钢的牌号是由屈服强度的"屈"字汉语拼音首位字母"Q"+屈服强度数值+质量等级符号（A、B、C、D、E）三部分按顺序组成。例如：Q390A表示屈服强度≥390MPa，质量等级为A级的低合金高强度结构钢。如果是专用结构钢一般则在低合金高强度结构钢牌号表示方法的基础上附加钢产品的用途符号，如Q345HP表示焊接气瓶用钢、Q345R表示压力容器用钢、Q390G表示锅炉用钢、Q420Q表示桥梁用钢等。

2）性能及用途。低合金高强度结构钢的合金元素以锰为主，此外，还有硅、钒、钛、铝、铌、铬、镍、氮、稀土等元素，一般钢中合金元素总质量分数不超过3%。低合金高强度结构钢与碳素结构钢相比，具有较高的强度、韧性、耐蚀性及良好的焊接性能。但低合金高强度结构钢的生产工艺过程与碳素钢基本类似，而且其价格仅略高于碳素钢。因此，低合金高强度结构钢具有良好的使用价值和经济价值，广泛用于制造桥梁、车辆、船舶、建筑、锅炉等。图4-12所示为低合金高强度结构钢的应用。常用低合金高强度结构钢的牌号、质量等级、化学成分、力学性能及用途见表4-7。

  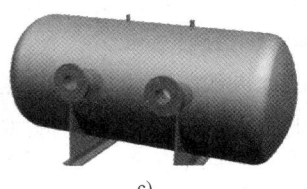

a) b) c)

**图 4-12** 低合金高强度结构钢的应用

a）建筑钢筋结构 b）铁路道岔 c）压力容器

表 4-7 常用低合金高强度结构钢的牌号、质量等级、化学成分、力学性能及用途

| 牌 号 | 质量等级 | 化学成分（质量分数，%） | | | | | | | 力学性能（公称厚度≤16mm） | | | 用途 |
|---|---|---|---|---|---|---|---|---|---|---|---|---|
| | | C | Si | Mn | Nb | V | Ti | Cr | $R_m$ /MPa | $R_{eL}$ /MPa | A（%） | |
| Q345 | A、B、C、D、E | ≤0.18 | ≤0.50 | ≤1.7 | ≤0.07 | ≤0.15 | ≤0.20 | ≤0.30 | 470~630 | ≥345 | ≥20 | 船舶、铁路车辆、桥梁、管道、锅炉、压力容器、油槽、油罐等 |
| Q390 | A、B、C、D、E | ≤0.20 | ≤0.50 | ≤1.7 | ≤0.07 | ≤0.20 | ≤0.20 | ≤0.30 | 490~650 | ≥390 | ≥20 | 中高压锅炉锅筒、中高压石油化工容器、大型船舶、桥梁、车辆、压力容器等 |

（续）

| 牌　号 | 质量等级 | 化学成分（质量分数，%） | | | | | | | 力学性能（公称厚度≤16mm） | | | 用途 |
|---|---|---|---|---|---|---|---|---|---|---|---|---|
| | | C | Si | Mn | Nb | V | Ti | Cr | $R_m$/MPa | $R_{eL}$/MPa | $A(\%)$ | |
| Q420 | A、B、C、D、E | ≤0.20 | ≤0.50 | ≤1.7 | ≤0.07 | ≤0.20 | ≤0.20 | ≤0.30 | 520~680 | ≥420 | ≥19 | 矿山机械、大型船舶、电站设备、起重设备、机车车辆等 |
| Q460 | C、D、E | ≤0.20 | ≤0.60 | ≤1.8 | ≤0.11 | ≤0.20 | ≤0.20 | ≤0.30 | 550~720 | ≥460 | ≥17 | 大型工程结构件、大型挖掘机、起重运输机械等 |

（2）低合金耐候钢

1）牌号。我国目前使用的耐候钢分为焊接结构用耐候钢和高耐候性结构钢两大类。

焊接结构用耐候钢的牌号是由 Q+数字+NH 组成。其中"Q"是"屈"字汉语拼音首位字母，数字表示钢的最低屈服强度数值，字母"NH"是"耐候"两字汉语拼音首位字母，牌号后缀质量等级符号（C、D、E），如 Q355NHC 表示屈服强度≥355MPa，质量等级为 C 级的焊接结构用耐候钢。焊接结构用耐候钢适用于桥梁建筑及其他要求耐候性的钢结构。

高耐候性结构钢的牌号是由 Q+数字+GNH 组成。与焊接结构用耐候钢不同的是"GNH"是"高耐候"三字汉语拼音首位字母。含铬、镍元素的高耐候性结构钢在其牌号后面后缀字母"L"，如 Q345GNHL。

2）化学成分及用途。耐候钢是指耐大气腐蚀钢。它是在低碳钢的基础上加入少量铜、铬、镍、钼等合金元素，使钢表面形成一层保护膜的低合金钢。为了进一步改善耐候钢的性能，还可再加入微量的铌、钛、钒、锆等元素。

耐候钢适用于机车车辆（图 4-13）、建筑、塔架（图 4-14）和其他要求高耐候性的钢结构，并可根据不同需要制成螺栓连接、铆接和焊接结构件。

图 4-13　机车车辆

图 4-14　塔架

（3）低合金专用钢　为了适应某些专业的特殊需要，对低合金高强度结构钢的化学成分、加工工艺及性能做相应的调整和补充，从而发展了门类众多的低合金专用钢，如锅炉用钢、压力容器用钢、船舶用钢、桥梁用钢、汽车用钢、铁道用钢、自行车用钢、矿山用钢及预应力用钢和建筑结构用钢等，其中部分低合金专用钢已纳入国家标准。

2. 机械零件用合金结构钢

机械零件用合金结构钢大多需经热处理后才能使用。按其用途和热处理特点，可分为合金渗碳钢、合金调质钢、合金弹簧钢、滚动轴承钢等。前三类钢的的牌号是由数字（两位）+元素符号+数字组成。其中，前两位数字是表示碳的平均质量分数的百分数，元素符号表示钢中所含的合金元素，元素符号后的数字是表示该元素的平均质量分数的名义百分数。若合金元素的平均质量分数 $w_{Me}<1.5\%$，则只标元素符号，不标注其质量分数；当其平均质量分数 $w_{Me} \geq 1.5\%$、$w_{Me} \geq 2.5\%$、$w_{Me} \geq 3.5\%$ 等时，则在元素符号后相应标注出数字 2、3、4 等。例如：20CrNi3 表示 $w_C=0.2\%$、$w_{Cr}<1.5\%$、$2.5\% \leq w_{Ni}<3.5\%$ 的合金渗碳钢。

（1）合金渗碳钢

1）化学成分及性能。合金渗碳钢的碳的质量分数一般在 0.10%~0.25%，以保证淬火后零件心部有足够的塑性和韧性；渗碳钢中的主要合金元素是铬，还可加入镍、锰、硼、钨、钒、钛、钼等合金元素。其中，铬、镍、锰、硼的主要作用是提高淬透性；钒、钛、钨、钼可形成细小难溶的碳化物，阻止晶粒长大。在零件表层形成的合金碳化物还可提高渗碳层的耐磨性。

2）热处理。合金渗碳钢的热处理工艺过程分为预备热处理和最终热处理。

预备热处理为：低、中淬透性的渗碳钢，锻造后正火；高淬透性的渗碳钢，锻压后空冷淬火后，再于 650℃ 左右高温回火，以改善渗碳钢毛坯的可加工性。

最终热处理为：渗碳后淬火和低温回火（180~200℃）。热处理使表层获得高碳回火马氏体加碳化物，硬度可达 60~62HRC；而心部组织与钢的淬透性及零件截面尺寸有关，若心部淬透，则回火组织是低碳回火马氏体，硬度为 40~48HRC；若未淬透，则为托氏体加少量低碳回火马氏体及铁素体混合组织，硬度为 25~40 HRC。

3）用途。合金渗碳钢由于具有外硬内韧的性能，主要用来制造用于承受冲击的耐磨件，如汽车、拖拉机中的变速齿轮（图 4-15）、内燃机上的凸轮轴、活塞销等。常用渗碳钢的牌号、化学成分、热处理、力学性能及用途见表 4-8。

图 4-15　变速齿轮

（2）合金调质钢

1）化学成分及性能。合金调质钢的碳的质量分数一般在 0.25%~0.5%，以 0.4%居多。碳的质量分数过低则调质后强度、硬度不足，而过高则塑性、韧性不够。合金调质钢中加入合金元素锰、硅、铬、镍、硼等元素的主要作用是增大钢的淬透性；加入钨、钼、钒、钛等元素可形成稳定的合金碳化物，阻止奥氏体晶粒长大，细化晶粒防止回火脆性，以获得高而均匀的综合力学性能，特别是高的屈强比。

2）热处理。合金调质钢一般采用正火或退火作为预备热处理，以消除锻造内应力，改善可加工性。对于某些要求具有良好的综合力学性能，局部还要求硬度高、耐磨性好的零件，可在调质后进行局部表面淬火或渗氮处理。

3）用途。中碳成分的调质钢一般经调质处理后使用。合金调质钢主要用于制造在多种载荷（如扭转、弯曲、冲击等）下工作，受力比较复杂，要求具有良好综合力学性能的重要零件，如汽车、拖拉机、机床等的齿轮、轴类件、连杆和高强度螺栓等。调质钢是机械结

表 4-8　常用渗碳钢的牌号、化学成分、热处理、力学性能及用途

| 类别 | 牌号 | 化学成分（质量分数,%） | | | | | | | 热处理/℃ | | | | 力学性能 | | | | | 毛坯尺寸/mm | 用途 |
|---|---|---|---|---|---|---|---|---|---|---|---|---|---|---|---|---|---|---|---|
| | | C | Mn | Si | Cr | Ni | V | 其他 | 渗碳 | 预备热处理 | 淬火 | 回火 | $R_m$/MPa | $R_{eL}$/MPa | A（%） | Z（%） | $a_K$/(kJ/m²) | | |
| 低淬透性 | 15 | 0.12~0.19 | 0.35~0.65 | 0.17~0.37 | — | — | — | — | 930 | 890±10 空冷 | 770~800 水冷 | 200 | ≥500 | ≥300 | ≥15 | ≥55 | — | <30 | 活塞销等 |
| 低淬透性 | 20Cr | 0.17~0.24 | 0.50~0.80 | 0.20~0.40 | 0.70~1.0 | — | — | — | 930 | 880 水冷、油冷 | 880 水冷、油冷 | 200 | ≥850 | ≥550 | ≥10 | ≥40 | ≥600 | 15 | 齿轮、小轴、活塞销等 |
| 低淬透性 | 20MnV | 0.17~0.24 | 1.30~1.60 | 0.20~0.40 | — | — | 0.07~0.12 | — | 930 | — | 880 水冷、油冷 | 200 | ≥800 | ≥600 | ≥10 | ≥40 | ≥700 | 15 | 同上,也用于钢炉、高压容器管道 |
| 中淬透性 | 20CrMn | 0.17~0.24 | 0.90~1.20 | 0.20~0.40 | 0.90~1.20 | — | — | — | 930 | — | 850 油冷 | 200 | ≥950 | ≥750 | ≥10 | ≥45 | ≥600 | 15 | 齿轮、轴、蜗轮、活塞销、摩擦轮 |
| 中淬透性 | 20CrMnTi | 0.17~0.24 | 0.80~1.10 | 0.20~0.40 | 1.00~1.30 | — | — | Ti 0.06~0.12 | 930 | 830 油冷 | 860 油冷 | 200 | ≥1100 | ≥850 | ≥10 | ≥45 | ≥700 | 15 | 汽车、拖拉机中的变速齿轮 |
| 高淬透性 | 18Cr2Ni4WA | 0.13~0.19 | 0.30~0.60 | 0.20~0.40 | 1.35~1.65 | 4.00~4.50 | — | W 0.80~1.20 | 930 | 950 空冷 | 850 空冷 | 200 | ≥1200 | ≥850 | ≥10 | ≥45 | ≥1000 | 15 | 大型渗碳齿轮和轴类件 |
| 高淬透性 | 15CrMn2SiMo | 0.13~0.19 | 2.0~2.40 | 0.4~0.7 | 0.4~0.7 | — | — | Mo 0.4~0.5 | 930 | 880~920 油冷 | 800~860 油冷 | 200 | ≥1200 | ≥900 | ≥10 | ≥45 | ≥800 | 15 | 大型渗碳齿轮、飞机齿轮 |

构用钢的主体。

图 4-16 所示为调质钢制造的重型汽车的曲轴。图 4-17 所示为调质钢制造的精密磨床主轴。常用合金调质钢的牌号、化学成分、热处理、力学性能及用途见表 4-9。

图 4-16　重型汽车的曲轴

图 4-17　精密磨床主轴

表 4-9　常用合金调质钢的牌号、化学成分、热处理、力学性能及用途

| 牌号 | 化学成分（质量分数，%） | | | 热处理/℃ | | 力学性能 | | | 用　　途 |
|------|------|------|------|------|------|------|------|------|------|
| | C | Cr | 其他 | 淬火温度 | 回火温度 | $R_{eL}$/MPa | $R_m$/MPa | A（%） | |
| 40Cr | 0.37~0.44 | 0.80~1.10 | — | 850 油冷 | 520 水冷、油冷 | ≥785 | ≥980 | ≥9 | 制造在中等载荷和中等速度条件下工作的零件，如汽车后半轴及机床上齿轮轴、花键轴、顶尖套等 |
| 40MnB | 0.37~0.44 | — | Mn 1.10~1.40B 0.0005~0.0035 | 850 油冷 | 500 水冷、油冷 | ≥785 | ≥980 | ≥10 | |
| 35CrMo | 0.32~0.40 | 0.80~1.10 | Mo 0.15~0.25 | 850 油冷 | 550 水冷、油冷 | ≥835 | ≥980 | ≥12 | 可在中、高频表面淬火或淬火低温回火后用于高载荷条件下工作的重要结构件，特别是受冲击振动、弯曲、扭转载荷的机件，如主轴、大电动机轴、曲轴、锤杆等 |
| 40CrNi | 0.37~0.44 | 0.45~0.75 | Ni 1.00~1.40 | 850 油冷 | 500 水冷、油冷 | ≥785 | ≥980 | ≥10 | |
| 38CrMoAl | 0.35~0.42 | 1.35~1.65 | Mo 0.15~0.25 Al 0.70~1.10 | 940 油冷 | 640 水冷、油冷 | ≥835 | ≥980 | ≥14 | 高级氮化钢，常用于制造磨床主轴、自动车床主轴、精密丝杠、精密齿轮、高压阀门、压缩机活塞杆、橡胶及塑料挤压机上的各种耐磨件 |
| 40CrNiMoA | 0.37~0.44 | 0.60~0.90 | Mo 0.15~0.25 Ni 1.25~1.65 | 850 油冷 | 600 水冷、油冷 | ≥835 | ≥980 | ≥12 | 用于韧性好、强度高及大尺寸的重要调质件，如重型机械中高载荷的轴类、直径大于 250mm 的汽轮机轴、叶片、曲轴等 |

（3）合金弹簧钢

1）化学成分及性能。由于弹簧经常承受振动和长期在交变应力作用下工作，主要是疲劳破坏，故合金弹簧钢必须具有高的弹性极限和疲劳强度。此外，它还应有足够的韧性和塑性，以防止在冲击力作用下突然脆断。

合金弹簧钢的碳的质量分数一般在 0.5%~0.9%，以保证得到高的弹性极限、疲劳强度和屈服强度。合金弹簧钢中加入的合金元素主要是锰、硅、铬等，其作用是强化铁素体，提高钢的淬透性、弹性极限及回火稳定性。辅加少量的合金元素钼、钨、钒，可减少钢的过热倾向和脱碳，细化晶粒，进一步提高弹性极限、屈强比、耐热性及冲击韧度。

2）热处理。根据弹簧的成形分为冷成形和热成形，其热处理工艺分为以下两类。

① 冷成形弹簧。冷成形弹簧是指弹簧直径小于 10mm 的弹簧，如钟表弹簧（图 4-18）、仪表弹簧、阀门弹簧（图 4-19）等。弹簧采用钢丝或钢带制作，成形前钢丝或钢带先经过冷拉（冷轧）或者淬火加中温回火，使钢丝或钢带具有较高的弹性极限和屈服强度，然后将其卷成形。弹簧冷成形后在 250~300℃进行去应力退火，以消除冷成形时产生的内应力，稳定弹簧尺寸和形状。

图 4-18　钟表弹簧

图 4-19　阀门弹簧

② 热成形弹簧。热成形弹簧是指弹簧直径大于 10mm 的弹簧，如图 4-20 所示的汽车板弹簧和图 4-21 所示的火车缓冲弹簧等，其热成形后进行淬火和中温回火，以提高弹簧钢的弹性极限和疲劳强度。

图 4-20　汽车板弹簧

图 4-21　火车缓冲弹簧

3）用途。60Si2Mn 钢是应用最广泛的合金弹簧钢，其生产量约为合金弹簧钢生产量的80%。常用合金弹簧钢的牌号、化学成分、热处理、力学性能及用途见表 4-10。

表 4-10　常用合金弹簧钢的牌号、化学成分、热处理、力学性能及用途

| 牌号 | 化学成分(质量分数,%) | | | | | | 热处理/℃ | | 力学性能 | | | 用　　途 |
|---|---|---|---|---|---|---|---|---|---|---|---|---|
| | C | Si | Mn | Cr | V | W | 淬火温度 | 回火温度 | $R_{eL}$/MPa | $R_m$/MPa | Z(%) | |
| 60Si2Mn | 0.56~0.64 | 1.50~2.00 | 0.70~1.00 | ≤0.35 | — | — | 870 油冷 | 480 | ≥1180 | ≥1275 | ≥25 | 汽车、拖拉机、机车上的减振板簧和螺旋弹簧、气缸安全阀簧，电力机车用升弓钩弹簧，止回阀簧，还可用于250℃以下使用的耐热弹簧等 |

（续）

| 牌号 | 化学成分（质量分数，%） | | | | | | 热处理/℃ | | 力学性能 | | | 用　途 |
|------|------|------|------|------|------|------|------|------|------|------|------|------|
| | C | Si | Mn | Cr | V | W | 淬火温度 | 回火温度 | $R_{eL}$ /MPa | $R_m$ /MPa | Z (%) | |
| 50CrVA | 0.46~ 0.54 | 0.17~ 0.37 | 0.50~ 0.80 | 0.80~ 1.10 | 0.10~ 0.20 | — | 850 油冷 | 500 | ≥1130 | ≥1275 | ≥40 | 较大截面的高载荷重要弹簧及工作温度<350℃的阀门弹簧、活塞弹簧、安全阀弹簧等 |
| 30W4 Cr2VA | 0.26~ 0.34 | 0.17~ 0.37 | ≤0.40 | 2.00~ 2.50 | 0.50~ 0.80 | 4.00~ 4.50 | 1050~ 1100 油冷 | 600 | ≥1325 | ≥1470 | ≥40 | 工作温度≤500℃的耐热弹簧，如锅炉主安全阀弹簧、汽轮机汽封弹簧等 |

（4）滚动轴承钢

1）牌号。常见的滚动轴承钢的牌号由 G+Cr+数字组成。其中"G"是"滚"字汉语拼音首位字母，"Cr"是合金元素铬的符号，数字表示铬的质量分数的名义千分数。例如：GCr15 表示 $w_{Cr} \approx 1.5\%$ 的滚动轴承钢。如钢中含有其他合金元素，应依次在数字后面写出元素符号。例如：GCr15SiMn 表示 $w_{Cr} \approx 1.5\%$、$w_{Si}$ 和 $w_{Mn}<1.5\%$ 的滚动轴承钢。

2）化学成分及性能。滚动轴承钢工作中受到周期性交变载荷和冲击载荷的作用，产生强烈的摩擦，接触应力很大，同时还受到大气和润滑介质的腐蚀，因此要求滚动轴承钢必须具有：高而均匀的硬度和耐磨性；高的弹性极限和一定的冲击韧度；足够的淬透性和耐蚀能力以及高的接触疲劳强度和抗压强度。

目前常用的高碳高铬滚动轴承钢，其 $w_C = 0.95\% \sim 1.15\%$，以获得高强度、高硬度及高耐磨性。主要合金元素为铬，$w_{Cr} = 0.4\% \sim 1.65\%$，铬一部分溶入奥氏体，以提高淬透性；一部分与碳形成细小均匀分布的碳化物颗粒，以提高接触疲劳强度和耐磨性。另外，制造大尺寸轴承时，可加硅、锰以进一步提高其淬透性。同时，滚动轴承钢还要严格限制磷、硫的质量分数。

3）热处理。滚动轴承钢预备热处理是球化退火。目的一是降低硬度，以利于切削加工；二是获得均匀分布的细粒珠光体，为最终热处理做好组织准备。

最终热处理是淬火后低温回火。对于精密轴承零件，为了保证使用过程中的尺寸稳定性，淬火后还应该进行冷处理，使残留奥氏体转变，然后再进行低温回火。磨削加工后，再在 120~130℃下时效 5~10h，去除应力，以保证工作中的尺寸稳定性。

4）用途。滚动轴承钢主要用来制造各种滚动轴承元件，如轴承内、外圈、滚动体等。常用滚动轴承钢的牌号、化学成分、热处理及用途见表 4-11。

表 4-11　常用滚动轴承钢的牌号、化学成分、热处理及用途

| 牌　号 | 化学成分（质量分数，%） | | | | | | | 热处理 | | | 用　途 |
|------|------|------|------|------|------|------|------|------|------|------|------|
| | C | Cr | Si | Mn | V | Mo | RE | 淬火 /℃ | 回火 /℃ | 回火后硬度 HRC | |
| GCr6 | 1.05~ 1.15 | 0.40~ 0.70 | 0.15~ 0.35 | 0.20~ 0.40 | — | — | — | 800~ 820 | 150~ 170 | 62~ 66 | $\phi<10mm$ 滚珠、滚柱和滚针 |
| GCr9 | 1.00~ 1.10 | 0.90~ 1.20 | 0.15~ 0.35 | 0.20~ 0.40 | — | — | — | 800~ 820 | 150~ 170 | 62~ 66 | $\phi<20mm$ 的滚动体及轴承内外圈 |

（续）

| 牌 号 | 化学成分（质量分数，%） | | | | | | | 热处理 | | | 用 途 |
|---|---|---|---|---|---|---|---|---|---|---|---|
| | C | Cr | Si | Mn | V | Mo | RE | 淬火/℃ | 回火/℃ | 回火后硬度HRC | |
| GCr9SiMn | 1.00~1.10 | 0.90~1.20 | 0.40~0.70 | 0.90~1.20 | — | — | | 810~830 | 150~200 | 61~65 | 壁厚<14mm、外径 φ<250mm 的轴承套，φ=25~50mm 的滚球，φ25mm 左右滚柱等 |
| GCr15 | 0.95~1.05 | 1.30~1.65 | 0.15~0.35 | 0.20~0.40 | — | — | | 820~840 | 150~160 | 62~66 | 与 GCr9SiMn 同 |

**提示：** 合金钢的性能比相同碳的质量分数的碳钢高出许多，其原因是加入的各种合金元素之间的不同作用及合理搭配的结果，特别是通过不同的热处理强化，合金钢的性能优势得到了更充分的发挥，所以重要的机械零件和工程构件常选用合金钢来制造。

**二、合金工具钢**

合金工具钢主要用于制造重要的刃具、量具和模具等。

合金工具钢的牌号表示方法与合金结构钢类似，不同的是只用一位数字表示钢的平均碳的质量分数的名义千分数，且大于1%时不予标出。例如：3Cr2W8V 表示钢的平均碳的质量分数为 0.3%；CrWMn 化学元素符号前面没有数字，表示该钢的碳的平均质量分数大于 1%；W18Cr4V 化学元素符号前虽然没有数字，但这类钢的碳的平均质量分数为 0.7%~0.8%，小于 1%。

**1. 合金刃具钢**

合金刃具钢是低合金刃具钢和高合金刃具钢（即高速工具钢）的总称。

（1）低合金刃具钢

1）化学成分及性能。低合金刃具钢的 $w_C = 0.75\% \sim 1.5\%$，以保证有高的淬硬性和形成合金碳化物，获得高硬度和高的耐磨性。加入合金元素钨、锰、铬、钒、硅等（一般 $w_{Me} < 5\%$），以提高淬透性和回火稳定性，形成碳化物，细化晶粒，提高热硬性，降低过热敏感性。由于切削过程中受切削力的作用，低合金刃具钢还要求具有足够的强度和韧性。

2）热处理。低合金刃具钢的预备热处理一般采用球化退火，最终热处理为淬火后低温回火，以获得细小回火马氏体、粒状合金碳化物及少量残留奥氏体组织，硬度为 60~65HRC。

低合金刃具钢的导热性较差，对形状复杂或截面较大的刃具，淬火加热时应进行预热（600~650℃）。淬火温度不宜过低，以防溶入奥氏体的碳化物减少，使钢的淬透性降低。低合金刃具钢可采用油淬、分级淬火或等温淬火。

3）用途。低合金刃具钢主要用于制造各种金属切削刃具，如丝锥、板牙（图 4-22）、铰刀、钻头、车刀、铣刀等。工作时，它不仅要承受压力、弯曲、振动与冲击，还要受到工件和切屑强烈的摩擦作用。常用低合金刃具钢的牌号、化学成分、热处理及用途见表 4-12。

图 4-22 板牙

表 4-12　常用低合金刃具钢的牌号、化学成分、热处理及用途

| 牌　号 | 化学成分（质量分数,%） | | | | | 淬　火 | | 用途 |
|---|---|---|---|---|---|---|---|---|
| | C | Si | Mn | Cr | 其他 | 温度 /℃ | 硬度 HRC | |
| Cr2 | 0.95~ 1.10 | ≤0.40 | ≤0.40 | 1.30~ 1.65 | — | 830~860 油冷 | ≥62 | 车刀、插刀、铰刀、冷轧辊等 |
| 9SiCr | 0.85~ 0.95 | 1.20~ 1.60 | 0.30~ 0.60 | 0.95~ 1.25 | — | 820~ 860 油冷 | ≥62 | 板牙、丝锥、钻头、冲模、冷轧辊等 |
| Cr06 | 1.30~ 1.45 | ≤0.40 | ≤0.40 | 0.50~ 0.70 | — | 780~810 水冷 | ≥64 | 剃齿刀、锉刀、量规、量块等 |
| 9Cr2 | 0.85~ 0.95 | ≤0.40 | ≤0.40 | 1.30~1.70 | — | 820~850 油冷 | ≥62 | 尺寸较大的铰刀、车刀等刃具,冷轧辊,冲模及冲头,木工工具等 |

（2）高合金刃具钢（高速工具钢）

1）工作条件及性能。高速工具钢主要用于制造尺寸大、载荷重、工作温度高的各种高速切削刃具,如车刀、铣刀、拉刀、滚刀等。在切削过程中,既要承受压力、振动与冲击,还要受到工件和切屑强烈的摩擦以及由此产生的高温。因此,高速工具钢应具有:很高的硬度及耐磨性;高的热硬性;足够的强韧性以及良好的淬透性。

2）化学成分。$w_C = 0.7\% \sim 1.65\%$,以保证形成强硬的马氏体基体和合金碳化物,提高钢的硬度、耐磨性以及热硬性。但高速工具钢中碳的质量分数必须和合金元素的质量分数相适应。钢中钨、钼、铬、钒等多种合金元素总的质量分数>10%。其中,铬的主要作用是提高钢的淬透性;钨或钼形成二次硬化,保证高的热硬性;钒可形成硬度极高的细小碳化物,均匀分布,显著提高钢的耐磨性和热硬性;钴能显著提高钢的热硬性和二次硬度,还可提高钢的耐磨性、导热性,并改善可加工性。

3）热处理。最常见的高速工具钢 W18Cr4V 属于莱氏体钢,其铸态组织中有粗大鱼骨状的合金碳化物,使钢的脆性增大,它的分布只能由锻造来打碎。因此,高速工具钢的锻造,既是为了成形,也是为了将粗大的莱氏体的碳化物破碎为比较细小和均匀分布的粒状碳化物。高速钢的淬透性很高,锻后必须缓慢冷却,以免开裂。

预备热处理是锻造后球化退火,以改善可加工性,消除应力,为淬火做好组织准备。退火后的组织是索氏体及粒状碳化物,硬度一般为 207~267HBW。最终热处理是淬火后回火,其特点是加热温度高（1200℃以上）,回火温度高（560℃左右）,回火次数多（三次）。加热温度高,可使大量难溶合金碳化物充分溶入奥氏体中,淬火后得到高硬度的马氏体;多次回火可消除大量的残留奥氏体,还可将前一次回火过程中形成的马氏体转变成回火马氏体,降低应力,提高强韧性。高速工具钢淬火和回火后的组织是回火马氏体、合金碳化物以及少量的残留奥氏体。

由于高速工具钢的导热性差,在淬火加热时要进行预热,以减小热应力,防止开裂。高速工具钢 W18Cr4V 的热处理工艺如图 4-23 所示,常用高速工具钢的牌号、化学成分、热处理及用途见表 4-13。

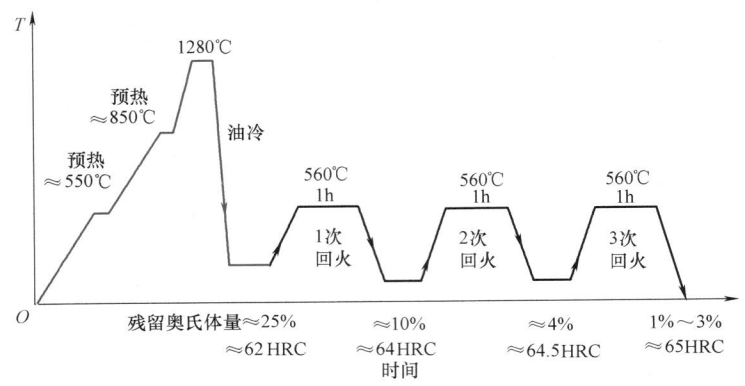

**图 4-23** 高速工具钢 W18Cr4V 的热处理工艺

**表 4-13　常用高速工具钢的牌号、化学成分、热处理及用途**

| 类别 | 牌号 | 化学成分(质量分数,%) | | | | | | 热处理/℃ | | | 硬度 | | 热硬性 HRC | 用　途 |
|---|---|---|---|---|---|---|---|---|---|---|---|---|---|---|
| | | C | Cr | W | Mo | V | 其他 | 预热温度 | 淬火温度 | 回火温度 | 退火 HBW | 淬火+回火 HRC | | |
| 钨系 | W18Cr4V (18-4-1) | 0.73~0.83 | 3.80~4.50 | 17.20~18.70 | — | 1.00~1.20 | — | 800~900 | 1250~1280 | 550~570 | ≤255 | ≥63 | 61.5~62 | 加工中等硬度或软材料的车刀、丝锥、钻头、铣刀等 |
| 钨钼系 | CW6Mo5Cr4V2 | 0.86~0.94 | 3.80~4.50 | 5.90~6.70 | 4.70~5.20 | 1.75~2.10 | — | 800~900 | 1190~1210 | 540~560 | ≤255 | ≥64 | — | 切削性能较高的冲击不大的刀具,如拉刀、铰刀、滚刀、扩孔刀等 |
| | W6Mo5Cr4V2 (6-5-4-2) | 0.95~1.05 | 3.80~4.40 | 5.50~6.75 | 4.50~5.50 | 1.75~2.20 | — | 800~900 | 1200~1230 | 540~560 | ≤255 | ≥64 | 60~61 | 要求耐磨性和韧性配合的中速切削刀具,如丝锥、钻头等 |
| | W6Mo5Cr4V3 (6-5-4-3) | 1.15~1.25 | 3.80~4.50 | 5.90~6.70 | 4.70~5.20 | 2.70~3.20 | — | 800~900 | 1190~1220 | 540~560 | ≤262 | ≥64 | 64 | 要求较高耐磨性和热硬性,且耐磨性和韧性较好配合的、形状稍微复杂的刀具,如拉刀、铣刀等 |
| | W6Mo5Cr4V2Al | 1.05~1.15 | 3.80~4.40 | 5.50~6.75 | 4.50~5.50 | 1.75~2.20 | Al 0.80~1.20 | 800~900 | 1220~1240 | 550~570 | ≤269 | ≥65 | 65 | 加工各种难加工材料,如高温合金、超高强度钢、不锈钢等的车刀、镗刀、铣刀、钻头等 |

**提示**：高速工具钢与低合金刃具钢相比，具有高的抗弯强度以及高热硬性、高耐磨性，因此被广泛地用于制造切削速度较高、承受冲击载荷较大、形状比较复杂的刀具。

2. 合金量具钢

合金量具钢的工作部分要求高硬度、高耐磨性和高的尺寸稳定性，一般都采用变形很小的合金工具钢制造，以保证其尺寸的稳定性。

（1）性能及化学成分 量具在使用过程中经常与被测工件接触，受到摩擦、磨损、碰撞，因而要求量具钢具有高硬度（60~65HRC）、高耐磨性和足够的韧性；同时为了保证测量的准确性，还要求量具钢具有高的尺寸精度与稳定性；特别精密的量具钢还要求有良好的耐蚀性。

合金量具钢的 $w_C = 0.9\% \sim 1.5\%$，以保证高硬度和高耐磨性要求；加入铬、钨、锰等合金元素，以提高淬透性。

（2）热处理 合金量具钢的热处理关键在于保证量具的精度和尺寸稳定性，因此，常采用球化退火后淬火、低温回火，组织为回火马氏体、合金碳化物和少量残留奥氏体，硬度为60~65HRC。高精度量具在淬火后可进行冷处理，以减少残留奥氏体量，以提高尺寸稳定性；为了进一步提高尺寸稳定性，淬火回火后，还可进行时效处理，以消除磨削应力，稳定尺寸。

（3）用途 合金量具钢是用于制造各种量具的钢。例如：图4-24所示的游标卡尺和图4-25所示的千分尺等；高精度量具（如量块）可采用 Cr2、CrWMn 等量具钢制造。常用合金量具钢的牌号、化学成分、热处理及用途见表4-14。

图 4-24　游标卡尺　　　　　　　　　　　　　　图 4-25　千分尺

表 4-14　常用合金量具钢的牌号、化学成分、热处理及用途

| 牌　号 | 化学成分（质量分数,%） | | | | | 热处理 | | | | 用　　途 |
|---|---|---|---|---|---|---|---|---|---|---|
| | | | | | | 淬　火 | | 回火 | | |
| | C | Si | Mn | Cr | S、P | 温度/℃ | HRC | 温度/℃ | HRC | |
| 9Mn2V | 0.85~0.95 | ≤0.40 | 1.7~2.0 | — | ≤0.30 | 780~810 油冷 | ≥62 | 150~200 | ≥60 | 小冲模、剪刀、冷压模、量规、样板、丝锥、板牙、铰刀等 |
| CrWMn | 0.9~1.05 | | 0.8~1.1 | 0.9~1.2 | | 800~830 油冷 | | 140~160 | ≥62 | 长丝锥、拉刀、量规、形状复杂高精度冲模等 |

3. 合金模具钢

合金模具钢是指用于制造冲压、热锻、压铸等成形模具的钢。根据工作条件的不同，可分为冷作模具钢和热作模具钢。

（1）冷作模具钢

1）性能及化学成分。冷作模具钢的工作温度低于300℃，冷态金属在模具型腔内变形的过程中，硬度显著提高，因此要求冷作模具钢具有高硬度和高耐磨性；为了保证模具在冲击载荷下不脆断，要求具有足够的韧性。此外，对于某些形状复杂，不便切削或磨削加工的模具，还要求具有较高的淬透性、小的热处理变形。

冷作模具钢的 $w_C = 1.2\% \sim 2.3\%$，以保证形成足够数量的碳化物，并获得含碳过饱和的马氏体，使钢具有高硬度、高耐磨性、足够的强韧性及热硬性；钢中加入合金元素铬、钼、钨、钒等，以提高耐磨性、淬透性和耐回火性。

2）热处理。冷作模具钢的热处理工艺（以 Cr12 钢为例）有预备热处理，Cr12 钢属于莱氏体钢，需反复锻造来破碎网状共晶碳化物，并使其分布均匀，锻造后应进行等温球化退火；最终热处理一般为淬火和回火，回火后组织为回火马氏体、碳化物和残留奥氏体，硬度为60~64HRC。

3）用途。冷作模具钢是用于冷态金属成形的模具用钢，如制造各种冷模、冷挤压模、冷拉模、切边模等的钢种。常用冷作模具钢的牌号、化学成分、热处理及用途见表4-15。

表4-15　常用冷作模具钢的牌号、化学成分、热处理及用途

| 牌　号 | 化学成分（质量分数,%） | | | | | 交货状态（退火）HBW | 热处理 | | 用　途 |
| | C | Si | Mn | Cr | 其他 | | 淬火温度/℃ | HRC | |
|---|---|---|---|---|---|---|---|---|---|
| Cr12 | 2.0~2.3 | ≤0.40 | ≤0.40 | 11.5~13.0 | — | 217~269 | 950~1000 油冷 | ≥60 | 制造耐磨性高、不受冲击、尺寸较大的模具，如冲模、冲头、钻套、滚丝模、拉丝模等 |
| Cr12MoV | 1.45~1.70 | | ≤0.40 | 11.0~12.5 | Mo 0.4~0.6 V 0.15~0.30 | 207~255 | 950~1000 油冷 | ≥58 | 制造截面较大、形状复杂、工作条件繁重的各种冷作模具及螺纹搓丝板等 |
| CrWMn | 0.9~1.05 | | 0.8~1.1 | 0.9~1.2 | W 1.2~1.6 | 207~255 | 800~830 油冷 | ≥62 | 长丝锥、拉刀、量规、形状复杂高精度冲模等 |

（2）热作模具钢

1）性能及化学成分。热作模具在工作过程中，一方面要承受很大的机械应力和强烈的塑性摩擦，另一方面还要承受较高的工作温度（型腔表面的工作温度可达600℃以上）、剧烈的冷热循环所引起的不均匀热应变和热压力以及高温氧化。故要求热作模具钢在高温下具有较好的力学性能及良好的耐热疲劳性。此外，热作模具的体积一般都比较大，为使其整体性能均匀一致，其还必须具有足够的淬透性。

热作模具钢 $w_C$=0.3%~0.6%，以保证在回火后获得高强度、高韧性和较高的硬度（35~52HRC）；加入较多的合金元素如铬、锰、钨、镍、硅等，能提高钢的高温强度、硬度、回火稳定性及耐热疲劳性；铬、镍、硅、锰等可以提高钢的淬透性；钼、钨可防止回火脆性。

2）热处理。热锻模是在高温下通过冲击压力迫使金属成形的热作模具。常用的热作模具有5CrMnMo和5CrNiMo，锻造后进行退火，以消除锻造应力，降低硬度，改善可加工性。最终热处理为淬火、高温（或中温）回火，回火后获得均匀的回火索氏体或回火托氏体，硬度为30~39HRC。

3）用途。常用热作模具钢的牌号、化学成分、热处理及用途见表4-16。

表4-16　常用热作模具钢的牌号、化学成分、热处理及用途

| 牌　号 | 化学成分（质量分数,%） | | | | | 交货状态（退火）HBW | 热处理 淬火温度/℃ | 用　途 |
| | C | Si | Mn | Cr | 其他 | | | |
|---|---|---|---|---|---|---|---|---|
| 5CrMnMo | 0.50~0.60 | 0.25~0.60 | 1.20~1.60 | 0.60~0.90 | Mo 0.15~0.30 | 197~241 | 820~850 油冷 | 中型热锻模 |
| 5CrNiMo | 0.50~0.60 | ≤0.40 | 0.50~0.80 | 0.50~0.80 | Mo 0.15~0.30 Ni 1.4~1.8 | 197~241 | 830~860 油冷 | 形状复杂、冲击载荷大的各种大、中型热锻模 |
| 3Cr2W8V | 0.30~0.40 | ≤0.40 | ≤0.40 | 2.20~2.70 | W 7.5~9.0 V 0.2~0.5 | ≤255 | 1075~1125 油冷 | 压铸型、平锻机上的凸、凹模、镶块、铜合金挤压模等 |

### 三、特殊性能钢

特殊性能钢是指具有特殊的物理、化学性能的钢。特殊性能钢的种类很多，常用的有不锈钢、耐热钢、耐磨钢等。

不锈钢、耐热钢的牌号由数字+合金元素符号+数字组成。前一组数字具体表示方法如下。用两位或三位阿拉伯数字表示碳的质量分数（万分之几或十万分之几）最佳控制值，即只规定碳的质量分数上限。当碳的质量分数上限≤0.10%时，碳的质量分数以其上限的3/4表示；当碳的质量分数上限>0.10%时，碳的质量分数以其上限的4/5表示。例如：碳的质量分数上限为0.20%时，其牌号中的碳的质量分数以16表示；碳的质量分数上限为0.15%时，其牌号中的碳的质量分数以12表示；碳的质量分数上限为0.08%时，其牌号中的碳的质量分数以06表示。对超低碳不锈钢（即$w_C$≤0.030%），用三位阿拉伯数字"以十万分之几"表示碳的质量分数。例如：碳的质量分数上限为0.030%时，其牌号中的碳的质量分数以022表示；碳的质量分数上限为0.010%时，其牌号中的碳的质量分数以008表示。

#### 1. 不锈钢

不锈钢是用来抵抗大气腐蚀或抵抗酸、碱、盐等化学介质腐蚀的钢。

（1）性能及化学成分 不锈钢除要求耐蚀外，还应具有适当的力学性能，良好的冷、热加工性能和焊接性。

钢的耐蚀性要求越高，碳的质量分数应越低。大多数不锈钢的$w_C$=0.1%~0.2%。制造刃具和滚动轴承等的不锈钢，$w_C$可达0.85%~0.95%。在钢中加入铬、钼、钛、铌、镍、锰、氮、铜等均是为了提高钢的耐蚀性。

铬是最重要的合金元素，且铬的平均质量分数至少为10.5%。它能提高钢基体的电极电位，使钢呈单一的铁素体组织。铬在氧化性介质中生成致密的氧化膜，使钢的耐蚀性大大提高。

（2）热处理 常用的不锈钢按化学成分可分为铬不锈钢、镍铬不锈钢、锰铬不锈钢等；按金相组织特点可分为马氏体不锈钢，铁素体不锈钢，奥氏体不锈钢等。

1）铁素体不锈钢（属于铬不锈钢）。加热时没有组织转变，为单相铁素体组织，故不能用热处理强化，通常在退火状态下使用。这类不锈钢抗大气与酸的能力强，耐蚀性、高温抗氧化性、塑性和焊接性好。

2）奥氏体不锈钢（属于镍铬不锈钢）。奥氏体不锈钢具有单相奥氏体组织、很好的耐蚀性和耐热性、优良的抗氧化性以及较高的力学性能，室温及低温韧性、塑性和焊接性也是铁素体不锈钢不能比拟的，在工业上应用最广。

奥氏体不锈钢一般采用固溶处理，即将钢加热至1100℃左右，然后水淬快冷至室温，获得单相奥氏体组织。固溶强化的作用是使碳化物完全溶入并固定在奥氏体中，这可大大提高钢的耐蚀性。

3）马氏体不锈钢。马氏体不锈钢随着钢中碳的质量分数的增加，钢的强度、硬度、耐磨性提高，但耐蚀性下降，用于力学性能要求较高，耐蚀性要求一般的一些零件。

这类钢在锻造后需退火，以降低硬度改善可加工性。在冲压后也需进行退火，以消除硬化，提高塑性，便于进一步加工。

（3）用途 不锈钢在日常生活中广泛应用，也在机械、石油化工、原子能、宇航、海洋开发、国防工业和一些尖端科学技术中广泛应用，主要用来制造在各种腐蚀介质中工作的零件或工具，如化工装置中的各种管道、阀门和泵，热裂解设备零件，医疗手术器械，防锈刃具和量具等。

图 4-26 所示为不锈钢制作的水槽；图 4-27 所示为不锈钢制作的汽轮机叶片。

图 4-26　不锈钢制作的水槽

图 4-27　不锈钢制作的汽轮机叶片

常用不锈钢的牌号、化学成分、热处理、力学性能及用途见表 4-17。

表 4-17　常用不锈钢的牌号、化学成分、热处理、力学性能及用途

| 类别 | 新牌号（旧牌号） | 化学成分（质量分数，%） | | | | | 热处理/℃ | | 力学性能 | | | 用途 |
|---|---|---|---|---|---|---|---|---|---|---|---|---|
| | | C | Cr | Ni | Mn | 其他 | 淬火温度 | 回火温度 | $R_m$ /MPa | A（%） | HBW | |
| 马氏体型 | ※20Cr13（2Cr13） | 0.16~0.25 | 12.00~14.00 | ≤0.60 | ≤1.00 | Si ≤1.00 | 920~980 油冷 | 600~750 快冷 | ≥640 | ≥20 | ≥192 | 用于承受高载荷的零件，如汽轮机叶片、热油泵、叶轮等 |
| | 40Cr13（4Cr13） | 0.36~0.45 | 12.00~14.00 | ≤0.60 | ≤0.80 | Si ≤0.60 | 1050~1100 油冷 | 200~300 快冷 | — | — | ≥50HRC | 用于外科医疗用具、阀、门、轴承、弹簧等 |
| 铁素体型 | ※06Cr13Al（0Cr13Al） | ≤0.08 | 11.50~14.50 | ≤0.60 | ≤1.00 | Al 0.1~0.3 | 退火 780~850 | | ≥410 | ≥20 | ≤183 | 用于石油精制装置、压力容器衬里、汽轮机叶片等 |
| | 10Cr17（1Cr17） | ≤0.12 | 16.00~18.00 | ≤0.60 | ≤1.00 | Si ≤1.00 | 退火 780~850 | | ≥450 | ≥22 | ≤183 | 耐蚀性良好的通用不锈钢，用于建筑装饰、家用电器、家庭用具 |
| 奥氏体型 | ※12Cr18Ni9（1Cr18Ni9） | ≤0.15 | 17.00~19.00 | 8.00~10.00 | ≤2.00 | N≤0.10 | 固溶处理 1010~1150 快冷 | | ≥520 | ≥40 | ≤187 | 经冷加工有高的强度，制作建筑装饰部件 |
| | ※06Cr19Ni10（0Cr18Ni9） | ≤0.08 | 18.00~20.00 | 8.00~11.00 | ≤2.00 | — | 固溶处理 1010~1150 快冷 | | ≥520 | ≥40 | ≤187 | 应用最广，制作食品、化工、核能设备的零件 |

注：标"※"的钢也可以作为耐热钢使用。

2. 耐热钢

（1）性能及化学成分　在航空、化工、石油等领域及锅炉、汽轮机等动力机械中，许

多零件是在高温下使用的。温度的升高对钢起两方面的作用：一方面影响钢的化学稳定性，高温下钢的氧化速度加剧；另一方面影响钢的强度，一般钢在高温下强度下降。钢的耐热性是其抗氧化性和高温强度的综合概念。

耐热钢的碳的质量分数一般在 0.1% ~ 0.2%，以防碳和铬生成碳化物，产生晶间腐蚀；为了提高钢的抗氧化性加入合金元素铬、硅和铝；加入钨、钼、钒、钛、铌、镍、锰、氮等合金元素可提高高温强度。

（2）热处理　根据性能特点，将耐热钢分为抗氧化钢和热强钢。

1）抗氧化钢。按其使用时的组织状态，抗氧化钢可分为铁素体型和奥氏体型两类。它们的抗氧化性很好，最高工作温度可达 1000℃。它们常以铸件的形式使用，主要热处理是固溶处理。

2）热强钢。按其正火组织可分为珠光体钢、马氏体钢和奥氏体钢。

（3）用途　抗氧化钢主要用于制造各种加热炉底板、渗碳箱等长期工作在高温下的零部件，常用的有 42Cr9Si2；热强钢主要用于制造在高温下有良好的抗氧化能力并具有较高的高温强度的零件，如汽轮机叶片、大型发电机排气阀等。常用耐热钢的牌号、化学成分、热处理、力学性能及用途见表 4-18。

表 4-18　常用耐热钢的牌号、化学成分、热处理、力学性能及用途

| 新牌号（旧牌号） | 化学成分(质量分数,%) | | | | | | 热处理/℃ | | | 力学性能 | | | 用途 |
|---|---|---|---|---|---|---|---|---|---|---|---|---|---|
| | C | Mn | Si | Ni | Cr | 其他 | 退火温度 | 淬火温度 | 回火温度 | $R_m$ /MPa | $R_{P0.2}$ /MPa | A (%) | |
| 12Cr13（1Cr13） | 0.15 | 1.00 | 1.00 | 0.60 | 11.50 ~ 13.50 | — | 800~900 缓冷或约750 快冷 | 950~1000 油冷 | 700~750 快冷 | ≥540 | ≥345 | ≥25 | 用于 < 800℃ 抗氧化件 |
| 42Cr9Si2（4Cr9Si2） | 0.35 ~ 0.50 | 0.70 | 2.00 ~ 3.00 | 0.60 | 8.00 ~ 11.00 | — | — | 1020~1040 油冷 | 700~780 油冷 | ≥885 | ≥590 | ≥19 | 有较高的热强性，用于 < 700℃ 内燃机进气阀或轻载荷发动机排气阀 |
| 14Cr11MoV（1Cr11MoV） | 0.11 ~ 0.18 | 0.60 | 0.50 | 0.60 | 10.0 ~ 11.50 | Mo 0.50 ~ 0.70 V 0.25 ~ 0.40 | — | 1050~1100 空冷 | 720~740 空冷 | ≥685 | ≥490 | ≥16 | 有热强性、组织稳定性和减振性，用于制作汽轮机叶片和导向叶片 |

3. 耐磨钢

耐磨钢是指具有高耐磨性的钢种，广义上也包括结构钢、工具钢、滚动轴承钢等。

（1）性能及化学成分　耐磨钢中碳的质量分数一般要求 $w_C = 1.0\% ~ 1.3\%$，以保证钢的耐磨性和强度。但其质量分数过高时，淬火后韧性下降，且易在高温时析出碳化物。因此，其碳的质量分数不能超过 1.4%。锰的质量分数为 11% ~ 14%，但锰不能过多，否则会增大钢冷凝时的收缩量，形成热裂纹，降低钢的强度和韧性。

（2）热处理　高锰钢是具有特殊性能的耐磨钢，其铸态组织基本上由奥氏体和残余碳化物（Fe，Mn）$_3$C 组成。为消除碳化物并获得单相的奥氏体组织，高锰钢都采用水韧处理，即将铸件加热 1000~1100℃后，在高温下保温一段时间，使碳化物全部溶解，然后在水中快冷，获得良好的塑性和韧性以及低硬度。当在工作中受到强烈冲击或强大压力而变形时，表面层产生强烈的加工硬化，并且还伴随着马氏体转变，使硬度显著提高（450~550HBW），心部则仍保持原来的高韧性状态。由于高锰钢极易产生加工硬化，使切削加工困难，故大多数高锰钢零件是采用铸造成形的。

（3）用途　高锰钢主要用于工作过程中承受高压力、严重磨损和强烈冲击的零件，如坦克车履带板（图 4-28）、挖掘机铲齿（图 4-29）、破碎机鄂板、铁轨分道叉、防弹板等。

常用的耐磨钢有 ZGMn13-1、ZGMn13-2、ZGMn13-3、ZGMn13-4 等，其中 ZGMn13-1 主要用于低冲击件，ZGMn13-2 适用于普通件、ZGMn13-3 适用于复杂件、ZGMn13-4 适用于高冲击件。

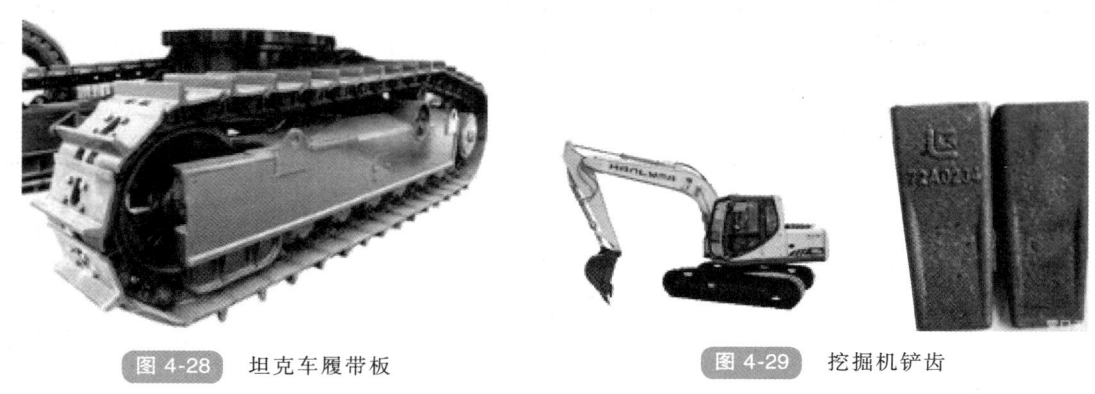

图 4-28　坦克车履带板　　　　图 4-29　挖掘机铲齿

## 第四节　铸铁的应用

铸铁具有良好的铸造性能、耐磨性、减摩性、减振性和可加工性，而且生产工艺简单、加工成本低，因此广泛应用于机械制造、石油化工和国防等行业。图 4-30 所示为铸铁的应用举例。由于铸铁强度低，塑性及韧性较差，故不能进行锻造、轧制、拉丝等成形加工。

a)　　　　　　　　b)　　　　　　　　c)

图 4-30　铸铁的应用举例

a）铸铁齿轮　b）铸铁阀门　c）铸铁管道

### 一、灰铸铁

1. 灰铸铁的牌号

灰铸铁的牌号用 HT+数字表示。其中"HT"是"灰铁"两字汉语拼音首位字母，其后的数字表示灰铸铁的最小抗拉强度，如 HT100 表示最小抗拉强度为 100MPa 的灰铸铁。

2. 灰铸铁的性能

（1）铸造性能　灰铸铁件铸造成形时，不仅其流动性好，而且还因为在凝固过程中析出比体积较大的石墨，减小凝固收缩，容易获得优良的铸件，表现出良好的铸造性能。

（2）减振性　石墨对铸铁件承受振动能起缓冲作用，减弱晶粒间振动能的传递并将振动能转变为热能，所以灰铸铁具有良好的减振性。

（3）减摩性　铸件摩擦面上的石墨构成大量的显微凹穴，起储油作用，可维持油膜的连续性。石墨本身也是一种良好的润滑剂，脱落在摩擦面上的石墨可起润滑作用，因而灰铸铁具有良好的减摩性。

（4）可加工性　石墨的存在造成基体的不连续性，使切屑易脆断，故灰铸铁可加工性良好。

（5）缺口敏感性　片状石墨相当于许多微小缺口，从而减小了铸件对外来缺口的敏感性，表面加工质量不高或内部组织的缺陷对铸铁疲劳强度的不利影响要比对钢的影响小得多。

3. 灰铸铁的应用

由于灰铸铁具有以上一系列性能特点并且灰铸铁成本低，因此灰铸铁被广泛地用来制造各种受力不大或以承受压应力为主和要求减振性好的零件，如图 4-31 所示的机床导轨和图 4-32 所示的机床床身和机架，以及结构复杂的壳体与箱体、承受摩擦的缸体。常用灰铸铁的牌号、力学性能、显微组织及用途见表 4-19。

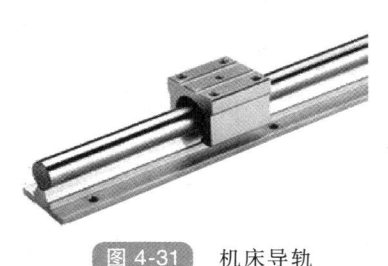

图 4-31　机床导轨

图 4-32　机床床身和机架

表 4-19　常用灰铸铁的牌号、力学性能、显微组织及用途

| 牌号 | 铸件壁厚/mm | | 最小抗拉强度 $R_m$（强制性值） | | 铸件本体预期抗拉强度 $R_m$（min）/MPa | 显微组织 | | 用途举例 |
| --- | --- | --- | --- | --- | --- | --- | --- | --- |
| | > | ≤ | 单铸试棒/MPa | 附铸试棒或试块/MPa | | 基体 | 石墨 | |
| HT100 | 5 | 40 | 100 | — | — | F+P（少） | 粗片 | 低载荷和不重要的零件,如盖、外罩、手轮、支架、重锤等 |

（续）

| 牌号 | 铸件壁厚/mm | | 最小抗拉强度 $R_m$(强制性值) | | 铸件本体预期抗拉强度 $R_m$(min) /MPa | 显微组织 | | 用途举例 |
|---|---|---|---|---|---|---|---|---|
| | > | ≤ | 单铸试棒 /MPa | 附铸试棒或试块 /MPa | | 基体 | 石墨 | |
| HT150 | 5 | 10 | 150 | — | 155 | F+P | 较粗片 | 承受中等应力（抗弯强度<100MPa）的零件，如支柱、底座、齿轮箱、工作台、刀架、端盖、阀体、管路附件及一般无工作条件要求的零件 |
| | 10 | 20 | | — | 130 | | | |
| | 20 | 40 | | 120 | 110 | | | |
| | 40 | 80 | | 110 | 95 | | | |
| | 80 | 150 | | 100 | 80 | | | |
| | 150 | 300 | | 90[①] | — | | | |
| HT200 | 5 | 10 | 200 | — | 205 | P | 中等片状 | 承受较大应力（抗弯强度<300MPa）和较重要的零件，如气缸体、齿轮、机座、飞轮、床身、缸套、活塞、制动轮、联轴器、齿轮箱、轴承座、液压缸等 |
| | 10 | 20 | | — | 180 | | | |
| | 20 | 40 | | 170 | 155 | | | |
| | 40 | 80 | | 150 | 130 | | | |
| | 80 | 150 | | 140 | 115 | | | |
| | 150 | 300 | | 130[①] | — | | | |
| HT250 | 5 | 10 | 250 | — | 250 | 细珠光体 | 较细片状 | |
| | 10 | 20 | | — | 225 | | | |
| | 20 | 40 | | 210 | 195 | | | |
| | 40 | 80 | | 190 | 170 | | | |
| | 80 | 150 | | 170 | 155 | | | |
| | 150 | 300 | | 160[①] | — | | | |
| HT300 | 10 | 20 | 300 | — | 270 | 索氏体或托氏体 | 较小片状 | 承受高弯曲应力（抗弯强度小于500MPa）及拉应力的重要零件，如齿轮、凸轮、车床卡盘、剪床和压力机上的机身、床身、高压液压缸、滑阀等 |
| | 20 | 40 | | 250 | 240 | | | |
| | 40 | 80 | | 220 | 210 | | | |
| | 80 | 150 | | 210 | 195 | | | |
| | 150 | 300 | | 190[①] | — | | | |

① 数值表示指导值，其余抗拉强度均为强制性值，铸件本体预期抗拉强度不作为强制性值。

在表 4-19 中，单铸试棒是单独浇铸的用于材料检测的试棒，一般用于样件试制；附铸试棒是随同产品一起浇铸的试棒，用于产品的批次材料检测；附铸更能反应产品本体状况，但不能代表全部。

**二、球墨铸铁**

1. 牌号

球墨铸铁的牌号用 QT+数字-数字表示。"QT"是"球铁"两字汉语拼音首位字母，两组数字分别代表球墨铸铁的最小抗拉强度和最小断后伸长率。

2. 性能

球墨铸铁的强度、塑性与韧性都大大优于灰铸铁，强度不亚于钢，屈强比明显高于钢。

球墨铸铁不仅力学性能远远超过灰铸铁，而且同样具有良好的减振性、减摩性、可加工性及低的缺口敏感性等。球墨铸铁的缺点是凝固收缩较大，容易出现缩松与缩孔，熔铸工艺要求高，成分要求严格。此外，它的消振能力也比灰铸铁低。

3. 用途

球墨铸铁常用于制造受力复杂，强度、硬度、韧性等要求较高的机械零件，如汽车、拖拉机或柴油机中的连杆、曲轴（图 4-33）、凸轮轴、齿轮以及蜗轮（图 4-34）等。

图 4-33　曲轴

图 4-34　蜗轮

常用球墨铸铁的牌号、力学性能及用途见表 4-20。

表 4-20　常用球墨铸铁的牌号、力学性能及用途

| 牌号 | $R_m$ /MPa | $R_{p0.2}$ /MPa | A （%） | 硬度 HBW | 用　途 |
|---|---|---|---|---|---|
| QT400-15 | ≥400 | ≥250 | ≥15 | 130~180 | 阀体、汽车和内燃机车零件、机床零件、减速器壳 |
| QT450-10 | ≥450 | ≥310 | ≥10 | 160~210 | |
| QT500-7 | ≥500 | ≥320 | ≥7 | 170~230 | 机油泵齿轮、机车车辆轴瓦 |
| QT700-2 | ≥700 | ≥420 | ≥2 | 225~305 | 柴油机曲轴、凸轮轴、气缸体、气缸套、活塞环 |
| QT800-2 | ≥800 | ≥480 | ≥2 | 245~335 | |
| QT900-2 | ≥900 | ≥600 | ≥2 | 280~360 | 汽车弧齿锥齿轮、拖拉机减速齿轮、柴油机凸轮轴 |

**提示**：由于球墨铸铁具有良好的力学性能和工艺性能，并能通过热处理使其力学性能在较大范围内变化，因而可以代替铸钢和可锻铸铁等，制造一些受力复杂，强度、硬度、韧性和耐磨性要求较高的零件，如内燃机曲轴、凸轮轴、连杆、减速箱齿轮及轧钢机轧辊等。

三、蠕墨铸铁

1. 牌号

蠕墨铸铁的牌号用 RuT+数字表示。"RuT" 是 "蠕铁" 两字汉语拼音及其首位字母，其后数字表示蠕墨铸铁的最小抗拉强度。例如：牌号 RuT260 表示最小抗拉强度为 260MPa 的蠕墨铸铁。

2. 性能

蠕墨铸铁的获得方法与球墨铸铁相似，其是通过铁液的蠕化处理获得的。浇注前向铁液中加入蠕化剂促使石墨呈蠕虫状析出。这种处理方法称为蠕化处理。目前，常用的蠕化剂有稀土镁钛合金、稀土硅铁合金和稀土钙硅合金等。

蠕墨铸铁中石墨形态介于片状与球状之间，实际上是一种厚片状的石墨，只是在光学显微镜下观察其断面形似蠕虫。石墨的形态决定了蠕墨铸铁的力学性能介于相同基体组织的灰铸铁和球墨铸铁之间，其铸造性能、减振性和导热性都优于球墨铸铁，与灰铸铁相近。

3. 用途

蠕墨铸铁常用于制造机床的立柱、柴油机的气缸盖（图 4-35）、缸套、排气管（图 4-36）等。

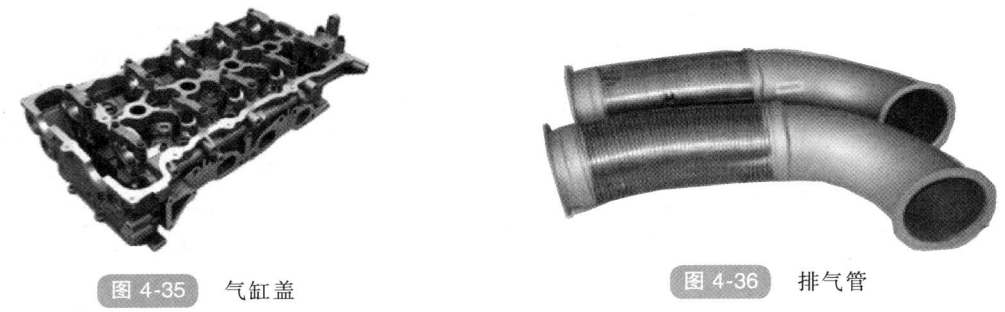

图 4-35　气缸盖　　　　　　　　　　　　图 4-36　排气管

常用蠕墨铸铁的牌号、力学性能及用途见表 4-21。

表 4-21　常用蠕墨铸铁的牌号、力学性能及用途

| 牌号 | $R_m$ /MPa | $R_{p0.2}$ /MPa | A （%） | 硬度 HBW | 用　　　途 |
|---|---|---|---|---|---|
| RuT420 | ≥420 | ≥335 | ≥0.75 | 200~280 | 适用于制作高强度或高耐磨性的重要铸件,如制动盘、刹车毂、气缸套等 |
| RuT300 | ≥300 | ≥240 | ≥1.5 | 140~217 | 适用于制作较高强度及耐热疲劳的零件,如气缸盖、排气管、变速箱体等 |
| RuT260 | ≥260 | ≥195 | ≥3.0 | 121~197 | 适用于制作受冲击及热疲劳的零件,如汽车及拖拉机的底盘、增压机的废气壳体等 |

### 四、可锻铸铁

1. 牌号

可锻铸铁的牌号用 KTH+数字-数字或 KTZ+数字-数字表示。其中前两个字母"KT"是"可铁"两字汉语拼音首位字母；第三个字母代表类别，"H"表示"黑心"即铁素体基体，"Z"表示珠光体基体；其后的两组数字分别表示可锻铸铁的最小抗拉强度和最小断后伸长率。

2. 性能

可锻铸铁中的团絮状石墨对基体的割裂介于片状石墨与球状石墨之间，因此，可锻铸铁的力学性能介于灰铸铁与球墨铸铁之间。它虽然称为"可锻"铸铁，但实际上其并不能锻造。与球墨铸铁相比，可锻铸铁具有质量稳定，铁液处理简单，容易组织流水生产等特点。

3. 用途

可锻铸铁主要用于制造形状复杂、承受冲击载荷的薄壁（壁厚<25mm）中、小型零件，如汽车和拖拉机前后轮壳、管道弯头等，如图 4-37 和图 4-38 所示。

图 4-37 拖拉机前后轮壳

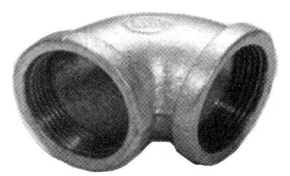

图 4-38 管道弯头

常用可锻铸铁的牌号、力学性能及用途见表4-22。

表 4-22 常用可锻铸铁的牌号、力学性能及用途

| 类型 | 牌号 | $R_m$ /MPa | $A$ （%） | 硬度 HBW | 用 途 |
|---|---|---|---|---|---|
| 黑心可锻铸铁 | KTH330-08 | ≥330 | ≥8 | ≤150 | 汽车和拖拉机的后桥外壳、转向机构、弹簧钢板支座等以及低压阀门、管接头、扳手、铁道扣板和农具等 |
| | KTH370-12 | ≥370 | ≥12 | ≤150 | |
| 珠光体可锻铸铁 | KTZ550-04 | ≥550 | ≥4 | 180~230 | 曲轴、连杆、齿轮、凸轮轴、摇臂、活塞环等 |

### 五、常用合金铸铁

常规元素硅、锰高于普通铸铁规定含量或含有其他合金元素，具有较高力学性能或某种特殊性能的铸铁，称为合金铸铁。常用的合金铸铁有耐磨铸铁、耐热铸铁、耐蚀铸铁等。

1. 耐磨铸铁

不易磨损的铸铁称为耐磨铸铁。耐磨铸铁包括减磨铸铁和抗磨铸铁两大类。

（1）减磨铸铁　减磨铸铁用于制造润滑条件下工作的零件，如机床导轨、气缸套（图 4-39）、活塞环（图 4-40）和轴承等。减磨铸铁要求磨损小、导热性好、可加工性好。减磨铸铁的组织为在软基体上分布有硬化相。具有珠光体组织的灰铸铁符合这一要求，软基体为铁素体，硬化相为渗碳体，片状石墨可以起储油和润滑作用。其他减磨铸铁还有磷铸铁（用于制造机床导轨和工作台）、铬钼铜铸铁（用于制造汽车的气缸和活塞环）等。

图 4-39 气缸套

图 4-40 活塞环

（2）**抗磨铸铁** 抗磨铸铁具有较好的抗磨料磨损的性能。抗磨铸铁是在无润滑、干摩擦条件下工作的。图 4-41 所示的犁铧、图 4-42 所示的抛丸机叶片和图 4-43 所示的球磨机磨球、拖拉机履带板等都是由抗磨铸铁加工的。抗磨铸铁要求具有均匀的高硬度组织，其内部组织一般是莱氏体、马氏体、贝氏体等。生产中通常向铸铁中加入铬、钨、钼、铜、锰、磷、硼等合金元素形成合金碳化物，提高抗磨性，如中锰球墨铸铁 MQTMn6 、MQTMn7 、MQTMn8，冷硬铸铁 LTCr2MoRE 等。

图 4-41 犁铧    图 4-42 抛丸机叶片    图 4-43 球磨机磨球

**2. 耐热铸铁**

耐热铸铁是指可以在高温下使用，其抗氧化或抗热生长性能符合使用要求的铸铁。铸铁在反复加热、冷却过程中，除了会发生表面氧化外，还会发生"热生长"。热生长是指由于氧化性气体沿着石墨片的边界和裂纹渗入铸铁内部所造成的氧化以及由于渗碳体分解生成石墨而引起的体积膨胀。热生长的结果会使铸件失去精度和产生显微裂纹。

为了提高铸铁的耐热性，可向铸铁中加入硅、铝、铬等合金元素，使铸铁表面形成一层致密的 $SiO_2$、$Al_2O_3$、$Cr_2O_3$ 氧化膜，阻止氧化性气体渗入铸铁内部产生内氧化和抑制生长。

耐热铸铁主要用于制造工业加热炉附件，如炉底板（图 4-44）、烟道挡板、废气道、传递链构件、渗碳坩埚、交换器、反应锅（图 4-45）等。

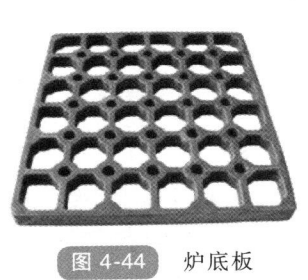

图 4-44 炉底板

图 4-45 反应锅

**3. 耐蚀铸铁**

耐蚀铸铁不仅具有一定的力学性能，而且能耐电化学腐蚀。耐蚀铸铁中通常加入的合金元素是硅、铝、铬、镍、钼、铜等，这些合金元素能使铸铁表面生成一层致密稳定的氧化物保护膜，从而提高耐蚀铸铁的耐蚀能力。常用的耐蚀铸铁有高硅耐蚀铸铁、高硅钼耐蚀铸铁、高铝耐蚀铸铁、高铬耐蚀铸铁等。耐蚀铸铁主要用于化工机械，如管道、阀门、耐酸泵

（图4-46）、反应锅及压力容器（图4-47）等。

图 4-46　耐酸泵

图 4-47　压力容器

## 第五节　非铁金属的应用

在工程上，通常将钢铁材料以外的其他金属材料统称为非铁金属，习惯称为有色金属。有色金属包括铝、铜、镁、锡、铅、锌、钛等金属及其合金。有色金属的产量和用量虽不如钢铁材料多，但由于其具有许多优良的特性，已成为现代工业中不可缺少的金属材料。例如：铝、镁、钛等轻金属具有相对密度小、比强度高等特点，广泛应用于航空航天、汽车、船舶和军事领域；铜具有优良的导电性、导热性和耐蚀性，是电器仪表和通信领域不可缺少的材料。

### 一、铝及铝合金的应用

铝是地壳中含量最丰富的一种金属元素。有很多人认为，铝是比较软的金属，只能用于生活用具，不能制造重要的机械零件，但事实并非如此，有很多重要的机械零件恰恰是用铝材制成的，如汽车发动机、飞机螺旋桨等，如图4-48所示。

a)　　　　　　　　　　　　　　　　　b)

图 4-48　铝材应用

a）汽车发动机　b）飞机螺旋桨

### 1. 纯铝

纯铝呈银白色，具有面心立方晶格，无同素异构转变；熔点为660℃，密度为2.7g/cm³，是除镁和铍外最轻的工程金属，具有很高的比强度和比刚度；导电性、导热性好，仅次于金、铜和银；在大气中有良好的耐蚀性；强度、硬度很低，塑性很高，可铸造、压力加工、机械加工成各种形状，无低温脆性，无磁性；对光和热的反射能力强，耐核辐射，受冲击不产生火花；冷变形强化可提高其强度，但塑性会有所降低，通常利用合金化来提高其强度。纯铝通常含有铁、硅、铜、锌等杂质。杂质含量越多，其导电性、导热性、耐蚀性及塑性越差。

纯铝通常制成管、棒、箔、型材使用或用于配制合金和脱氧剂，也可用来制造耐大气腐蚀的器皿及包覆材料、电线、电缆等各种导电材料和各种散热器的导热元件。纯铝的牌号、化学成分和用途见表4-23。

表4-23　纯铝的牌号、化学成分及用途

| 牌号 | 旧牌号 | 化学成分(质量分数,%) | | 用　　途 |
| --- | --- | --- | --- | --- |
| | | Al | 杂质 | |
| 1070 | L1 | 99.7 | 0.3 | 垫片、电容、电子管隔离罩、电缆、导电体和装饰体等 |
| 1060 | L2 | 99.6 | 0.4 | |
| 1050 | L3 | 99.5 | 0.5 | |
| 1035 | L4 | 99.35 | 0.65 | |
| 1200 | L5 | 99.0 | 1.00 | 不受力而具有某种特性的零件，如电线保护导管、通信系统的零件、垫片和装饰件等 |

2. 常用铝合金

纯铝的强度、硬度很低，不适合制造承受载荷的结构零件。在纯铝中加入某些合金元素形成铝合金后，可使其力学性能大大提高，但仍保持其密度小、耐蚀的优点。目前用于制造铝合金的添加元素主要有铜、镁、锌、锰、硅等。根据铝合金的成分、组织和工艺特点，可将铝合金分为变形铝合金与铸造铝合金两大类。

（1）变形铝合金　变形铝合金可通过压力加工制成型材，故要求合金应具有良好的塑性。常用变形铝合金的牌号、力学性能及用途见表4-24。

表4-24　常用变形铝合金的牌号、力学性能及用途

| 类别 | 旧牌号 | 牌号 | 力学性能 | | | 性能特点 | 用　　途 |
| --- | --- | --- | --- | --- | --- | --- | --- |
| | | | $R_m$/MPa | $A$(%) | HBW | | |
| 防锈铝合金 | LF2 | 5A02 | 280 | 20 | 70 | 具有优良的塑性，良好的耐蚀性和焊接性，但可加工性差，不能用热处理强化 | 在液体中工作的中等强度焊接件、冲压件和容器等 |
| | LF21 | 3A21 | 130 | 20 | 30 | | 塑性和焊接性要求较高、在液体或气体介质中工作的低载荷零件，如油箱、油管、液体容器、饮料罐等 |
| 硬铝合金 | LY1 | 2A01 | 300 | 24 | 70 | 通过淬火、时效处理，抗拉强度可达400MPa，比强度高，但不耐海水和大气的腐蚀 | 用于工作温度不超过100℃的中等强度铆钉 |
| | LY11 | 2A11 | 420 | 18 | 100 | | 用于中等强度的零件或构件、冲压的连接部件、空气螺旋桨叶片、局部镦粗的零件（如螺栓、铆钉） |
| | LY12 | 2A12 | 470 | 17 | 105 | | 用量最大，用于高载荷的零件或构件（不包括冲压件和锻件），如飞机的骨架零件、蒙皮、翼梁、铆钉等 |

（续）

| 类别 | 旧牌号 | 牌号 | 力学性能 | | | 性能特点 | 用　途 |
|---|---|---|---|---|---|---|---|
| | | | $R_m$/MPa | $A(\%)$ | HBW | | |
| 超硬铝合金 | LC4 | 7A04 | 600 | 12 | 150 | 塑性中等,强度高,可加工性良好,耐蚀性中等,电焊性能良好,但气焊性能不良 | 用于受力大的重要结构件,如飞机大梁、起落架、加强框等 |
| 锻铝合金 | LD5 | 2A50 | 420 | 13 | 105 | 力学性能与硬铝相近,有良好的热塑性,适合于锻造 | 用于形状复杂和中等强度的锻件及冲压件,如压气机叶片等 |
| | LD7 | 2A70 | 415 | 13 | 120 | | 用于高温下工作的复杂锻件,如内燃机活塞等 |

（2）铸造铝合金　铸造铝合金具有良好的铸造性能，塑性较差，一般只用于铸造成形。根据主加元素的不同，铸造铝合金分为 Al-Si 系、Al-Cu 系、Al-Mg 系和 Al-Zn 系四类，其中以 Al-Si 系应用最为广泛。常用铸造铝合金的牌号、化学成分及用途见表 4-25。

表 4-25　常用铸造铝合金的牌号、化学成分及用途

| 类别 | 牌号 | 代号 | 化学成分（质量分数,%） | | | | | 用　途 |
|---|---|---|---|---|---|---|---|---|
| | | | Si | Cu | Mg | Zn | 其他 | |
| 铝硅合金 | ZAlSi7Mg | ZL101 | 6.5~7.5 | — | 0.25~0.45 | — | — | 在 185℃ 以下工作、形状复杂的零件,如飞机仪表零件、抽水机壳体、柴油机零件等 |
| | ZAlSi12 | ZL102 | 10.0~13.0 | — | — | — | — | 形状复杂的仪表壳体、水泵壳体,在 200℃ 以下工作、高气密性、低载零件等 |
| | ZAlSi9Mg | ZL104 | 8.0~10.5 | — | 0.17~0.35 | — | — | 在 200℃ 以下工作的内燃机气缸头等 |
| 铝铜合金 | ZAlCu5Mn | ZL201 | — | 4.5~5.3 | — | — | Ti 0.15~0.35 Mn 0.6~1.0 | 在 300℃ 以下工作的零件,如发动机机体、气缸体等 |
| | ZAlCu4 | ZL203 | — | 4.0~5.0 | — | — | — | 形状简单的中载零件,如托架,在 200℃ 以下工作且可加工性好的零件等 |
| 铝镁合金 | ZAlMg10 | ZL301 | — | — | 9.5~11.0 | — | — | 在大气或海水中工作的零件、在 150℃ 以下工作且承受大振动载荷的零件等 |
| | ZAlMg5Si | ZL303 | 0.8~1.3 | — | 4.5~5.5 | — | — | 腐蚀介质中工作的中载零件、严寒大气及 200℃ 以下工作的舰船配件等 |
| 铝锌合金 | ZAlZn11Si7 | ZL401 | 6.0~8.0 | — | 0.1~0.3 | 9.0~13.0 | — | 在 200℃ 以下工作、结构形状复杂的汽车、飞机、仪表零件等 |

**二、铜及铜合金的应用**

我国殷商时代，生产工具、兵器、生活用具和礼器等方面已大量使用青铜，如图 4-49 所示。青铜制造术和青铜器在人类历史上起到了划时代的作用。现代铜及铜合金在工业设

备、机械制造、电力、电气等领域应用十分广泛。

1. 纯铜

纯铜的含铜量大于 99.50%，因呈红色，又称为赤铜、红铜、紫铜。纯铜常含有氧、硫、铅、砷、铋、磷等杂质；密度较大，熔点较高，具有优良的耐蚀性；塑性较好，强度较低；具有优良的导电性、导热性、适中的力学性能；可用来配制铜合金和作为合金元素；广泛用于导电、导热材料。

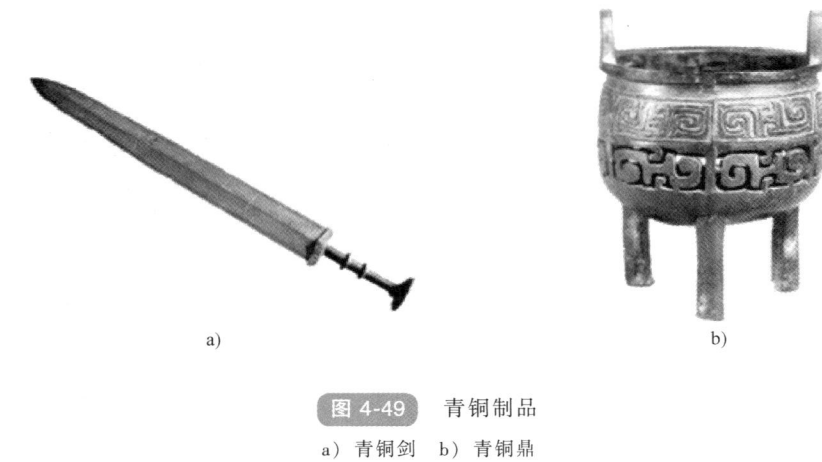

a)                                                    b)

图 4-49　青铜制品

a）青铜剑　b）青铜鼎

工业上按含氧量及加工方法不同，将纯铜分为工业纯铜和无氧纯铜两大类。常用纯铜的牌号、化学成分及用途见表 4-26。

表 4-26　常用纯铜的牌号、化学成分及用途

| 类别 | 牌号 | | 化学成分(质量分数,%) | | | | 用　途 |
| --- | --- | --- | --- | --- | --- | --- | --- |
| | 名称 | 代号 | Cu+Ag | 杂质 | | 杂质总量 | |
| | | | | Bi | Pb | | |
| 工业纯铜 | 一号铜 | T1 | 99.95 | 0.001 | 0.003 | 0.05 | 导电、导热、耐蚀器具材料,如用于制造电线、蒸发器、雷管等 |
| | 二号铜 | T2 | 99.90 | 0.001 | 0.005 | 0.1 | |
| | 三号铜 | T3 | 99.70 | 0.002 | 0.01 | 0.3 | 一般用于铜材,如用于制造电气开关、管道、铆钉 |
| 无氧纯铜 | 一号无氧铜 | TU1 | 99.97 | 0.001 | 0.003 | 0.03 | 用于制造电真空器件、高导电性导线 |
| | 二号无氧铜 | TU2 | 99.95 | 0.001 | 0.004 | 0.05 | |

2. 铜合金

铜合金按其化学成分可分为黄铜、青铜和白铜（铜镍合金）。在机械生产中普遍使用的铜合金是黄铜和青铜。

以铜和锌为主的合金称为黄铜。其中不含其他合金元素的黄铜称为普通黄铜；含有其他合金元素的黄铜称为特殊黄铜。按生产方式，黄铜可分为压力加工黄铜和铸造黄铜。常用黄铜的代号、化学成分及用途见表 4-27。

表 4-27　常用黄铜的代号、化学成分及用途

| 类别 | 代号 | 化学成分(质量分数,%) | | | 用　途 |
| --- | --- | --- | --- | --- | --- |
| | | Cu | 其他 | Zn | |
| 普通黄铜 | H68 | 67.0~70.0 | | 余量 | 复杂的冲压件和深冲件、散热器外壳、导管及波纹管等 |
| | H62 | 60.5~63.5 | | 余量 | 销钉、铆钉、螺母、导管、夹线板、环形件、散热器等 |
| 特殊黄铜 | HPb59-1 | 57~60 | Pb 0.8~1.9 | 余量 | 销、螺钉等冲压件或加工件 |
| | HMn58-2 | 57~60 | Mn 1.0~2.0 | 余量 | 船舶零件及轴承等耐磨零件 |
| 铸造黄铜 | ZCuZn16Si4 | 79~81 | Si 2.5~4.5 | 余量 | 接触海水工作的配件以及水泵、叶轮和在空气、淡水、油、燃料以及工作压力在 4.5MPa 和在 250℃ 以下蒸汽中工作的零件 |
| | ZCuZn40Pb2 | 58~63 | Pb 0.5~2.5 Al 0.2~0.8 | 余量 | 一般用途的耐磨、耐蚀零件,如轴套、齿轮等 |

（1）普通黄铜　普通黄铜代号通常是由 H+数字组成。其中"H"是"黄"字汉语拼音首位字母，数字是表示铜的平均质量分数。例如：H68 表示 $w_{Cu}=68\%$、$w_{Zn}=32\%$ 的黄铜。

（2）特殊黄铜　特殊黄铜是在铜锌合金中加入铅、锰、铝、锡、硅等元素后形成的铜合金。这些合金元素都能提高其强度。特殊黄铜代号为 H+主加元素符号+铜及合金元素的平均质量分数。例如：HPb59-1，表示 $w_{Cu}=59\%$、$w_{Pb}=1\%$ 的铅黄铜。

（3）铸造黄铜　用表示铸铜的符号"ZCu"+主加元素符号及平均质量分数表示其代号。

除黄铜、白铜以外的铜合金均称青铜，并常在青铜名字前冠以第一主要添加元素的名，如锡青铜、铅青铜、铝青铜、铍青铜等。

锡青铜的铸造性能、减摩性能和力学性能好，适用于制造轴承、蜗轮、齿轮等；铅青铜是现代发动机和磨床广泛使用的轴承材料；铝青铜强度高，耐磨性和耐蚀性好，用于铸造高载荷的齿轮、轴套、船用螺旋桨等；铍青铜的弹性极限高，导电性好，适用于制造精密弹簧和电接触元件，还用来制造煤矿、油库等使用的无火花工具。

按生产方法，青铜分为压力加工青铜和铸造青铜。压力加工青铜牌号用 Q+主加元素符号及平均质量分数表示，如 QSn4-3 表示锡的平均质量分数为 4%，锌的平均质量分数为3%，其余为铜的青铜；QBe2 表示铍的平均质量分数为 1.7%~2.5% 的铍青铜。铸造青铜则与铸造黄铜的牌号表示方法相同，以"ZCu"+主加元素符号及平均质量分数来表示，如ZCuSn10Pb5。

三、钛及钛合金的应用

钛及钛合金具有重量轻、强度高、耐高温和耐蚀等其他金属所不具备的优异特点，是制造火箭、人造卫星、航天飞机和宇宙飞船等航天器件的理想材料，所以有"太空金属"之称。

1. 纯钛

纯钛的塑性好、稳定、抗氧化能力强。钛及钛合金在海水、淡水和水蒸气中具有极高的耐蚀性。室温下，钛对酸、碱等溶液均具有极高的稳定性。钛具有同素异构转变现象。

工业纯钛按纯度分为四个等级，其牌号为 TA1、TA2、TA3、TA4。T 为"钛"字汉语拼音首位字母，序号越大纯度越低。工业纯钛常用于制造 350℃ 以下工作且受力不大的零件及冲压件，如飞机骨架、发动机部件、耐海水管道及柴油机活塞、连杆等。

2. 钛合金

钛合金是以钛为基体加入其他元素组成的合金。钛是同素异构体，熔点为 1720℃，在低于 882℃ 时呈密排六方晶格结构，称为 α 钛；在 882℃ 以上呈体心立方晶格结构，称为 β 钛。利用钛的上述两种结构的不同特点，添加适当的合金元素，使其相变温度及相分含量逐渐改变而得到不同组织的钛合金。工业用钛合金按其退火组织可分为 α 钛合金、β 钛合金和 α+β 钛合金三大类，其牌号分别以 TA、TB、TC 表示。

（1）α 钛合金 组织全部为 α 相的钛合金。它具有良好的焊接性和铸造性能、高的蠕变抗力、良好的热稳定性；塑性较低，对热处理强化和组织类型不敏感，唯一的热处理形式是退火。与工业纯钛相比，它具有中等的室温强度和高的热强性，长期工作温度可达 450℃。它主要用于制造发动机压气机盘和叶片等。

（2）β 钛合金 钛合金加入钼、铬、钒等合金元素后，可获得亚稳定组织的 β 相。这类合金强度较高，塑性、冲击韧度好，经淬火和时效处理后，析出弥散的 α 相，强度进一步提高。它主要用于制造形状复杂、强度要求高的板材及零件。

（3）α+β 钛合金 钛中加入稳定 β 相元素（Mn、铬、钒等），再加入稳定 α 相元素（铝），在室温下即可获得（α+β）双相组织。这类合金热强度和加工性能处于 α 钛合金和 β 钛合金之间；可通过淬火和时效进行强化，且塑性较好，具有综合性能好的特点。双相钛在海水中耐应力腐蚀能力好，主要用于 400℃ 长期工作的零件，如火箭发动机外壳、航空发动机叶片及紧固件、大尺寸的锻件、模锻件和其他半成品等。

# 第六节 硬质合金的应用

1923 年，德国人施勒特尔采用粉末冶金的方法，发明了一种新的合金材料——硬质合金，硬度仅次于金刚石。图 4-50 所示为硬质合金制成的刀具。

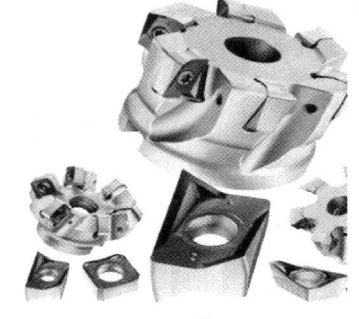

a)            b)

图 4-50 硬质合金刀具

a) 硬质合金焊接刀具 b) 硬质合金机械夹持刀具

硬质合金是以一种或几种难熔碳化物（碳化钨、碳化钛等）为基体，再加入钴、镍等金属黏结剂，用粉末冶金的方法制成的。硬质相保证合金的高硬度和高耐磨性，黏结相使合金具有一定的强度和韧性。

硬质合金不仅硬度高，而且还具有很好的热硬性，不仅解决了高硬度和高韧性材料难以加工的技术难题，而且还可以大大提高机械加工的切削速度，在机械制造业中具有划时代的意义。

**一、钨钴类硬质合金的应用**

它的主要化学成分为碳化钨和钴，牌号为 YG+数字，"YG"是"硬"和"钴"两字汉语拼音首位字母，数字表示钴的平均质量分数。例如：YG8 表示钴的平均质量分数为 8%，余量为碳化钨的钨钴类硬质合金。该类硬质合金韧性好，但硬度和耐磨性较差，主要用来制作切削加工脆性材料（如铸铁、青铜等）的刀具。

**二、钨钴钛类硬质合金的应用**

它的主要化学成分为碳化钨、碳化钛和钴，牌号为 YT+数字，"YT"是"硬"和"钛"两字汉语拼音首位字母，数字表示碳化钛的平均质量分数。例如：YT15 表示碳化钛的平均质量分数为 15%，余量为碳化钨及钴的钨钴钛类硬质合金。该类硬质合金硬度和耐磨性高，但韧性差，适用于制造切削加工高韧材料的刀具。

在上述两类硬质合金中，碳化物起坚硬、耐磨作用，钴则起黏结作用。含钴量越高，强度、韧性越高，而硬度、耐磨性越低。因此，含钴量较多的钨钴类一般多用于粗加工，而含钴量较少的钨钴类则用于精加工。

**三、通用硬质合金的应用**

通用硬质合金又称为万能硬质合金，以碳化钛、碳化钨为硬质相，以合金钢作为黏结剂，故其可以进行锻造、热处理、焊接和切削加工。它的牌号为 YW+数字，"YW"为"硬"和"万"两字汉语拼音首位字母，数字表示顺序号，如 YW1、YW2 等。它适用于切削各种钢材，特别适用于切削不锈钢、耐热钢、高锰钢等难以加工的钢材。常用硬质合金的牌号、化学成分、力学性能及用途见表 4-28。

表 4-28　常用硬质合金的牌号、化学成分、力学性能和用途

| | 牌号 | 化学成分（质量分数,%） | | | | 硬度 HRA（≥） | 抗拉强度 $R_m$/MPa（≥） | 用　途 |
|---|---|---|---|---|---|---|---|---|
| | | WC | TiC | TaC | Co | | | |
| 钨钴类硬质合金 | YG3X | 96.5 | — | 0.5 | 3 | 92 | 1000 | 适用于铸铁、非铁金属及其合金的精加工等，也可用于淬火钢、合金钢小切削截面的高速精加工 |
| | YG6 | 94.0 | — | — | 6 | 89.5 | 1450 | 适用于铸铁、非铁金属及其合金与非金属材料中等切削速度下的半精加工 |
| | YG6X | 93.5 | — | 0.5 | 6 | 91 | 1400 | 适用于加工冷硬合金、铸铁与耐热合金钢,也适用于普通铸铁的精加工 |
| | YG6A | 91.0 | — | 3 | 6 | 91.5 | 1400 | 适用于冷硬铸铁、非铁金属及其合金的半精加工，也适用于高锰钢、淬火钢、合金钢的半精加工及精加工 |
| | YG8 | 92.0 | — | — | 8 | 89 | 1500 | 适用于铸铁、非铁金属及其合金与非金属材料加工中,不平整截面和间断切削时的粗车、粗刨、粗铣,一般孔和深孔的钻孔、扩孔 |

（续）

| | 牌号 | 化学成分<br>（质量分数,%) | | | | 硬度<br>HRA<br>（≥） | 抗拉强度<br>$R_m$/MPa<br>（≥） | 用　途 |
|---|---|---|---|---|---|---|---|---|
| | | WC | TiC | TaC | Co | | | |
| 钨钴类<br>硬质合金 | YG8C | 92.0 | — | — | 8 | 88 | 1750 | 适用于镶制油井、矿山开采钻头，一<br>字、十字钻头，牙轮钻和潜孔钻齿 |
| | YG11C | 89.0 | — | — | 11 | 88.5 | 2100 | |
| | YG15 | 85.0 | — | — | 15 | 87 | 2100 | 适用于镶制油井、煤炭开采钻头和地<br>质勘探钻头 |
| 钨钴钛类<br>硬质合金 | YT5 | 85.0 | 5 | — | 10 | 88.5 | 1400 | 适用于碳钢与合金钢（包括钢锻件、冲<br>压件及铸件的表皮）加工中不平整截面<br>与间断切削时的粗车、粗刨、半精刨，非<br>连续面的粗铣及钻孔 |
| | YT15 | 79.0 | 15 | — | 6 | 91 | 1130 | 适用于碳钢与合金钢加工中连续切削<br>时的粗车、半精车及精车，间断切削时的<br>小截面精车，连续面的半精铣与精铣，孔<br>的粗扩与精扩 |
| | YT30 | 66.0 | 30 | — | 4 | 92.5 | 880 | 适用于碳钢与合金钢的精加工，如小<br>截面的精加工、精镗与精扩 |
| 通用硬<br>质合金 | YW1 | 84.0 | 6 | 4 | 6 | 92 | 1230 | 适用于耐热钢、高锰钢、不锈钢及高级<br>合金钢等特殊难加工钢材及普通钢、铸<br>铁的加工 |
| | YW2 | 82.0 | 6 | 4 | 8 | 91.5 | 1470 | 适用于耐热钢、高锰钢、不锈钢及高级<br>合金钢等特殊难加工钢材的精加工、半<br>精加工及普通钢材和铸铁的加工 |

注：牌号中"X"代表该合金是细颗粒合金；"C"代表该合金是粗颗粒合金，不标字母的为一般颗粒合金；"A"代
表在原合金基础上，还含有少量 TaC 或 NbC 的合金。

# 第七节　金属材料选择及分析

合理地选择和使用金属材料是一项十分重要的工作，不仅要考虑金属材料的性能能够适应零构件的工作条件，使零构件经久耐用，而且金属材料还要有较好的加工工艺性和经济性，以便提高零构件的生产率，降低成本等。因此，要做到合理选材，对工程技术人员来说，必须全面进行分析及综合考虑。

**一、金属材料选材的基本原则、方法和步骤**

1. 选材的基本原则

（1）使用性原则　使用性原则是指为保证零构件正常工作而具备的性能，它决定了零件的使用价值和工作寿命，是选材时要考虑的首要原则。使用性能是多方面的，包括力学性能、物理性能和化学性能等。对大部分机器零件和工程构件，主要是指力学性能。对一些特殊条件下工作的零构件，则必须根据要求考虑到材料的物理、化学性能。金属材料的使用性能应满足使用要求。

根据使用性原则选材时，首先要对零构件的工作条件、常见失效形式进行全面分析，并根据零构件的几何形状和尺寸、工作中所受的载荷及使用寿命，通过计算确定零构件应具备的主要力学性能指标及其数值后，利用手册选材。

（2）工艺性原则　工艺性原则是选材必须考虑的问题，是指材料在各种加工过程中所表现出来的性能，主要包括铸造性能、可锻性、焊接性、热处理性能、可加工性等。材料的工艺性能直接影响零构件的质量、生产成本和生产率，是选材不可忽视的因素，有时还是选材的决定性因素。考虑材料工艺性时，应注意根据零构件的结构特点及生产批量来分析。

（3）经济性原则　质优、价廉、寿命高，是保证产品具有竞争力的重要条件。在选材时应注意降低零构件的总成本，这是选材的根本性原则。零构件的总成本包括材料本身的价格及与生产有关的其他一切费用。碳钢和铸铁的价格较低，应优先采用。合金钢和非铁金属价格较高，在要求满足较高的力学性能和特殊性能时，才加以选用。在选择材料时，还应立足我国国情，并充分考虑本地、本厂的实际情况。

2. 选材的方法

选材时应以零构件的力学性能要求作为主要依据，同时兼顾其他性能要求。

（1）以良好综合力学性能为主时的选材　在工程中有相当多的零构件，如轴、杆、套类零件等，在工作时均不同程度地承受着静、动载荷的作用，其失效形式可能为变形失效和断裂失效，所以这类零件要求具有较高的强度和较好的塑性与韧性，即良好的综合力学性能。这时一般可选用中碳钢或中碳合金钢，采用调质处理或正火处理。

（2）以疲劳强度为主时的选材　疲劳破坏是零构件在交变应力作用下最常见的破坏形式，如发动机曲轴、齿轮、弹簧及滚动轴承等零件的失效。对承载较大的零构件选用淬透性较高的材料。调质钢进行表面淬火、渗碳钢进行渗碳淬火等处理。

（3）以抗磨损为主时的选材　这时可分为两种情况。一是磨损较大、受力较小的零构件，其主要失效形式是磨损，如钻套、量具、刃具、顶尖等，故要求材料具有高的耐磨性，选用高碳钢或高碳合金钢，进行淬火和低温回火，获得高硬度的回火马氏体和碳化物组织，即能满足要求。二是同时受磨损及交变应力作用的零构件，其主要失效形式是磨损、过量的变形与疲劳断裂，应选用中碳钢或中碳合金钢进行调质处理，获得具有综合力学性能的回火索氏体组织，最终热处理为表面淬火、低温回火或渗氮等，即能满足使用要求。

3. 选材的步骤

1）分析零构件的工作条件、失效形式，确定零构件的性能要求（包括使用性能和工艺性能）和最关键的性能指标，一般主要考虑力学性能，必要时还应考虑物理、化学性能。

2）对同类产品进行调研，分析选材的合理性。

3）选择合适的材料，确定热处理方法或其他强化方法。

4）通过试验，检验所选材料及热处理方法或其他强化方法能否达到各项性能要求。

上述选材步骤只是一般过程，并非一成不变。例如：对于某些重要零构件，如果有同类产品可供参考，则可不必试制而直接投产；对于某些不重要的零构件或小批量生产的非标准设备及维修中所用的材料，若对材料选择与热处理方法或其他强化方法有成熟的经验和资料，则可不进行试验和试制。近年来，由于计算机与互联网的普遍应用以及材料数据库的建立，用计算机检索和调用各种数据资料来选择材料变得更加方便。

二、典型零件的选材

常用机械零件按其形状特征和用途不同，主要分为轴类零件、套类零件、轮盘类零件和箱体类零件四大类。它们在机械中的重要程度、工作条件不同，对性能的要求也不同。因此正确选择零件的材料种类和牌号、毛坯类型和毛坯制造方法，合理安排零件的加工工艺路线，具有重要意义。下面就以几个典型零件为例进行分析。

1. 轴类零件

轴类零件是机械行业中重要的基础零件之一，其作用是支承传动零件和传递转矩。

（1）轴类零件的工作条件

1）工作时主要受交变弯曲和扭转的复合作用。

2）轴与轴上零件有相对运动，相互间存在摩擦和磨损。

3）轴在高速运转过程中会产生振动，使轴承受冲击载荷。

4）多数轴会承受一定的过载载荷。

（2）轴类零件的失效形式　机械零件的失效是指零件在使用过程中由于某种原因而丧失原设计功能，使零件无法正常工作的现象。轴类零件的失效形式如下。

1）长期交变载荷作用下的疲劳断裂（包括扭转疲劳和弯曲疲劳断裂）。

2）大载荷或冲击载荷作用引起的过量变形、断裂。

3）与其他零件相对运动时产生的表面过度磨损。

图4-51所示为几个轴类零件的失效。

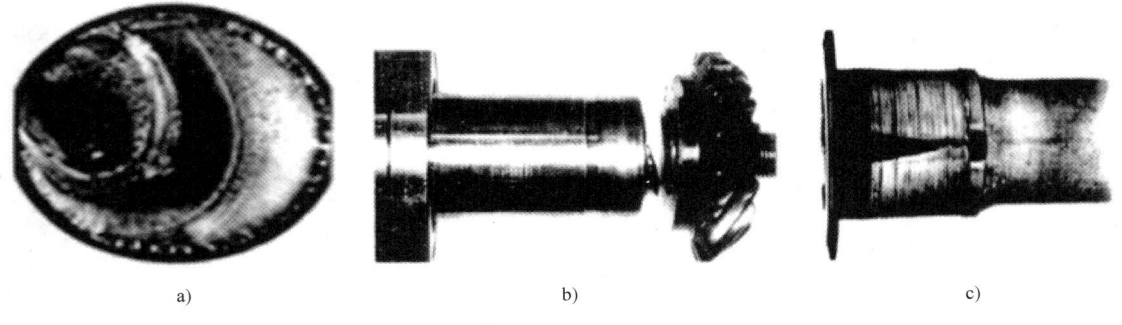

a)　　　　　　　　　　　　b)　　　　　　　　　　　　c)

**图 4-51**　几个轴类零件失效

a）转轴弯曲疲劳断口形貌　b）直升机螺旋桨驱动齿轮轴扭断　c）轴颈被埋嵌在轴承中的硬粒子磨损

（3）轴类零件的力学性能要求

1）良好的综合力学性能，足够强度、塑性和一定韧性，以防过载断裂、冲击断裂。

2）高疲劳强度，对应力集中敏感性低，以防疲劳断裂。

3）足够的淬透性，热处理后表面要有高硬度、高耐磨性，以防磨损失效。

4）良好的可加工性，价格便宜。

（4）轴类零件的选材　根据轴类零件的工作特点，可选择经锻造或轧制的低、中碳钢或合金钢制造（兼顾强度和韧性，同时考虑疲劳抗力）。一般轴类零件使用碳钢（价格低，有一定综合力学性能，对应力集中敏感性低），如35、40、45、50钢，经正火、调质或表面淬火来改善性能；载荷较大并要限制轴的外形、尺寸和重量，或轴颈的耐磨性等要求高时采用合金钢，如40Cr、40MnB、40CrNiMo、20Cr、20CrMnTi等；也可以采用球墨铸铁和高强度灰铸铁作为曲轴的材料。

2. 轮盘类零件

属于轮盘类零件的有齿轮、带轮、飞轮、锻造模具、法兰盘和联轴器等。由于这类零件在机械中的使用要求和工作条件有很大差异，因此所用材料和毛坯各不相同。下面以齿轮为例进行分析。

（1）齿轮的工作条件

1）由于传递转矩，齿根承受很大的交变弯曲应力。

2）换档、起动或啮合不均时，齿部承受一定冲击载荷。

3）齿面相互滚动或滑动接触，承受很大的接触压应力及摩擦力的作用。

（2）齿轮的失效形式

1）轮齿折断。因为轮齿受力时齿根弯曲应力最大，而且有应力集中，因此，轮齿折断一般发生在齿根部分。

2）齿面磨损。齿面磨损主要是由于灰砂、硬屑粒等进入齿面间而引起的磨粒性磨损；其次是因齿面互相摩擦而产生的磨合性磨损。

3）齿面点蚀。齿轮长期负载工作下，齿轮接触表面上产生疲劳剥落，出现点状小坑；在交变接触应力作用下，齿面产生微裂纹，微裂纹的发展，引起点状剥落（或称为麻点）。

4）齿面胶合。当齿轮持续运转时，由于两齿轮的相对滑动，在齿轮表面撕成沟纹，这种现象就称为齿面胶合，简称为胶合。

齿轮的失效形式如图 4-52 所示。

a)　　　　　　　　　b)　　　　　　　　　c)　　　　　　　　　d)

图 4-52　齿轮的失效形式

a）轮齿折断　b）齿面磨损　c）齿面点蚀　d）齿面胶合

（3）齿轮的力学性能要求

1）高的弯曲疲劳强度。

2）高的接触疲劳强度和耐磨性。

3）较高的强度和冲击韧度。

此外，还要求有较好的热处理工艺性能，如热处理变形小等。

（4）齿轮的选材　齿轮材料要求的性能主要是疲劳强度，尤其是弯曲疲劳强度和接触疲劳强度。表面硬度越高，疲劳强度也越高。轮齿心部应有足够的冲击韧度，目的是防止齿轮受冲击过载断裂。

从以上两方面考虑，选用低、中碳钢或合金钢。它们经表面强化处理后，表面有高的强度和硬度，心部有好的韧性，能满足使用要求。此外，这类钢的工艺性好，经济上也较合理，所以是比较理想的材料。

3. 箱体类零件

机床上的主轴箱、变速箱、进给箱和溜板箱，内燃机缸体和缸盖，泵壳，床身，变速器箱体等都属于箱体类零件。

（1）箱体类零件的力学性能要求

1）具有足够的强度和刚度。

2）对精度要求高的机器的箱体，要求有较好的减振性。

3）对于有相对运动的表面，要求有足够的硬度和耐磨性。

4）具有良好的工艺性，如铸造性能或焊接性。

（2）箱体类零件的选材

1）灰铸铁（HT150、HT200、HT250）。它用于受力不大、主要承受静力而不受冲击的零件（床身、变速箱等）。

2）铸钢（ZG270-500、ZG310-570）。它用于受力较大、形状较复杂的零件（汽轮机的机壳等）。

3）铝合金（铸造铝合金）。它用于受力不大、要求重量轻的零件（飞机发动机箱体等）。

箱体类零件主要承受压应力，也受一定的弯曲应力和冲击力。因此材料应具有足够的刚度、抗拉强度和良好的减振性，同时应易于成形和加工。

## 拓展知识

### 形状记忆合金
#### ——具有记忆功能的金属材料

1932 年，瑞典人奥兰德在金镉合金中首次观察到"记忆"效应，即合金的形状被改变之后，一旦加热到一定的转变温度时，它又可以魔术般地变回到原来的形状，人们把具有这种特殊功能的合金称为形状记忆合金。形状记忆合金的开发迄今不过 20 余年，但由于其在各领域的特效应用，正广为世人所瞩目，被誉为"神奇的功能材料"。

1963 年，美国海军军械研究所的比勒在研究工作中发现，在高于室温较多的某温度范围内，把一种镍钛合金丝绕成弹簧，然后在冷水中把它拉直或铸成正方形、三角形等形状，再放在 40℃ 以上的热水中，该合金丝就恢复成原来的弹簧形状。后来陆续发现，某些其他合金也有类似的功能。这一类合金被称为形状记忆合金。每种以一定元素按一定重量比组成的形状记忆合金都有一个转变温度；在这一温度以上将该合金加工成一定的形状，然后将其冷却到转变温度以下，人为地改变其形状后再加热到转变温度以上，该合金便会自动地恢复到原先在转变温度以上加工成的形状。

1969 年，镍钛合金的"形状记忆效应"首次在工业上应用。人们采用了一种与众不同的管道接头装置。为了将两根需要对接的金属管连接，选用转变温度低于使用温度的某种形状记忆合金，在高于其转变温度的条件下，做成内径比待对接管子外径略微小一点的短管（作为接头用），然后在低于其转变温度下将其内径稍加扩大，再把连接好的管道放到该接头的转变温度以上，接头就自动收缩而扣紧被接管道，形成牢固紧密的连接。美国在某种喷气式战斗机的液压系统中便使用了一种镍钛合金接头，从未发生过漏油、脱落或破损事故。

1969 年 7 月 20 日，美国宇航员乘坐"阿波罗 11 号"登月舱在月球上首次留下了人类的脚印，并通过一个直径数米的半球形天线传输月球和地球之间的信息。这个庞然大物般的天线是怎么被带到月球上的呢？就是用一种形状记忆合金材料，先在其转变温度以上按预定要求做好，然后降低温度把它压成一团，装进登月舱带上天去。放置于月球后，在阳光照射下，达到该合金的转变温度，天线"记"起了自己的本来面貌，变成一个巨大的半球。

科学家在镍钛合金中添加其他元素，进一步研究开发了钛镍铜、钛镍铁、钛镍铬等新的镍钛系形状记忆合金；除此以外还有其他种类的形状记忆合金，如铜镍系合金、铜铝系合金、铜锌系合金、铁系合金（Fe-Mn-Si、Fe-Pd）等。

形状记忆合金在生物工程、医药、能源和自动化等方面也都有广阔的应用前景。

形状记忆合金由于具有许多优异的性能，因而广泛应用于航空航天、机械电子、生物医疗、桥梁建筑、汽车工业及日常生活等多个领域。

## 本章小结

| 钢铁材料 | 钢 | 非合金钢 | 按碳的质量分数可分为低碳钢、中碳钢、高碳钢 | | |
| --- | --- | --- | --- | --- | --- |
| | | | 按用途分类 | 结构钢 | 普通质量非合金结构钢 | 如 Q195、Q215、Q235、Q275 等，主要用在工程上，如建筑结构件、焊接结构件、桥梁等 |
| | | | | | 优质非合金结构钢 | 如 20、35、45、65、70 等，主要用在比较重要的机械零件上，如齿轮、轴、连杆、弹簧等 |
| | | | | 工具钢 | 如 T7、T8、T9、T10、T11、T12 等，主要用于小型手工刀具或木工刀具、冲模、冷镦模、量具等 |
| | | | | 铸造钢 | 如 ZG200-400、ZG230-450 等，形状复杂的零件常用铸造方法成形，用铸铁铸造难以满足力学性能要求 |
| | | 合金钢 | 按合金元素总的质量分数可分为低合金钢、中合金钢、高合金钢 | | |
| | | | 按用途分类 | 合金结构钢 | 工程用合金结构钢 | 低合金高强度结构钢、低合金耐候钢、低合金专用钢等如 Q345、Q390、Q420 等，主要用于桥梁、车辆、船舶、建筑工程、化工、锅炉等 |
| | | | | | 机械零件用合金结构钢 | 如合金渗碳钢、合金调质钢、合金弹簧钢、滚动轴承钢等，主要用于重要的机械零件,如汽车变速器、齿轮、机床主轴、节气门弹簧、滚动轴承内外圈等 |
| | | | | 合金工具钢 | 如合金刃具钢、合金模具钢、合金量具钢 |
| | | | | 特殊性能钢 | 指具有特殊物理、化学性能的钢,常用的有不锈钢、耐热钢、耐磨钢等 |
| | | 杂质元素对钢性能的影响 | 硅、锰是有益元素，能够使钢的强度、硬度升高,硫、磷是有害元素,硫使钢产生"热脆",磷使钢产生"冷脆" | | |
| | | 合金元素对钢热处理的影响 | 阻碍奥氏体的晶粒长大、提高淬透性、提高回火稳定性 | | |

（续）

| | | | | | |
|---|---|---|---|---|---|
| 钢铁材料 | 铸铁 | 碳的存在形式 | 白口铸铁 | 断口呈银白色，硬而脆，很难切削加工，因此很少直接用来制造机械零件，主要用于炼钢原料、可锻铸铁的毛坯以及不需切削加工、要求硬度高和耐磨性好的铁件 | |
| | | | 麻口铸铁 | 断口灰白相间，因脆性大、硬度高、难以加工，故很少使用 | |
| | | | 灰铸铁 | 石墨的存在形式 | 灰铸铁：铸铁中石墨以片状形式存在，如 HT200 等，主要用于床身、缸套、齿轮箱、轴承座、液压缸等 |
| | | | | | 球墨铸铁：铸铁中石墨呈球状存在，如 QT700-2 等，主要用于柴油机曲轴、凸轮轴、气缸体、气缸套、活塞环等 |
| | | | | | 蠕墨铸铁：铸铁中石墨呈蠕虫状存在，如 RuT420 等，主要用于制动盘、制动毂、气缸套等 |
| | | | | | 可锻铸铁：铸铁中石墨呈团絮状存在，如 KTH330-08 等，主要用于汽车、拖拉机前后轮壳，管道弯头等 |
| | 合金铸铁 | 耐磨铸铁 | | 耐磨铸铁包括减磨铸铁和抗磨铸铁两大类 | |
| | | 耐热铸铁 | | 可以在高温下使用，其抗氧化或抗热生长性能符合使用要求的铸铁 | |
| | | 耐蚀铸铁 | | 不仅具有一定的力学性能，而且能耐电化学腐蚀的铸铁 | |

| | 分类 | | 牌号 | 代号 | 用途 |
|---|---|---|---|---|---|
| 铝合金 | 变形铝合金 | 防锈铝合金 | 5A02；3A21 | LF2；LF21 | 油箱、油管、液体容器、饮料罐等 |
| | | 硬铝合金 | 2A11；2A12； | LY11；LY12 | 飞机的骨架零件、蒙皮、翼梁、铆钉等 |
| | | 超硬铝合金 | 7A04；7A09 | LC4；LC9 | 飞机上的大梁、桁条、加强框、蒙皮、翼梁、起落架等 |
| | | 锻铝合金 | 2A50；2A70；2A80；2A14 | LD5；LD7；LD8；LD10 | 内燃机活塞、压气机叶片、叶轮、圆盘等 |
| | 铸造铝合金 | 铝硅合金 | ZAlSi7Mg；ZAlSi12；ZAlSi9Mg | ZL101；ZL102；ZL104 | 飞机仪表零件、抽水机壳体、柴油机零件等 |
| | | 铝铜合金 | ZAlCu5Mn；ZAlCu4 | ZL201；ZL203 | 发动机机体、气缸体等 |
| | | 铝镁合金 | ZAlMg10；ZAlMg5Si | ZL301；ZL303 | 200℃以下工作的舰船配件等 |
| | | 铝锌合金 | ZAlZn11Si7 | ZL401 | 在200℃以下工作、结构形状复杂的汽车、飞机、仪表零件等 |

| | | | | |
|---|---|---|---|---|
| 铜合金 | 黄铜 | 普通黄铜 | H68；H62 | 散热器外壳、导管及波纹管等 |
| | | 特殊黄铜 | HPb59-1；HMn58-2 | 船舶零件及轴承等耐磨零件等 |
| | 青铜 | 锡青铜 | QSn4-3、ZCuSn10Pb5 | 耐磨及抗磁零件、轴瓦等 |
| | | 铍青铜 | QBe2 | 弹簧元件、齿轮、轴承等 |

| | 分类 | 牌号 | 用途 |
|---|---|---|---|
| 钛合金 | α 钛合金 | TA | 用于制造发动机压气机盘和叶片等 |
| | β 钛合 | TB | 用于制造形状复杂、强度要求高的板材及零件 |
| | α+β 钛合金 | TC | 用于制造火箭发动机外壳、航空发动机叶片及紧固件、大尺寸的锻件、模锻件和其他半成品等 |

（续）

| 硬质合金 | 钨钴类硬质合金 | YG8;YG6 | 主要用来制作切削加工脆性材料（如铸铁、青铜等）的刀具等 |
|---|---|---|---|
| | 钨钴钛类硬质合金 | YT15 | 适用于碳钢与合金钢加工中,连续切削时的粗车、半精车及精车等 |
| | 通用硬质合金 | YW1;YW2 | 适用于耐热钢、高锰钢、不锈钢及高级合金钢等的加工 |
| 金属材料的选择 | 基本原则 | 使用性原则 | 首先要对零构件的工作条件、常见失效形式进行全面分析,并根据零构件的几何形状和尺寸、工作中所受的载荷及使用寿命,通过计算确定零构件应具备的主要力学性能指标及其数值后,利用手册选材 |
| | | 工艺性原则 | 一般在满足零件的使用要求的同时,还要考虑材料的工艺性,以保证零构件的质量、生产成本和生产率 |
| | | 经济性原则 | 碳钢和铸铁的价格较低,应优先采用。合金钢和非铁金属价格较高,在要求满足较高的力学性能和特殊性能时,才加以选用 |
| | 方法 | 以良好综合力学性能为主时的选材 | 一般可选用中碳钢或中碳合金钢,采用调质处理或正火处理 |
| | | 以疲劳强度为主时的选材 | 对承载较大的零构件选用淬透性较高的材料。调质钢进行表面淬火、渗碳钢进行渗碳淬火等处理 |
| | | 以抗磨损为主时的选材 | 1）主要失效形式是磨损,如钻套、量具、刀具、顶尖等,选用高碳钢或高碳合金钢<br>2）主要失效形式是磨损、过量的变形与疲劳断裂,应选用中碳钢或中碳合金钢进行调质处理 |

## 知识巩固与能力训练题

### 一、填空题

1. 碳钢中除铁,碳外,还常含有_____、_____、_____、_____等元素,其中_____、_____是有益元素,_____、_____是有害元素。

2. 含碳量小于_____的钢为低碳钢,含碳量为_____的钢为中碳钢,含碳量大于_____的钢为高碳钢。

3. 合金元素在钢中主要有_____、_____、_____、_____和_____五大作用。

4. 合金钢按用途可分为_____、_____、_____和_____,其中,合金结构钢按用途及热处理特点不同,又可分为低合金高强度结构钢、_____及_____等。

5. 合金渗碳钢经_____的处理后,便具有外硬内韧的性能,用来制造既具有优良的耐磨性和_____,又能承受_____作用的零件。

6. 高速工具钢是一种具有高_____,高_____的合金工具钢,常用于制造_____的刀具和_____、载荷较大的成形刀具。

7. 根据工作条件不同,合金模具钢又可分为_____和_____。

8. 耐磨钢是指在巨大_____和强烈_____载荷作用下能发生_____的高锰钢。

9. 根据灰铸铁中石墨形态的不同,还可将灰铸铁分为_____铸铁,其石墨呈片状;_____铸铁,其石墨呈团絮状;_____铸铁,其石墨呈球状;_____铸铁,其石墨呈蠕虫状。

10. 可锻铸铁是由_____铸铁经_____退火而获得的。

11. 根据铝合金的成分、组织和工艺特点,可将其分为_____和_____两大类。

12. ZL102 是_____合金，其组成元素为_____。

13. H68 表示材料为_____，68 表示_____的平均质量分数为_____。

14. 黄铜是_____合金，白铜是_____合金。

15 硬质合金按成分、性能特点可分为_____类、_____类和通用硬质合金。

二、选择题

1. 下列牌号中，属于优质碳素结构钢的有_____。

A. T8A            B. 08F            C. Q235AF

2. 下列牌号中，最适合制造车床主轴的是_____。

A. T8            B. Q195            C. 45

3. 20CrMnTi 中的 Ti 元素的主要作用是_____。

A. 细化晶粒            B. 提高淬透性            C. 强化铁素体

4. 合金调质钢的碳的质量分数一般是_____。

A. 小于 0.25%        B. 0.25% ~ 0.5%        C. 大于 0.5%

5. 高速工具钢按合金元素总含量分类属于_____。

A. 低合金钢            B. 中合金钢            C. 高合金钢

6. 量具在精磨后或研磨前，还要进行时效处理，主要目的在于_____。

A. 提高硬度            B. 促使残留奥氏体转变        C. 消除内应力

7. 随着不锈钢中碳的质量分数的增加，其强度，硬度和耐磨性提高，耐蚀性_____。

A. 越好            B. 不变            C. 下降

8. 医疗手术器械可使用的材料是_____。

A. Cr12Mo            B. 40Cr13            C. W18Cr4V

9. 为提高灰铸铁的表面硬度和耐磨性，采用_____热处理效果更好。

A. 渗碳后淬火+低温回火     B. 电加热表面淬火        C. 等温淬火

10. 普通机床床身和主轴箱宜采用_____制作。

A. 45        B. Q235        C. HT200        D. QT600-3

三、判断题

1. T10 钢的平均碳的质量分数为 10%。（　　　　）

2. 低碳钢的强度、硬度较低，但塑性、韧性及焊接性较好。（　　　　）

3. 所有的合金元素都能提高钢的淬透性。（　　　　）

4. 合金钢的牌号中一定至少包含一个合金元素符号。（　　　　）

5. 在碳素结构钢的基础上加入少量合金元素就形成了低合金结构钢。（　　　　）

6. 合金渗碳钢加入合金元素主要是为了提高钢的淬透性。（　　　　）

7. 低合金刃具钢是在碳素工具钢的基础上加入少量合金元素的钢。（　　　　）

8. 小型冷作模具可采用碳素工具钢或低合金刃具钢制造。（　　　　）

9. 制造量具没有专用钢种，可用碳素工具钢，合金工具钢和滚动轴承钢代替。（　　　　）

10. 不锈钢中的铬的质量分数都在 13% 以上。（　　　　）

11. 耐热钢是抗氧化钢和热强钢的总称。（　　　　）

12. 厚铸铁件的表面硬度总比内部高。（　　　　）

13. 可锻铸铁比灰铸铁的塑性好，因此可以进行锻压加工。（　　　　）

14. 灰铸铁的强度、塑性和韧性远不如钢。（　　　）

15. 灰铸铁是目前应用最广泛的铸铁。（　　　）

16. 铸铁中的石墨数量越多，尺寸越大，铸件的强度就越高，塑性、韧性就越好。（　　　）

四、简答题

1. 什么是回火稳定性？

2. 下列牌号属于哪类钢？说明其符号及数字的含义。

　　20、40、60、Q235A、T8、T12、ZG270-500

3. 指出下列代号（牌号）合金的类别、主要性能特征及用途。

　　LC4、LY11、ZL102、ZL203、H68、HPb59-1、QSn4-3、QBe2、ZCuSn10Pb5。

五、课外拓展题

1. 深入现场和借助有关图书资料，以学校实习工厂的车床、铣床为例，分析车床、铣床的零件组成，其使用性能与工艺性能有哪些要求？该零件应选用什么材料？请将分析结果填写在表 4-29 中。

表 4-29　分析结果

| 序号 | 零件的名称 | 使用性能要求（力学性能） | 工艺性能要求 | 选用材料 |
|---|---|---|---|---|
|  |  |  |  |  |
|  |  |  |  |  |
|  |  |  |  |  |
|  |  |  |  |  |
|  |  |  |  |  |
|  |  |  |  |  |
|  |  |  |  |  |

2. 借助有关图书资料，请为下列零件选择合适的铸铁。

拖拉机的曲轴、钢锭模、铁路车辆轴瓦、低压阀门、柴油机的气缸体、缸套、台虎钳底座、机床床身。

# 第五章
# 非金属材料和复合材料的应用

**知识目标**

了解非金属材料和复合材料的种类及主要性能。

**能力目标**

初步认识一些常用非金属材料和复合材料的代号并能了解它们的主要应用。

## 案例导入

在 20 世纪 60 年代，制作防弹衣的主要材料是尼龙。后来发现，分子中含有苯环结构的另一种聚酰胺纤维凯夫拉（Kevlar）有助于加强衣料本身的张力（较尼龙强 2.5 倍）。当子弹击中由此种纤维制成的防弹衣时，就像坠入一个网中，其能量会向四周扩散，子弹便没有足够的能量冲破衣料伤害人体了。现在凯夫拉已取代尼龙作为制作防弹衣的主要材料，如图 5-1 所示。如此神奇的聚酰胺纤维是什么材料呢？

金属材料在机械制造中广泛使用，但因其具有密度大、耐蚀性差、电绝缘性差等缺点，无法满足某些生产的需求，而非金属材料有着金属材料所不具有的特点，如密度小、耐蚀性好、电绝缘性好、减振效果好等，因此越来越多的非金属材料在生产、生活领域中得到了应用。

图 5-1　防弹衣

非金属材料是指除金属材料和复合材料以外的其他材料，包括高分子材料和陶瓷材料。它们具有许多金属材料所不具有的特点，如高分子材料的耐蚀性、电绝缘性、减振性、质轻以及陶瓷材料的高硬度、耐高温、耐蚀性和特殊的物理性能等。因此，非金属材料在各行各业得到越来越广泛的应用，并成为当代科学技术革命的重要标志之一。

复合材料是两种或两种以上不同化学成分或不同组织结构的物质，通过一定的工艺方法人工合成的多相固体材料。它的最大特点是材料间可以优势互补，具有十分广阔的发展前景，图 5-1 所示制作防弹衣的聚酰胺纤维就是一种复合材料。

## 第一节　高分子材料的应用

高分子材料是以高分子化合物为主要组成的材料。高分子化合物的相对分子质量很大，且结构复杂多变，但化学组成并不复杂，都是由一种或几种简单的低分子有机化合物聚合而成，故也称为聚合物材料。根据力学性能及使用状态不同，可将高分子材料分为塑料、橡胶、合成纤维等。

一、塑料的组成、分类、性能及应用

塑料是目前机械工业中应用最广泛的高分子材料。它是以合成树脂为基本原料，再加入一些用来改善使用性能和工艺性能的添加剂后，在一定温度和一定压力下制成的高分子材料。

1. 塑料的组成

塑料一般由合成树脂和添加剂组成。

（1）合成树脂　合成树脂是塑料的主要组成部分（约占塑料总质量的40%～100%），其种类、性质和所占比例大小对塑料性能起着决定性作用。多数塑料都是以合成树脂的名称来命名的，如聚乙烯、聚氯乙烯、聚苯乙烯等。合成树脂受热时呈软化或熔融状态，因而塑料具有良好的成型能力。

（2）添加剂　添加剂是为改善塑料的使用性能和成型工艺性能而加入的辅助材料，包括填充剂、增塑剂、固化剂（交联剂）、稳定剂（防老化剂）、着色剂、发泡剂、阻燃剂、抗静电剂等。例如：在酚醛树脂（俗称为电木）中加入填充剂木屑后可显著提高其强度；在聚氯乙烯中加入增塑剂后会变得比较柔软等。

提示：并非每种塑料都要加入上述全部的添加剂，而是根据塑料品种和使用要求适当选择。

2. 塑料的分类

（1）按树脂的性质分类

1）热塑性塑料。这类塑料受热软化或熔融，可塑造成型，冷却后成型固化，此过程可反复进行而基本性能不变。这类塑料的特点是力学性能较高，成型工艺简单，耐热性、刚性较差，使用温度低于120℃。常用品种有聚乙烯、聚酰胺（尼龙）、聚苯乙烯、聚氯乙烯、ABS塑料等，其制品如图5-2所示。

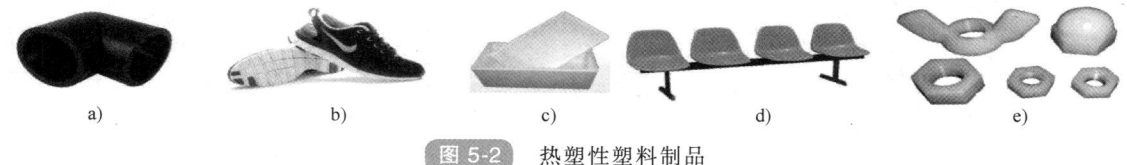

图 5-2　热塑性塑料制品

a）聚乙烯弯头　b）聚氯乙烯鞋底　c）聚苯乙烯包装盒　d）ABS塑料椅　e）尼龙螺母

2）热固性塑料。这类塑料加热时软化，可塑造成型，一经固化，再加热将不再软化，也不溶于溶剂，只能塑制一次。这类塑料特点是有较好的耐热性和抗蠕变性，受压时不易变形，但强度不高，成型工艺复杂，生产率低。常用品种有酚醛树脂、环氧树脂、有机硅树脂等，其制品如图5-3所示。

提示：用打火机点燃塑料，热塑性塑料会燃烧发软甚至熔化，而热固性塑料不会燃烧也不会软化，这是热塑性塑料与热固性塑料的简单区别方法。

（2）按塑料使用范围分类

1）通用塑料。通用塑料是指产量大、价格低、用途广的塑料，如聚氯乙烯、聚乙烯、

a)

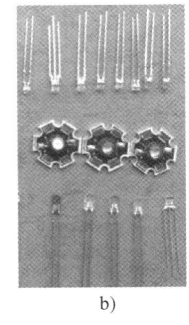
b)

c)

图 5-3 热固性塑料制品

a）酚醛树脂旋钮 b）环氧树脂 LED 封装胶 c）有机硅树脂涂布

聚苯乙烯和酚醛树脂等，其主要用于制造日常生活用品、包装材料和一般小型机械零件。

2）工程塑料。工程塑料是指具有良好的强度、刚度、韧性、绝缘性、耐蚀性、耐热性、耐磨性和尺寸稳定性等的一类塑料。工程塑料产量较小、价格较高，可替代金属制作一些机械零件和工程结构件，主要有 ABS 塑料、有机玻璃、尼龙、聚碳酸酯、聚四氟乙烯、聚甲醛等。

3）特种塑料。特种塑料是指具有特种性能和特种用途的塑料，如医用塑料、耐高温塑料等。这类塑料产量少、价格贵，只用于特殊需要的场合。

3. 塑料的性能及应用

塑料具有密度小、比强度高、耐蚀性好、电绝缘性好、耐磨和自润滑性好，还具有透光、隔热、消音、吸振等优点，但也存在强度低、耐热性差、容易蠕变和老化等缺点。常用塑料的名称、代号、主要性能及应用见表 5-1。

表 5-1 常用塑料的名称、代号、主要性能及应用

| 类别 | 名称 | 代号 | 主 要 性 能 | 应 用 |
|---|---|---|---|---|
| 热塑性塑料 | 聚乙烯 | PE | 耐蚀性和电绝缘性极好，高压聚乙烯质地柔软、透明，低压聚乙烯质地坚硬、耐磨 | 高压聚乙烯用于制造软管、薄膜和塑料瓶；低压聚乙烯用于制造塑料管、板、绳及承载不高的零件，也可作为耐磨、减摩及防腐涂层 |
| | 聚氯乙烯 | PVC | 硬质聚氯乙烯强度极高，电绝缘性优良，对酸碱的抵抗力强，化学稳定性好，可在 -15～60℃ 使用，良好的热成型性，密度小 | 化工耐蚀的结构材料，如输油管、容器、离心泵、阀门管件 |
| | | | 软质聚氯乙烯强度不如硬质，但伸长率较大，有良好的电绝缘性，可在 -15～60℃ 使用 | 电线、电缆的绝缘包皮，农用薄膜，工业包装。但因有毒，故不适用于包装食品 |
| | | | 泡沫聚氯乙烯质轻、隔热、隔音、防振 | 泡沫聚氯乙烯衬垫、包装材料 |
| | 聚丙烯 | PP | 密度小，强度、硬度、刚性和耐热性均优于低压聚乙烯，可在 100～120℃ 长期使用；不吸水，并有较好的化学稳定性，优良的高频绝缘性，且不受温度影响，但低温脆性大，不耐磨，易老化 | 制造一般机械零件，如齿轮、接头等；制造耐蚀件、绝缘件等，由于无毒，可用于药品、食品包装 |

（续）

| 类别 | 名称 | 代号 | 主 要 性 能 | 应 用 |
|------|------|------|------------|-------|
| 热塑性塑料 | 聚酰胺（尼龙） | PA | 具有较高的强度和韧性，很好的耐磨性和自润滑性及良好的成型性，但耐热性不高，尺寸稳定性差 | 制造各种轴承、齿轮、凸轮轴、轴套、泵叶轮、风扇叶片、储油容器、传动带、密封圈、涡轮、铰链、电缆等 |
| | 丙烯腈-丁二烯-苯乙烯 | ABS | 兼有三组元的共同性能，坚韧、质硬、刚性好，同时具有优良的耐磨性、耐热性、耐蚀性、耐油性及尺寸稳定性，可在 -40~100℃长期工作，成型性好 | 应用广泛，如制造齿轮、轴承、叶轮、管道、容器、设备外壳、把手、仪器和仪表零件、文体用品、家具、小轿车外壳等 |
| | 聚甲基丙烯酸甲酯（有机玻璃） | PMMA | 具有优良的透光性、耐候性、耐电弧性、强度高，可耐稀酸、碱，不易老化，易于成型，但表面硬度低，易擦伤，较脆 | 制造航空、仪器、仪表、汽车和无线电工业中的透明件与装饰件，如风窗玻璃、光学镜片、屏幕、装饰品等 |
| | 聚甲醛 | POM | 具有优良的综合力学性能，尺寸稳定性高，良好的耐磨性和自润滑性，耐老化性也好，吸水性小，可在 -40~100℃长期使用，但加热易分解 | 制造减摩、耐磨及传动件，如轴承、滚轮、电气绝缘件、耐蚀件及化工容器等 |
| 热固性塑料 | 酚醛树脂 | PF | 具有优良的耐热、绝缘性，化学稳定性、尺寸稳定性和抗蠕变性良好，但质较脆、耐光性差、加工性差 | 制造一般机械零件、水润滑轴承、电绝缘件、耐化学腐蚀的结构材料和衬里材料等，如绝缘轴承、电器绝缘板、制动片等 |
| | 环氧树脂 | EP | 强度高，韧性好，良好的化学稳定性、耐热性、耐寒性，长期使用温度为 -80~155℃，电绝缘性优良，易成型，但具有某些毒性 | 制造塑料模具、精密量具、机械仪表和电气结构零件，电气、电子元件及线圈的灌注、涂覆和包封以及修复机件等 |
| | 有机硅塑料 | SI | 具有优良的电绝缘性，可在 180~200℃下长期使用，憎水性好，防潮性强，耐辐射、臭氧，但价格较贵 | 高频绝缘件，湿热带地区电动机、电器绝缘件，电气、电子元件及线圈的灌注与固定，耐热件等 |
| | 氨基树脂 | UF | 优良的耐电弧性和电绝缘性，硬度高，耐磨、耐油脂及溶剂，难于自燃，着色性好 | 制造机械零件、绝缘件和装饰件，如仪表外壳、开关、插座等 |

**二、橡胶的组成、分类、性能及应用**

橡胶是以高分子化合物为基础的具有高弹性的材料。

1. 橡胶的组成

橡胶是以生胶为基础加入适量的配合剂组成的。

（1）生胶　未加配合剂的天然或合成橡胶统称为生胶，是橡胶制品的主要组分。生胶在橡胶制备过程中不但起着黏结其他配合剂的作用，而且决定橡胶制品的性能。

（2）配合剂　配合剂是用以改善和提高橡胶制品的性能而加入的物质。常用的配合剂有硫化剂、硫化促进剂、增塑剂、填充剂、防老化剂、增强材料及着色剂、发泡剂、电磁性调节剂等。其中硫化剂的作用是使线型结构分子相互交联为网状结构，提高橡胶的弹性、耐磨性、耐蚀性和抗老化能力，并使之具有不溶、不融特性。

## 2. 橡胶的分类

橡胶的品种很多，按原料来源可分为天然橡胶和合成橡胶；按应用范围可分为通用橡胶和特种橡胶。

天然橡胶是橡胶树中流出的乳胶经凝固、干燥、加压等工序制成片状生胶，再经硫化工序所制成的一种弹性体；合成橡胶是以石油产品为主要原料，经过人工合成制得的一类高分子材料。通用橡胶是指用于制造轮胎、工业用品、日常用品的量大面广的橡胶；特种橡胶是指用于制造在特殊条件（高温、低温、酸、碱、油、辐射等）下使用的零部件的橡胶。

## 3. 橡胶的性能及应用

橡胶最显著的性能特点是在很宽的温度范围内（-50~150℃）具有高弹性，其主要表现为在较小的外力作用下就能产生很大的变形，最大伸长率可达800%~1000%，外力去除后，能迅速恢复原状；高弹性的另一个表现为其宏观弹性变形量可高达100%~1000%。同时橡胶具有优良的伸缩性和可贵的储存能量的能力，良好的隔声性、阻尼性、耐磨性和挠性，优良的电绝缘性、不透水性和不透气性，一定的强度和硬度。但一般橡胶的耐蚀性较差，易老化。橡胶及其制品在储运和使用时，要注意防止氧化、光辐射和高温，以免使橡胶老化、变脆、龟裂、发黏、裂解和交联。

常用橡胶制品一般都是合成橡胶制成的。常用橡胶的名称、代号、优缺点及应用见表5-2。

表 5-2　常用橡胶的名称、代号、优缺点及应用

| 类别 | 名称 | 代号 | 优点 | 缺点 | 应用 |
|---|---|---|---|---|---|
| 通用橡胶 | 天然橡胶 | NR | 综合性能好，耐磨性、抗撕性、加工性、绝缘性好 | 耐油和耐溶剂性差，耐臭氧氧化性较差 | 轮胎、胶带、胶管、胶鞋等通用制品 |
| | 丁苯橡胶 | SBR | 耐磨性较突出，耐老化和耐热性超过天然橡胶 | 加工性较天然橡胶差，特别是自黏性差 | 轮胎、胶板、胶布等通用制品 |
| | 异戊橡胶 | IR | 有天然橡胶的大部分优点，吸水性低，电绝缘性好，耐老化性优于天然橡胶 | 成本较高，弹性比天然橡胶低，加工性较差 | 胶管、胶带 |
| | 顺丁橡胶 | BR | 弹性与耐磨性优良，耐寒性较好，易与金属黏合 | 加工性差、自黏性差、抗撕性差 | 轮胎、耐寒运输带、减振器、橡胶弹簧等 |
| | 丁基橡胶 | IIR | 耐老化性、气密性及耐热性好，吸振、阻尼特性好，耐酸、碱和一般无机介质及动物油脂 | 弹性大、加工性差、耐光老化性差 | 内胎、水胎、化工容器衬里及防振制品 |
| | 氯丁橡胶 | CR | 弹性、绝缘性、强度高，耐油性、耐溶剂、耐氧化性、耐酸性、耐热性、耐燃烧、黏着性好 | 耐寒性差、密度大、电绝缘性差、储存稳定性差 | 输送带、胶管、电缆、输油管、汽车门窗嵌条、化工防腐材料等 |
| | 乙丙橡胶 | EPM | 结构稳定、耐老化性最好、电绝缘并耐酸、碱，冲击弹性、低温弹性好，耐热性好 | 耐油性差、黏着性差、硫化速度慢 | 轮胎、输送带、电线套管、蒸汽导管、密封圈、汽车部件 |

（续）

| 类别 | 名称 | 代号 | 优点 | 缺点 | 应用 |
|------|------|------|------|------|------|
| 特种橡胶 | 丁腈橡胶 | NBR | 耐油性、耐热性、耐燃烧、耐磨性好 | 耐寒性、耐臭氧性差，电绝缘性差，加工性差 | 耐油制品，如油桶、油槽、输油管、印刷胶辊等 |
| | 硅橡胶 | SI | 耐热性、耐寒性好，耐老化性好，透气性好，加工性良好，无毒无味 | 强度低，耐油性不良，耐磨性、耐酸碱性差，价格贵 | 耐高、低温零件，透气橡胶薄膜，耐高温的电线、电缆 |
| | 氟橡胶 | FRM | 耐高温、耐油、耐化学药品腐蚀，耐老化性好，透气性低 | 耐寒性差、弹性差，价格昂贵 | 化工设备衬里、高级密封件、高真空件 |

# 第二节 陶瓷材料的应用

陶瓷材料是用天然或合成粉状化合物经过成形、高温烧结制成的一类无机非金属材料。它与金属材料、高分子材料一起被称为三大固体工程材料。

## 一、陶瓷材料的性能

（1）耐热性能 陶瓷材料一般具有高的熔点（大多在 2000℃ 以上），耐热性能比金属材料高得多；陶瓷材料的导热性低于金属材料，是良好的隔热材料；陶瓷材料的线膨胀系数比金属材料低，具有良好的尺寸稳定性。但陶瓷材料抗急冷、急热性能较差。

（2）力学性能 陶瓷材料是工程材料中刚度最好、硬度最高的材料，其抗压强度也较高；但脆性大，抗拉强度较低，塑性和冲击强度很差。

（3）电性能 大多数陶瓷具有良好的电绝缘性，因此大量用于制作各种电绝缘器件。

铁电陶瓷（钛酸钡 $BaTiO_3$）具有较高的介电常数，可用于制作电容器。铁电陶瓷在外电场的作用下，还能将电能转换为机械能，可用作扩音机、电唱机、超声波仪、医疗用声谱仪等。

（4）化学性能 陶瓷材料在高温下不易氧化，高温下组织结构非常稳定，化学稳定性极好，并对酸、碱、盐具有良好的耐蚀能力。

## 二、陶瓷材料的分类

陶瓷材料的分类方法很多。按原料来源不同，可将陶瓷分为普通陶瓷和特种陶瓷；按用途不同，可将陶瓷分为日用陶瓷和工业陶瓷。

## 三、普通陶瓷和特种陶瓷的应用

### 1. 普通陶瓷

普通陶瓷又称为传统陶瓷，以天然硅酸盐矿物（如长石、黏土和石英等）为原料，经原料加工、成形、烧结而成。

普通陶瓷来源丰富、成本低、工艺成熟，广泛应用于日常生活、建筑、医疗卫生、电力及化工领域。主要制品有日用餐具、卫浴、建筑装饰材料、电气绝缘材料、耐酸砖等。普通陶瓷的应用如图 5-4 所示。

### 2. 特种陶瓷

特种陶瓷又称为近代陶瓷，是采用高纯度人工合成的原料（如氧化物、氮化物、碳化物等），利用精密控制工艺成形、烧结制成。特种陶瓷一般具有某些特殊性能，以适应各种

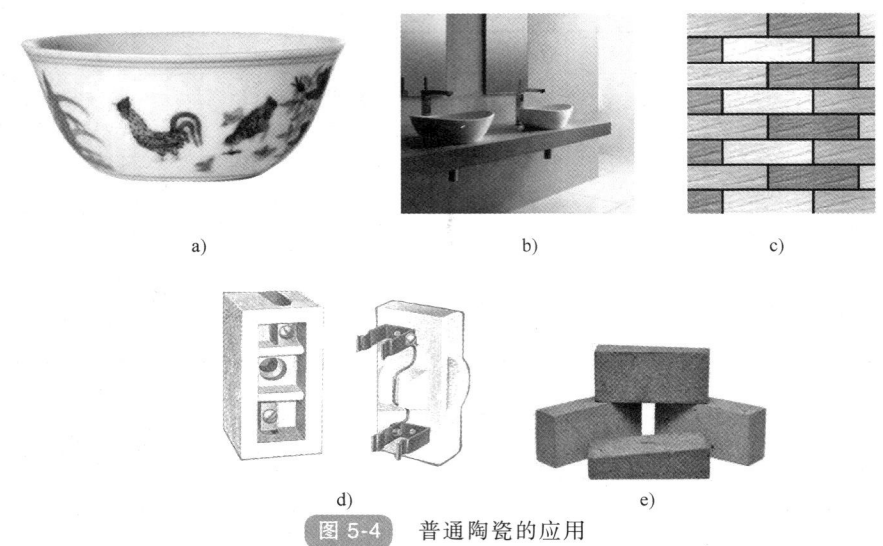

图 5-4 普通陶瓷的应用

a) 日用餐具 b) 卫浴 c) 墙砖 d) 绝缘闸刀 e) 耐酸砖

需要。

常用特种陶瓷的种类、主要成分、性能及应用见表 5-3。

表 5-3 常用特种陶瓷的种类、主要成分、性能及应用

| 序号 | 种类 | 主要成分 | 性 能 | 应 用 |
|---|---|---|---|---|
| 1 | 氧化铝陶瓷 | $Al_2O_3$ | 优点是耐高温（可在 1600℃ 长期使用）、耐蚀、高强度；缺点是脆性大，不能接受突然的环境温度变化 | 坩埚、发动机火花塞、高温耐火材料、热电偶套管、密封环等，也可制作刀具和模具 |
| 2 | 碳化硅陶瓷 | SiC | 材料界最好的耐高温材料。高温下硬度、耐弯强度和冲击强度最高，具有良好的导热性、耐氧化性和导电性 | 火箭尾喷管喷嘴、热电偶套管、炉管等耐高温部件，热交换器等导热元件，砂轮、磨料等高硬度耐磨材料 |
| 3 | 氮化硅陶瓷 | $Si_3N_4$ | 高温下高强度、高硬度、高耐磨性、高耐蚀性并能自润滑，线膨胀系数在陶瓷中最小 | 高温轴承、在腐蚀介质中使用的密封环、热电偶套管及金属切削刀具 |
| 4 | 六方氮化硼陶瓷 | BN | 硬度较低，可以进行切削加工，自润滑性良好，有"白石墨"之称 | 自润滑高温轴承、玻璃成形模具等 |

# 第三节 复合材料的应用

随着现代机械、电子、化工、国防等工业的发展以及航天、信息、能源、激光、自动化等高科技的进步，对材料的性能提出了越来越高的要求。在某些构件上，甚至要求材料具有相互矛盾的性能，如既要求导电又要求绝缘，既要求耐高温又要求耐低温等，这对单一的金属、陶瓷、高分子材料来说是无法实现的。于是，人们采取一定的手段把两种或两种以上不同化学成分或不同组织结构的物质复合到一起，从而产生了复合材料。

复合材料一般由基体材料和增强材料两部分组成。基体材料分为金属和非金属两大类。金属基体常用的有铝、镁、铜、钛及其合金；非金属基体主要有合成树脂、橡胶、陶瓷、石墨、碳等。增强材料主要有玻璃纤维、碳纤维、硼纤维、芳纶纤维、碳化硅纤维、石棉纤维、晶须、金属丝和硬质细粒等。

一、复合材料的性能

（1）高的物理、力学性能　复合材料具有密度小、重量轻、比强度（强度/密度）高、刚性好的特点。

（2）抗疲劳性和减振性好　复合材料能有效地吸收振动和阻止裂纹扩展，具有良好的抗疲劳性和减振性。

（3）化学稳定性和耐热性高　复合材料一般具有较好的高温强度，并有良好的耐氧化、耐酸碱和油脂侵蚀的性能。

（4）安全可靠性好　复合材料，特别是纤维增强复合材料，在过载破坏时，不会瞬时完全丧失承载能力而突然断裂，为补救和做出反应提供了缓冲时间，因此具有较高的安全性。

此外，复合材料还有良好的自润滑性，减摩、耐磨性和成形性好等优点，但也有各向异性、冲击强度较低和成本高等问题。

二、复合材料的分类

1. 按基体材料分类

复合材料按基体材料的不同可分为金属基和非金属基两大类。非金属基复合材料又分为树脂基复合材料（如玻璃钢）和陶瓷基复合材料（如混凝土）两类。

2. 按增强材料分类

复合材料按增强材料的几何形状可分为纤维增强复合材料（如 V 带）、颗粒增强复合材料（如混凝土）、叠层复合材料（如三合板）三类。

3. 按性能分类

复合材料按性能不同可分为结构复合材料（如树脂基复合材料）和功能复合材料（如导电复合材料）两类。目前应用较多的是结构复合材料，但近些年功能复合材料的研究和开发也得到迅猛发展。

三、复合材料的应用

1. 纤维增强复合材料的应用

纤维增强复合材料是复合材料中发展最快、应用最广的一类，常用的有碳纤维、硼纤维、玻璃纤维、金属纤维等增强复合材料。

（1）玻璃纤维增强复合材料　玻璃纤维增强复合材料是以玻璃纤维为增强材料，以热塑性或热固性塑料为基体材料组成的复合材料，又称为玻璃钢。玻璃纤维增强复合材料的强度、耐热性、抗疲劳性和抗蠕变性均较高，在耐蚀、抗烧蚀、可透过光线和成形性等方面也较好。因此，玻璃纤维增强复合材料作为良好的复合材料，在各个领域广泛应用，如图 5-5 所示。

（2）碳纤维增强复合材料　碳纤维增强复合材料是以碳纤维为增强材料，以树脂、石墨、陶瓷或金属为基体组成的复合材料。碳纤维通常以人造纤维为原料，在高温下隔绝空气碳化而制得。碳纤维具有一般碳素材料的特性，如耐高温、耐摩擦、导电、导热及耐蚀等，

**图 5-5** 玻璃纤维增强复合材料的应用

a）齿轮　b）冰箱外壳　c）直升机旋翼　d）船体

但与一般碳素材料不同的是，其外形有显著的各向异性、柔软，可加工成各种织物，沿纤维轴方向表现出很高的强度。碳纤维增强复合材料首先在航空航天领域得到广泛应用，近年来在运动器具和体育用品等方面也广泛采用，如图 5-6 所示。

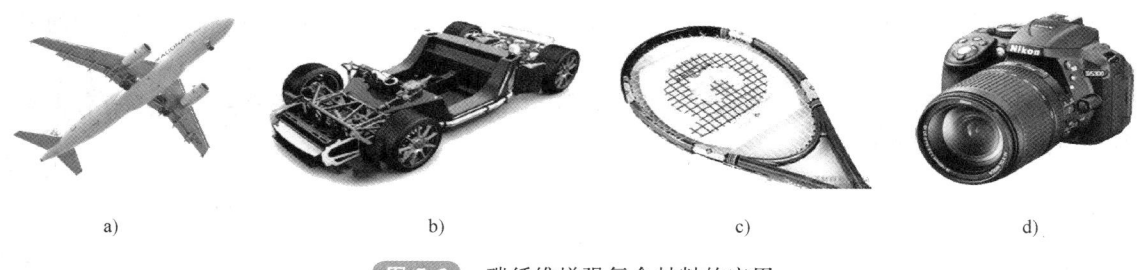

**图 5-6** 碳纤维增强复合材料的应用

a）飞机零部件　b）汽车零部件　c）球拍　d）相机

### 2. 层叠复合材料的应用

层叠复合材料是由两层或多层不同材料，通过黏合剂或中间层材料层叠组合制成的复合材料。常见的层叠复合材料有双层复合材料、夹层复合材料和多层复合材料三类。

（1）双层金属复合材料　双层金属复合材料是将两种不同金属板材用胶合、热压、焊接、铸造、喷涂等方法组合而成的复合材料，如控温双金属材料、双金属滑动轴承材料、镀铬钢板、镀锌钢板等。

（2）塑料-金属多层复合材料　这类复合材料的典型是 SF 型三层复合材料。它是以钢为基体，烧结多孔铜为中间层，表面层为塑料的一种自润滑复合材料，如图 5-7 所示。它主要用于制作高温重载和无油润滑的各种轴承，如载重汽车、涡轮机、飞机起落架、核反应堆、重型机械、化工设备、电力设备的轴承。这种多层复合轴承材料的承载能力比单一塑料提高近 20 倍，热导率提高 5 倍，而热膨胀系数降低 75%。

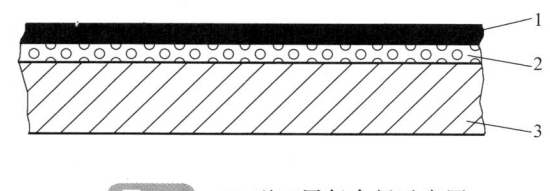

**图 5-7** SF 型三层复合板示意图

1—塑料　2—多孔铜　3—钢

（3）夹层复合材料 这类材料是由两层强而薄的面板夹着轻而弱的芯层组合而成的复合材料。面板与芯板通常用树脂黏合。面板一般用金属、玻璃钢、增强塑料板，芯层则用密度小的木屑、石棉、泡沫塑料或金属、玻璃钢等制成蜂窝结构或实心层。夹层复合材料密度小，有一定刚性和耐压性，还能隔声、隔热、绝缘，性能的可调节性和适应性好，而且制造工艺较简单，成本低，因而广泛应用于航空、交通运输、建筑、机械等领域。

### 3. 颗粒增强复合材料的应用

颗粒增强复合材料是以一种或多种增强颗粒均匀分散在基体材料中组成的复合材料。增强颗粒可用金属、陶瓷和其他无机、有机化合物颗粒。颗粒大小直接影响增强效果。太小会形成固溶体，太大则易引起应力集中，都不利于增强。不同的颗粒起的作用不同，如加入 $Fe_3O_4$ 粉可提高导磁性；加入 $MoS_2$ 可提高减摩性；而陶瓷颗粒增强的金属基合金可制作高速切削刀具、重载轴承以及火焰喷嘴等高温工作的零件。

## 拓展知识

### 绿色塑料简介

#### 1. 光降解塑料

光降解塑料的光降解反应机理是在太阳光的照射下引发光化学反应，使高分子化合物的链断裂和分解，从而使相对分子质量变小，达到降解的效果。光降解塑料的制备方法有两种：一是在塑料中添加光敏化合物；二是将含羰基的光敏单体与普通聚合物单体共聚，如以乙烯基甲基酮作为光敏单体与烯烃类单体共聚成为能迅速光降解的聚乙烯、聚丙烯、聚酰胺等聚合物。这种可降解塑料能精确控制诱导期，在诱导期内，其力学性能至少能保持在 80% 以上，达到有效使用期后，力学性能迅速下降，从而达到降解的目标。

#### 2. 生物降解塑料

生物降解塑料可以在细菌、酶和微生物的侵入、吸收及破坏下产生分子链的断裂，从而达到降解、崩坏的预期。生物降解塑料有两种降解方式：一种是生物降解，主要是由微生物的作用使高分子链断裂，这种降解是连续性的微量渐变过程，表现为塑料整体的逐渐消失，如醋酸纤维素等；另一种是生物崩坏，在微生物或细菌的作用下塑料的降解过程表现为整体的崩溃，是一种突变过程，如淀粉、ＰＥ、ＰＰ、ＰＶＣ、ＰＳ等的共混物。

#### 3. 天然高分子塑料

这类塑料由天然多糖类（如淀粉、甲壳素等）高分子材料组成，为了改善亲水性淀粉和憎水性树脂之间的相容性，向淀粉中加入接枝聚合物作相容剂。目前使用最多的接枝单体有苯乙烯、丙烯腈、烷基丙烯酸醋类等。

#### 4. 合成降解塑料

除了天然高分子塑料外，还有可完全降解的合成塑料。目前开发和研究较多的有两种：微生物合成的聚羟基丁酸酯（PHB）、人工合成的脂肪族聚酯。PHB 是一种可完全降解的热塑性塑料；脂肪族聚酯是由脂肪链酯类加成开环聚合而成，属不溶性固体，但很容易被多种微生物降解。

## 本章小结

| | | | | |
|---|---|---|---|---|
| 非金属材料 | 概念 | | 非金属材料是指除金属材料和复合材料以外的其他材料,包括高分子材料和陶瓷材料 | |
| | 性能 | | 如密度小、耐蚀性好、电绝缘性好、减振效果好等 | |
| | 分类 | 高分子材料 | 塑料 | 热塑性塑料 | 此类塑料受热软化熔融,可塑造成型,冷却后成型固化,此过程可反复进行而基本性能不变,如聚乙烯、聚氯乙烯等 |
| | | | | 热固性塑料 | 这类塑料加热时软化,可塑造成型,一经固化,再加热将不再软化,也不溶于溶剂,只能塑制一次,如酚醛塑料、环氧塑料等 |
| | | | 橡胶 | 通用橡胶 | 通用橡胶是指用于制造轮胎、工业用品、日常用品的量大面广的橡胶,如丁苯橡胶 |
| | | | | 特种橡胶 | 特种橡胶是指用于制造在特殊条件(高温、低温、酸、碱、油、辐射等)下使用的零部件的橡胶,如油箱、储油槽、输油管等 |
| | | 陶瓷 | 普通陶瓷 | 概念 | 普通陶瓷又称为传统陶瓷,以天然硅酸盐矿物(如长石、黏土和石英等)为原料,经原料加工、成形、烧结而成 |
| | | | | 应用 | 日用餐具、卫浴、建筑装饰材料、电气绝缘材料、耐酸砖等 |
| | | | 特种陶瓷 | 概念 | 特种陶瓷又称为近代陶瓷,是采用高纯度人工合成的原料(如氧化物、氮化物、碳化物等),利用精密控制工艺成形、烧结制成 |
| | | | | 应用 氧化铝陶瓷 | 坩埚、发动机火花塞、高温耐火材料、热电偶套管、密封环等,也可制作刀具和模具 |
| | | | | 碳化硅陶瓷 | 火箭尾喷管喷嘴、热电偶套管、炉管等耐高温部件,热交换器等导热元件,砂轮、磨料等高硬度耐磨材料 |
| | | | | 氮化硅陶瓷 | 高温轴承、在腐蚀介质中使用的密封环、热电偶套管及金属切削刀具 |
| | | | | 六方氮化硼陶瓷 | 自润滑高温轴承、玻璃成形模具等 |
| 复合材料 | 概念 | | 两种或两种以上,化学、物理性质完全不同的材料通过某种方式(或方法)复合而得到的具有优越性能的固体材料称为复合材料 | |
| | 性能 | | 高的物理、力学性能;抗疲劳性和减振性好;化学稳定性和耐热性高;安全可靠性好 | |
| | 应用 | 纤维增强复合材料 | 玻璃纤维增强复合材料(玻璃钢) | 制作轴承、轴承架、齿轮等精密零件,以及制作汽车仪表盘、灯壳、家用电器壳体、风扇叶片等 |
| | | | 碳纤维增强复合材料 | 制作齿轮、轴承、活塞、密封环、化工器材零件,航空航天飞行器的机架、壳体,火箭、卫星装置,雷达天线构架等重要器件 |
| | | 层叠复合材料 | | 层叠复合材料是由两层或多层不同材料,通过黏合剂或中间层材料层叠组合制成的复合材料,广泛应用于航空、交通运输、建筑、机械等领域 |
| | | 颗粒增强复合材料 | | 颗粒增强复合材料是以一种或多种增强颗粒均匀分散在基体材料中组成的复合材料,不同的颗粒起的作用不同,如陶瓷颗粒增强的金属基合金可制作高速切削刀具、重载轴承以及火焰喷嘴等高温工作的零件 |

## 知识巩固与能力训练题

### 一、填空题

1. 非金属材料包括_____、_____两大类。

2. 高分子材料主要有_____、_____、_____等。

3. 塑料主要由_____和_____组成。

4. PE 是_____的代号。

5. 橡胶是以_____为基础加入适量的_____组成的。

6. 橡胶是优良的减振材料和耐磨、阻尼材料，因为它具有突出的_____。

7. 陶瓷是用_____经过成形、高温烧结制成的一类无机非金属材料。

8. 陶瓷材料的抗拉强度_____，而抗压强度_____。

9. 三合板属于_____。

10. 图5-1所示的防弹衣是由_____制成的。

二、选择题

1. 非金属材料包括____。

A. 高分子材料、陶瓷材料　　　　　　B. 高分子材料、复合材料

C. 复合材料、陶瓷材料　　　　　　　D. 高分子材料、陶瓷材料和复合材料

2. 高分子材料主要有____。

A. 陶瓷、塑料、无机玻璃　　　　　　B. 塑料、橡胶、合成纤维

C. 陶瓷、合成纤维、无机玻璃　　　　D. 塑料、橡胶、无机玻璃、陶瓷、合成纤维

3. 塑料的主要成分是____。

A. 合成橡胶　　　　　　　　　　　　B. 合成树脂

C. 合成纤维　　　　　　　　　　　　D. 合成橡胶、合成树脂、合成纤维

4. PVC 即____。

A. 聚乙烯　　　　B. 聚苯乙烯　　　　C. 聚四氟乙烯　　　　D. 聚氯乙烯

5. 合成橡胶的性能特点，不正确的是____。

A. 高弹性　　　　B. 低强度　　　　C. 耐低温　　　　D. 耐磨性好

6. 在材料界最好的耐高温材料是____。

A. 塑料　　　　B. 碳化硅陶瓷　　　　C. 纤维　　　　D. 橡胶

7. 关于复合材料，正确的叙述是____。

A. 是两种或两种以上元素合成的材料

B. 由增强材料和基体材料组成

C. 增强材料强度高、韧性好、脆性小

D. 基体材料强度低、韧性差、脆性大

8. 下列不属于复合材料的是____。

A. 玻璃钢　　　　B. 碳纤维复合材料　　　　C. 玻璃陶瓷　　　　D. 桦木层压板

三、判断题

1. 聚合物由单体组成，聚合物的成分就是单体的成分。（　　　　）

2. 凡是在室温下处于玻璃态的高聚物就称为塑料。（　　　　）

3. 陶瓷材料的抗拉强度较低，而抗压强度较高。（　　　　）

4. 陶瓷材料可以用作刀具材料，也可以用作保温材料。（　　　　）

5. 玻璃钢是玻璃和钢丝的复合材料。（　　　　）

6. 纤维增强复合材料中，纤维直径越小，纤维增强的效果就越大。（　　　　）

7. 凡是在室温下处于玻璃态的聚合物材料就称为塑料。（　　　　）

8. ABS 是橡胶的一种。（　　　　）

四、名词理解题

非金属材料　高分子材料　橡胶　塑料　陶瓷　复合材料

# 第六章

## 铸造加工及应用

**知识目标**

1) 掌握合金的铸造性能。

2) 了解砂型铸造工艺设计。

3) 了解铸件结构的工艺性。

4) 掌握砂型铸造、金属型铸造、压力铸造、熔模铸造、离心铸造的特点、应用范围。

**能力目标**

1) 具有砂型铸造手工造型的能力。

2) 具有砂型铸造工艺设计的能力。

3) 具有合理选择毛坯或零件铸造加工方法的能力。

## 案例导入

2008 年北京奥运会是中国改革开放以来的又一重大事件。北京奥运会颁奖音乐被称为"金玉齐声"，由古编钟原声和玉磬的声音交融产生，以形成"金声玉振"的宏大效果，与北京奥运会"金玉良缘"的设计理念一致。这段音乐的曾侯乙编钟原声，来自湖北省声像博物馆。图 6-1a 所示曾侯乙编钟，是我国古代的一种打击乐器，用青铜铸成，由大小不同的扁圆钟按照音调高低的次序排列起来，悬挂在一个巨大的钟架上，用丁字形的木锤和长形的棒分别敲打铜钟，能发出不同的乐音，因为每个钟的音调不同，按音谱敲打，可以演奏出美妙的乐曲。曾侯乙编钟高超的铸造技术和良好的音乐性能，改写了世界音乐史，被中外专家、学者称之为"稀世珍宝"。

a)                 b)                 c)

图 6-1 我国古代的铸造制品

a) 曾侯乙编钟    b) 战国初期铸的曾侯尊盘    c) 河北沧州大铁狮

我国的铸造技术已有 6000 多年的悠久历史，是世界上较早掌握铸造技术的文明古国。图 6-1 所示为我国古代的铸造制品，这些制品造型独特、纹饰精美、做工精良，是我国劳动人民智慧的结晶，是中华文化艺术的杰作。铸造成形如此神奇，那么本章我们就开始学习铸造成形的有关知识。

铸造是将液态金属浇入到铸型型腔中，待其冷却凝固后获得具有一定形状和性能铸件的成形方法。铸造是生产毛坯或零件的主要方法之一，是机械制造业的重要基础。铸件在机床、内燃机、重型机械、农机、车辆和航空中占有相当大的比重。铸造成形工艺具有如下特点。

1）适合制造形状复杂、特别是内腔形状复杂的零件，如气缸、箱体、泵体、阀体、叶轮、螺旋桨等主要是铸造成形。图 6-2 所示为铸造成形的零件。

图 6-2　铸造成形的零件

a）暖气片　b）摩托车气缸　c）机床床身

2）铸件的大小几乎不受限制，如小到几克的电器仪表零件，大到数百吨的轧钢机机架（图 6-3），均可铸造成形。

3）铸造生产工艺简单，且使用的材料价格低廉，范围广，对于如铸铁等某些塑性很差，不易塑性成形和焊接成形的材料，铸造是其毛坯或零件的唯一成形工艺。

4）铸造生产工序较多，影响铸件质量的因素复杂，容易产生如浇不到、缩孔、缩松、气孔、砂眼、裂纹等铸造缺陷，废品率较高。一般来说，直接铸造成形的毛坯或零件，其内部组织的均匀性、致密度都较低，力学性能低于塑性成形件。

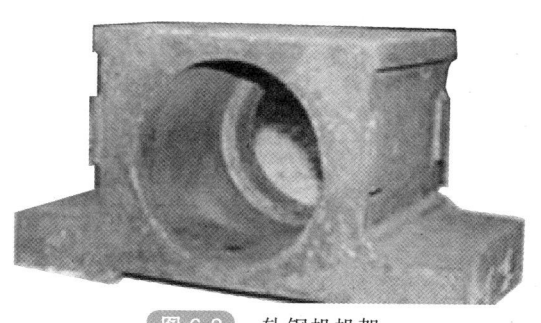

图 6-3　轧钢机机架

铸造成形工艺按铸型材料、造型方法和浇注条件等分为砂型铸造和特种铸造两大类。

砂型铸造是传统的铸造方法，其工艺灵活，成本低廉。所以，由砂型铸造生产的铸件占铸件总产量的 90% 以上。

特种铸造是指砂型铸造以外的铸造工艺，常见的有熔模铸造、金属型铸造、压力铸造、低压铸造和离心铸造等。特种铸造在生产率和铸件质量等方面优于砂型铸造，但成本比砂型铸造高，受铸件结构、铸件重量和铸造材料的影响，其使用具有一定的局限性。

## 第一节  认识合金的铸造性能

合金的铸造性能是指某种合金在一定的铸造工艺条件下获得优质铸件的能力，即在铸造生产中表现出来的工艺性能，主要有流动性和收缩性等。这些性能对铸件的质量影响很大。

### 一、合金的流动性

1. 流动性的概念

流动性是指液态合金的流动能力，即充满铸型型腔的能力。

液态合金的流动性通常是用浇注标准螺旋形试样的方法进行测定，如图 6-4 所示。在相同的铸型和浇注条件下，液态合金流经螺旋形试样长度越长，则可代表被测合金的流动性越好。常用铸造合金中灰铸铁、硅黄铜流动性最好，铝硅合金次之，铸钢最差。

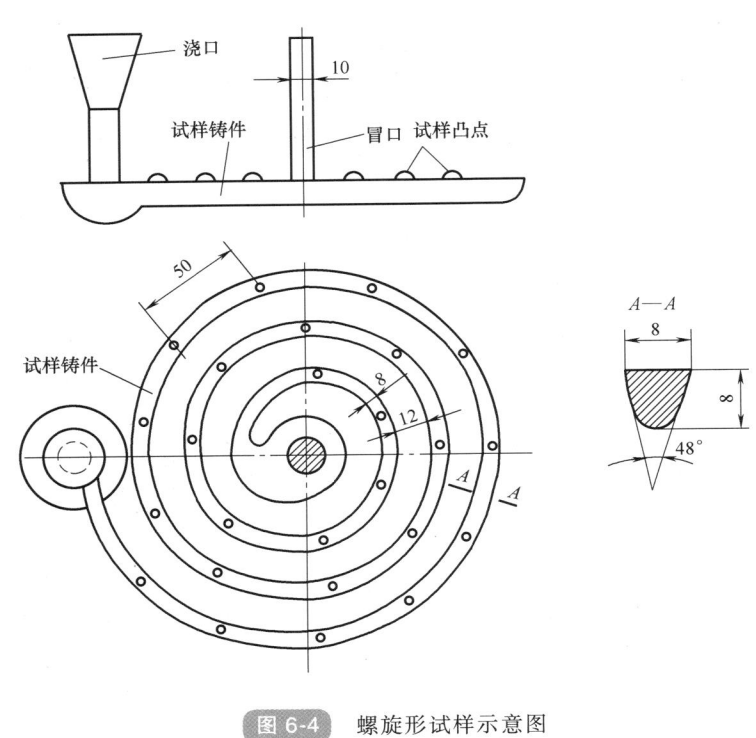

图 6-4  螺旋形试样示意图

2. 流动性对铸件质量的影响

液态合金的流动性好，充型能力就强，容易获得尺寸准确、外形完整和轮廓清晰的铸件；反之，则容易产生冷隔或浇不到、夹渣、气孔、缩孔、缩松等缺陷。

3. 影响流动性的因素

（1）化学成分  化学成分是影响流动性的主要因素之一。不同种类的合金具有不同的流动性，即使是同一种类的合金，由于成分不同，流动性也不相同。例如：在铁碳合金中，共晶成分的

铁碳合金流动性最好。合金结晶温度范围越宽，流动阻力越大，流动性越差。

（2）浇注条件

1）浇注温度。浇注温度高，液态合金所含的热量多，在同样的冷却条件下，其保持液态的时间长，流动性好；但浇注温度过高会使合金的吸气量和总收缩量增大，反而会增加铸件产生其他缺陷的可能性。因此，在保证足够的流动性条件下，浇注温度尽可能低些。灰铸铁的浇注温度一般为 $1250 \sim 1350℃$，工程用铸造碳钢的浇注温度为 $1500 \sim 1550℃$。

2）浇注压力。液态合金在流动方向上受到的压力越大，其流动性越好。生产中常采用增加直浇道高度或采用压力铸造、离心铸造等生产工艺来增大浇注压力，提高金属的流动性。

（3）铸型条件　铸型中凡能增加液态合金流动阻力和提高冷却速度的因素均使流动性降低，如内浇道横截面小、型腔表面粗糙、型砂透气性差均增加液态合金的流动阻力，降低流速，从而降低液态合金的流动性。铸型材料导热快、液态合金的冷却速度增大，也会使液态合金的流动性下降。

二、合金的收缩性

1. 收缩的概念

铸件在由液态向固态的冷却过程中，其体积和尺寸减小的现象称为收缩。收缩过程经历三个阶段，如图 6-5 所示。

（1）液态收缩　液态合金从浇注温度 $T_{浇}$ 冷却至开始凝固的液态温度 $T_L$ 时的收缩称为液态收缩，表现为型腔内液面的降低。

（2）凝固收缩　从液态温度 $T_L$ 冷却到固态温度 $T_S$ 时的收缩称为凝固收缩。

（3）固态收缩　从固态温度 $T_S$ 冷却到室温时的收缩称为固态收缩。

液态收缩和凝固收缩也称为体收缩，体收缩是铸件产生缩孔、缩松的主要原因；固态收缩也称为线收缩，是铸件产生尺寸减小、变形和裂纹的基本原因。在常用的合金中，铸钢的收缩最大，灰铸铁的最小。

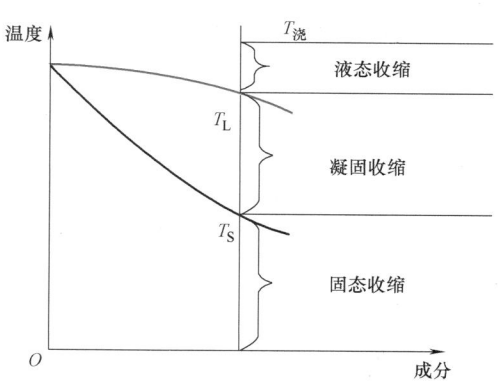

图 6-5　液态合金收缩三个阶段示意图

2. 收缩对铸件质量的影响

（1）缩孔和缩松的形成　液态合金在铸型内凝固过程中，由于补缩不良，在铸件最后凝固的部分将形成孔洞，这种孔洞称为缩孔。缩孔形成的过程如图 6-6 所示。在液态合金充满铸型后，由于散热开始冷却，并产生液面收缩。在浇注系统还没凝固期间，所减少的液态合金可以从浇注系统得到补充，液面不下降仍保持充满状态，如图 6-6a 所示；随着温度降低，靠近型腔表面的液态合金很快降低到凝固温度，并形成一层硬壳，如图 6-6b 所示；温度继续降低，铸件除产生液态收缩和凝固收缩外，还有已凝固的外壳产生固态收缩，由于硬壳的固态收缩比壳内的液态收缩小，所以液面下降，并和硬壳顶面分离，如图 6-6c 所示；温度继续下降，外壳继续加厚，待内部完全凝固，则在铸件上部形成了一个倒圆锥形的缩孔，如图 6-6d 所示；已经形

成缩孔的铸件自凝固终止温度冷却到室温，因固态收缩使其外形尺寸减小，如图 6-6e 所示。

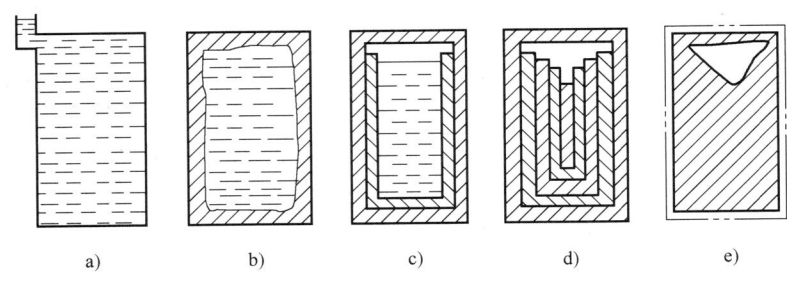

图 6-6　缩孔的形成

a）液态合金充满铸型型腔　b）液态合金外层先凝固　c）得不到补充的液
态合金液面降低　d）最后凝固部位形成缩孔　e）固态收缩

缩松的形成如图 6-7 所示。具有较大结晶温度区间的合金，液态合金首先是从表面开始凝固，凝固前沿呈树枝状结晶，表面凸凹不平，如图 6-7a 所示；先形成的树枝状晶体彼此相互交错，将液态合金分割成许多小的封闭区域，如图 6-7b 所示；封闭区域内的液态合金凝固时得不到补充，则形成许多分散的小缩孔，如图 6-7c 所示。这种在铸件缓慢凝固区出现的很细小的分散孔洞称为缩松。

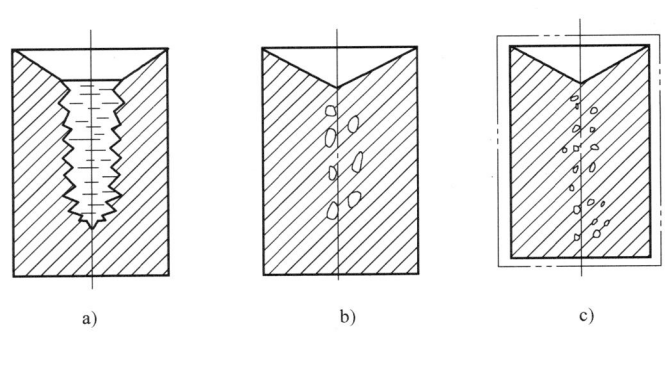

图 6-7　缩松的形成

a）凸凹不平的表面　b）封闭区域　c）缩松

（2）缩孔和缩松的预防　缩孔和缩松不仅减少铸件受力的有效面积，而且在缩孔部位易产生应力集中，使铸件的力学性能显著降低，因此，在生产中应尽量避免。

1）合理选择铸造合金。在生产中，应尽量采用接近共晶成分或结晶温度范围窄的合金。

2）采用顺序凝固的原则。在生产中，合理控制铸件的凝固，使之实现顺序凝固，可获得没有缩孔的致密铸件。

顺序凝固是使铸件按"薄壁→厚壁→冒口"的顺序进行凝固的过程。通过增设冒口或冷铁等一系列措施，可使铸件远离冒口的部位先凝固，然后是靠近冒口部位凝固，最后才是冒口本身凝固。按照这个顺序，使铸件各个部位的凝固收缩均能得到液态合金的充分补缩，最后将缩孔转移到冒口之中。冒口为铸件的多余部分，在铸件清理时切除，即可得到无缩孔的铸件。图6-8所示为顺序凝固。图6-9所示为加冷铁实现的顺序凝固。

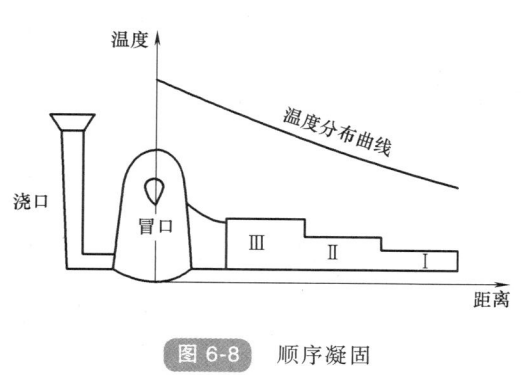

图 6-8　顺序凝固

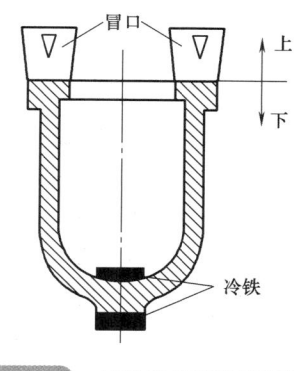

图 6-9　加冷铁实现顺序凝固

3. 影响收缩的因素

（1）化学成分　不同种类的合金收缩率不同；同类合金中因化学成分有差异，其收缩率也有差异。

（2）工艺条件　合金的浇注温度越高，过热度越大，合金的液态收缩也越大。铸件在铸型中冷却时，会受到铸型和型芯的阻碍，其实际收缩量小于自由收缩量。铸件结构越复杂，铸型及型芯的强度越高，其差别越大。

合金的收缩导致铸件产生缩孔、缩松、铸造内应力、变形和裂纹等缺陷，对铸件质量有着不利影响。

# 第二节　砂型铸造方法及应用

砂型铸造是指用型砂紧实成形的铸造方法，也是最基本和应用最广泛的铸造方法。

一、砂型铸造的工艺过程

砂型铸造的工艺过程如图6-10所示，主要包括制造模样和芯盒→配制型（芯）砂→造型、造芯→合型→熔炼合金→浇注→落砂清理和检验。

1. 制造模样和芯盒

模样是铸造生产中必要的工艺装备，用于形成铸型的型腔。它和铸件的外形相适应，是根据零件图的形状和尺寸，同时考虑加工余量、铸造圆角、起模斜度等制作。铸件的内腔或局部外形是由型芯形成的，因此还要制备造型芯用的芯盒。制造模样和芯盒常用的材料有木材、金属和塑料。

在单件、小批量生产时广泛采用木质模样和芯盒，在大批量生产时多采用金属或塑料模样和芯盒。金属模样和芯盒的使用寿命长达10万~30万次，塑料的使用寿命最多几万次，而木质的仅1000次左右。

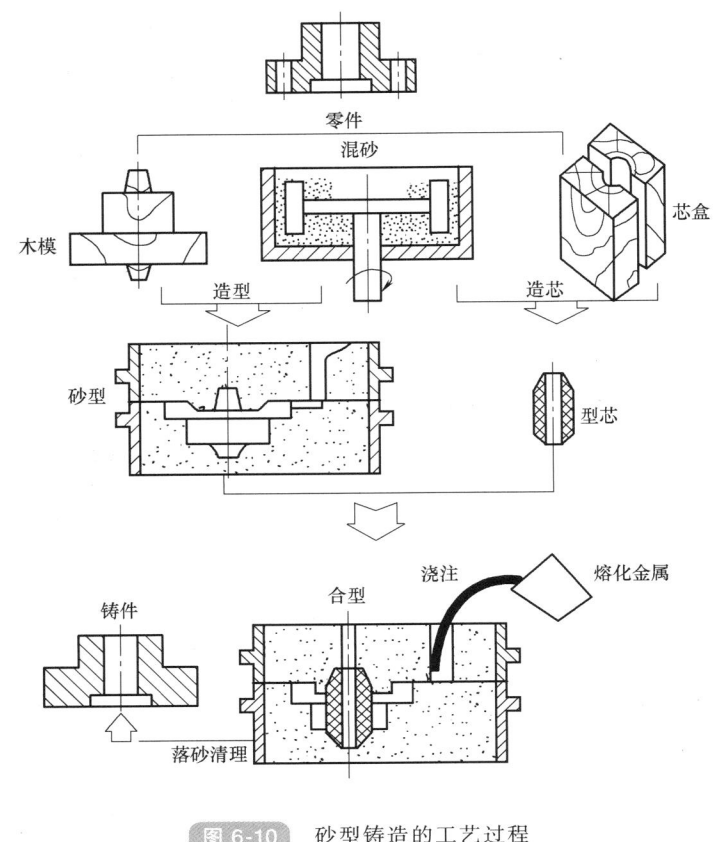

图 6-10 砂型铸造的工艺过程

　　为了保证铸件质量，在设计和制造模样和芯盒时，必须先设计出铸造工艺图，然后根据工艺图，制造模样和芯盒。

　　2. 配制型（芯）砂

　　型（芯）砂是由原砂、黏结剂和各种附加物、水等按着一定比例混制成的。对型（芯）砂的性能要求是应具有足够的强度、较高的耐火度、良好的透气性和较好的退让性。

　　（1）强度　强度是指型（芯）砂造型后承受外力不被破坏的能力。型（芯）砂强度过低，在铸型的合型、搬运、浇注过程中容易破坏、塌落和胀大，从而产生夹砂、砂眼等铸造缺陷。但强度太高又使铸型过硬，使透气性、退让性和落砂性变差。

　　（2）耐火度　耐火度是指型（芯）砂经受高温作用的能力。耐火度主要取决于石英砂中二氧化硅的含量，二氧化硅的含量越高，耐火度越高。若耐火度不够，就会在铸件表面形成黏砂缺陷。

　　（3）透气性　透气性是指型（芯）砂孔隙透过气体的能力。在浇注过程中，灼热的金属液使铸型中的水分汽化、有机物燃烧，以及随后金属液的冷却，都将产生大量的气体，这些气体必须通过铸型排出，否则将在铸件内产生气孔或使铸型憋气引起浇注不足等铸造缺陷。透气性太大，会使型（芯）砂疏松，容易造成铸件表面粗糙和机械黏砂等铸造缺陷。

　　（4）退让性　退让性是指铸件在凝固和冷却过程中产生收缩时，型（芯）砂能被压缩、产生退让的性能。铸型和型芯的退让性不好，会使铸件收缩时受到阻碍，产生机械应力从而引起变形和裂纹等铸造缺陷。

3. 造型方法

造型是用模样和型砂制成与铸件形状和尺寸相适应的铸型的过程，分为手工造型和机器造型两大类。

（1）手工造型 手工造型是全部用手工或手动工具完成的造型工序。手工造型操作灵活、工艺装备（模样、芯盒、砂箱等）简单、生产准备时间短、适应性强，造型质量一般可满足工艺要求，但生产率低、劳动强度大、铸件质量较差，主要用于单件小批生产。

实际生产中可根据铸件的结构特点、生产批量和生产条件选用合适的造型方法。

1）整模造型。整模造型是将模样做成与零件形状相似的整体结构的造型方法，其过程如图 6-11 所示。它的特点是把模样整体放在一个砂箱内，并以模样一端的最大表面作为铸型的分型面，操作简单。整模造型适用于形状简单的铸件，如盘、盖类等铸件。

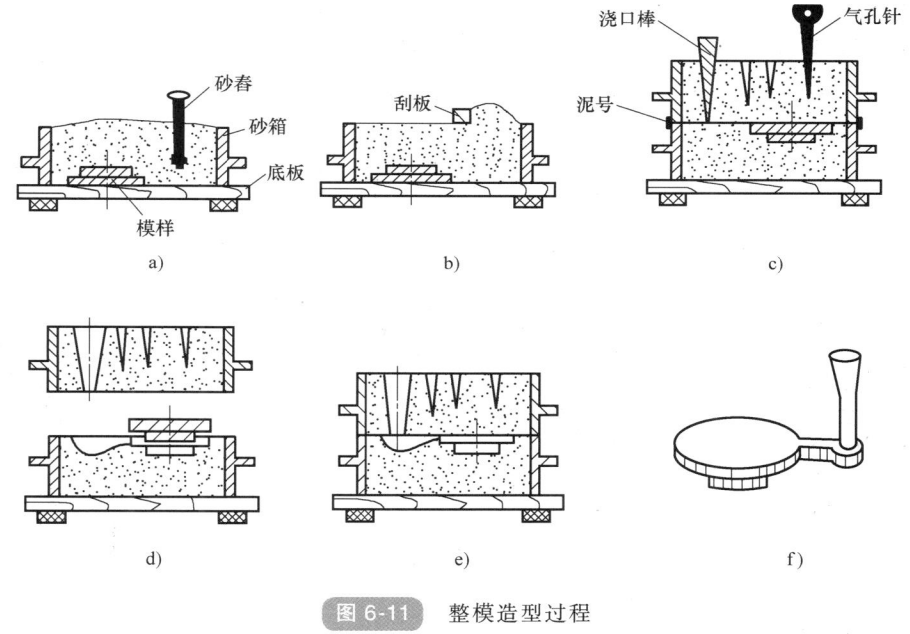

图 6-11 整模造型过程

a）造下型 b）刮平、翻箱 c）造上型、扎气孔 d）开箱、起模、开浇口 e）合型 f）带浇口的铸件

2）分模造型。分模造型是将模样分为两半，造型时模样分别在上、下型内进行造型的方法，其过程如图 6-12 所示。它的特点是模样是分开的，模样的分开面（称为分型面）必须是模样的最大截面，以利于起模。分模造型过程与整模造型过程基本相似，不同的是造上型时增加放上半模样和取上半模样两个操作。分模造型适用于形状复杂的铸件，如套筒、管子和阀体等铸件。

3）活块造型。当模样上有妨碍起模的侧面伸出部分（如小凸台）时，常将该部分做成活块。起模时，先将模样主体取出，再将留在铸型内的活块单独取出，这种方法称为活块造型，其过程如图 6-13 所示。用钉子连接活块时，应注意先将活块四周的型砂塞紧，然后拔出钉子。

4）挖砂造型。当铸件按结构特点需要采用分模造型，但由于条件限制（如模样太薄，

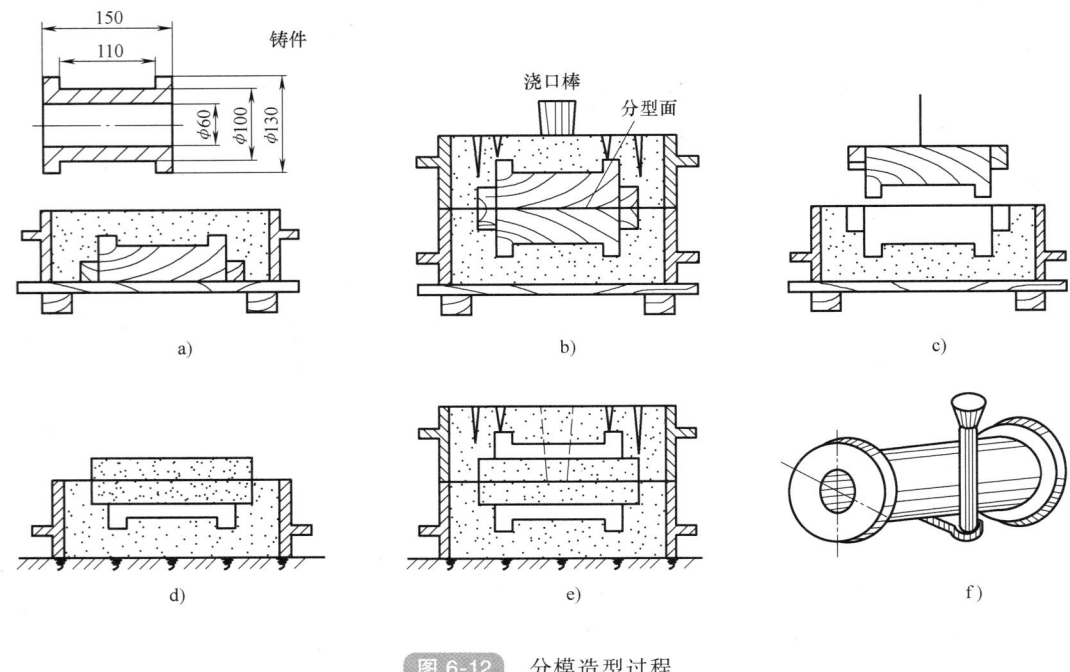

**图 6-12** 分模造型过程

a）造下型　b）造上型　c）开箱、起模　d）开浇口、下芯　e）合型　f）带浇口的铸件

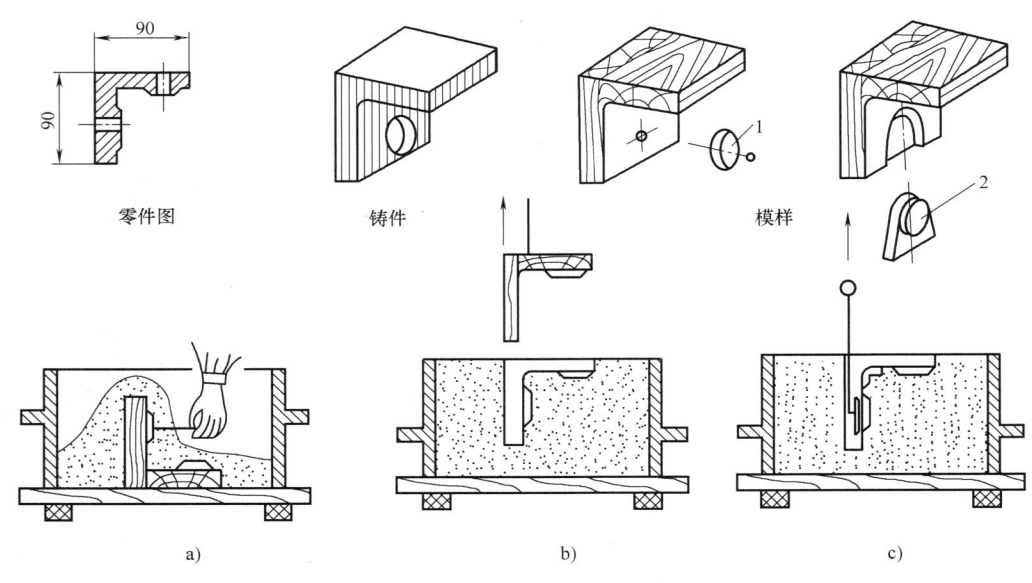

**图 6-13** 活块造型过程

a）造下型、拔出钉子　b）取出模样主体　c）取出活块

1—用钉子连接活块　2—用燕尾连接活块

制模困难）仍做成整模时，为便于起模，下型分型面需挖成曲面或有高低变化的阶梯形状（称为不平分型面），这种方法称为挖砂造型，其过程如图 6-14 所示。

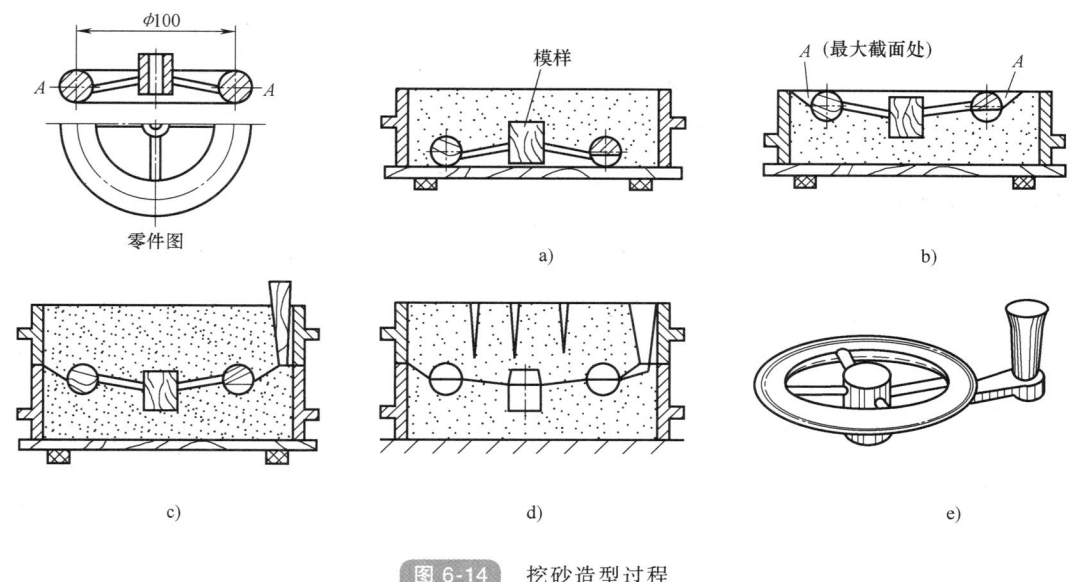

**图 6-14**　挖砂造型过程

a）造下型　b）翻下型、挖修分型面　c）造上型、开箱、起模　d）合箱　e）带浇口的铸件

5）三箱造型。用三个砂箱制造铸型的过程称为三箱造型，其过程如图 6-15 所示。前述各种造型方法都是使用两个砂箱，操作简便、应用广泛，但有些铸件如两端截面尺寸大于中间截面尺寸时，需要用三个砂箱，从两个方向分别起模。

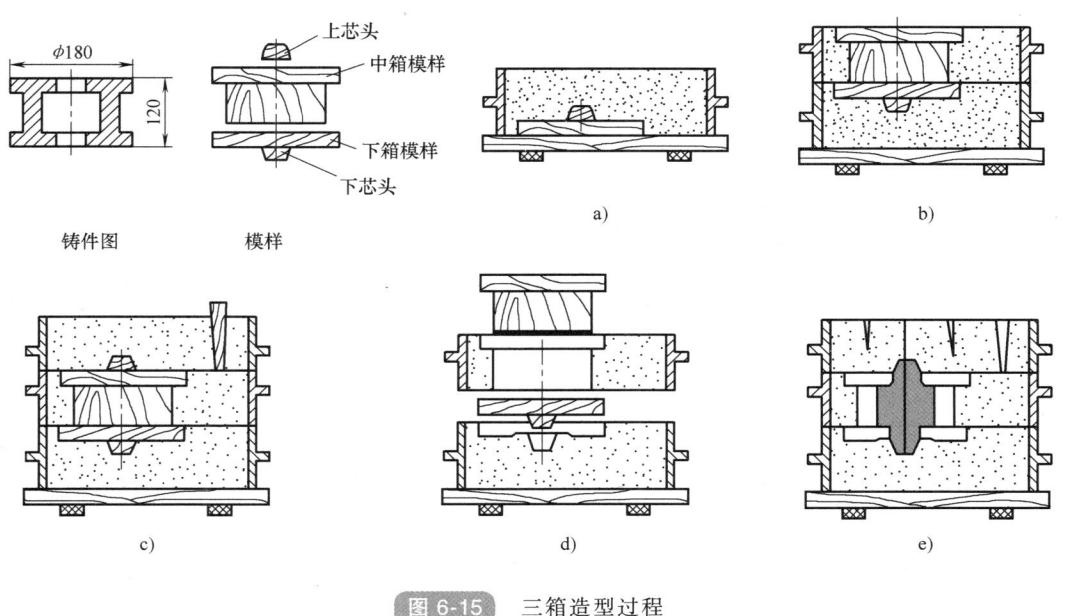

**图 6-15**　三箱造型过程

a）造下箱　b）翻箱、造中箱　c）造上箱　d）依次起模　e）下芯合型

6）刮板造型。尺寸大于 500mm 的旋转体铸件，如带轮、飞轮、大齿轮等单件生产时，

为节省木材、模样加工时间及费用，可以采用刮板造型。刮板是一块和铸件截面形状相适应的木板。造型时将刮板绕着固定的中心轴旋转，在砂型中刮制出所需的型腔。刮板造型过程如图 6-16 所示。

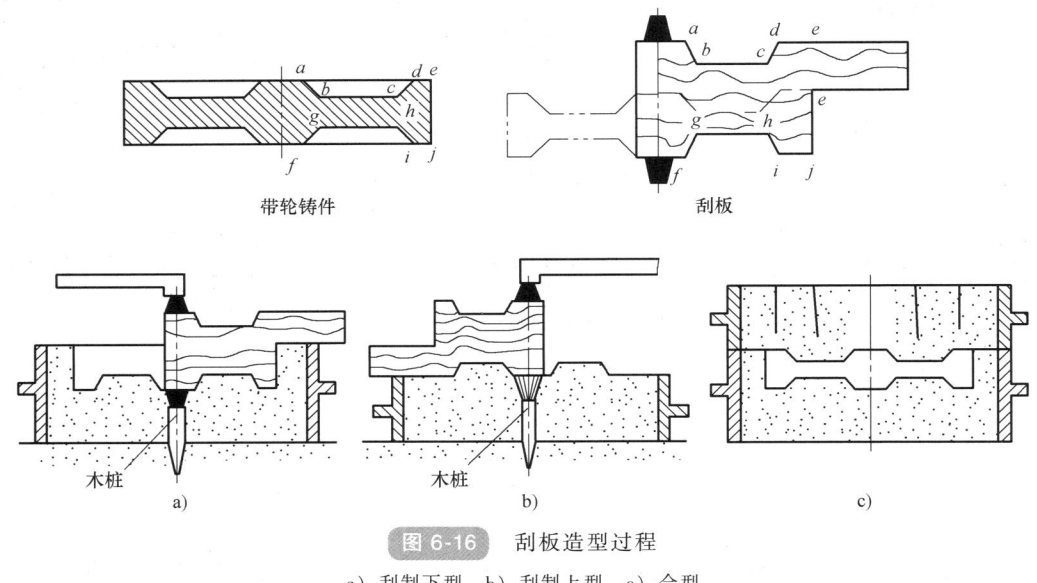

带轮铸件　　　　　　　　　　　刮板

木桩　　　　　　　　木桩

a)　　　　　　　　　b)　　　　　　　　　c)

图 6-16　刮板造型过程

a）刮制下型　b）刮制上型　c）合型

7）地坑造型。直接在铸造车间的砂地上或砂坑内造型的方法称为地坑造型。大型铸件单件生产时，为节省砂箱，降低铸型高度，便于浇注操作，多采用地坑造型。图 6-17 所示为地坑造型结构。造型时需考虑浇注时能顺利将地坑中的气体引出地面，常以焦炭、炉渣等透气物料垫底，并用铁管引出气体。

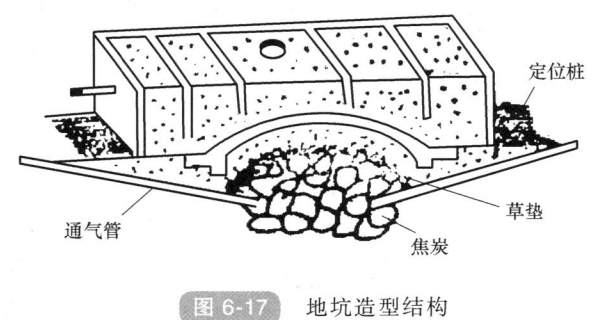

定位桩

通气管　　　　　　　　草垫

焦炭

图 6-17　地坑造型结构

（2）机器造型　在现代化的铸造车间里，铸造生产中的造型、制芯、型砂处理、浇注、落砂等工序均由机器来完成，并把这些工艺过程组成机械化的连续生产流水线，不仅提高了生产率，而且提高了铸件精度和表面质量，改善了劳动条件。尽管设备投资较大，但在大批量生产时，铸件成本可显著降低。

机器造型就是用机器全部完成或至少完成紧砂、起模操作的造型方法。常用的机器造型方法有压实造型、振压造型、抛砂造型、射砂造型。图 6-18 所示为振压造型机造型过程。图 6-19 所示为射砂造型机造型过程。

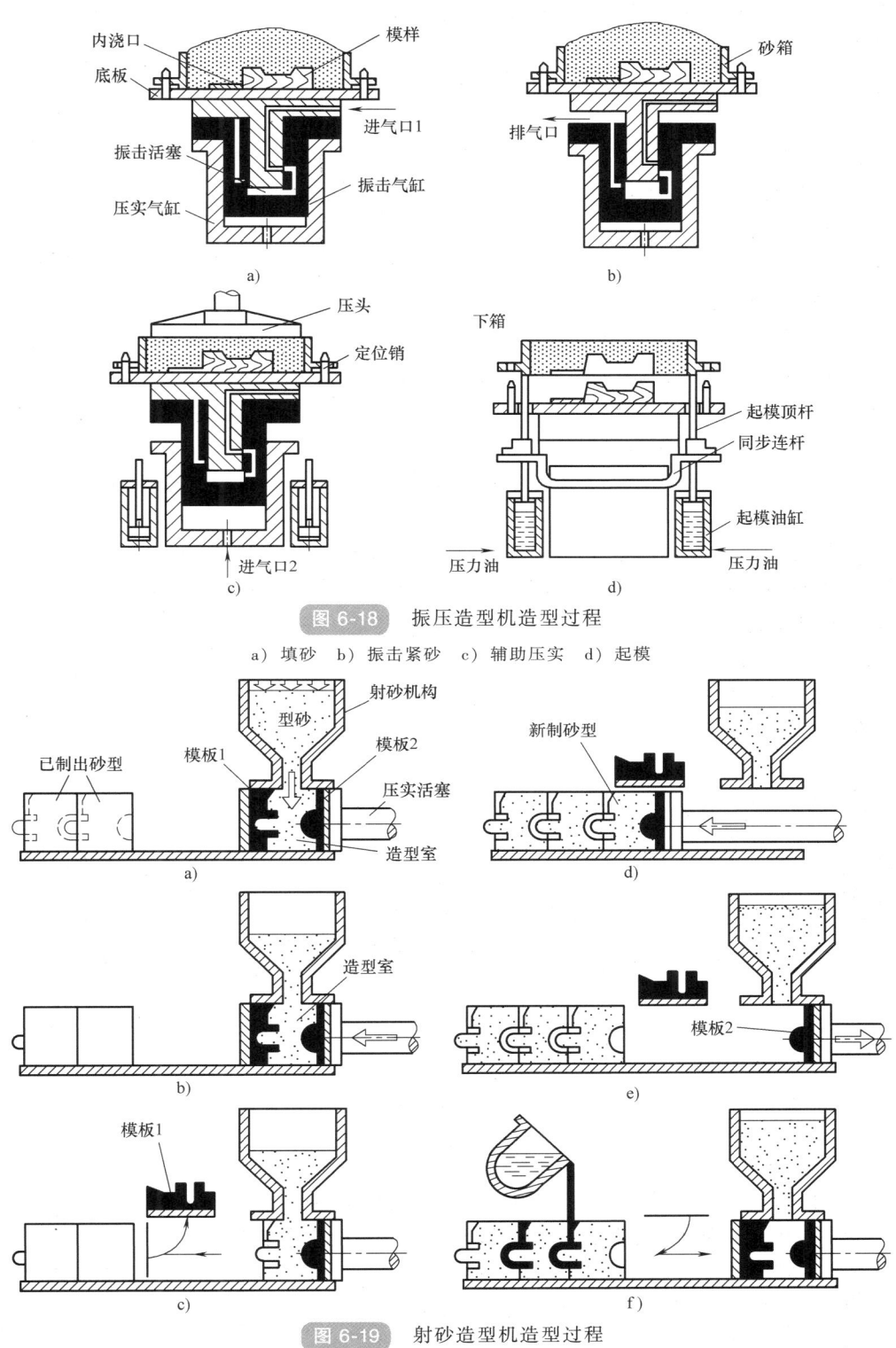

图 6-18　振压造型机造型过程

a）填砂　b）振击紧砂　c）辅助压实　d）起模

图 6-19　射砂造型机造型过程

a）射砂　b）压实　c）起模Ⅰ　d）推出合型　e）起模Ⅱ　f）闭合造型室浇注

**提示**：机器造型是不能进行三箱造型的，同时也应避免活块造型，因为取出活块费时，将显著降低造型机的生产率。因此在设计大批量生产的铸件及确定其铸造工艺时，需考虑机器造型的这些工艺要求，并采取措施予以满足。

4. 造芯方法

（1）型芯的作用

1）形成铸件的内腔及孔。对于一些形状复杂的内腔，必须用型芯来形成，这是型芯一个非常重要的作用。

2）形成铸件的外形。对于形状较为复杂的铸件，凸台、凸块较多，妨碍起模，以及有复杂曲面形状，外模制作困难，常用型芯来形成铸件外部形状。

（2）提高型芯性能工艺方法 由于型芯是用来形成铸件内腔的重要部分，因此，浇注时一般都被高温金属液包围，所以，对型芯的性能要求比砂型更高。

1）提高型芯的强度和刚度。造芯时，通常在型芯中安放芯骨来提高强度和刚度。芯骨材料一般有铁丝、圆钢、钢管和铸铁等。

2）通气。为了提高型芯的透气性，除了选择优质新砂外，还可采取开通气道的措施提高型芯的透气性。

① 用气孔针在型芯内扎通气道。它主要用于形状不复杂的型芯，如图 6-20a 所示。

② 用芯棒形成通气道。在热芯盒造芯中采用这种方法如图 6-20b 所示。

③ 用蜡线做通气道。它用于薄而复杂或弯曲的型芯，如图 6-20c 所示。在型芯加热烘干时，蜡线被熔化流出，在型芯中形成通道。

④ 在型芯内放焦炭、炉渣。对于大型铸件的型芯，在其中心部位或厚大部位填放焦炭、炉渣，并做出通气道至芯头，如图 6-20d 所示。

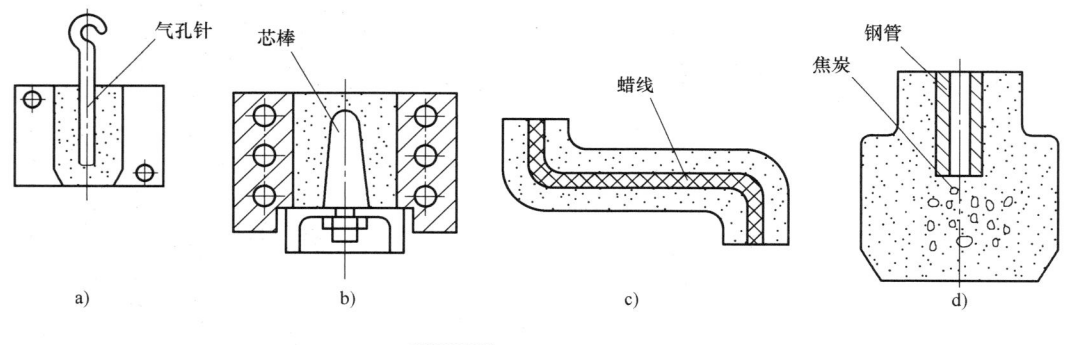

**图 6-20** 型芯通气类型

a）气孔针通气 b）芯棒通气 c）蜡线通气 d）焦炭及钢管通气

3）涂料。涂料是型芯制作的最后一道工序，又是型芯防止金属的渗透及黏砂的第一道防线。涂料可进一步提高型芯的性能，如耐火度、密实度、强度等。

（3）常用造芯方法 根据填砂与紧砂的方法不同，造芯也可分为手工造芯和机器造芯。前者主要用于单件小批量生产，后者主要用于大批量生产。

1）手工造芯。

① 用整体芯盒造芯。整体芯盒的内腔形状和尺寸要与铸件相应部位的形状和尺寸相适

应。对于结构简单、自身有一定斜度的型芯，可用整体芯盒造芯，如图 6-21 所示。造芯时，先在芯盒内安放芯骨和填入芯砂，舂实后刮去余砂。将烘干平板盖在芯盒上方，然后将平板和芯盒一起翻转 180°，最后从上方取走芯盒。

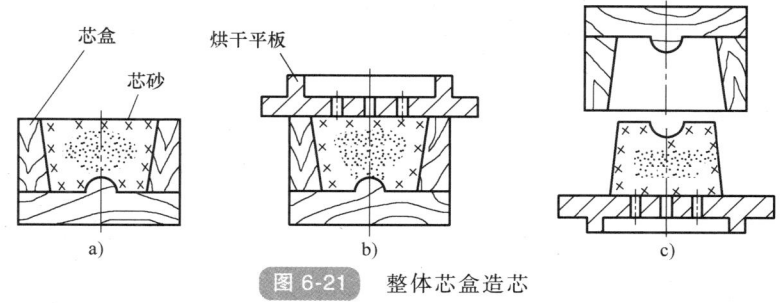

图 6-21　整体芯盒造芯

a）安放芯骨，舂制芯砂　b）盖上烘干平板　c）翻转，取走芯盒

② 分开式芯盒造芯。圆柱形或结构对称的型芯，一般用分开式芯盒造芯，如图 6-22 所示。造芯时，用卡子固定好两半芯盒，然后填砂、舂实和刮平。盖上烘干平板后，连同芯盒翻转 180°，从两侧取开芯盒。

③ 可拆式芯盒造芯。形状比较复杂的大、中型型芯，为便于造芯操作，多用可拆式芯盒造芯，如图 6-23 所示。造芯过程与前两种造芯过程相似，不同之处是芯盒可从不同方向取出。

④ 刮板造芯。对于旋转体形状的大中型型芯，在单件和小量生产条件下，可用刮板造芯，以节省制作芯盒的木材和工时。图 6-24 所示为刮制大直径弯管型芯的示意图。为了使刮板

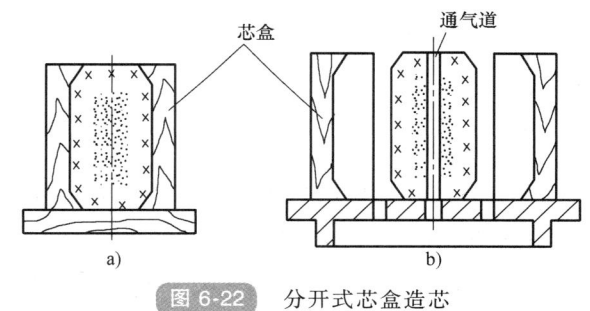

图 6-22　分开式芯盒造芯

a）固定芯盒，填砂、舂实和刮平　b）盖烘干平板翻转，取开芯盒

始终沿着型芯的轴线方向平行移动，刮板下方的台阶必须紧靠着导板滑动。刮出的型芯是一半，分别烘干后再一起下芯。

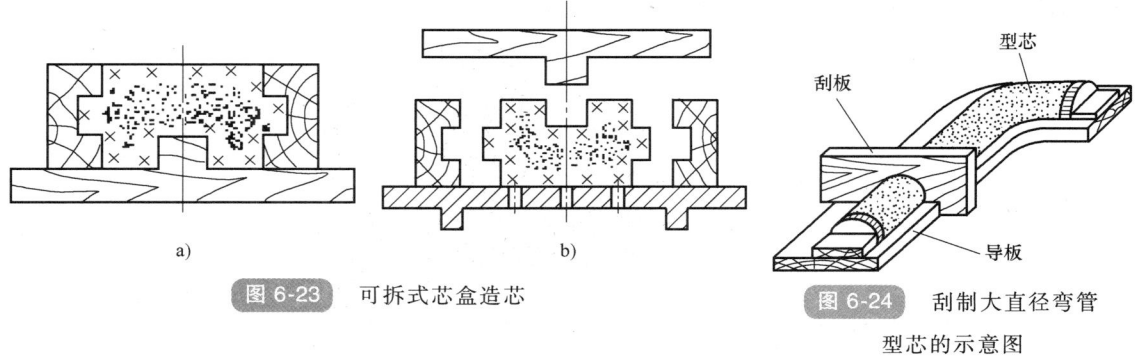

图 6-23　可拆式芯盒造芯

图 6-24　刮制大直径弯管型芯的示意图

2）机器造芯。

151

① 吹砂造芯。吹砂造芯是在吹芯机上利用压缩空气将芯砂高速吹入芯盒而获得型芯的方法。图 6-25 所示为吹砂造芯的工作原理示意图。

吹砂造芯生产率高，但是芯盒磨损快，对芯砂的流动性要求较高。当型芯比较复杂时，型芯的吹制质量不高。所以，吹砂法仅用于制造形状比较简单的型芯。

② 射砂造芯。射砂造芯与吹砂造芯相同之处是都用压缩空气填砂紧实，不同之处是射砂机构中多了一个射砂筒，如图 6-26 所示。

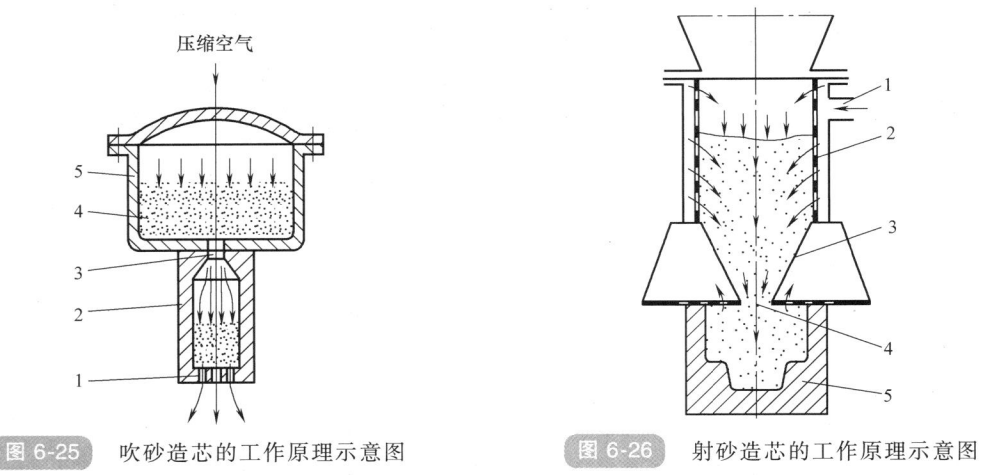

图 6-25    吹砂造芯的工作原理示意图

1—排气孔  2—芯盒  3—吹砂孔  4—芯砂  5—吹砂筒

图 6-26    射砂造芯的工作原理示意图

1—压缩空气进口  2—射砂筒  3—射砂头  4—射孔  5—芯盒

### 5. 合金熔炼与浇注

（1）合金熔炼    熔炼是铸造生产的重要环节，其基本任务是提供化学成分和温度都合格的熔融金属。根据合金种类和生产条件的不同，合金熔炼的设备、方法也各不一样。

1）铸铁熔炼。铸铁是铸造生产中用得最多的合金。铸铁熔炼炉种类很多，其中冲天炉应用最广，常见的是以焦炭为燃料。冲天炉是一种竖式圆筒形熔炼炉，因炉顶开口向上而得名。

2）铸钢熔炼。铸钢的熔点高，熔炼工艺较复杂。铸钢熔炼常用的设备有电弧炉与中频感应电炉。图 6-27 所示为三相电弧炉。这种电弧炉是靠电极和炉料间放电产生的电弧热加热并熔化金属炉料和炉渣，冶炼出各种成分合格的钢和合金的一种设备。

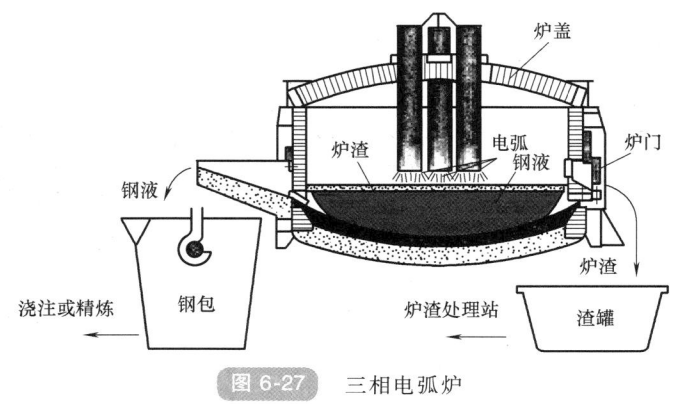

图 6-27    三相电弧炉

3) 有色金属熔炼。有色金属铝、铜合金一般多用坩埚炉熔炼。根据热能来源不同，坩埚炉有焦炭坩埚炉、柴油坩埚炉、煤气坩埚炉和电阻坩埚炉等。图 6-28 所示为电阻坩埚炉，利用电流通过电阻丝产生的热量来熔化合金。

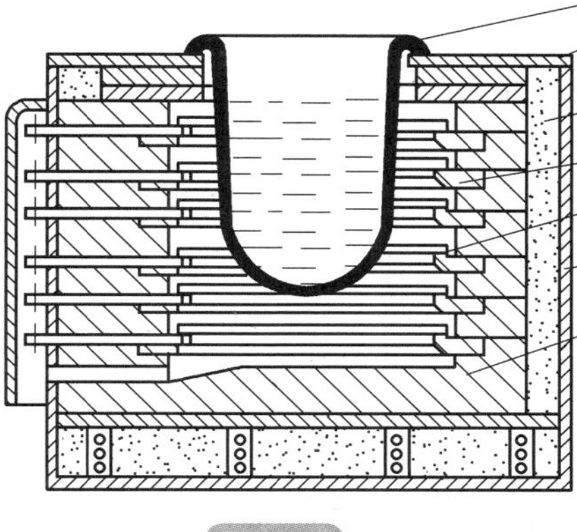

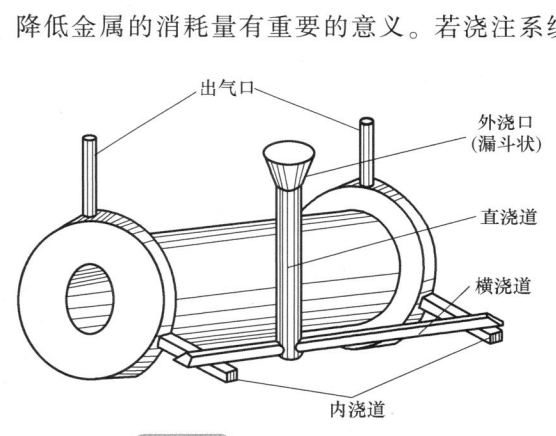

图 6-28 电阻坩埚炉

（2）浇注

1）浇注系统。浇注系统是为金属液流入铸型型腔而开设的一系列通道，其作用如下。

① 平稳、迅速地注入金属液。

② 阻止熔渣、砂粒等进入型腔。

③ 调节铸件各部分温度，补充金属液在冷却和凝固时的体积收缩。

正确地设置浇注系统，对保证铸件质量、降低金属的消耗量有重要的意义。若浇注系统不合理，铸件易产生冲砂、砂眼、渣孔、浇不到、气孔和缩孔等缺陷。

典型的浇注系统由外浇口、直浇道、横浇道和内浇道四部分组成，如图 6-29 所示。对形状简单的小铸件可以省略横浇道。外浇口的作用是容纳注入的金属液并缓解金属液对砂型的冲击，小型铸件通常为漏斗状（称为浇口杯），较大型铸件为盆状（称为浇口盆）；直浇道一般做成上大下小的圆锥形垂直通道，其高度使金属液产生一定的静压力；横浇道是将直浇道的金属液引入内浇道的水平通道，一般开设在砂型的分型面上；内浇道直接与型腔相连，截面形状一般为扁梯形和月牙形，也可为三角形。

图 6-29 典型的浇注系统

2）浇注过程。浇注是将金属液从浇包注入铸型的操作。浇注铸件时，先用钢棍拨去浇注口内的残渣，包嘴和浇口杯间保持一定的高度。开始浇注时应将金属液流控制小些，逐渐增大，估计金属液浇注铸件充型完成时减小金属液流，直至直浇道内金属液上升到规定高度为止，整个过程不能断流。浇注规则为先小、再大、最后要小，目的是减少金属液飞溅、氧化、保证铁液的充型能力。

3）铸件的落砂和清理。浇注及冷却后的铸件必须经过落砂和清理，才能进行机械加工或使用。落砂是使铸件与型砂、砂箱分离的操作。铸件浇注后要在砂型中冷却到一定温度后才能落砂。一般铸铁件的落砂温度在 400~500℃，形状复杂、易裂的铸铁件应在 200℃ 以下落砂。

清理是指落砂后从铸件上切除浇冒口、清除型芯和内外表面黏砂、铲除铸件表面毛刺与飞边、表面精整等过程的总称。铸铁件上的浇冒口可用铁锤敲掉，韧性材料的铸件可用锯削或气割等方法去除。铸件表面的黏砂、毛刺可用滚筒、抛丸、打磨等方法清理。

## 二、砂型铸造工艺设计

编制铸造生产的指导性技术文件就是铸造工艺设计，简称为铸造工艺。它是铸件生产准备、管理和铸件验收的依据。铸造工艺设计的好坏，直接关系铸件的质量、铸造生产率和铸造成本。

铸造工艺设计是在铸件生产之前根据零件的结构特点、合金种类、技术要求、生产批量和生产条件等因素设计的。铸造工艺方案的具体内容包括：造型方法、浇注位置和分型面的选择；型芯的形状和数量、下芯顺序；工艺参数（机械加工余量、起模斜度、收缩率等）的确定；浇注系统、冒口的形状和尺寸等。铸造工艺方案确定后，用文字和铸造工艺符号将其在零件图上表示出来，绘出铸造工艺图。

### 1. 浇注位置的选择

浇注位置是指铸件在浇注时所处的位置。选择时应以保证铸件质量为前提，同时考虑造型和浇注的方便。选择原则如下。

（1）铸件的重要加工表面应朝下或侧立　浇注时铸件处于上方的部分缺陷比较多，组织也不如下部致密。这是因为浇注后金属液中的砂粒、渣粒和气体上浮的结果。图 6-30 所示的机床导轨面、锥齿轮工作面都是重要表面，浇注时应朝下放置。某些铸件因结构原因，重要表面不能朝下时，也应尽可能置于侧立位置，以减少缺陷的产生。

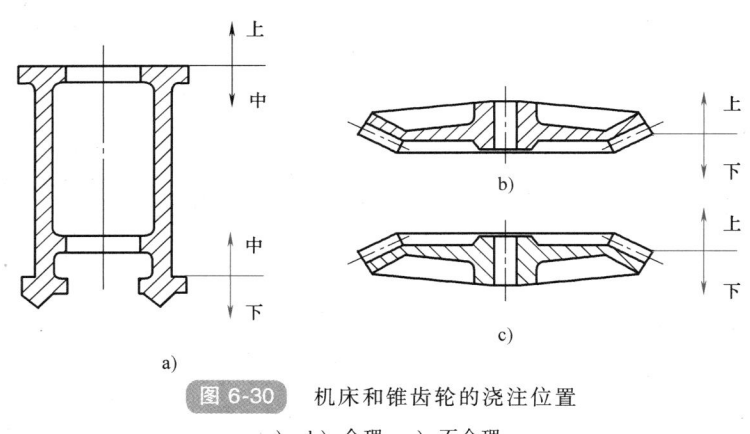

图 6-30　机床和锥齿轮的浇注位置

a）、b）合理　c）不合理

（2）铸件上的大平面应尽可能朝下　铸件上的大平面除容易产生砂眼、气孔和夹渣等缺陷外，还极容易产生夹砂缺陷。这是由于大平面浇注时，金属液上升速度慢，铸型顶面型砂在高温金属液的强烈烘烤下，会急剧膨胀起拱或开裂，造成铸件夹砂，严重时会使铸件报废。图 6-31 所示为平板铸件的合理浇注位置。对于大的平板类铸件，必要时可采用倾斜浇注。

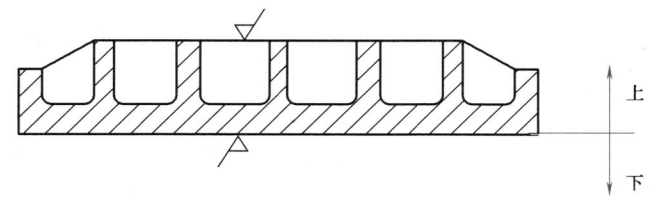

图 6-31　平板铸件的合理浇注位置

（3）铸件的薄壁部位应置于下部

置于铸型下部的薄壁铸件因浇注压力高，可以防止浇不到、冷隔等缺陷。图 6-32 所示为某机器箱盖正确的浇注位置。

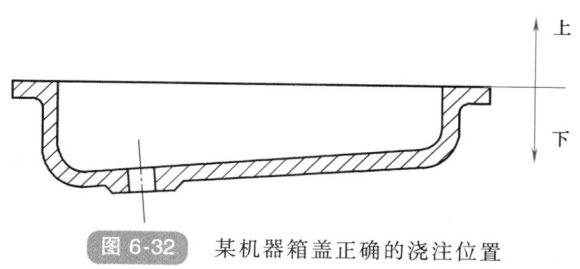

图 6-32 某机器箱盖正确的浇注位置

2. 分型面的选择

分型面是指铸型组元间的结合面，如上、下砂型的结合面。分型面的设置是为了造型时模样能从铸型中顺利取出。

选择铸件分型面应满足造型工艺的要求，同时考虑有利于铸件质量的提高。选择原则如下。

（1）应使铸件全部或大部分置于同一砂箱中 铸件集中在一个砂箱内，可减少错型引起的缺陷，有利于保证铸件上各表面间的位置精度，方便切削加工。若整个铸件位于一个砂箱有困难时，则应尽量使铸件上的加工面与加工基准面位于同一砂箱内。图 6-33 所示铸件的分型方案中，图 6-33a 所示方案不易错型，且下芯、合型也较方便，故是合理的。

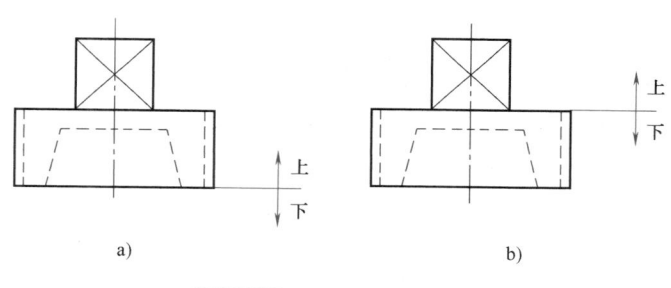

a)                                      b)

图 6-33 铸件的分型方案

a）合理 b）不合理

（2）应尽量选用平直的分型面，简化造型工序 使分型面平直、少用曲面，以简化制模和造型工艺。图 6-34 所示弯曲臂的分型方案中，采用图 6-34a 所示方案分型面是曲面，需要挖砂造型，图 6-34b 所示方案分型面是平面，显然是合理的。

（3）应尽量使型腔及主要型芯位于下型 型腔及主要型芯位于下型，便于造型、下芯、合箱和检验铸件壁厚。图 6-35 所示机床支柱的分型方案中，采用图 6-35b 所示的分型方案合理。

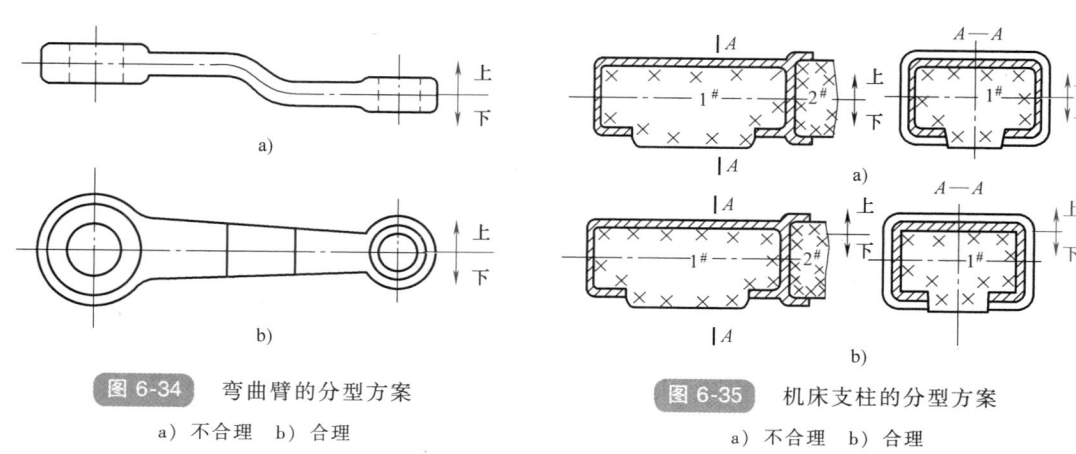

a)

b)

图 6-34 弯曲臂的分型方案

a）不合理 b）合理

图 6-35 机床支柱的分型方案

a）不合理 b）合理

**提示**：分型面的选择也应结合浇注位置综合考虑，尽可能使两者相适应，避免合型后翻动铸型，防止因翻动铸型引起的偏芯、砂眼、错型等缺陷。

3. 工艺参数的确定

（1）铸造收缩率　因收缩的影响，铸件冷却后，其尺寸要比模样的尺寸小，为保证铸件要求的尺寸，必须加大模样的尺寸。合金的线收缩率与合金的种类及铸件的尺寸、结构形状的复杂程度等因素有关。通常灰铸铁为 0.7% ~ 1.0%，铸造碳钢为 1.6% ~ 2.0%，铝硅合金为 0.8% ~ 1.2%，锡青铜为 1.2% ~ 1.4%。

（2）机械加工余量　机械加工余量是指在铸件加工表面上留出的、准备切去的金属层厚度。机器造型铸件精度高，余量小；手工造型误差大，余量也大；灰铸铁加工余量小，铸钢加工余量大。铸铁件上直径小于 30mm 和铸钢件上直径小于 60mm 的孔，在单件小批生产时可不铸出，待机械加工时钻孔，否则，会使造型工艺复杂，还会因孔的偏斜给机械加工带来困难，经济上也不合算。

（3）起模斜度　起模斜度是指平行于起模方向在模样或芯盒壁上的斜度，如图 6-36 所示。起模斜度的大小与造型方法、模样材料、垂直壁高度等有关，一般来说，木模的斜度 $\alpha$ 为 0.3° ~ 3°，平行壁越高，其斜度越小，内壁的斜度 $\beta$ 比外壁大；金属模的斜度小于木模，机器造型的斜度比手工造型小，具体数值可查有关手册。

（4）铸造圆角　为了避免铸型损坏，防止铸件产生缩孔及应力集中，在模样转角处做成圆弧过渡，这种圆弧称为铸造圆角。圆角半径一般约为相交两壁平均厚度的 1/4。

（5）芯头　芯头是指型芯的外伸部分，不形成铸件轮廓，造型下芯时，芯头落入铸型芯座内，芯头的作用是实现型芯在铸型中的定位、固定及通气。根据型芯的安放位置，芯头分垂直芯头和水平芯头，如图 6-37 所示。芯头的各部分尺寸、斜度可参考有关工艺手册。

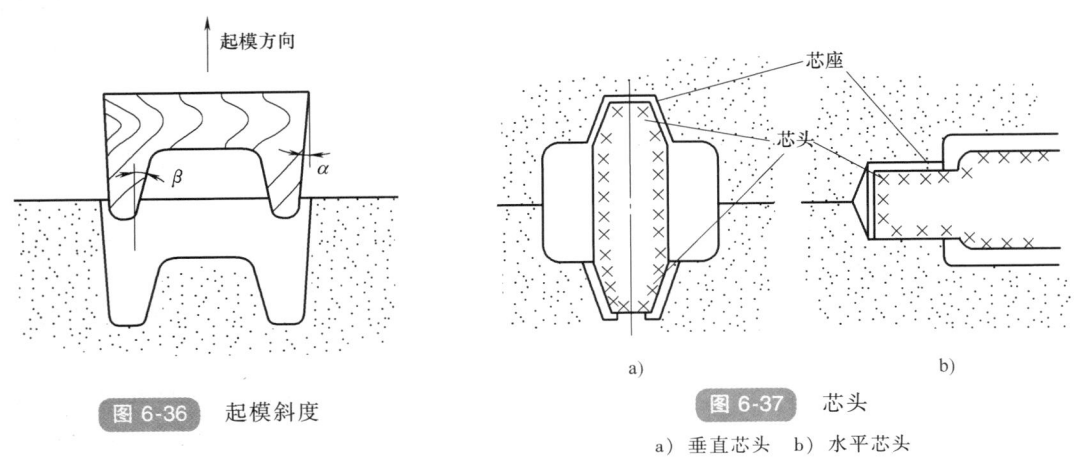

图 6-36　起模斜度

图 6-37　芯头

a）垂直芯头　b）水平芯头

### 三、铸件的结构工艺性

铸件的结构工艺性是指所设计铸件的形状与尺寸，除了要保证零件的使用性能外，还要有利于保证铸件的质量和铸造生产，提高生产率和降低铸件成本。

1. 合金铸造性能对铸件结构的要求

铸件结构设计时应充分考虑合金铸造性能的特点和要求，尽可能减少铸造缺陷，以保证获得优质铸件，其基本要求如下。

（1）铸件的壁厚应合理 在一定的工艺条件下，由于受合金流动性的限制，铸造合金能浇注出的铸件壁厚存在一个最小值。实际铸件壁厚若小于这个最小值，则易出现冷隔、浇不到等缺陷。在砂型铸造条件下，铸件的最小壁厚主要取决于合金的种类和铸件尺寸。表6-1列出了砂型铸造条件下铸件的最小壁厚。

表 6-1 砂型铸造条件下铸件的最小壁厚 （单位：mm）

| 铸件尺寸 | 铸钢 | 灰铸铁 | 球墨铸铁 | 可锻铸铁 | 铝合金 | 铜合金 |
|---|---|---|---|---|---|---|
| <200×200 | 6~8 | 5~6 | 6 | 5 | 3 | 3~5 |
| 200×200~500×500 | 10~12 | 6~10 | 12 | 8 | 4 | 6~8 |
| >500×500 | 15 | 15 | — | — | 5~7 | — |

铸件壁厚也不宜过大，因为过大的壁厚将导致晶粒粗大、缩孔和缩松等缺陷，铸件结构的强度也不会因其厚度的增加而成正比地增加。对于过厚的铸件壁，可采用加强肋使壁厚减小，如图6-38所示。

（2）铸件的壁厚应尽量均匀 铸件壁厚是否均匀关系到铸件在铸造时的温度分布以及缩孔、缩松和裂纹等缺陷的产生。图6-39a所示铸件由于壁厚不均匀而产生缩松和裂纹，改为图6-39b所示壁厚后可避免这类缺陷产生。

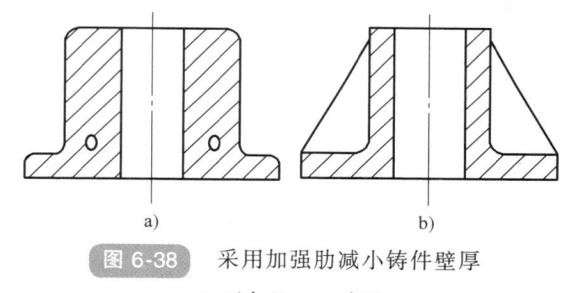

图 6-38 采用加强肋减小铸件壁厚
a）不合理 b）合理

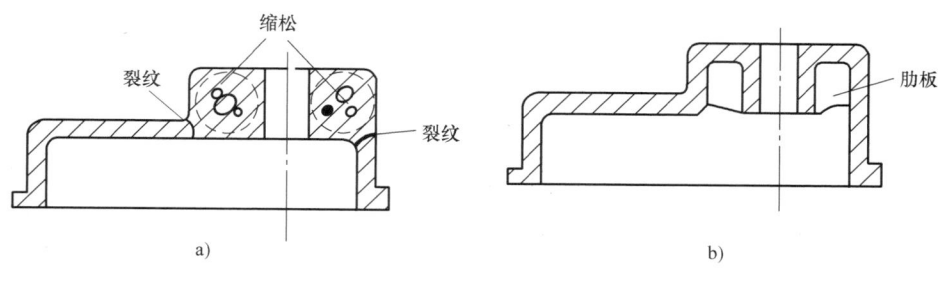

图 6-39 铸件壁厚设计
a）不合理 b）合理

（3）铸件壁的连接应采用圆角和逐步过渡 铸件壁的连接采用铸造圆角，可以避免直角连接引起的热节和应力集中，减少缩孔和裂纹，如图6-40所示。此外，圆角结构还有利于造型，并且铸件外形美观。

铸件上的肋或壁的连接应避免交叉和锐角，同时还应采用逐步过渡，以防接头处热量的聚集和应力集中。图6-41a所示为交错接头和环状接头，图6-41b、c所示为锐角连接时的过

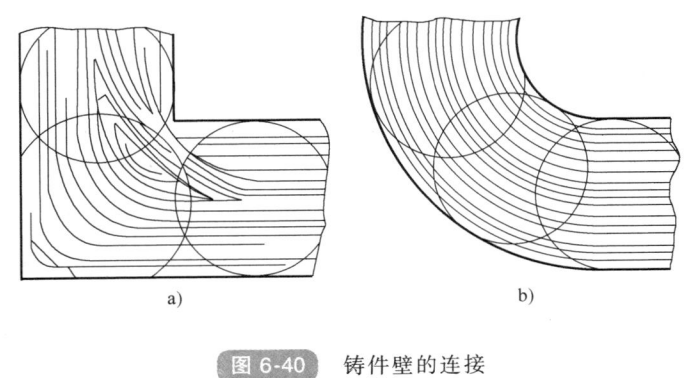

图 6-40　铸件壁的连接

a）不合理　b）合理

渡形式。

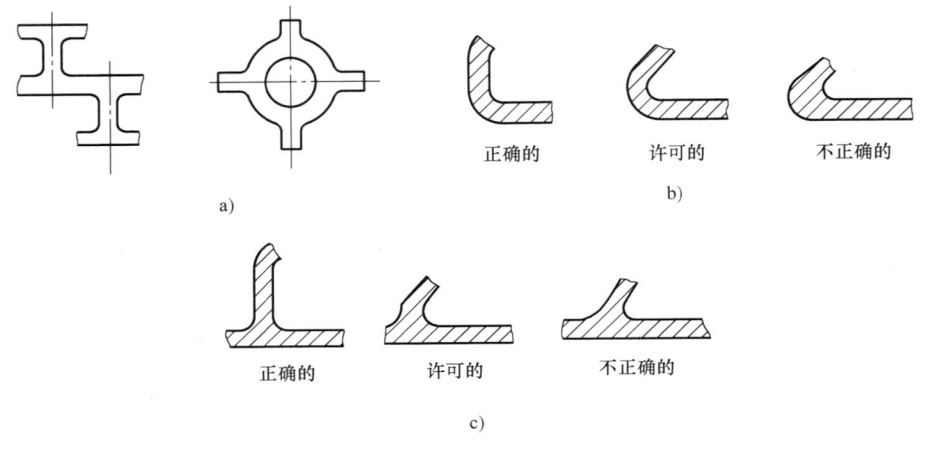

正确的　许可的　不正确的

a）　　　b）

正确的　许可的　不正确的

c）

图 6-41　接头结构

（4）铸件结构应能减少变形和收缩受阻

某些壁厚均匀的细长件和较大的平板件都容
易产生变形，采用对称式结构或增设加强肋
后，由于提高了结构刚性，可使变形减少，
如图 6-42 所示。

铸件收缩受阻时即会产生收缩应力甚至
裂纹。因此，铸件设计时应尽量使其能自由
收缩。图 6-43 所示为几种轮辐设计。图
6-43a所示为直条形偶数轮辐，在合金线收
缩时轮辐中产生的收缩力互相抗衡，容易出
现裂纹，而其余的几种结构可分别通过轮
缘、轮辐和轮毂的微量变形来减小应力。

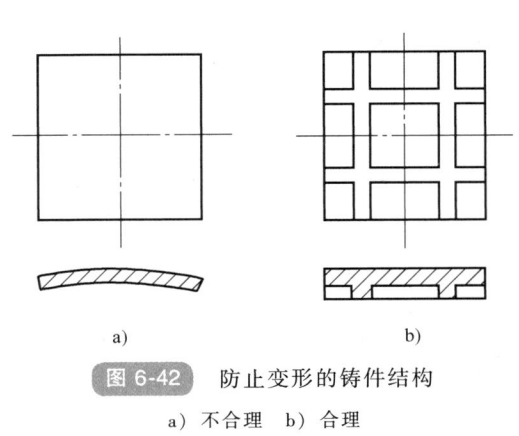

a）　　　b）

图 6-42　防止变形的铸件结构

a）不合理　b）合理

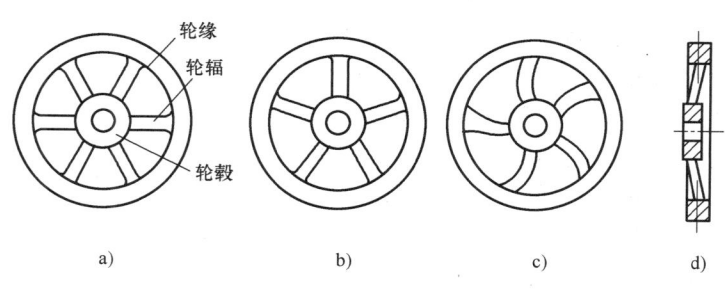

图 6-43　几种轮辐设计

## 第三节　常用特种铸造的应用

特种铸造是砂型铸造以外的其他铸造方法。

### 一、金属型铸造

金属型铸造是指在重力的作用下将金属液浇入金属制成的铸型中获得铸件的方法。金属型可连续使用几千次至数万次，所以也称为"永久铸型"。

#### 1. 金属型的构造

根据分型面位置的不同，金属型可分为垂直分型式、水平分型式和复合分型式三种结构，其中垂直分型式金属型开设浇注系统和取出铸件比较方便，易实现机械化，应用较广，如图 6-44 所示。

制造金属型的材料熔点应高于浇注合金的熔点。例如：浇注锡、锌、镁等低熔点合金，可用灰铸铁制造金属型；浇注铝、铜等合金，则要用合金铸铁或钢质金属型。金属型用的型芯有砂芯和金属芯两种。

#### 2. 金属型铸造的特点及应用

金属型铸造的特点如下。

1）实现了一型多铸，生产率高，劳动条件得到改善。

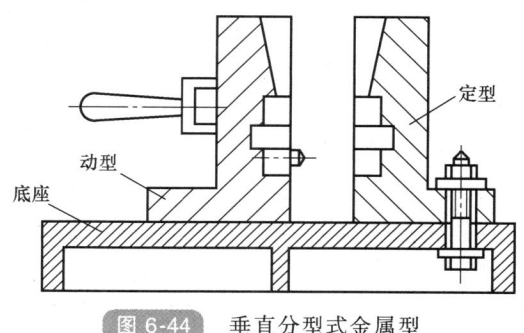

图 6-44　垂直分型式金属型

2）金属型铸件冷却速度快，组织致密，力学性能高。

3）铸件的尺寸精度和表面质量均优于砂型铸件，尺寸公差等级达 IT12～IT16，表面粗糙度 $Ra$ 值平均可达 6.3～12.5μm。

4）金属型铸造成本高、周期长；铸件不透气、无退让性、铸件冷却速度快，易产生气孔、应力、裂纹、浇不到、冷隔、白口等铸造缺陷。

金属型铸造主要应用于有色金属铸件的大批量生产中，如铝合金的活塞、气缸体、气缸盖，铜合金轴瓦和轴套等。对于钢铁材料，只限于形状简单的中小铸件。

二、压力铸造

压力铸造是将金属液在高压下迅速注入铸型，并在压力下凝固而获得铸件的铸造方法，简称为压铸。高压、高速是压力铸造区别于其他铸造方法的重要特征。常用压力铸造的压强为几兆帕至几十兆帕，充填速度为 0.5~70m/s。

压力铸造是在专门的压铸机上进行的。根据压室工作条件不同，分为冷压室压铸机和热压室压铸机两类。目前以冷压室压铸机应用较多，其工作原理如图 6-45 所示。

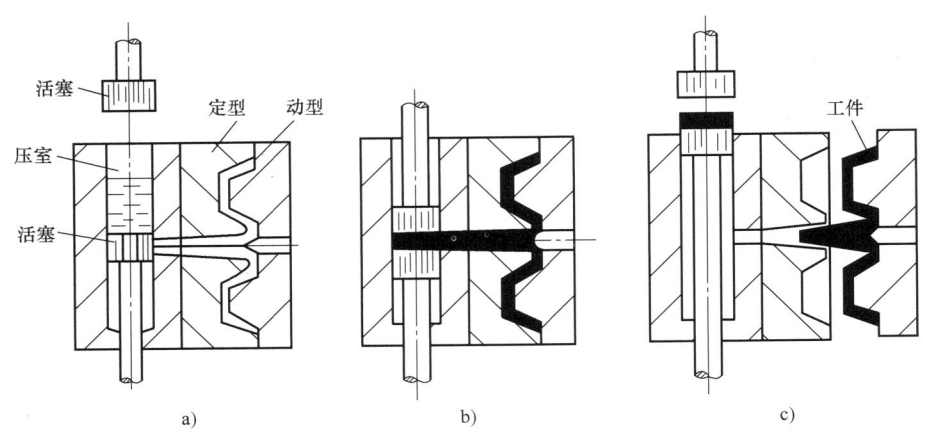

图 6-45　冷压室压铸机工作原理

a）合型浇注　b）压射　c）开型顶件

压力铸造与其他铸造方法相比，有下列优点。

1）压铸件尺寸精度高，表面质量好，尺寸公差等级为 IT11~IT13，表面粗糙度 $Ra$ 值为 1.6~6.3μm，可不经机械加工直接使用，而且互换性好。

2）可以压力铸造壁薄、形状复杂以及具有很小孔和螺纹的铸件，如锌合金的压铸件最小壁厚可达 0.8mm、最小铸出孔径可达 0.8mm、最小可铸螺距达 0.75mm，还能压铸镶嵌件。

3）压铸件的强度和表面硬度较高。压力下结晶加上冷却速度快，压铸件表层晶粒细密，其抗拉强度比砂型铸件高 25%~40%。

4）生产率高，可实现半自动化及自动化生产。

压力铸造虽是少、无屑加工的重要工艺，但也存在下列缺点：气体难以排出，压铸件易产生气孔；金属液凝固快，厚壁处来不及补缩，易产生缩孔和缩松；设备投资大，铸型制造周期长、造价高，不宜小批量生产。

目前，压力铸造主要用于铝、镁、锌及铜等有色金属的小型、薄壁、复杂铸件的大批量生产。在汽车、拖拉机、电器仪表、航空、航海及日用五金等工业中获得了广泛应用。

三、离心铸造

离心铸造是指将熔融金属浇入高速旋转的铸型中，使金属液在离心力作用下充填铸型并凝固成形的一种铸造方法。根据铸件直径的大小来确定离心铸造的铸型转速，一般在 250~1500r/min 范围内。

1. 离心铸造的基本类型

离心铸造的铸型分为金属型和砂型两种。为使铸型旋转，离心铸造必须在离心铸造机上进行。离心铸造机通常可分为立式和卧式两大类，如图 6-46 所示。图 6-46a 所示为立式离心铸造，其铸型是绕垂直轴旋转的。金属液浇入铸型后，由于受离心力和自身重力的共同作用，使铸件的自由表面（内表面）呈抛物面形状，造成铸件壁上薄下厚，但是铸型的固定和浇注较方便。因此，立式离心铸造主要用于生产高度小于直径的圆环类零件。图 6-46b 所示为卧式离心铸造，其铸型是绕水平轴旋转的。由于铸件各部分的成形条件基本相同，铸出的中空铸件在轴向和径向的壁厚都较均匀。因此，卧式离心铸造常用于生产长度较大的套筒、管类铸件，也是最常用的离心铸造方法。

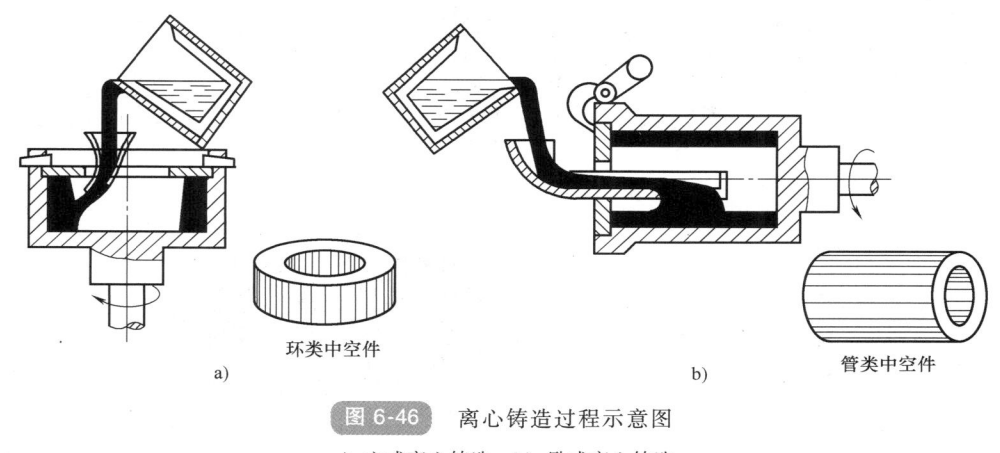

环类中空件  a)                    b)  管类中空件

**图 6-46** 离心铸造过程示意图
a）立式离心铸造  b）卧式离心铸造

2. 离心铸造的特点及应用范围

离心铸造的优点如下。

1）金属液能在铸型中形成中空的自由表面，不用型芯即可铸出中空铸件，简化了套筒、管类铸件的生产过程。

2）由于旋转时金属液所产生的离心力作用，离心铸造可提高金属液充填铸型的能力，因此一些流动性较差的合金和薄壁铸件都可用离心铸造法生产。

3）由于离心力的作用，改善了补缩条件，气体和非金属夹杂物也易于自金属液中排出，产生缩孔、缩松、气孔和夹杂等缺陷的概率较小。

4）无浇注系统和冒口，节约金属。

离心铸造的不足：金属液中的气体、熔渣等夹杂物，因密度较小而集中在铸件的内表面上，所以内孔的尺寸不精确，质量也较差；铸件易产生成分偏析和密度偏析。

离心铸造应用于铸铁管、气缸套、铜套、双金属轴承、特殊钢的无缝管坯、造纸机滚筒等铸件的生产。

四、熔模铸造

熔模铸造是用易熔材料（如蜡料）制成精确的模样，然后蜡模表面包覆数层耐火材料，待其硬化干燥后，将其中的蜡模熔去而制成型壳，再经过焙烧，然后进行浇注，而获得铸件的一种方法。熔模铸造获得的铸件具有较高的尺寸精度和较低的表面粗糙度。

1. 熔模铸造工艺过程

熔模铸造工艺过程如图 6-47 所示。先根据铸件的要求设计和制造母模；用压型将易熔材料压制成蜡膜；把若干个蜡模焊在一根蜡制的浇注系统上组成蜡模组；将蜡模组浸入水玻璃和石英粉配制的涂料中，取出后撒上石英砂，并放入硬化剂中进行硬化，如此重复数次，直到蜡模表面形成一定厚度的硬化壳；然后将带有硬壳的蜡模组放入 80~90℃ 的热水中加热，使蜡熔化后从浇口中流出，形成铸型空腔；烘干并焙烧后，在型壳四周填砂，即可浇注，清理型壳即可得到铸件。

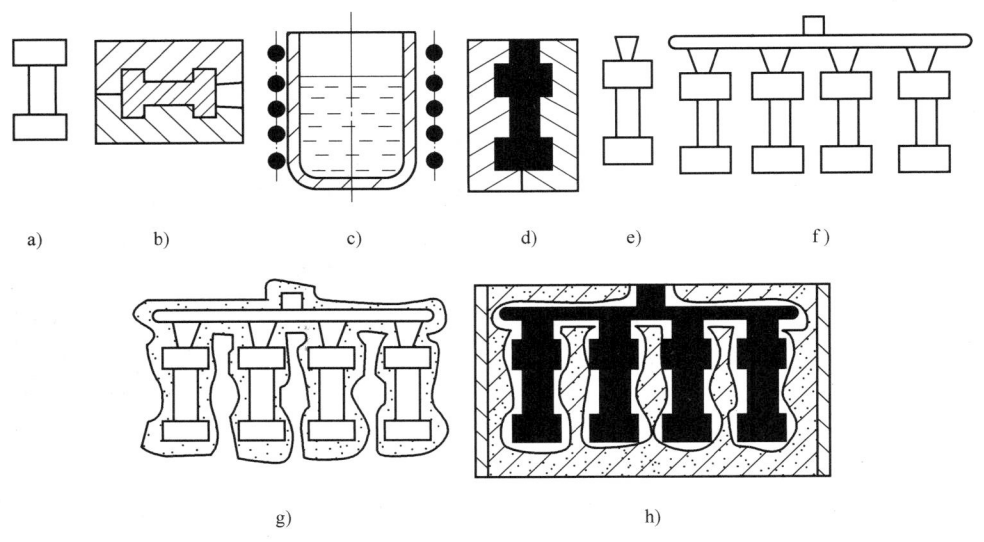

a)    b)    c)    d)    e)    f)

g)    h)

图 6-47    熔模铸造工艺过程

a）母模    b）压型    c）熔蜡    d）制造蜡模    e）蜡模    f）蜡模组
g）结壳、熔去蜡模    h）造型、浇注

2. 熔模铸造的特点及应用范围

与其他铸造方法比较，熔模铸造有下列特点。

1）铸件的精度和表面质量较高，尺寸公差等级可达 IT11~IT13，表面粗糙度 $Ra$ 值可达 1.6~12.5μm；可节约加工工时，实现了少、无屑加工，显著提高金属材料的利用率。

2）合金种类不受限制，尤其适用于高熔点及难加工的高合金钢，如耐热合金、不锈钢、磁钢等。

3）生产批量不受限制，单件、成批、大量生产均可适用。

4）可铸出形状较复杂的铸件。

由于熔模铸造工艺过程较复杂，生产周期长；原材料价格贵，铸件成本高；铸件不能太大、太长，否则熔模易变形，丧失原有精度。因此，熔模铸造主要用于生产形状复杂、精度要求高、熔点高和难切削加工的小型（质量在 25kg 以下）零件，如汽轮机叶片、切削刀具、风动工具、变速箱拨叉、枪支零件以及汽车、拖拉机、机床上的小零件等。

## 第四节 生产中常见问题分析

铸造工艺过程复杂，影响铸件质量的因素很多，往往由于原材料控制不严、工艺方案不合理、生产操作不当、管理制度不完善等原因，会使铸件产生各种铸造缺陷。为了减少铸造缺陷，首先应正确判断缺陷类别，从生产实际出发找出产生缺陷的主要原因，以便采取相应的预防措施。常见铸造缺陷特征、产生原因及其预防措施见表6-2。

表6-2 常见铸造缺陷特征、产生原因及其预防措施

| 缺陷种类 | 缺陷特征 | 产生原因 | 预防措施 | 图 示 |
|---|---|---|---|---|
| 气孔 | 在铸件内部或表面有大小不等的光滑孔洞 | 炉料不干或含氧化物、杂质多；浇注工具或炉前添加剂未烘干；型砂含水过多或起模和修型时刷水过多；型芯烘干不充分或型芯通气孔被堵塞；舂砂过紧，型砂透气性差；浇注温度过低或浇注速度太快等 | 降低熔炼时金属的吸气量；减少砂型在浇注过程中的发气量，改进铸件结构，提高砂型和型芯的透气性，使型内气体能顺利排出 | 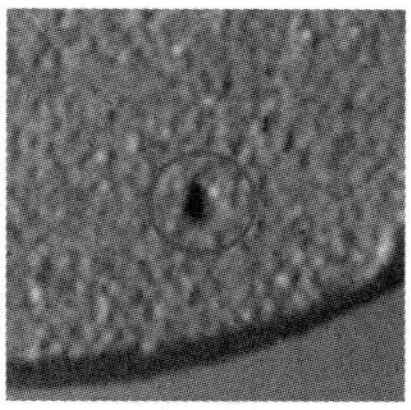 |
| 缩孔与缩松 | 铸件凝固时因液态收缩和凝固收缩使铸件最后凝固部位出现孔洞，容积大而集中的称为缩孔，小而分散的称为缩松 | 铸件结构设计不合理，如壁厚相差过大，厚壁处未放冒口或冷铁；浇注系统和冒口的位置不对；浇注温度太高；合金化学成分不合格，收缩率过大，冒口太小或太少 | 壁厚小且均匀的铸件要采用同时凝固，壁厚大且不均匀的铸件采用由薄向厚的顺序凝固，合理放置冒口或冷铁 |  |
| 裂纹 | 铸件开裂，开裂处金属表面有氧化膜 | 铸件结构设计不合理，壁厚相差太大，冷却不均匀；砂型和型芯的退让性差，或舂砂过紧；落砂过早；浇口位置不当，致使铸件各部分收缩不均匀 | 严格控制金属液中的硫、磷含量；铸件壁厚尽量均匀；提高型砂和型芯的退让性；浇冒口不应阻碍铸件收缩；避免壁厚的突然改变；开型不能过早；不能激冷铸件 |  |
| 砂眼 | 在铸件内部或表面有型砂充塞的孔眼 | 型砂强度太低或砂型和型芯的紧实度不够，故型砂被金属液冲入型腔；合箱时砂型局部损坏；浇注系统不合理，内浇道方向不对，金属液冲坏了砂型；合箱时型腔或浇口内散砂未清理干净 | 严格控制型砂性能和造型操作，合型前注意打扫型腔 | 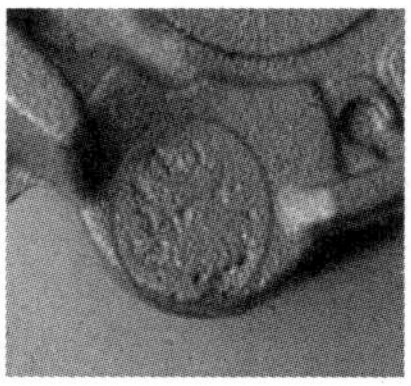 |

（续）

| 缺陷种类 | 缺陷特征 | 产生原因 | 预防措施 | 图　示 |
|---|---|---|---|---|
| 黏砂 | 在铸件表面上,全部或部分覆盖着一层金属(或金属氧化物)与砂(或涂料)的混(化)合物或一层烧结构的型砂,致使铸件表面粗糙 | 原砂耐火度低或颗粒度太大;型砂含泥量过高,耐火度下降;浇注温度太高;湿型铸造时型砂中煤粉含量太少;干型铸造时铸型未刷涂斜或涂料太薄 | 减少砂粒间隙;适当降低金属的浇注温度;提高型(芯)砂的耐火度 | |
| 冷隔与浇不到 | 冷隔:在铸件上有一种未完全融合的缝隙或洼坑,其交界边缘圆滑 | 浇注温度太低,合金流动性差;浇注速度太慢或浇注中有断流;浇注系统位置开设不当或内浇道横截面面积太小;铸件壁太薄;直浇道(含浇口杯)高度不够;浇注时金属量不够,型腔未充满 | 提高浇注温度和浇注速度,改善浇注系统,使其浇注时不断流 | |
| | 浇不到:由于金属液未完全充满型腔而产生的铸件缺肉 | | | |

## 拓展知识

### 快速成形技术在铸造中的应用

快速成形技术是目前国际上成形工艺中备受关注的焦点。铸造作为一项传统的工艺,制造成本低、工艺灵活性大,可以获得复杂形状和大型的铸件。充分发挥两者的特点和优势,可以在新产品试制中取得可观的经济效益。

快速成形技术又称为快速原型制造技术,是一项高科技成果。它包括 SLS、SLA、SLM 等成形方法,集成了 CAD 技术、数控技术、激光技术和材料技术等现代科技成果,是先进制造技术的重要组成部分。与传统制造方法不同,快速成形从零件的 CAD 几何模型出发,通过软件分层离散和数控成形系统,用激光束或其他方法将材料堆积而形成实体零件,所以又称为材料添加制造法。由于它把复杂的三维制造转化为一系列二维制造的叠加,因而可以在不用模具和工具的条件下几乎能够生成任意复杂形状的零件,极大地提高了生产率和制造柔性。与数控加工、铸造、金属冷喷涂、硅胶模等制造手段一起,快速自动成形已成为现代模型、模具和零件制造的强有力手段,是目前适合我国国情的实现金属零件的单件或小批量敏捷制造的有效方法,在航空航天、汽车摩托车、家电等领域得到了广泛应用。

快速成形技术能够快捷地提供精密铸造所需的蜡模或可消失熔模以及用于砂型铸造的木模，解决了传统铸造中蜡模或木模等制备周期长、投入大和难以制作曲面等复杂结构的难题。精密铸造技术（包括石膏型铸造）和砂型铸造技术，在我国是非常成熟的技术，这两种技术与快速成形技术的有机结合，实现了生产的低成本和高效益，达到了快速制造的目的。

快速成形技术与传统方法相比具有独特的优越性，其特点如下。

1）方便了设计过程和制造过程的集成，整个生产过程数字化，与 CAD 模型具有直接的关联性，零件所见即所得，可随时修改、随时制造，缓解了复杂结构零件 CAD/CAM 过程中 CAPP 的瓶颈问题。

2）可加工传统方法难以制造的零件材质，如梯度材质零件、多材质零件等，有利于新材料的设计。

3）制造复杂零件毛坯模具的周期和成本大大降低，用工程材料直接成形机械零件时，不再需要设计制造毛坯成形模具。

4）实现了毛坯的近净型成形，机械加工余量大大减小，避免了材料的浪费，降低了能源的消耗，有利于环保和可持续发展。

5）由于工艺准备的时间和费用大大减少，使得单件试制、小批量生产的周期和成本大大降低，特别适用于新产品的开发和单件小批量零件的生产。

6）与传统方法相结合，可实现快速铸造、快速模具制造、小批量零件生产等功能，为传统制造方法注入新的活力。

## 本章小结

| | | | |
|---|---|---|---|
| 合金的铸造性能 | 流动性 | 对铸件质量的影响：液态合金的流动性好，充型能力就强，容易获得尺寸准确、外形完整和轮廓清晰的铸件；反之，则容易产生冷隔或浇不到、夹渣、气孔、缩孔、缩松等缺陷 | |
| | | 影响因素：浇注温度越高、浇注压力越大，流动性越好；铸型材料导热越快，流动性越差 | |
| | 收缩性 | 对铸件质量的影响：缩孔、缩松、变形、开裂等 | |
| | | 影响因素：化学成分；浇注温度越高，液态收缩越大，缩孔倾向越大 | |
| 砂型铸造 | 模样 | 用于形成铸型的型腔，其和铸件的外形相适应 | |
| | 芯盒 | 用于制作型芯，型芯用于形成铸件内腔和局部外形 | |
| | 造型 | 手工造型 | 整模造型、分模造型、活块造型、挖砂造型、三箱造型、刮板造型、地坑造型 |
| | | 机器造型 | 压实造型、振压造型、抛砂造型、射砂造型 |
| | 浇注位置 | 铸件的重要加工表面应朝下或侧立；铸件上的大平面应尽可能朝下；铸件的薄壁部位应置于下部 | |
| | 分型面 | 应使铸件全部或大部分置于同一砂箱中；应尽量选用平直的分型面，简化造型工序；应尽量使型腔及主要型芯位于下型 | |
| | 工艺参数 | 铸造收缩率、机械加工余量、起模斜度、铸造圆角、芯头 | |
| | 铸件结构工艺性 | 铸件的壁厚应合理；铸件的壁厚应尽量均匀；铸件壁的连接应采用圆角和逐步过渡；铸件结构应能减少变形和收缩受阻 | |

（续）

| | | 特点 | 适用范围 | 举例 |
|---|---|---|---|---|
| 特种铸造 | 金属型铸造 | 1）尺寸精度高,机械加工余量小<br>2）铸件的晶粒较细,力学性能好<br>3）一型多铸,劳动生产率高<br>4）省造型材料,污染小,劳动条件好<br>5）金属型制造成本高<br>6）不宜生产大型、形状复杂和薄壁件<br>7）熔点高的合金不适用 | 1）除某些热裂倾向大的合金外的铸造合金<br>2）一般用于不太复杂的中小型件<br>3）一般成批或大量生产时采用 | |
| | 压力铸造 | 优点:可铸出形状复杂、轮廓清晰的薄壁铸件,尺寸精度高,表面质量好;一般可直接使用;组织细密,铸件强度高;生产率高,劳动条件好 | 主要适用于大批量生产有色金属的中小型铸件,如气缸盖、箱体、发动机气缸体等 | |
| | | 缺点:造价高、投资大,铸型结构复杂、成本高、生产周期长;易产生气孔 | | |
| | 离心铸造 | 1）不用型芯即可铸出中空铸件<br>2）无浇注系统和冒口,可节约金属<br>3）离心铸造铸件内部质量好<br>4）可生产流动性较差的合金铸件和薄壁铸件 | 主要用于大量生产管、筒类铸件,如铁管、铜套、耐热钢辊道、无缝管坯等 | |
| | 熔模铸造 | 1）铸件精度高、表面质量好<br>2）可制造形状复杂的铸件<br>3）可铸造各种合金<br>4）生产批量基本不受限制<br>5）工序繁杂,生产周期长,原、辅材料费用高,生产成本高<br>6）铸件一般不宜太大、太长 | 主要用于生产汽轮机及燃气轮机的叶片、泵的叶轮、切削刀具以及飞机、汽车、拖拉机、风动工具和机床上的小型零件 | |

## 知识巩固与能力训练题

### 一、填空题

1. 对型（芯）砂的性能要求是应具有足够的_____、较高的_____、良好的_____和较好的_____。

2. 造型分为_____和_____两大类。常用的手工造型方法有_____、_____、_____、_____、_____、_____、_____等。

3. 根据填砂与紧砂的方法不同,造芯可分为_____和_____。_____主要用于单件小批量生产,大批量生产时应用_____。

4. _____是指某种合金在一定的铸造工艺条件下获得优质铸件的能力,其中以_____和_____对铸件的成形质量影响最大。

5. 影响流动性的因素有_____、_____、_____。

6. 铸件在由液态向固态的冷却过程中的收缩经历三个阶段,即_____、_____、_____。

7. ____和_____是铸件产生缩孔和缩松的主要原因，而_____是铸件产生内应力、变形和裂纹的主要原因。

8. 常见的特种铸造方法有_____、_____、_____、_____。

9. 铸件凝固时因液态收缩和凝固收缩使铸件最后凝固部位出现孔洞，容积大而集中的称为_____，小而分散的称为_____。

10. 在铸件上有一种未完全融合的缝隙或洼坑，其交界边缘是圆滑的，这种缺陷称为_____。由于金属液未完全充满型腔而产生的铸件缺肉称为_____。

二、选择题

1. 下列合金流动性最好的是_____。

A. 普通灰铸铁　　　B. 球墨铸铁　　　C. 可锻铸铁　　　D. 蠕墨铸铁

2. 在下列铸造合金中，自由收缩率最小的是_____。

A. 铸造碳钢　　　B. 灰铸铁　　　C. 白口铸铁　　　D. 合金钢

3. 用金属型和砂型铸造的方法生产同一个零件毛坯，一般_____。

A. 金属型铸件，残留应力较大，力学性能高

B. 金属型铸件，残留应力较大，力学性能差

C. 金属型铸件，残留应力较小，力学性能高

D. 金属型铸件，残留应力较小，力学性能差

4. 用"最小壁厚"指标限制铸件的壁厚，主要是因为壁厚过小的铸件易产生_____。

A. 变形和裂纹　　　B. 缩孔和缩松　　　C. 气孔　　　D. 冷隔和浇不到

5. 为防止大型铸钢件热节处产生缩孔或缩松，生产中常采用的工艺措施是_____。

A. 采用在热节处加明、暗冒口或冷铁以实现顺序凝固

B. 尽量使铸件壁厚均匀以实现同时凝固

C. 提高浇注温度

D. 采用颗粒大而均匀的原砂以改善填充条件

6. 铸造中，设置冒口的目的_____。

A. 改善冷却条件　　　　　　　　B. 排出型腔中的空气

C. 减少型砂用量　　　　　　　　D. 有效地补充收缩

7. 铸造时不需要使用型芯而能获得圆筒形铸件的铸造方法是_____。

A. 砂型铸造　　　B. 离心铸造　　　C. 熔模铸造　　　D. 压力铸造

8. 车间使用的划线平板，工作表面要求组织致密均匀，不允许有铸造缺陷，其铸件的浇注位置应使工作面_____。

A. 朝上　　　B. 朝下　　　C. 倾斜　　　D. 无所谓

9. 铸件的最大截面在一端且为平面，其手工造型可选用_____。

A. 分模造型　　　　　　　　B. 刮模造型

C. 整模造型　　　　　　　　D. 挖砂造型

10. 需挖砂造型的铸件在大批量生产中采用_____造型方法，可大大提高生产率。

A. 刮板造型　　　　　　　　B. 分模造型

C. 假箱或改型模板造型　　　　D. 挖砂造型

三、判断题

1. 距共晶成分越远，两相区越大，合金的流动性则越好。 （　　）
2. 铸件在凝固收缩阶段受阻碍时，会在铸件内产生内应力。 （　　）
3. 铸件的壁厚应大于铸件允许的最小壁厚，以免产生浇不到的缺陷。 （　　）
4. 铸造生产的一个显著优点是能生产复杂的铸件，故铸件的结构越复杂越好。 （　　）
5. 确定铸件浇注位置时，铸件的重要表面应朝下或侧立。 （　　）
6. 铸型中含水分越多，越有利于改善合金的流动性。 （　　）
7. 铸钢的收缩率比铸铁（灰口）大。 （　　）
8. 砂型铸造属于一型多铸。 （　　）
9. 铸型材料的导热性越大，则合金的流动性越差。 （　　）

四、应用题

1. 图 6-48a 中的铸件结构是否合理？应如何改进？
2. 采用砂型铸造方法制造图 6-48b 中的哑铃，应采用何种造型方法？为什么？

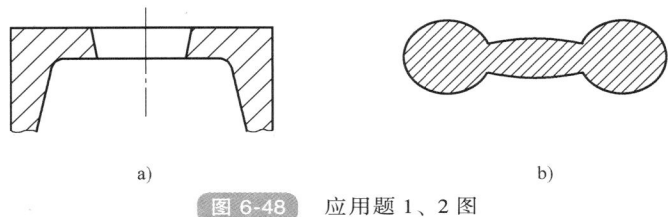

图 6-48　应用题 1、2 图

3. 请修改图 6-49 所示铸件的结构，并说明理由。

图 6-49　应用题 3 图

4. 判断图 6-50 所示铸件的结构工艺性，如不良，则请修改（可在图上修改），并请说明理由。

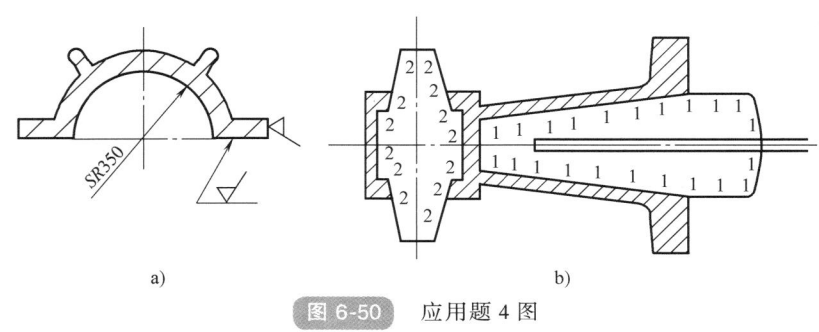

图 6-50　应用题 4 图

# 第七章
## 锻压加工及应用

**知识目标**

1) 掌握锻压加工基础知识。
2) 掌握锻造常用方法及特点。
3) 了解自由锻的工艺设计。
4) 掌握板料冲压基本工序及应用。

**能力目标**

1) 具有自由锻工艺设计的能力。
2) 具有合理选择毛坯或零件锻压加工方法的能力。
3) 具有安排板料冲压工序的能力。

## 案例导入

在上下五千年的中国历史长河中，名刀利剑一直披着神秘的外衣，从青铜时代的莫邪舍身祭炉而得千古名剑"干将""莫邪"，到铁器时代的赵云在长坂坡用"青釭"宝剑在曹操的百万军中杀了个七进七出，救下后主阿斗。这些千古流传的故事感动着古往今来一代又一代的中华儿郎，而这些宝剑是如何制作的呢？它们都是经过无数次的锻打成形，也就是我们今天所说的锻造加工。

图 7-1 所示为生活用品都是采用金属制作的，你知道它们都是采用什么方法加工出来的吗？

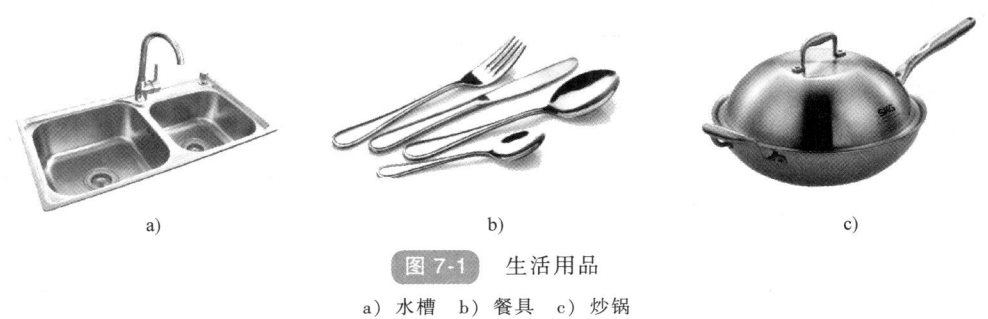

图 7-1　生活用品

a) 水槽　b) 餐具　c) 炒锅

## 第一节　锻压加工基础知识

锻压是利用外力的作用使金属产生塑性变形，从而获得具有一定形状、尺寸和力学性能的原材料、毛坯或零件的加工方法。它是锻造和冲压的总称，属于金属压力加工。常见的金属压力加工方法有锻造、冲压、挤压、轧制、拉拔等，如图 7-2 所示。

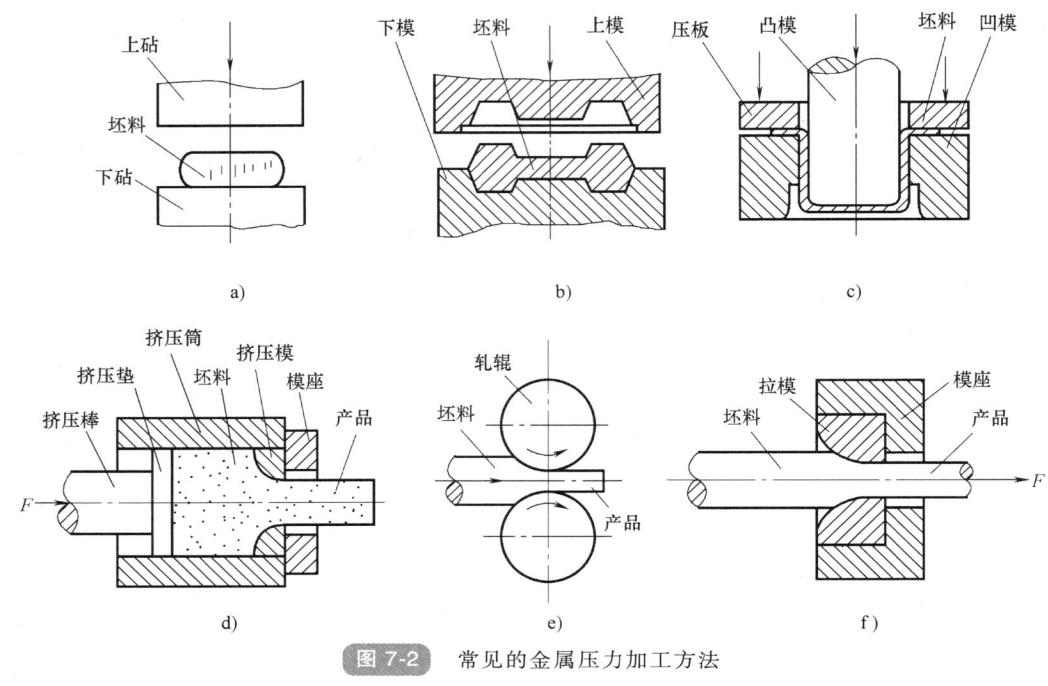

图 7-2 常见的金属压力加工方法

a）自由锻 b）模锻 c）板料冲压 d）挤压 e）轧制 f）拉拔

锻压加工是以金属的塑性变形为基础的。各种钢和大多数有色金属及其合金都具有不同程度的塑性，因此它们可在冷态或热态下进行锻压加工；而脆性材料（如灰铸铁、铸造铜合金、铸造铝合金等）则不能进行锻压加工。

金属锻压加工在机械制造、汽车、拖拉机、仪表、造船、冶金及国防等工业中应用广泛，常用于制造主轴、连杆、曲轴、齿轮、容器、汽车外壳、电动机硅钢片、武器、弹壳等。以汽车为例，按质量计算，汽车上 70% 的零件都是由锻压加工制造的。

金属锻压加工主要有以下特点。

1）改善了金属内部组织，提高了金属的力学性能。锻压加工可使金属毛坯的晶粒变得细小，并使原铸造组织中的内部缺陷（如微裂纹、气孔、缩松等）压合，因而提高了金属的力学性能。

2）节省金属材料。由于锻压加工提高了金属的强度等力学性能，因此，相对地缩小了同等载荷下的零件的截面尺寸，减轻了零件的重量。另外，采用精密锻压时，可使锻件的尺寸精度和表面粗糙度接近成品零件，做到少切削或无切削加工。

3）具有较高的生产率。除自由锻外，其他几种锻压加工方法都具有较高的生产率。

提示：锻压加工不能加工脆性金属，如铸铁；不能加工形状特别复杂（尤其是具有复杂内腔）的零件或毛坯；不能加工体积特别大（设备吨位难以满足变形力需要）的零件或毛坯。

一、金属的塑性变形

金属在外力作用下将产生变形，其变形过程包括弹性变形和塑性变形两个阶段。弹性变形在外力去除后能够恢复原状，所以不能用于成形加工；只有塑性变形这种永久性的变形，才能用于锻压加工。塑性变形分为冷变形和热变形。塑性变形对金属的组织和性能都产生很大影响，因此，了解金属的塑性变形对于掌握锻压加工的基本原理具有重要意义。

1. 冷变形强化（加工硬化）

冷变形不仅能改变金属材料的形状与尺寸，而且还能使其组织和性能产生一系列的变化，其主要变化是产生了冷变形强化。随着金属冷变形程度的增加，金属材料的强度和硬度都有所提高，但塑性有所下降，这种现象称为冷变形强化。变形后，金属的晶格严重畸变，变形金属的晶粒被压扁或拉长，呈纤维状，称为纤维组织。图7-3所示为冷轧前后多晶体晶粒的变化。此时金属的位错密度提高，变形阻力加大。低碳钢的冷变形强化如图7-4所示。强度、硬度随变形程度的增大而增加，塑性、韧性则明显下降。冷变形强化使金属的可锻性恶化。

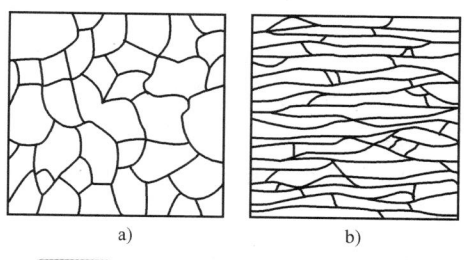

图 7-3　冷轧前后多晶体晶粒的变化
a）冷轧前退火状态组织　b）冷轧后纤维组织

2. 加热对冷变形金属性能的影响

对冷变形强化组织进行加热，变形金属将相继发生回复、再结晶和晶粒长大三个阶段的变化，如图7-5所示。

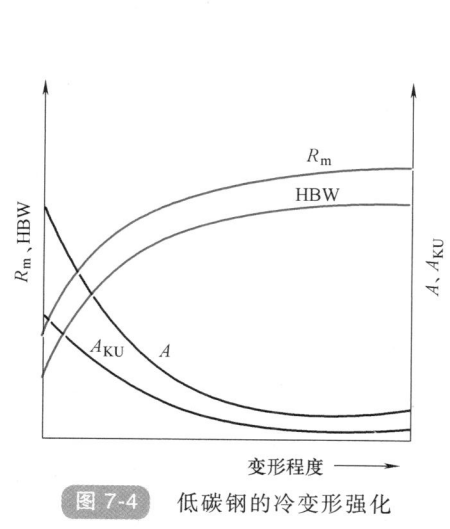

图 7-4　低碳钢的冷变形强化

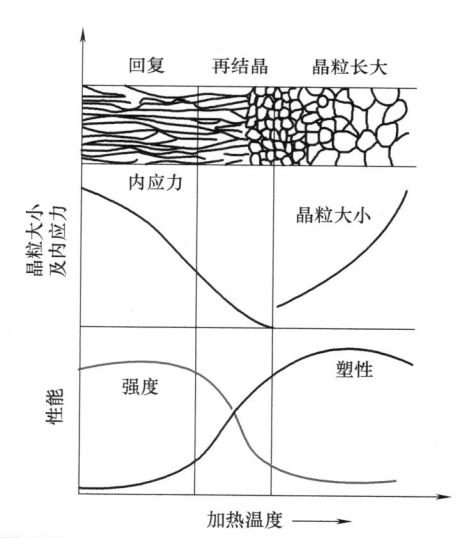

图 7-5　加热对冷变形金属组织和性能的影响

（1）回复　当加热温度不高时，原子扩散能力较低，显微组织变化不大，强度、硬度稍有下降，塑性略有提高，内应力显著下降，这种现象称为回复。

利用回复现象进行低温退火，如冷拔弹簧钢丝绕制弹簧后常进行低温退火（也称为定形处理），其实质就是利用回复保持冷拔钢丝的高强度，消除冷卷弹簧时产生的内应力，减少弹簧变形、开裂。

（2）再结晶　当加热温度较高时，塑性变形后的金属中被拉长了的晶粒重新形核、结晶，变为细小、均匀的等轴晶粒，使金属组织和性能恢复到变形前状态，这个过程称为再结晶。

再结晶是在一定的温度范围内进行的，开始产生再结晶现象的最低温度称为再结晶温度。纯金属的再结晶温度为

$$T_{再} \approx 0.4 T_{熔}$$

式中　$T_{熔}$——纯金属的熔点温度（K）。

合金中的合金元素会使再结晶温度显著提高。在常温下经过塑性变形的金属，加热到再结晶温度以上，使其发生再结晶的处理称为再结晶退火。再结晶退火可以消除金属材料的冷变形强化，提高塑性，便于其继续锻压加工。例如：在冲压过程中，需在各工序中穿插再结晶退火。

（3）晶粒长大　已形成纤维组织的金属，通过再结晶一般都能得到细小而均匀的等轴晶粒。但是如果加热温度过高或加热时间过长，则晶粒会明显长大，成为粗晶粒组织，从而使金属的可锻性恶化。

3. 冷变形与热变形（冷加工与热加工）

（1）冷变形　在再结晶温度以下进行的变形称为冷变形，也称为冷加工，如冲压、冷弯、冷挤压、冷镦、冷轧和冷拔等，有加工硬化现象。

金属材料通过冷变形可以获得较高的精度和表面质量。由于冷变形的变形抗力大，需要较大吨位的设备。为了避免冷变形破裂，冷变形程度不宜过大，变形过程中需要增加中间退火。

（2）热变形　在再结晶温度以上进行的变形称为热变形，也称为热加工，如锻造、热挤压和热轧等。变形后金属具有较高的力学性能的再结晶组织，一般金属锻压加工多采用热变形，但热变形时工件表面易产生氧化，表面质量较差，尺寸精度较低。

**提示**：冷加工与热加工并不是以具体的加工温度的高低来区分的，钨的最低再结晶温度约为1200℃，所以，钨即使在稍低于1200℃高温下的加工仍属于冷加工；而锡的最低再结晶温度约为-71℃，锡即使在室温下加工却仍属于热加工。

二、锻造流线与锻造比

1. 锻造流线（纤维组织）

金属铸锭中夹杂物多分布在晶界上，在金属发生塑性变形时，晶粒沿变形方向伸长，塑性夹杂物也随着变形一起被拉长，呈带状分布；脆性夹杂物被打碎，呈碎粒状或链状分布，通过再结晶过程，晶粒细化，而夹杂物却依然呈带状和链状被保留下来，形成锻造流线。锻造流线使金属的力学性能呈现各向异性：平行于纤维方向强度、塑性和韧性增加，垂直于纤维方向则下降。45钢力学性能与锻造流线方向的关系见表7-1。

表7-1　45钢力学性能与锻造流线方向的关系

| 取样方向 | $R_m$/MPa | $R_{eL}$/MPa | $A$（%） | $Z$（%） | $A_{KV}$/J |
|---|---|---|---|---|---|
| 纵向（平行锻造流线方向） | 700 | 461 | 17.5 | 62.8 | 49 |
| 横向（垂直锻造流线方向） | 659 | 431 | 10 | 31 | 23 |

在设计和制造机械零件时，必须考虑锻造流线的合理分布，使零件工作时的正应力方向与锻造流线方向一致，切应力方向与锻造流线方向垂直，这样才能充分发挥材料的潜力。使锻造流线与零件的轮廓相符合而不被切断是锻件成形工艺设计的一条原则。例如：采用轧制

的棒料直接用切削加工方法制成的螺栓如图 7-6a 所示，螺栓头部与杆部的流线被切断不能连续，受横向切应力时使用性能好，受纵向切应力时易损坏；若采用局部镦粗方法制造螺栓如图 7-6b 所示，流线未切断，连续完整，受纵向、横向切应力时使用性能均好。

图 7-7 所示为不同成形工艺齿轮的流线组织。图 7-7a 所示为用轧制的棒料直接切削成的齿轮，原棒料的流线被切断，受力时齿根产生的正应力方向垂直于流线方向，齿根处的切应力方向平行于流线方向，力学性能最差，寿命最短；图 7-7b 所示为用扁钢经切削成形的齿轮，齿 1 的根部正应力方向与流线方向平行，切应力方向与流线方向垂直，力学性能好；齿 2 情况正好相反，力学性能差；图 7-7c 所示为用棒料局部镦粗后进行切削加工制成的齿轮，流线方向成放射状，各齿的切应力方向均与流线近似垂直，

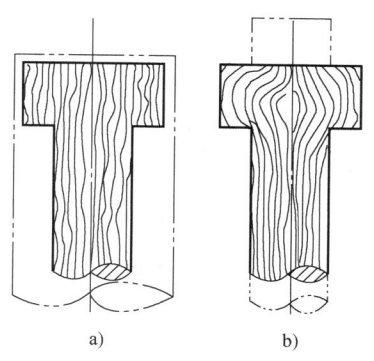

**图 7-6** 不同工艺方法对纤维组织形态的影响
a）切削加工方法制造的螺栓　b）局部镦粗方法制造的螺栓

强度与寿命较高；图 7-7d 所示为热轧成形，流线完整且与齿廓一致，未被切断，性能最好，寿命最长。

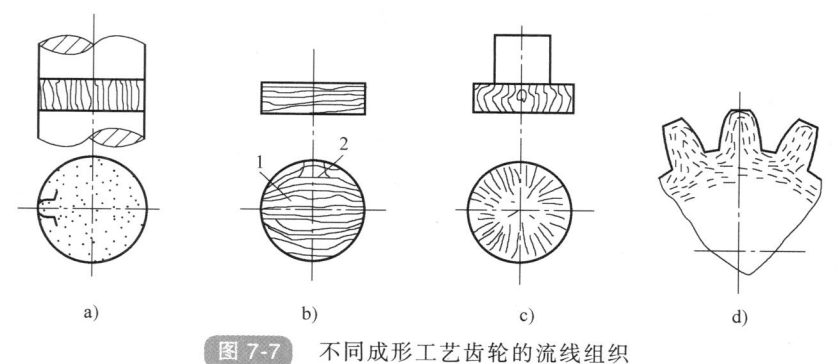

**图 7-7** 不同成形工艺齿轮的流线组织
a）棒料切削成形　b）扁钢切削成形　c）棒料镦粗后切削成形　d）热轧成形

2. 锻造比

在锻造生产中，金属的变形程度常以锻造比 $Y$ 来表示。不同的锻造工序，锻造比的计算方法各不相同，即

拔长时，锻造比 $\qquad Y_{拔长}=s_o/s=l/l_o$

镦粗时，锻造比 $\qquad Y_{镦粗}=s/s_o=h_o/h$

式中　$s_o$、$l_o$、$h_o$——分别为坯料变形前的横截面面积、长度、高度；

$s$、$l$、$h$——分别为坯料变形后的横截面面积、长度、高度。

结构钢钢锭的锻造比一般为 2~4；其他类钢坯和轧材的锻造比一般为 1.1～1.3。

当 $Y=2$ 时，原始铸态组织中的疏松、气孔被压合，组织被细化，锻件各个方向的力学性能均有显著提高；锻件中流线组织明显，产生显著的各向异性，沿流线方向的力学性能略有提高，垂直于流线方向的力学性能开始下降；当 $Y>5$ 时，锻件沿流线方向的力学性能不再提高，垂直于流线方向的力学性能急剧下降。因此，以钢锭为坯料进行锻造时，应按锻件

的力学性能要求选择合理的锻造比。对沿流线方向有力学性能要求的锻件（如拉杆），应选择较大的锻造比；对垂直于流线方向有力学性能要求的锻件，锻造比取 2~2.5。

### 三、金属的锻造性能

金属的锻造性能是衡量金属材料承受锻造加工能力的工艺指标。金属的锻造性能可用其塑性变形能力和变形抗力来衡量。塑性越好。变形抗力越小，金属的可锻性越好。金属的塑性变形抗力决定了锻造设备吨位的选择。在锻造生产中，必须控制各项因素，改善金属的可锻性。影响金属可锻性的因素有化学成分、组织结构及变形条件。

#### 1. 化学成分的影响

纯金属的可锻性比合金的可锻性好。钢中合金元素含量越多，合金成分越复杂，其塑性越差，变形抗力越大。例如：纯铁、低碳钢和高合金钢，它们的可锻性是依次下降的。

#### 2. 组织结构的影响

纯金属及固溶体（如奥氏体）的可锻性好，而碳化物（如渗碳体）的可锻性差；铸态柱状组织和粗晶粒结构不如晶粒细小而又均匀的组织可锻性好。

#### 3. 变形温度的影响

在一定温度范围内，随着变形温度的升高，再结晶过程加速进行，变形抗力减少，金属的变形能力增加，从而改善了金属的可锻性。

#### 4. 变形速度的影响

变形速度为单位时间内金属的变形程度。一方面，由于变形速度的增大，回复和再结晶不能及时克服加工硬化现象，金属表现出塑性下降、变形抗力增大，可锻性变坏；另一方面，金属在变形过程中，消耗于塑性变形的能量有一部分转化为热能，使金属温度升高（称为热效应现象）。图 7-8 所示为变形速度对金属的可锻性的影响。变形速度越大，热效应现象越明显，使金属的塑性提高、变形抗力下降（图 7-8 中 a 点以后），可锻性变好。

一般锻造设备的变形速度都小于临界值 a，而高速锤、高能量成形的变形速度高于临界值 a。对于塑性差的金属材料如高碳钢、合金钢或大型锻件，应采用低的变形速度，在压力机上锻造而不在锻锤上锻造，以免断裂坯料。

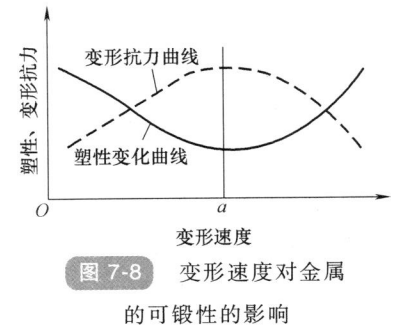

图 7-8　变形速度对金属
的可锻性的影响

#### 5. 应力状态的影响

采用不同的压力加工方法进行塑性变形时，金属内部产生应力的性质、大小不同。图 7-9 所示为金属变形时的应力状态，挤压时金属坯料内部为三向受压状态，拉拔时为两向受压一向受拉的状态，自由锻镦粗时坯料内部为三向受压状态。

一般情况下压应力的数量越多，则其塑性越好；拉应力的数量越多，则其塑性越差；同号应力状态下引起的变形抗力大于异号应力状态下引起的变形抗力，如拉拔时金属的变形抗力远小于挤压和模锻，因此许多用普通锻造成形效果不好的材料改用挤压成形后可达到加工目的。

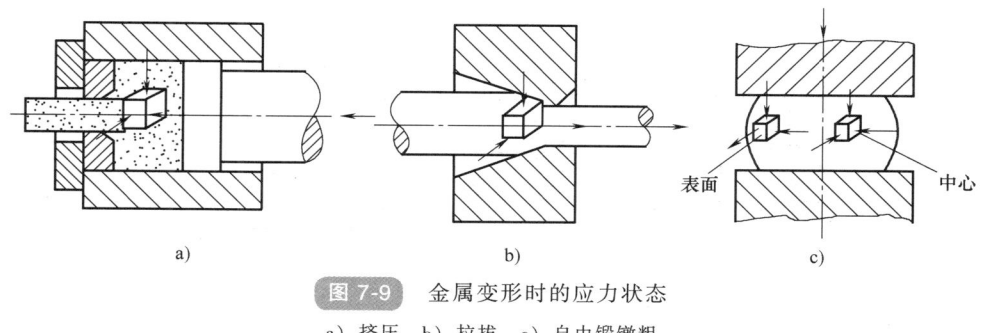

**图 7-9**　金属变形时的应力状态

a）挤压　b）拉拔　c）自由锻镦粗

# 第二节　自由锻造的应用

一、自由锻造的实质、特点及应用

自由锻造是只用简单的通用性工具，或在锻造设备的上下砧之间直接对坯料施加外力，使坯料产生变形而获得所需的几何形状及内部质量的锻件的加工方法，简称为自由锻。采用自由锻方法生产的锻件，称为自由锻件。自由锻分为手工锻造和机器锻造两种。手工锻造只能生产小型锻件，生产率低。机器锻造是自由锻的主要方法。自由锻的主要特点如下。

1）工艺灵活，工具简单，设备（锻锤或液压机）和工具的通用性强，成本低。

2）锻件重量几乎不受限制，可锻造十几克至数百吨的锻件。

3）锻件的形状和尺寸靠锻工的操作技术来保证，故尺寸精度低，加工余量大，生产率低，劳动强度大，适用于单件小批生产。

**提示**：自由锻是生产水轮发电机机轴、涡轮盘、船用柴油机曲轴、轧辊等重型锻件的可行方法，在重型机械制造中占有重要地位。

二、自由锻的基本工序

自由锻是通过局部锻打逐步成形的，其基本工序包括镦粗、拔长、冲孔、弯曲、切割、错移、扭转等。

1. 镦粗

镦粗是使坯料高度减小、横截面面积增大的锻造工序，如图 7-10 所示。它常用于锻造圆盘、齿轮、凸缘等零件，也可以作为锻造圆环、套筒等锻件冲孔前的预备工序。镦粗时，由于坯料两端面与上下砧间产生摩擦力，阻碍金属的流动，因此，圆柱形坯料经镦粗后呈鼓形，在后面的工序中应进行修整。图 7-10a 所示为完全镦粗；对坯料上某一部分进行的镦粗，称为局部镦粗，如图 7-10b、c 所示。

镦粗时坯料原始高度与直径之比应小于等于 2.5，否则会镦弯；镦粗部分加热要均匀；锻打时坯料要不断转动以使其变形均匀。

2. 拔长

拔长也称为延伸，是使坯料横截面面积减小、长度增加的锻造工序，如图 7-11 所示。它常用于锻造杆件类与轴类零件，如轴、拉杆、连杆、曲轴等。对于圆形坯料，一般先锻打

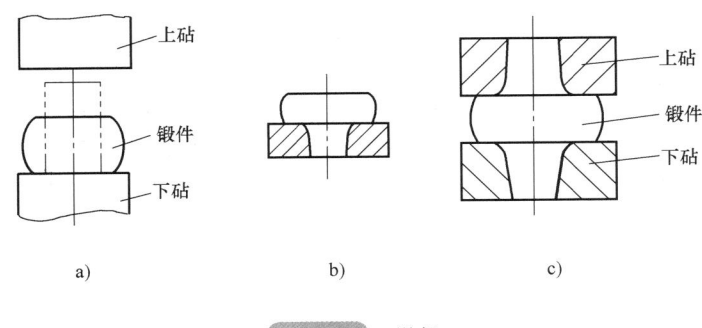

图 7-10　镦粗

a）完全镦粗　b）一端镦粗　c）中间镦粗

成方形后再进行拔长，最后锻成所需形状。

图 7-11a 所示为在平砧上拔长，拔长时高度为 $H$（或直径为 $D$）的坯料由右向左送进，每次送进量为 $L$。为了使锻件表面平整，$L$ 应小于砧宽 $B$，一般 $L \leqslant 0.75B$。对于重要的锻件，$L/H$（或 $L/D$）应在 $0.4 \sim 0.8$ 范围内。

图 7-11b 所示为在芯棒上拔长，主要是减少空心坯的壁厚和外径，增加其长度的工序。

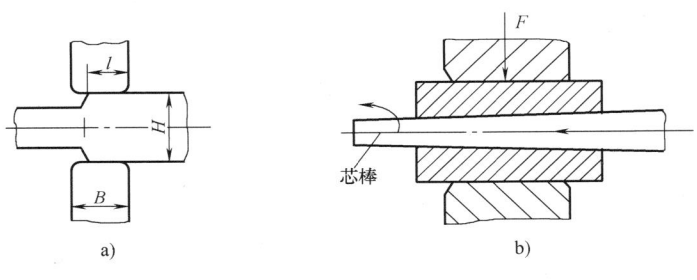

图 7-11　拔长

a）在平砧上拔长　b）在芯棒上拔长

### 3. 冲孔

冲孔是利用冲头在坯料上冲出通孔或不通孔的锻造工序，常用于锻造齿轮坯、环套类等空心零件。对于直径小于 25mm 的孔一般不锻出，而是采用钻削的方法进行加工。

冲孔的方法主要有两种：图 7-12 所示为双面冲孔，用冲头在坯料上冲至 2/3 ~ 3/4 深度

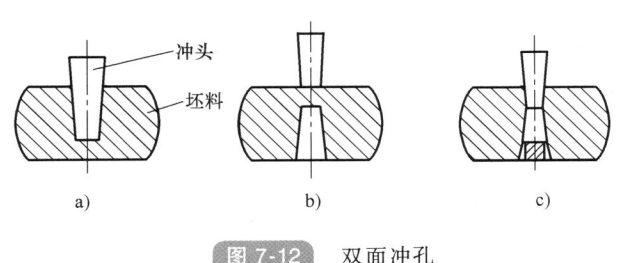

图 7-12　双面冲孔

a）冲一面　b）冲另一面　c）冲孔结束

时，取出冲头，翻转坯料，再用冲头从反面对准位置，冲出孔来；图 7-13 所示为单面冲孔，厚度小的坯料可以采用单面冲孔，冲孔时坯料置于垫环上，将一略带锥度的冲头大端对准冲孔位置，直至冲透为止。

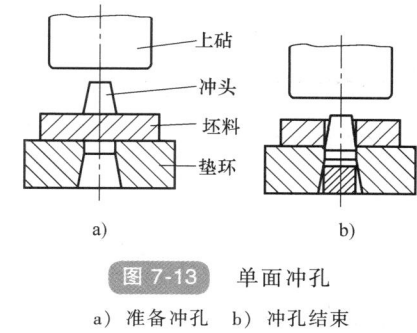

图 7-13　单面冲孔

a）准备冲孔　b）冲孔结束

### 4. 弯曲

弯曲是采用一定的工装模具将坯料弯成所规定的外形的锻造工序，常用于锻造角尺、弯板、吊钩等轴线弯曲的零件。图 7-14 所示为锻锤压紧弯曲。图 7-15 所示为凹模弯曲。

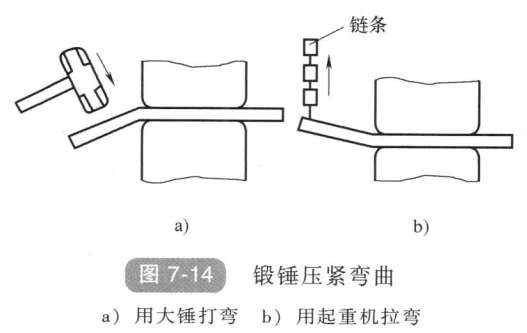

图 7-14　锻锤压紧弯曲

a）用大锤打弯　b）用起重机拉弯

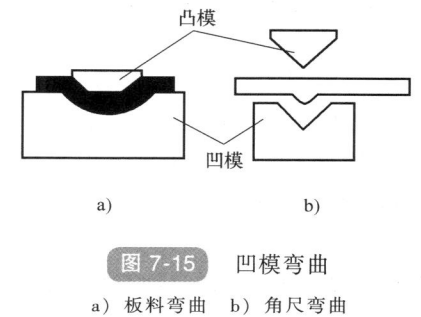

图 7-15　凹模弯曲

a）板料弯曲　b）角尺弯曲

### 5. 切割

切割是将坯料分成几部分或部分地割开，或从坯料的外部割掉一部分，或从坯料的内部割出一部分的锻造工序，如图 7-16 所示。它常用于切除锻件的料头、钢锭的冒口等。

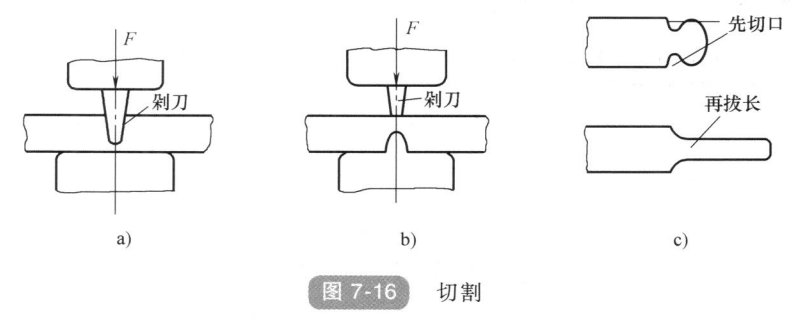

图 7-16　切割

a）单面切割　b）双面切割　c）局部切割后再拔长

### 6. 错移

错移是将坯料的一部分相对另一部分平行错开一段距离的锻造工序，如图 7-17 所示。它常用于锻造曲轴类零件。错移时，先对坯料进行局部切割，然后在切口两侧分别施加大小相等、方向相反且垂直于轴线的冲击力或压力，使坯料实现错移。

### 7. 扭转

扭转是将坯料的一部分相对于另一部分绕其轴线旋转一定角度的锻造工序。该工序多用于锻造多拐曲轴和校正某些锻件。小型坯料扭转角度不大时，可用锤击方法，如图 7-18 所示。

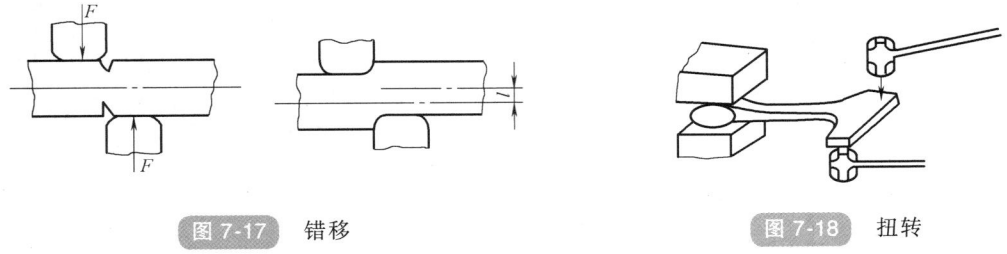

图 7-17　错移　　　　　　　　　图 7-18　扭转

自由锻除了基本工序外，还有辅助工序及精整工序。为了方便基本工序的操作，辅助工序是使坯料预先产生某些局部变形的工序，如压肩、倒棱等；精整工序是修整锻件的最后尺寸和形状，消除表面的不平和歪扭，使锻件达到图样要求的工序，如修整鼓形、平整端面、校直弯曲等。

三、自由锻工艺规程的制定

工艺规程是组织生产过程、控制和检查产品质量的依据。自由锻工艺规程的制定包括绘制锻件图，计算坯料的质量和尺寸，确定锻造工序，选择锻造设备，确定锻造温度范围、冷却方式和热处理等内容。

1. 绘制锻件图

锻件图是在零件图的基础上考虑工艺余块、机械加工余量、锻件公差等因素绘制的，如图 7-19 所示。

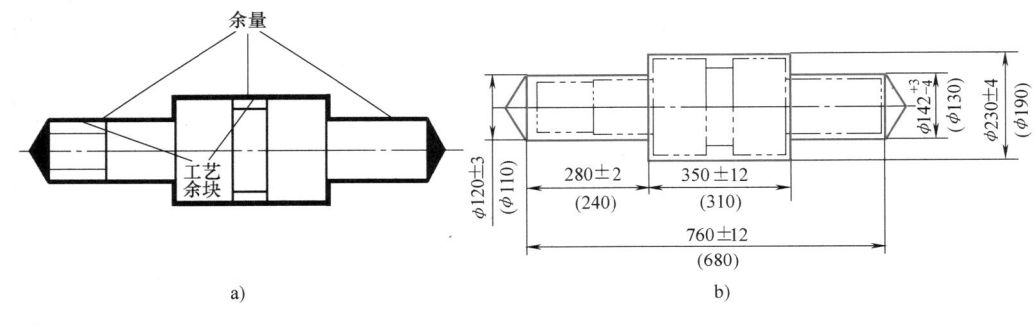

图 7-19　自由锻件图

a）锻件余量及工艺余块　　b）锻件图

（1）工艺余块　工艺余块是指在锻件的某些部位添加一部分金属，以简化锻件的外形，如图 7-19a 所示。增设工艺余块简化了锻件的形状，便于锻造，但增加了切削加工的金属消耗量和工时。因此是否添加工艺余块应根据实际情况综合考虑。

（2）机械加工余量　锻件上凡是需要切削加工的表面应留加工余量。加工余量大小与零件形状、尺寸、精度、表面粗糙度和生产批量等有关，具体数值可查阅有关手册。

（3）锻件公差　锻件公称尺寸是零件的公称尺寸加上加工余量，锻件公差是指规定的锻件公称尺寸的允许变动量。一般锻件公差为加工余量的 1/4～1/3，具体数值可查阅有关手册。

**提示**：绘制锻件图时，锻件形状用粗实线表示，零件主要轮廓形状用双点画线表示，锻件尺寸和公差标注在尺寸线上面，零件尺寸加圆括号标注在尺寸线下面，如图 7-19b 所示。

2. 计算坯料的质量和尺寸

（1）计算坯料的质量　自由锻所用坯料质量为锻件质量与锻造时各种消耗的质量之和，可由下式计算，即

$$m_{坯料} = m_{锻件} + m_{烧损} + m_{料头}$$

其中，锻件质量（$m_{锻件}$）可按锻件公称尺寸计算；金属氧化损失的大小（$m_{烧损}$）与加热炉的种类有关，在火焰炉中加热钢料时，第一次加热取锻件质量的 2%～3%，以后每加热一次烧损量都按锻件质量的 1.5%～2% 计算；截料损失（$m_{料头}$）是指冲孔、切头等截去的金属，一般钢材坯料的截料损失均可取锻件质量的 2%～4%。

（2）计算坯料的尺寸　根据坯料质量和密度的关系，按 $V_{坯料} = m_{坯料}/\rho$（$\rho$——金属的密度，钢铁材料的密度 $\rho = 7.85\text{g/cm}^3$）算出坯料体积 $V_{坯料}$，确定坯料尺寸时，应满足锻件的锻造比要求，并考虑变形工序对坯料尺寸的限制。

1）采用镦粗时，为了避免镦弯，坯料的高径比 $h_{坯料}/d_{坯料} \leqslant 2.5$。将此关系代入体积计算公式，可求出坯料直径 $d_{坯料}$ 或边长 $l_{坯料}$。

对于圆截面坯料：$V_{坯料} = \dfrac{\pi}{4}d_{坯料}^2 h_{坯料} \leqslant 2.5 \times \dfrac{\pi}{4}d_{坯料}^3$

$$d_{坯料} \geqslant 0.8\sqrt[3]{V_{坯料}}$$

对于方截面坯料：$V_{坯料} = l_{坯料}^2 h_{坯料} \leqslant 2.5 l_{坯料}^3$

$$l_{坯料} \geqslant 0.75\sqrt[3]{V_{坯料}}$$

2）采用拔长锻造时，应按着锻件量大截面 $S_{锻}$ 计算锻造比，由公式

$$S_{坯} = Y_{拔长} S_{锻_{max}}$$

式中 $Y_{拔长}$ 一般取 1.1～1.3，求出 $S_{坯}$，然后再求出坯料的直径 $d_{坯}$ 或边长 $l_{坯}$。

3. 确定锻造工序

确定锻造工序的主要依据是锻件的结构形状。表 7-2 列出了常用锻件自由锻适工序及实例。

表 7-2　常用锻件自由锻造工序及实例

| 类　别 | 图　例 | 锻造工序 | 实例 |
|---|---|---|---|
| 实心圆截面光轴及台阶轴 | | 拔长（或镦粗及拔长）、压肩、镦台阶、滚圆 | 主轴、传动轴等 |
| 实心方截面光杆及台阶杆 | | 拔长（或镦粗及拔长）、压肩、镦台阶和冲孔 | 连杆等 |
| 单拐及多拐曲轴 | | 拔长（或镦粗及拔长）、错移、镦台阶、切割、滚圆和扭转 | 曲轴、偏心轴等 |

（续）

| 类　　别 | 图　　　例 | 锻造工序 | 实例 |
|---|---|---|---|
| 空心光环及台阶环 | | 镦粗（或拔长及镦粗）、冲孔、在芯轴上扩孔、定径 | 圆环、齿圈、端盖、套筒 |
| 空心筒 | | 镦粗（或拔长及镦粗）、冲孔、在芯轴上拔长、滚圆 | 圆筒、套筒等 |
| 弯曲件 | | 拔长、弯曲 | 吊钩、弯杆、轴瓦盖 |

### 4. 选择锻造设备

自由锻的主要设备有空气锤、蒸汽-空气锤、水压机等，如图 7-20 所示，选用时主要根据锻件质量和尺寸进行选择。锻件质量小于 100kg 时，可选择空气锤；锻件质量在 100~1000kg 时，可选择蒸汽-空气锤；锻件质量在 1000kg 以上时，可选择水压机。

a)　　　　　　　　　　　　　　b)　　　　　　　　　　　　　　c)

图 7-20　自由锻设备

a）空气锤　b）蒸汽-空气锤　c）水压机

### 5. 确定锻造温度范围

（1）锻造加热的目的　锻造加热的目的是提高金属的塑性和降低变形抗力，以改善其可锻性和获得良好的锻后组织，加热后锻造可以用较小的锻打力量使坯料产生较大的变形而不破裂。碳钢、低合金钢和合金钢锻造时都尽可能在单相的奥氏体区内进行，因为奥氏体组织具有良好的塑性和均匀一致的组织。

（2）锻造温度范围　锻造温度范围是由始锻温度到终锻温度之间的温度区间。

1）始锻温度。始锻温度是开始锻造时坯料的温度，也是允许的最高加热温度。这一温度不宜过高，否则可能造成过热和过烧；但始锻温度也不宜过低，因为过低则使锻造温度范围缩小，缩短锻造操作时间，增加锻造过程的加热次数。所以确定始锻温度的原则是在不出现过热和过烧的前提下，尽量提高始锻温度。碳钢的始锻温度应比固相线低 150~250℃ 左右。始锻温度随着含碳量的增加而降低，如图 7-21 所示。

2）终锻温度。终锻温度是坯料经过锻造成形，在停止锻造时锻件的温度。这一温度过高，停锻后晶粒在高温下会继续长大，造成锻件晶粒粗大；终锻温度过低，则塑性不良，变形困难，容易产生冷变形强化。所以，确定终锻温度的原则是：在保证锻造结束前金属还具有足够的塑性以及锻造后能获得再结晶组织的前提下，终锻温度应低一些，一般高于金属再结晶温度 50~100℃。常用金属的锻造温度范围见表 7-3。

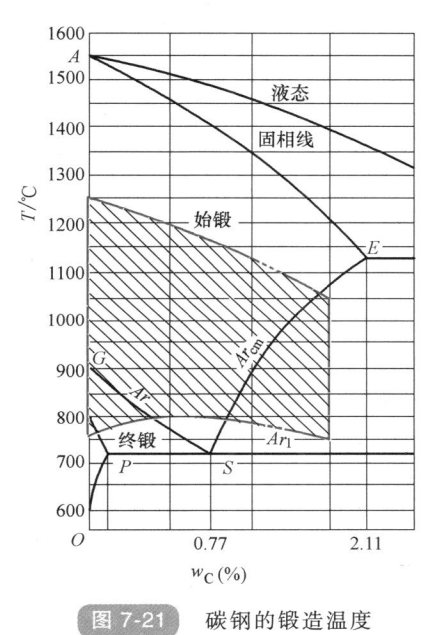

图 7-21 碳钢的锻造温度

表 7-3 常用金属的锻造温度范围

| 钢的类别 | 始锻温度/℃ | 终锻温度/℃ |
|---|---|---|
| 普通质量碳钢 | 1280 | 700 |
| 优质碳素结构钢 | 1200 | 800 |
| 碳素工具钢 | 1100 | 770 |
| 机械结构用合金钢 | 1150~1200 | 800~850 |
| 合金工具钢 | 1050~1150 | 800~850 |
| 不锈钢 | 1100~1180 | 825~850 |
| 耐热钢 | 1100~1150 | 850 |
| 高速钢 | 1100~1150 | 900~950 |
| 铜及铜合金 | 850~900 | 650~700 |
| 铝及铝合金 | 450~480 | 380 |
| 钛合金 | 950~970 | 800~850 |

6. 冷却方式及热处理

（1）冷却方式 锻件热锻成形后，通常都要根据锻件的化学成分、尺寸、形状复杂程度等来确定相应的冷却方法。中、低碳钢小型锻件常采用单个或成堆放在地上空冷；低合金钢锻件及截面宽大的锻件则需要放入坑中或埋在砂、石灰或炉渣等填料中缓慢冷却；高合金钢锻件及大型锻件的冷却速度要缓慢，通常都采用随炉缓冷。如冷却方式不当，会使锻件产生内应力、变形，甚至裂纹。冷却速度过快还会使锻件表面产生硬皮，因而难以进行切削加工。

（2）热处理 一般情况下，结构钢锻件采用退火或正火处理；工具钢锻件采用正火加球化退火；对于不再进行最终热处理的中碳钢和低合金钢重要锻件，如轴类和齿轮类锻件，应进行调质处理。

7. 填写工艺卡

锻造工艺卡上需填写工艺规程制定的所有内容，包括坯料尺寸、工序安排、火次、加热设备、加热及冷却规范、锻造设备、锻件锻后处理等。表 7-4 列出了凸肩齿轮自由锻的工艺卡。

**表 7-4　凸肩齿轮自由锻的工艺卡**

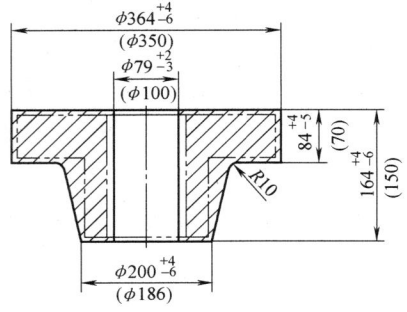

锻件名称:凸肩齿轮

锻件材料:45 钢

坯料质量:96kg

锻件质量:87kg

坯料尺寸:190mm 方坯

使用设备:3t 蒸汽-空气自由锻锤

| 火次 | 温度/℃ | 操作方法及要求 | 变形过程简图 | 使用工具 |
|---|---|---|---|---|
| 1 | 1220~850 | 倒棱,切割:将方坯倒棱至 φ190mm 的圆钢,热剁下料至 340mm | 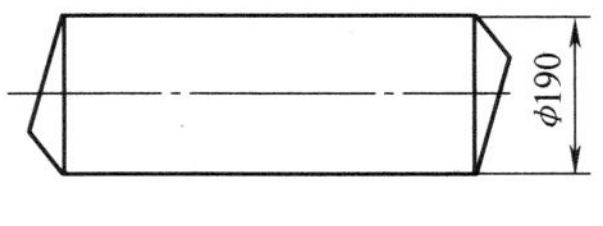 | 上下平砧、夹钳、剁刀 |
| | | 平端头:将锻件立起,轻锻,使两端面平整无毛刺,且与轴线垂直 |  | 上下平钻、夹钳 |
| 2 | 1220~750 | 镦粗:消除氧化皮后,立即放入内孔为 φ200mm,高度为 80mm 的漏盘中,快速局部镦组,边高度为 84mm | 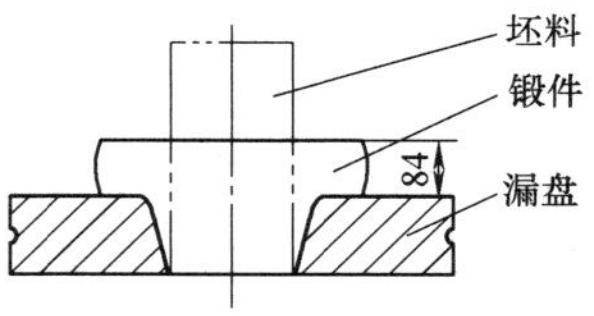 | 上下平钻、夹钳、漏盘 |
| | | 采用双面冲孔:第一次冲孔深度至锻件底部 50mm 处 | 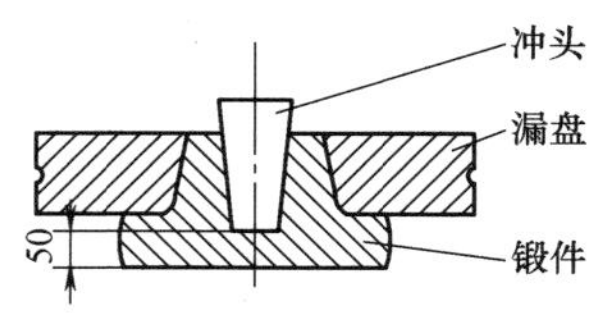 | 上下平钻、冲头、漏盘、夹钳 |
| | | 使用另一个冲头,从另一面锤击至冲透,第一个冲头和芯料一起落下 | 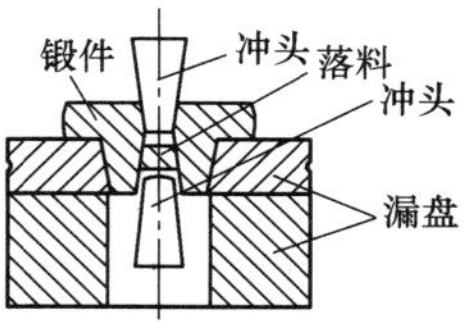 | 上下平钻、冲头、漏盘 |

（续）

| 火次 | 温度/℃ | 操作方法及要求 | 变形过程简图 | 使用工具 |
|---|---|---|---|---|
| 2 | 1220~750 | 取出锻件毛坯:用和齿轮小端相适应的冲头,垫上合适的漏盘将锻件从漏盘里取出 | | 上下平钻、冲头漏盘 |
| | | 滚圆:用平钻轻击凸肩端进行滚圆,并随时用量具检验锻件的径向尺寸,达到 φ364mm | φ364 | 上下平钻 |
| | | 修整:轻击,校平,并达到锻件高度尺寸 84mm | 84 | 上下平砧、漏盘 |

### 四、锻件的结构工艺性

锻件的结构工艺性是指所设计的锻件在满足使用性能要求的前提下锻造成形的难易程度，设计锻件结构时应该考虑金属的可锻性和锻造工艺，尽量使锻造过程简单。

1. 尽量避免锥面或斜面结构

图 7-22a、c 所示锻件，具有锥面或斜面结构，锻造时需要专用工具，锻件成形较困难，工艺过程复杂，改成图 7-22b、d 所示结构即可改善锻件的工艺性。

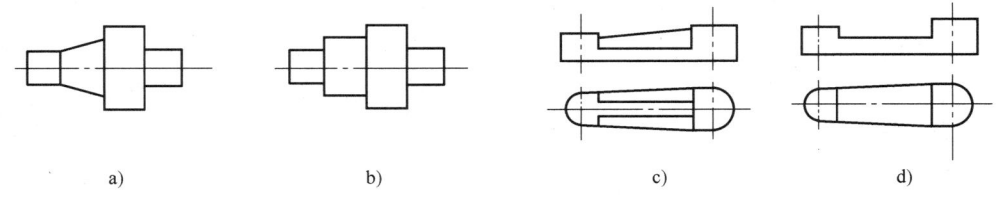

图 7-22　避免锥面或斜面结构

a）、c）不合理　b）、d）合理

2. 避免几何体的交接处形成空间曲线

图 7-23a、c 所示的圆柱面与圆柱面相交成形十分困难，改成图 7-23b、d 所示的平面相交，消除空间曲线，使得锻造难度下降。

3. 避免加强筋和凸台

具有加强筋或表面有凸台结构的锻件，自由锻难以锻出，应采用无加强筋或无凸台结构，如图 7-24 所示。

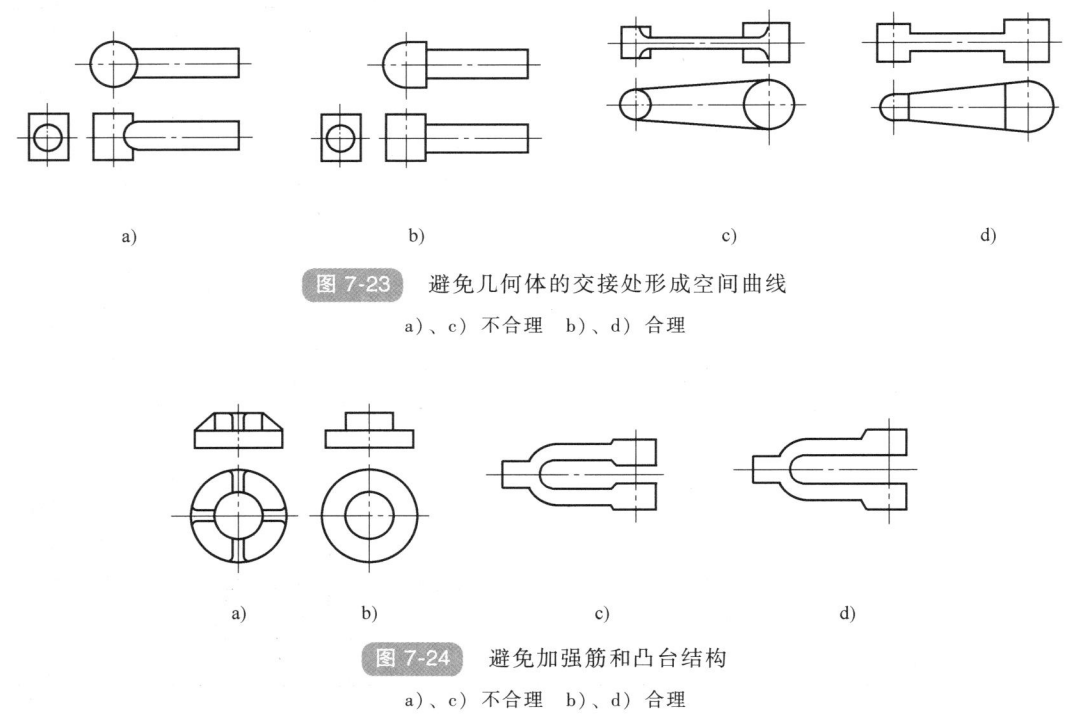

a)　　　　　　　　b)　　　　　　　　c)　　　　　　　　d)

**图 7-23** 避免几何体的交接处形成空间曲线

a）、c）不合理　b）、d）合理

a)　　　　　　　　b)　　　　　　　　c)　　　　　　　　d)

**图 7-24** 避免加强筋和凸台结构

a）、c）不合理　b）、d）合理

# 第三节　模锻的应用

　　模锻是利用模具使坯料变形而获得锻件的锻造方法。用模锻方法生产的锻件称为模锻件。由于坯料在锻模内整体锻打成形，因此，所需的变形力较大。

　　模锻与自由锻相比有很多优点，如模锻生产率高，有时可比自由锻高几十倍；锻件尺寸比较精确；切削加工余量小，故可节省金属材料，减少切削加工工时；能锻制形状比较复杂的锻件。但模锻受到设备吨位的限制，模锻件质量一般都在 150t 以下，且制造锻模的成本较高。因此，模锻主要用于形状比较复杂、精度要求较高的中小型锻件的大批生产。

　　按所用设备不同，模锻可分为锤上模锻、胎模锻、压力机上模锻等。

　　一、锤上模锻

　　图 7-25 所示为锤上模锻。锻模由上模和下模两部分组成，分别安装在锤头和模垫上。工作时上模随锤头一起上下运动。上模向下扣合时，对模膛中的坯料进行冲击，使之充满整个模膛，从而得到所需锻件。

　　1. 锻模的结构

　　根据功用的不同，锻模的模膛可分为制坯模膛和模锻模膛两大类。

　　（1）制坯模膛　模锻比较复杂的锻件时，为了

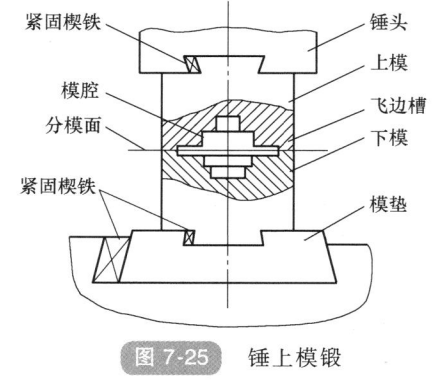

**图 7-25** 锤上模锻

紧固楔铁　锤头
模膛　上模
分模面　飞边槽
下模
紧固楔铁　模垫

便于成形，先使坯料初步变形所用的模膛称为制坯模膛。

根据制坯工步的不同，制坯模膛又可分为拔长模膛、滚压模膛、弯曲模膛、切断模膛等，如图 7-26 所示。

1）拔长模膛。用来减小坯料某部分的横截面面积，以增加该部分的长度；坯料送进并需不断翻转，如图 7-26a 所示。

2）滚压模膛。在坯料长度基本不变的前提下，减小坯料某部分的横截面面积，以增大另一部分的横截面面积；操作时需不断翻转坯料，如图 7-26b 所示。

3）弯曲模膛。对于弯曲的杆类模锻件，需采用弯曲模膛来弯曲坯料，弯曲后的坯料需翻转 90°再放入模锻模膛中成形，如图 7-26c 所示。

4）切断模膛。它是在上模与下模的角部组成一对刃口，用来切断金属，使锻件与坯料分离。

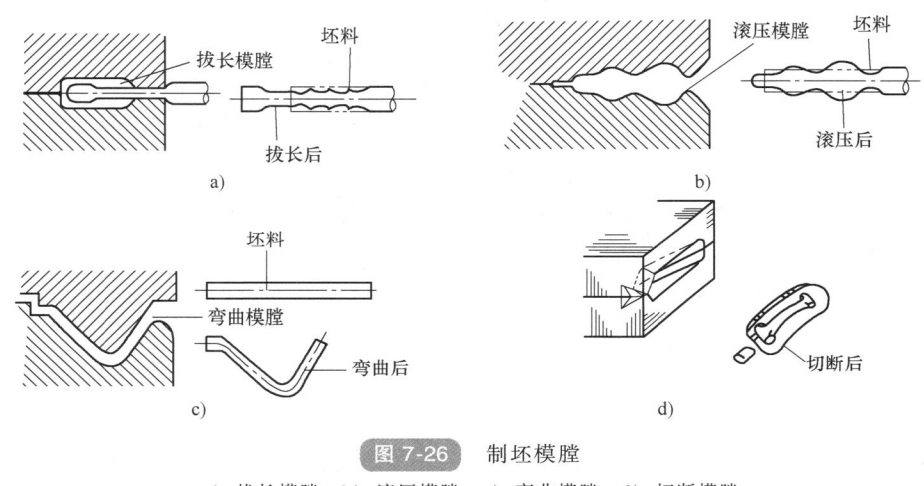

图 7-26 制坯模膛

a）拔长模膛　b）滚压模膛　c）弯曲模膛　d）切断模膛

（2）模锻模膛　模锻模膛可分为预锻模膛和终锻模膛。

1）预锻模膛。预锻模膛是为改善终锻时金属流动条件，使坯料变形到接近于锻件的形状和尺寸的模膛。预锻模膛有利于坯料最终成形，并减少终锻模膛磨损。

2）终锻模膛。终锻模膛是模锻时最后成形用的模膛，其作用是使金属坯料最终变形到所要求的形状与尺寸。

根据锻件复杂程度，锻模又分为单模膛锻模和多模膛锻模。单模膛锻模是在一副锻模上，只有终锻模膛；多模膛锻模则有两个以上模膛。图 7-27 所示为连杆的多模膛锻模。

2. 模锻工艺规程的制定

模锻工艺规程包括绘制模锻件图、计算坯料质量、确定模锻工步及安排修正工序等。

（1）绘制模锻件图

1）分模面位置的选择。确定分模面位置最基本的原则是模锻件容易从锻模模膛中取出。绘制模锻件图时要注意以下几点。

① 尽可能采用直线分型，如图 7-28 所示，使锻模结构简单，防止上下模错移。

② 对头部尺寸较大的长轴类模锻件可以折线分型，使上下模膛深度大致相等，使尖角处易于充满，如图 7-29 所示。

③ 尽可能将分模位置选在模锻件侧面中部，如图 7-30 所示，这样易于在生产过程中发现上下模错移。

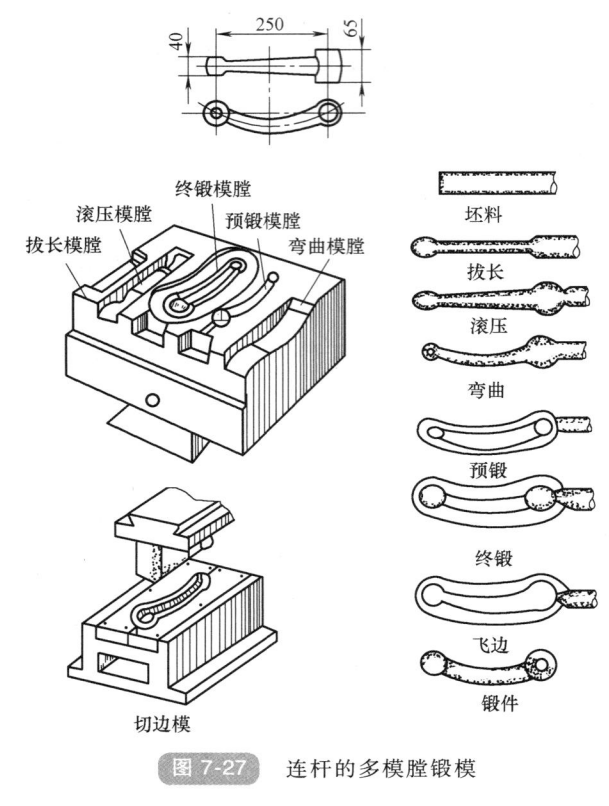

图 7-27　连杆的多模膛锻模

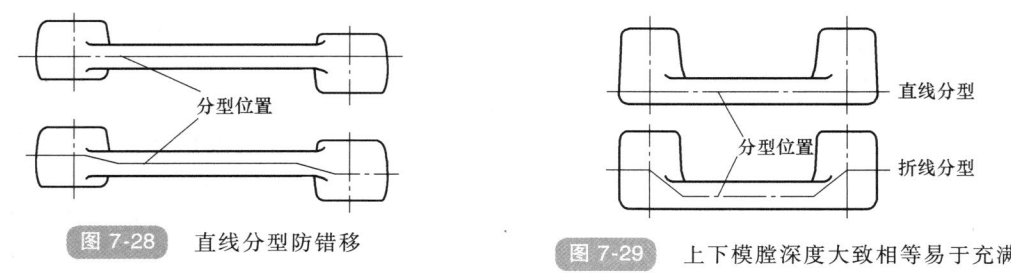

图 7-28　直线分型防错移

图 7-29　上下模膛深度大致相等易于充满

④ 圆饼类模锻件（$H \leq D$）时，应采取径向分型，不宜采用轴向分型如图 7-31 所示。

⑤ 模锻件形状较复杂部分应该尽量安排在上模。

2）确定加工余量和公差。模锻件上凡是尺寸精度和表面质量达不到零件图要求的部位，

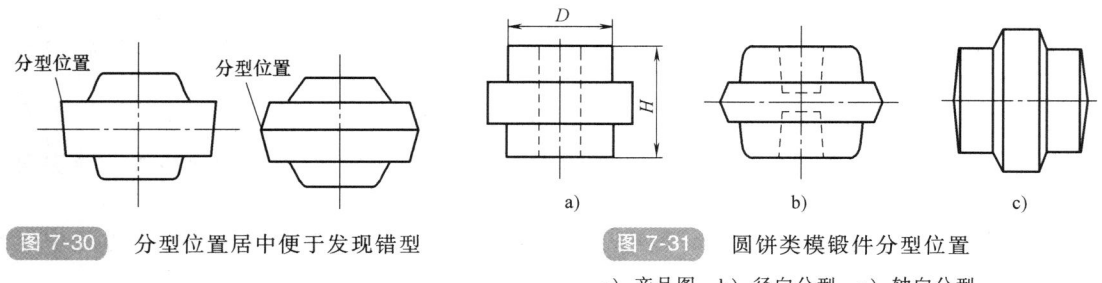

图 7-30　分型位置居中便于发现错型

图 7-31　圆饼类模锻件分型位置

a）产品图　b）径向分型　c）轴向分型

需要在锻后进行机械加工，这些部位应预留加工余量和公差，其加工余量和公差比自由锻件小得多，一般加工余量为1~4mm，公差为±(0.3~3)mm，具体数值可查有关手册。

3）确定模锻斜度。为使模锻件容易从模镗中取出，垂直于分模面的锻件表面上必须有一定斜度，如图7-32所示。

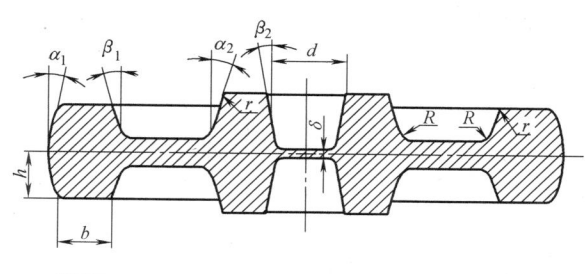

图 7-32 模锻斜度、模锻圆角和冲孔连皮

4）确定模锻圆角。模锻件上凸起和凹下的部位均应带有圆角，如图7-32所示。

5）冲孔连皮。模锻时不能直接锻出零件上的通孔，所锻成的不通孔内留有一定厚度的金属层，称为冲孔连皮。

（2）计算坯料质量 步骤与自由锻相同。坯料质量包括锻件、飞边和烧损质量。一般飞边质量是锻件质量的20%~25%；烧损质量是锻件和飞边质量总和的2.5%~4%。

（3）确定模锻工步 模锻工步是根据模锻件的形状和尺寸确定的。表7-5列出了长轴类模锻件制坯工步选择示例。

表 7-5 长轴类模锻件制坯工步选择示例

| 类别 | 模锻件简图 | 工步简图 | 制坯工步说明 |
|---|---|---|---|
| 直长轴模锻件 | | | 拔长<br>滚压 |
| 弯曲轴模锻件 | | | 拔长<br>滚压<br>弯曲 |
| 带枝芽长轴模锻件 | | | 拔长<br>成形<br>预锻 |

（续）

| 类别 | 模锻件简图 | 工步简图 | 制坯工步说明 |
|---|---|---|---|
| 带叉长轴模锻件 | 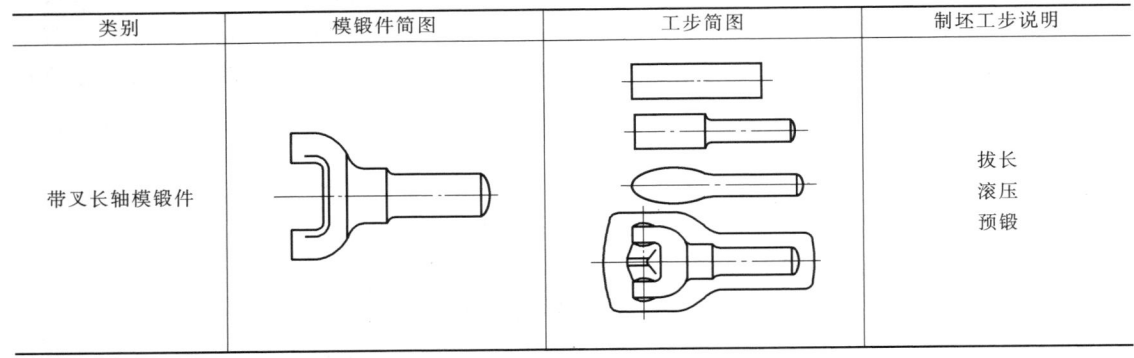 | | 拔长<br>滚压<br>预锻 |

### 3. 模锻件的结构工艺性

（1）模锻件应具有合理的分模面　模锻件是在模腔内成形的，模锻件的形状应使其能容易充满模腔和从模腔中顺利地取出。为此在设计结构时，应考虑到分模面、模锻斜度及圆角等问题。分模面应使模腔深度最小，宽度最大，敷料最少，如图 7-33 所示，图中涂黑处为敷料，目的是便于出模和金属流动。

（2）模锻件尽量避免薄壁、高筋等结构　薄壁和高筋结构冷却较快，易于使变形不均匀。图 7-34a 所示模锻件有一高而薄的凸缘不易成形；图 7-34b 所示模锻件扁而薄，锻造时薄壁部分的金属容易冷却，不易充满模腔。

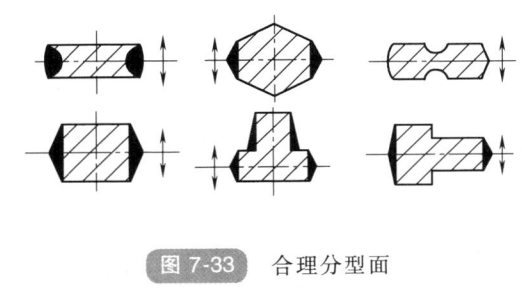

图 7-33　合理分型面

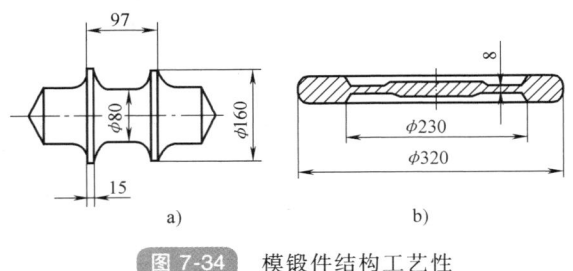

图 7-34　模锻件结构工艺性

### 二、胎模锻

胎模锻是在自由锻设备上使用可移动模具生产模锻件的一种锻造方法。胎模是一种只有一个模腔且不固定在锻造设备上的锻模。胎模锻是介于自由锻和模锻之间的一种锻造方法，一般都用自由锻方法制坯，使坯料初步成形，然后在胎模中终锻成形。胎模不固定在锤头或砧座上，只是在使用时才放上去。常用的胎膜按其结构主要有以下三种类型。

1. 扣模

扣模由上、下扣组成或上扣由上砧代替，如图 7-35 所示。锻造时锻件不转动，初锻成形后锻件翻转 90°在锤砧上平整侧面。它主要用于非回转体长杆锻件的全部或局部连续成形，操作时坯料前后移动。

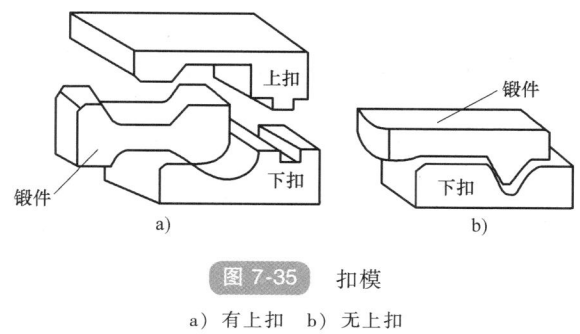

图 7-35 扣模

a）有上扣 b）无上扣

2. 套模（筒模）

套模分开式套模和闭式套模两种。开式套模只有下模，上模用上砧代替，如图 7-36 所示，它主要用于回转体锻件（如端盖、齿轮）的最终成形或制坯，当用于最终成形时，锻件的端面必须是平面。闭式套模由套筒、上模垫及下模垫组成，如图 7-37 所示。它主要用于端面凸台或凹坑的回转体类锻件的制坯和最终成形，有时也用于非回转体类锻件。

图 7-36 开式套模

图 7-37 闭式套模

3. 合模

合模由上、下模组成，如图 7-38 所示。为使上、下模吻合和不使锻件产生差错，常用导柱和导销定位。合模适用于各类锻件的终锻成形，尤其是非回转体类复杂形状的锻件，如连杆、叉形件等。

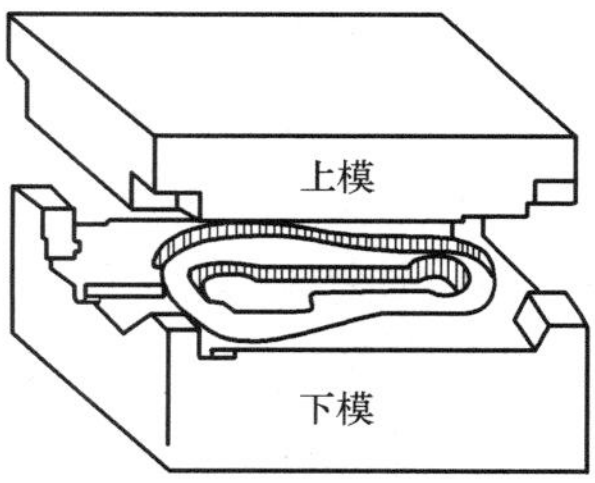

**提示**：胎模锻件的尺寸精度不如模锻件高，生产率较低，

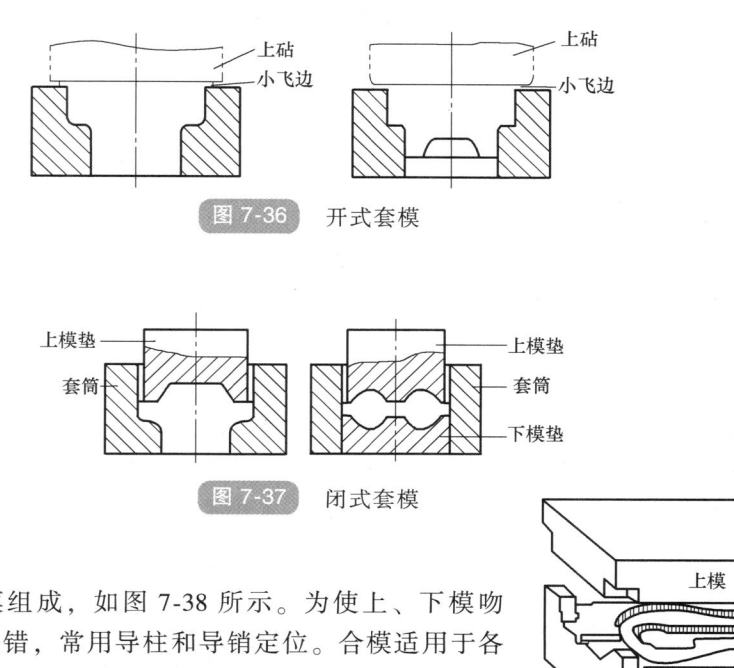

图 7-38 合模

55

模具寿命短，适用于中小批量的锻件生产中。

### 三、压力机上模锻

压力机上模锻主要有摩擦压力机上模锻、曲柄压力机上模锻、平锻机上模锻等，其工艺特点及主要应用见表7-6。

**表7-6 压力机上模锻工艺特点及主要应用**

| 模锻方法 | 工艺特点 | 主要应用 |
| --- | --- | --- |
| 摩擦压力机上模锻 | 吨位为3500kN的摩擦压力机使用较多，最大吨位可达10000kN<br>1）工艺用途广。摩擦压力机的锻造力和滑块行程可以自由调节，能够满足不同变形工步的要求<br>2）滑块运动速度低，金属再结晶充分，特别适合锻造低塑性合金钢和有色金属，但生产率较低<br>3）旋转运动的螺杆和直线运动的滑块间为非刚性连接，故承受偏心载荷能力差，通常只能进行单模膛锻造<br>4）摩擦传动效率低，设备吨位受到限制 | 适合于中小型锻件的中、小批量生产，如螺钉、螺母及一些不需要制坯的小型锻件 |
| 曲柄压力机上模锻 | 模锻专用曲柄压力机，也称为热模锻压力机，其已成为现代模锻的主要设备，吨位一般是 $2\times10^3 \sim 1.2\times10^5$ kN<br>1）在滑块的一次往复行程中即可完成一个工步的变形。坯料变形比较深透而均匀，有利于提高锻件质量<br>2）滑块运动精度高，且有锻件顶出装置，因此锻件的公差、机械加工余量和模锻斜度都比锤上模锻小<br>3）曲柄压力机作用力属静压力，金属在模膛内流动缓慢<br>4）生产率比锤上模锻高很多，且易实现机械化和自动化，锻造时振动和噪声小<br>5）曲柄压力机结构复杂，不宜进行拔长和滚压工步 | 适合于耐热合金、镁合金以及对变形速度敏感的低塑性合金的大批大量生产 |
| 平锻机上模锻 | 吨位一般为 $1\times10^3 \sim 3.15\times10^4$ kN<br>1）坯料长度不受设备工作空间的限制，可锻造其他立式锻造设备不能锻造的长杆类锻件<br>2）因为有两个分模面，故可以锻造在两个方向上有凹槽、凹孔的锻件<br>3）锻件尺寸精确，表面粗糙度小<br>4）节省金属，材料利用率可达85%～95%<br>5）难以锻造非回转体及中心不对称的锻件 | 最适合的锻件是带头部的杆类和有孔的锻件，也可以锻造曲柄压力机上不能模锻的一些锻件 |

## 第四节　常见冲压方法及应用

冲压是利用压力机和冲模对材料施加压力，使其分离或产生塑性变形，以获得一定形状和尺寸的加工方法。冲压通常在常温下进行，主要用于金属板料成形加工。

### 一、冲压成形概述

冲压主要是对薄板（其厚度一般不超过8mm）进行冷变形，所以一般冲压件的质量都较小。冲压的坯板必须具有良好的塑性。常用的冲压材料有低碳钢、塑性好的合金钢以及铜、铝等有色金属。冲压设备主要为压力机。冲压操作简便，易于实现机械化和自动化，生产率高，成本低，其在汽车、航空、电器、仪表等工业中应用广泛。例如：汽车的车身、底盘、油箱、散热器片，锅炉的锅筒，容器的壳体，电动机、电器的铁心硅钢片等都是冲压加工的。图 7-39 所示为冲压加工的应用。但是由于冲模制造复杂，成本高，所以只有在大批生产时，这种方法的优越性才显得更为突出。

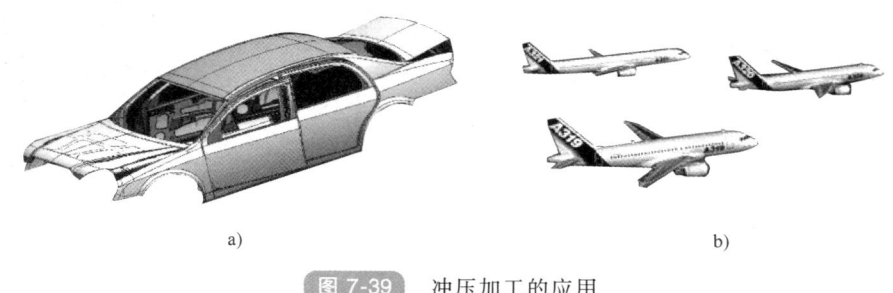

a)　　　　　　　　　　　　　　　　　b)

**图 7-39**　冲压加工的应用

a）车身外覆盖冲压件　b）飞机蒙皮

**二、冲压的基本工序**

冲压的基本工序可分为分离和成形两大类。

**1. 分离工序**

分离工序是使坯料的一部分与另一部分相互分离的工序，如剪切、落料、冲孔等。

（1）剪切　剪切是将材料沿不封闭的曲线分离的一种冲压方法。剪切通常都是在剪板机上进行的。

（2）冲裁　冲裁是利用冲模将板料以封闭轮廓与坯料分离的冲压方法。落料和冲孔都属于冲裁。两者的目的不同：落料是被冲下的部分为工件，周边是废料，如图 7-40a 所示；冲孔是被冲下的部分为废料，周边是工件，如图 7-40b 所示。

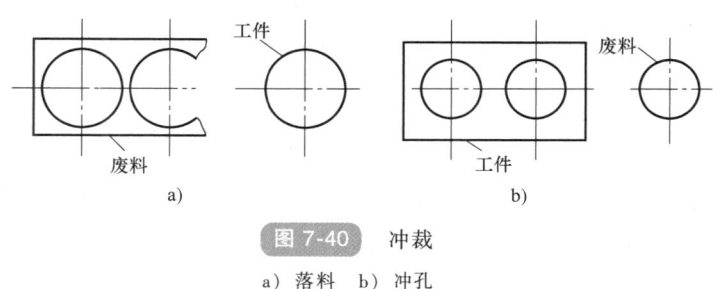

a)　　　　　　　　　　　　b)

**图 7-40**　冲裁

a）落料　b）冲孔

1）冲裁的过程。金属板料分离过程如图 7-41 所示。凸模和凹模都具有锋利的刃口，两者之间有一定的间隙 $z$。当凸模压下时，板料将经弹性变形、塑性变形和断裂分离三个阶段的变化。当凸模（冲头）接触板料向下运动时，首先使板料产生弹性变形；当板料内的拉应力值达到屈服强度时，产生塑性变形；变形达到一定程度时，位于凸、凹模刃口处的板料由于应力集中使拉应力超过板料的抗拉强度，从而产生微裂纹；上下裂纹汇合时，板料即被冲断。

2）冲裁间隙的选择。正确选择合理的间隙值对落料与冲孔生产是至关重要的。当冲裁件断面质量要求较高时，选较小间隙值；反之则尽量加大间隙，以提高冲模寿命。合理的间隙值可由有关手册查得。在实际生产中，对于低碳钢、铝合金等，$z=(0.06\sim0.1)\delta$，$\delta$ 为板

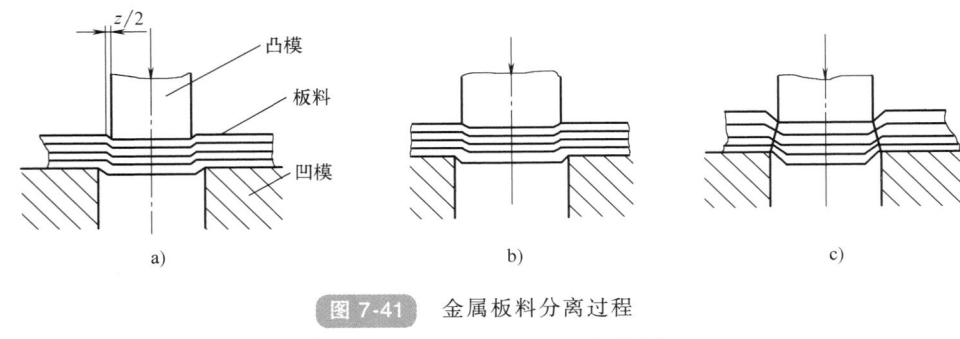

图 7-41   金属板料分离过程

a) 弹性变形   b) 塑性变形   c) 断裂分离

的厚度；对于高碳钢，$z = (0.08 \sim 0.12)\delta$。

3) 冲裁凸、凹模刃口尺寸的确定。由于有间隙存在，使用同一副冲模所完成的落料件和冲孔件的尺寸不同。

冲孔件尺寸取决于凸模刃口尺寸。设计时，取凸模作为设计基准，即凸模的刃口尺寸等于冲孔尺寸，凹模刃口尺寸等于冲孔尺寸加上间隙 $z$。

落料件尺寸取决于凹模刃口的尺寸。设计时，取凹模作为设计基准，即凹模的刃口尺寸等于落料尺寸，凸模刃口尺寸等于落料尺寸减去间隙 $z$。

2. 成形工序

成形工序是使坯料的一部分相对于另一部分产生位移而不破裂的工序，如弯曲、拉深、翻边等。

（1）弯曲   弯曲是将板料、型材或管材等弯成具有一定曲率和角度的成形方法，如图 7-42 所示。弯曲结束后，由于弹性变形的恢复，坯料的形状和尺寸都发生了与弯曲时变形方向相反的变化，因此被弯曲的角度比模具的角度稍大一些，这种现象称为回弹（回弹角一般都小于 10°）。为抵消回弹现象对弯曲件的影响，弯曲模的角度应比成品零件的角度小一个回弹角。

板料弯曲时要注意其流线（轧制时形成的）合理分布，应使流线方向与弯曲圆弧的方向一致，如图 7-43 所示。这样不仅能防止弯曲时弯裂，也有利于提高弯曲件的使用性能。图 7-44 所示为弯曲后的产品示意图。

（2）拉深   拉深是使平面板料（或浅的空心坯）成形为空心件（或深的空心件）的成形方法，如图 7-45 所示。

在拉深过程中，由于板料边缘受到压应力的作用，很可能产生波浪状变形折皱，如图 7-46a 所示。板料厚度 $\delta$ 越小，拉深深度越大，就越容易产生折皱。为防止折皱的产生，必须将板料压住。

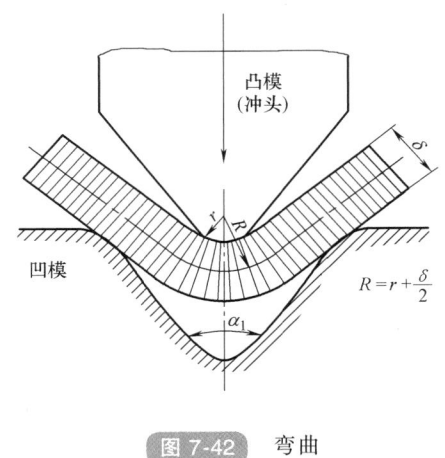

图 7-42   弯曲

压力的大小以板料不起皱，不拉裂为宜。如拉应力超过拉深件底部抗拉强度，拉深件底部就会被拉裂，如图 7-46b 所示。为了防止拉裂，减少应力在弯曲处集中，凸、凹模的边缘应为圆角。

当冲压件的深度与直径比值较大，不能一次拉深成形时，可采用多次拉深，如图 7-47 所示。多次拉深需要中间退火，消除冷变形强化现象，回复塑性。

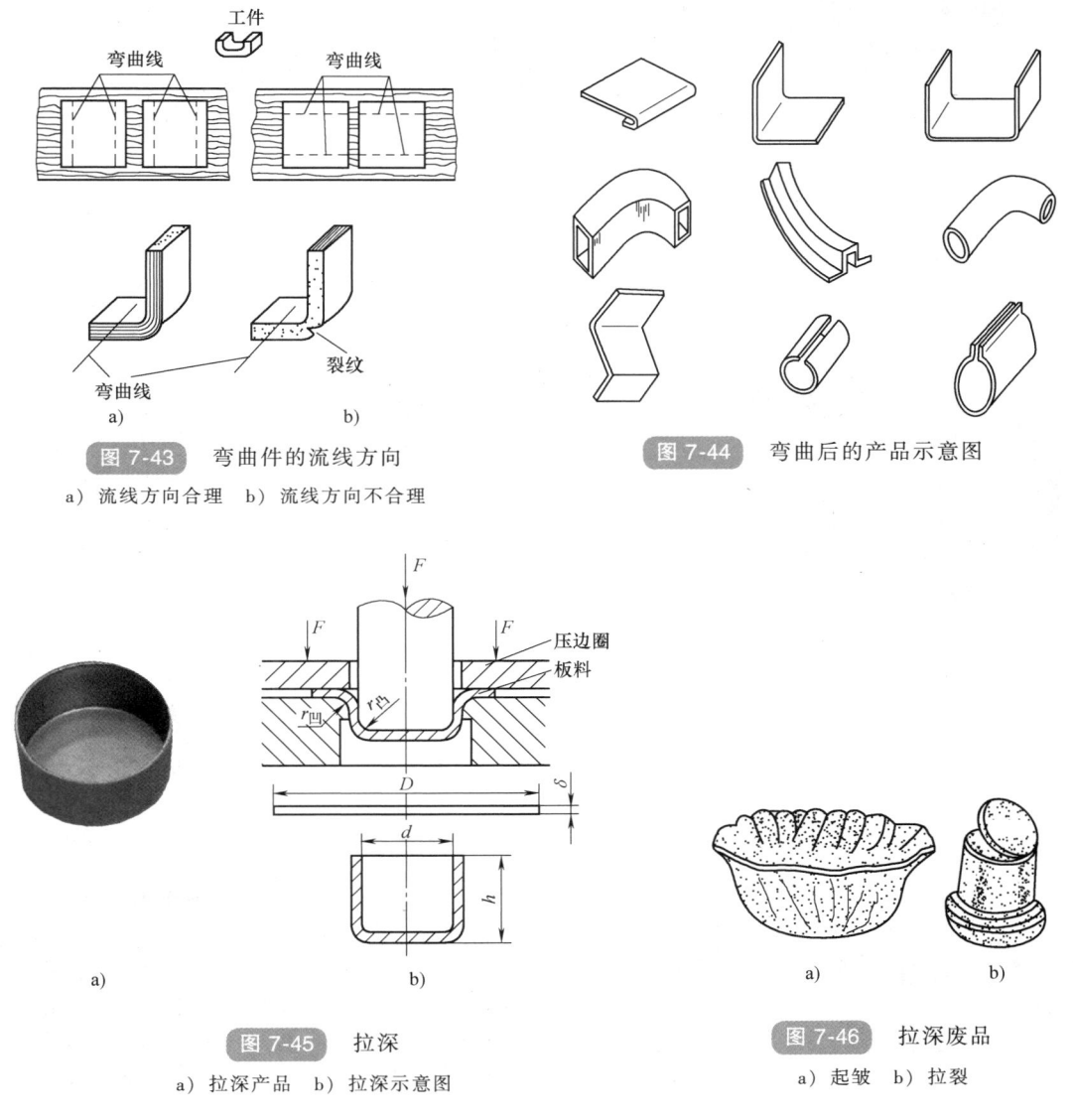

图 7-43 弯曲件的流线方向

a）流线方向合理 b）流线方向不合理

图 7-44 弯曲后的产品示意图

图 7-45 拉深

a）拉深产品 b）拉深示意图

图 7-46 拉深废品

a）起皱 b）拉裂

（3）翻边 在坯料的平面或曲面部分的边缘，沿一定曲线翻起竖立直边的成形方法，称为翻边。将板料或工件上有孔的边缘翻成竖立边缘，称为孔的翻边，如图 7-48 所示。

（4）缩口 缩口是将管件或空心制件的端部加压，使其径向尺寸缩小的成形方法，如图 7-49 所示。

（5）局部成形 局部成形是使板料或半成品改变局部形状的成形方法，包括压筋、胀形等，如图 7-50 所示。

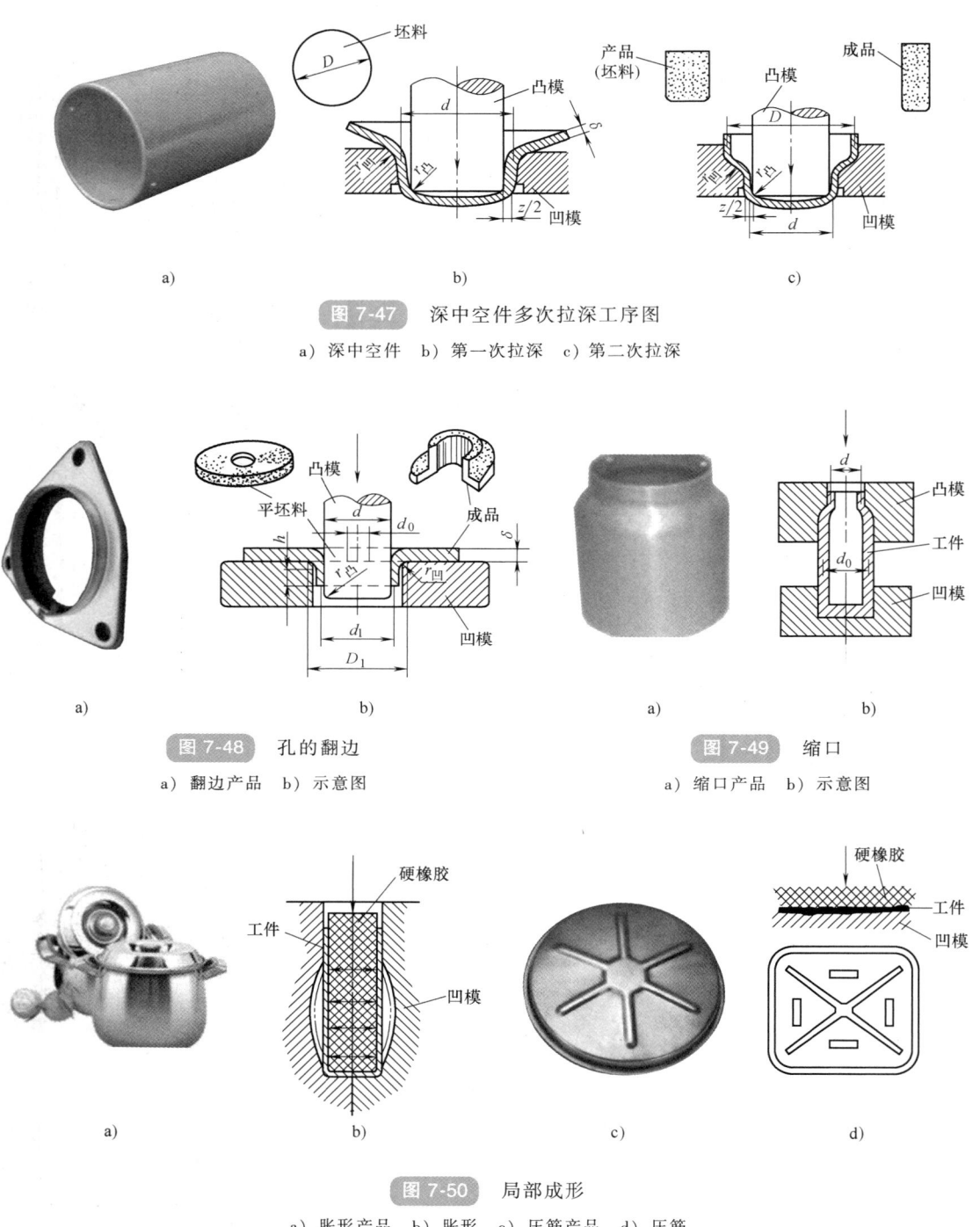

图 7-47　深中空件多次拉深工序图

a）深中空件　b）第一次拉深　c）第二次拉深

图 7-48　孔的翻边

a）翻边产品　b）示意图

图 7-49　缩口

a）缩口产品　b）示意图

图 7-50　局部成形

a）胀形产品　b）胀形　c）压筋产品　d）压筋

### 三、典型零件的冲压工艺

图 7-51 为汽车消声器零件的冲压工艺。它是由三次拉深、一次冲孔、两次翻边和一次切槽七个工序组成的。

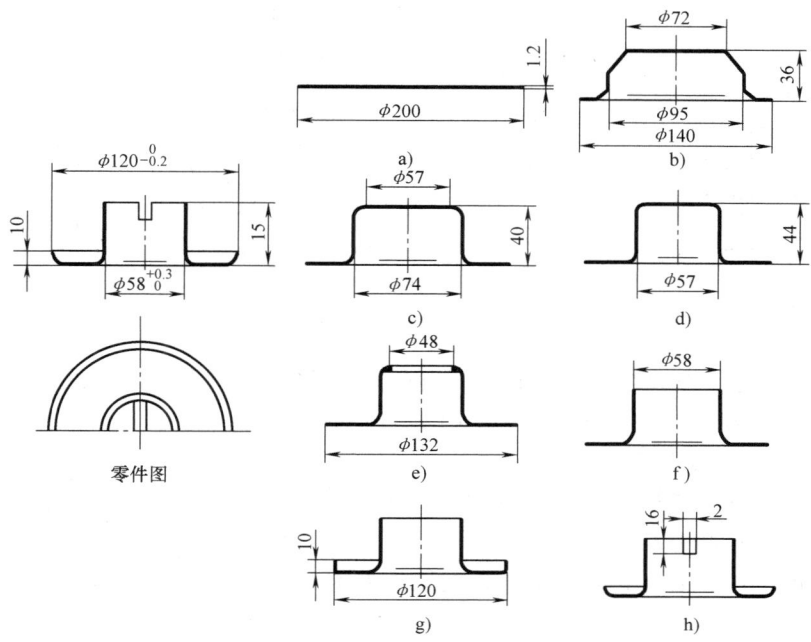

**图 7-51**　汽车消声器零件的冲压工艺

a）坯料　b）第一次拉深　c）第二次拉深　d）第三次拉深　e）冲孔　f）第一次翻边

g）第二次翻边　h）切槽

### 四、冲压件的结构工艺性

冲压件的结构工艺性是指所设计的冲压件在满足使用性能要求的前提下冲压成形的难易程度。良好的冲压件结构应与材料的冲压性能、冲压工艺相适应。

1. 对冲裁件的结构要求

1）冲裁件的结构应便于合理排样，以减小废料，如图 7-52 所示。

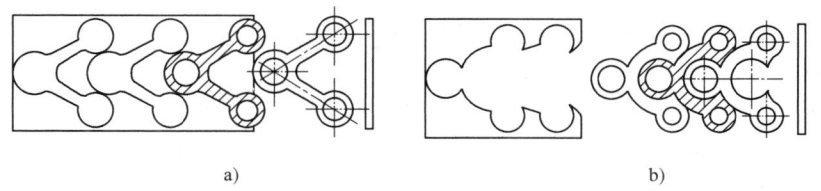

**图 7-52**　冲裁件形状与材料利用率的关系

a）不合理　b）合理

2）为了保证模具强度和冲裁件的质量，对凹槽尺寸、凸臂尺寸、孔的尺寸、孔之间距离、孔边之间距离、轮廓圆角半径等均有最小尺寸要求，如图 7-53 所示。

2. 对弯曲件的结构要求

1）弯曲件的弯曲边不宜过短，弯曲边直线高度应大于板厚的 2 倍，否则应先压槽后弯曲或加高弯曲后再将多余的高度切除，如图 7-54 所示。

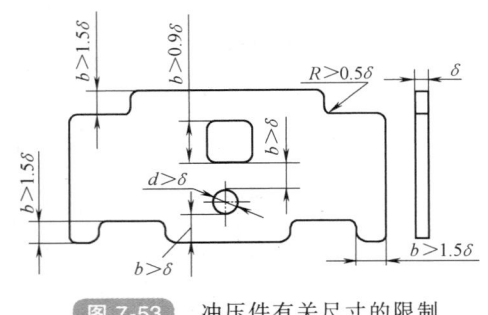

图 7-53　冲压件有关尺寸的限制

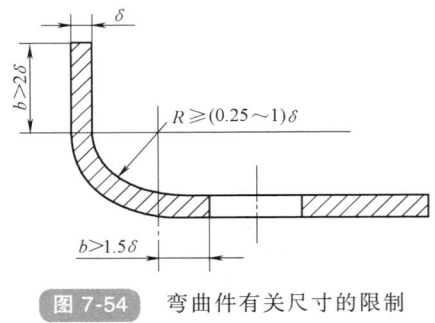

图 7-54　弯曲件有关尺寸的限制

2) 在弯曲半径较小的弯曲边交接处, 容易产生应力集中而破裂, 可事先钻出止裂孔 (工艺孔), 能有效地防止裂纹的产生, 如图 7-55 所示。

3. 对拉深件的结构要求

1) 拉深件的外形应尽量简单、对称, 以减少拉深件的成形难度和模具制造难度。

2) 尽量减小拉深件的中空深度, 以便减少拉深次数, 易于成形。

3) 拉深件应有结构圆角, 否则将增加拉深次数及整形工作量, 甚至产生拉裂现象。

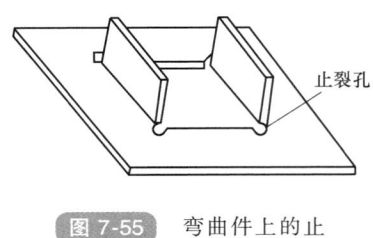

图 7-55　弯曲件上的止裂孔

五、冲模的分类和结构

冲模按完成的工序, 可分为简单模、连续模和复合模。

1. 简单模

压力机滑块在一次行程内只能完成一个工序。图 7-56 所示为落料用的单工序模, 压板 6 将凹模 7 固定在下模座 5 上, 下模座用螺栓固定在压力机工作台上, 凸模 11 用压板 12 固定在上模座 2 上, 上模座通过模柄 1 与压力机滑块相连。利用导柱 4 和导套 3 的导向, 可保证凸、凹模间的间隙均匀。工作时坯料沿两个导料板 8 之间送进, 碰到挡料销 9 为止。冲下的零件落入凹模孔, 凸模返回时由卸料板 10 将坯料推下, 继续送料至挡料销, 如此重复上述动作, 可连续工作。

2. 连续模

在压力机的一次行程中, 在模具的不同部位上同时完成数道冲压工序的模具, 称为连续模。图 7-57 所示为冲压垫圈的连续模。工作时, 定位销 2 对准预先冲好的定位孔, 上模继续下降时落料凸模 1 进行落料, 冲孔凸模 3 进行冲孔。当上模回程时, 卸料板 4 从凸模上推下残料。这时, 再将坯料 5 向前送进, 如此循环进行, 每次送进距离由挡料销控制。

3. 复合模

利用压力机的一次行程, 在模具的同一位置同时完成两道以上冲压工序的模具, 称为复合模。图 7-58 所示为落料及拉深工序的复合模。当压力机滑块带着上模下降时, 首先落料凸模 1 进行落料, 然后由下面的拉深凸模 7 将条料 4 顶入拉深凹模 3 中进行拉深, 顶出器 8 和卸料板 5 在滑块回程时将成品 11 推出模具。

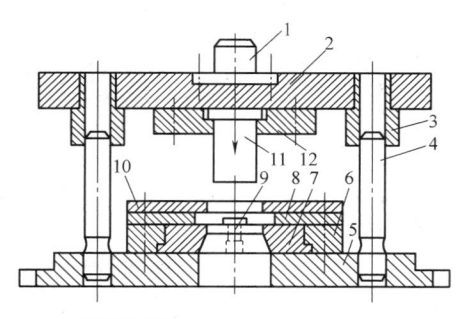
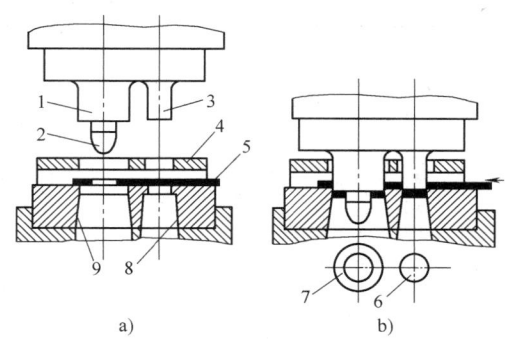

图 7-56　落料用的单工序模

1—模柄　2—上模座　3—导套　4—导柱　5—下模座
6、12—压板　7—凹模　8—导料板　9—挡料销
10—卸料板　11—凸模

图 7-57　冲压垫圈的连续模

1—落料凸模　2—定位销　3—冲孔凸模　4—卸料板
5—坯料　6—废料　7—成品
8—冲孔凹模　9—落料凹模

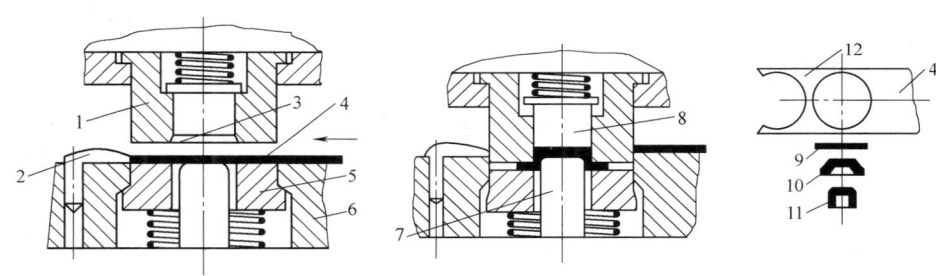

图 7-58　落料及拉深工序的复合模

1—落料凸模　2—挡料销　3—拉深凹模　4—条料　5—卸料板　6—落料凹模　7—拉深凸模
8—顶出器　9—坯料　10—开始拉深件　11—成品　12—切除材料

# 第五节　生产中常见问题分析

锻件的缺陷很多，产生的原因也多种多样，有锻造工艺不良造成的、有原材料的原因、有模具设计不合理所致等。尤其是少、无屑加工的精密锻件，更是难以做到完全控制。

**一、锻造常见缺陷**

1. 加热过程中的缺陷

金属在锻造加热过程中可能产生的缺陷有氧化、脱碳、过热、过烧和开裂等。正确的加热应尽量减少或根本防止这些缺陷的产生。加热过程中的缺陷及其防止（减少）措施见表7-7。

2. 自由锻件常见缺陷

在自由锻生产中，锻件的缺陷产生与如下因素有关。

1）原材料及下料所产生的缺陷未予消除。

2）锻造加热不当。

3）锻造操作不当或工具不合适。

表 7-7　加热过程中的缺陷及其防止（减少）措施

| 名　称 | 实　质 | 危　害 | 防止（减少）措施 |
|---|---|---|---|
| 氧化 | 坯料表面铁元素氧化 | 烧损材料,降低锻件精度和表面质量,减少模具寿命 | 在高温区减少加热时间;采用控制炉气成分的少、无氧化加热或电加热等 |
| 脱碳 | 坯料表面碳分氧化 | 降低锻件表面硬度,表层易产生龟裂 | |
| 过热 | 加热温度过高,停留时间长造成晶粒大 | 锻件力学性能降低,须再经过锻造或热处理才能改善 | 控制加热温度,减少高温加热时间 |
| 过烧 | 加热温度接近材料熔化温度,造成晶粒界面杂质氧化 | 坯料一锻即碎,只得报废 | |
| 开裂 | 坯料内外温差太大,组织变化不均匀造成材料内应力过大 | 坯料产生内部裂纹,报废 | 某些高碳或大型坯料,开始加热时应缓慢升温 |

4）锻后冷却或热处理不当。

所以，在自由锻生产过程应掌握各种情况下产生缺陷的特征，以便在发现锻件缺陷时进行综合分析，找出锻件产生缺陷的原因，采取改进锻造工艺等措施来防止缺陷的产生。自由锻常见缺陷及产生原因见表 7-8。

表 7-8　自由锻常见缺陷及产生原因

| 序号 | 缺陷名称 | | 缺陷现象 | 产生原因 |
|---|---|---|---|---|
| 1 | 横向裂纹 | 表面横向裂纹 | 锻造时坯料表面出现较浅（约10mm深）的横向裂纹或较深的横向裂纹 | 浅裂是钢锭皮下气泡未焊合形成的;深裂是由钢锭浇注受钢锭内壁质量、钢液摆动与锭模铸合等因素造成的 |
| | | 内部横向裂纹 | 在锻件内部产生的横向裂纹 | 冷锭在低温区加热过快,中心引起较大拉力造成的;高碳钢和高合金钢塑性较差,在锻造操作时相对送进量较小造成的 |
| 2 | 纵向裂纹 | 表面纵向裂纹 | 经常在第一次拔长或镦粗时出现 | 操作不当:高温、高速浇注,钢锭脱模冷却不当或脱模过早,倒棱时压下量过大,轧制钢锭时产生纵向划痕等 |
| | | | 在坯料近冒口中心出现 | 由于钢锭冷却时缩孔未集中于冒口部分,锻造冒口端切头量过少,使坯料近冒口端存在二次缩孔或残余缩孔,锻造则引起纵向裂纹等 |
| | | 内部纵向裂纹 | 坯料内部出现的纵向裂纹 | 利用平砧拔长圆截面坯料,金属中心部分受拉力作用所致;因坯料未加热透,内部温度过低,拔长时内部沿纵向开裂等 |
| | | | 坯料内部出现的纵向十字裂纹,一般常出现于高合金钢中 | 由于拔长时送进量过大,或在同一部位反复多次锻造 |
| 3 | 炸裂 | | 一般在坯料锻造前加热时或锻件冷却、热处理后,在表面或内部炸开而形成的裂纹 | 因为坯料具有较高的残余应力,在未予消除的情况下,错误地采用快速加热或不适当的冷却,即引起裂纹 |
| 4 | 白点 | | 锻件内部有银白色或灰色的圆形裂纹,钢中含镍、铬、钼、钨等元素,在合金钢大型锻件中易产生 | 钢中含氢量过高或锻后冷却或热处理工艺不当,便会产生该缺陷 |

（续）

| 序号 | 缺陷名称 | 缺陷现象 | 产生原因 |
|---|---|---|---|
| 5 | 疏松 | 沿钢锭中心的疏松组织锻造时未能锻合 | 由于钢锭本身疏松严重或者锻造比不当,变形方案不佳及锻造时相对送进量过小,不能锻透而引起该缺陷 |
| 6 | 折叠 | 在锻造过程中金属的不合理流动造成 | 因砧面形状不适当,砧边圆角过小和拔长时送进量小于单面压下量等造成 |
| 7 | 歪斜与偏移 | 端部歪斜和中心线偏移 | 锻造工艺不合理,操作方法不当,坯料加热不均匀(阴阳面) |
| 8 | 弯曲和变形 | 与锻件尺寸或形状不符合,有明显的形状变化 | 没有按要求进行修正工序,锻后冷却及热处理工序操作不当 |

### 3. 模锻件常见缺陷

在模锻生产中,模锻件会产生各种各样的缺陷,而产生缺陷的原因,也是多方面的。模锻件常见缺陷及产生原因见表7-9。

**表7-9　模锻件常见缺陷及产生原因**

| 序号 | 缺陷名称 | 缺陷现象 | 产生原因 |
|---|---|---|---|
| 1 | 错移 | 错移是模锻件沿分模面上半部对下半部产生了位移 | 锻锤导轨的间隙过大;上、下模安装调整不当或锻模检验角有误差;锻模紧固部分有问题,如燕尾磨损、斜楔松动等 |
| 2 | 充不满 | 金属未完全充满锻模模腔,造成模锻件局部地区"缺肉"的现象 | 坯料尺寸偏小,体积不够;坯料放偏,造成模锻件一边"缺肉",另一边因料过多而形成大量飞边;制坯、预锻模腔设计不合理或终锻模腔飞边槽阻力小;操作方法不正确等 |
| 3 | 锻不足 | 锻不足又称为"欠压",是指模锻件高度方向尺寸全部超过图样的规定 | 原坯料质量过大;设备吨位不足,锤击力太小;加热温度偏低;制坯模腔设计不当或飞边阻力过大等 |
| 4 | 折叠 | 由于模锻时金属流动不合理,在模锻件表面形成重叠层的现象称为折叠,也称为折纹或夹层 | 拔长、滚压时坯料未放正,放在模腔边缘,一锤击便形成压痕,再翻转锤击时便形成折叠;拔长、滚压时最初几次锤击过重,使坯料压扁展宽过长,随后翻转锤击时料便失稳而弯折,形成折叠等 |
| 5 | 凹坑 | 凹坑是指模锻件表面形成的局部凹陷 | 坯料加热时间过长或黏上炉底熔渣,锻出的模锻件清理后表面出现局部凹坑或麻点;模腔氧化皮未除净,模锻时氧化皮压入模锻件表面,经清理后出现凹坑等 |
| 6 | 尺寸不足 | 尺寸不足是指锻出的模锻件尺寸小于实际要求尺寸 | 终锻温度过高或设计终锻模腔时考虑收缩率不足;终锻模腔变形;切边模调整不当,锻件局部被切等 |

### 二、冲压常见缺陷

在冲压生产中,冲压件常常出现各种缺陷,产生缺陷的原因很多。冲裁件、弯曲件、拉深件常见缺陷及产生原因见表7-10。

表 7-10　冲裁件、弯曲件、拉深件常见缺陷及产生原因

| | 缺陷 | 产 生 原 因 |
|---|---|---|
| 冲裁件 | 毛刺 | 冲裁间隙过大、过小或不均匀;刃口磨损变钝或啃伤;模具结构不当;材料不符合工艺规定;冲裁件的工艺性差等 |
| | 翘曲不平 | 冲裁间隙大;冲裁件结构形状不当;材料内部应力等 |
| | 尺寸精度超差 | 模具刃口尺寸制造超差;冲裁过程中的回弹;操作时定位不好等 |
| 弯曲件 | 形状与尺寸不符 | 回弹和定位不当所致 |
| | 弯曲裂纹 | 材料塑性差;弯曲线与板料轧制流线方向夹角不符合规定;弯曲半径过小等 |
| | 表面擦(拉)伤 | 弯曲件毛坯表面质量差(有锈、结疤等);材料厚度超差;工艺方案选择不合理;缺少润滑等 |
| 拉深件 | 裂纹和破裂 | 板料厚度超差;局部拉深量太大;在操作中,把毛坯放偏,造成一边压料过大,一边压料过小;不按工艺规定涂润滑剂等 |
| | 皱纹和折纹 | 拉深件的冲压工艺性差;进料过多;压料圈失去压料作用等 |
| | 表面划痕(拉伤) | 凹模圆角部分粗糙度过大;由于脏物落入凹模中或拉深油不干净 |

## 拓展知识

### 锻造工艺的发展简史及其发展趋势

**一、锻造工艺的发展简史**

人类在新石器时代末期,已开始以锤击天然红铜来制造装饰品和小用品。我国约在公元前2000多年已应用冷锻工艺制造工具,如甘肃武威皇娘娘台齐家文化遗址出土的红铜器物,就带有明显的锤击痕迹。最初,人们靠抢锤进行锻造,后来出现通过人拉绳索和滑车来提起重锤再自由落下的方法锻打坯料。14世纪以后出现了畜力和水力落锤锻。

1842年,英国的内史密斯制成第一台蒸汽锤,使锻造进入应用动力的时代。以后陆续出现锻造水压机、电动机驱动的夹板锤、空气锻锤和机械压力机。夹板锤最早应用于美国内战(1861~1865)期间,用以模锻武器的零件,随后在欧洲出现了蒸汽模锻锤,模锻工艺逐渐推广。到19世纪末已形成近代锻压机械的基本门类。

20世纪初期,随着汽车开始大量生产,热模锻迅速发展,成为锻造的主要工艺。

锻压经过100多年的发展,今天已成为一门综合性学科。它以塑性成形原理、金属学、摩擦学为理论基础,同时涉及传热学、物理化学、机械运动等相关学科,以锻造、冲压等为技术,与其他学科一起支撑机器制造业。

我国的锻造生产与工业发达国家相比还有一定差距,表现如下。

1) 工业发达国家的模锻件已占全部锻件的70%以上,而我国尚不足30%。

2) 国外有成千条锻造自动生产线,大型自由锻水压机普遍配备了锻造操作机等,而我国在这些方法还很薄弱。

3) 精锻技术和大型锻件的生产水平与一些工业发达国家相比较低,一些航空产品上的精锻件和重要的大型自由锻件还常常需从国外进口。

4) 在CAD/CAM方面,一些发达国家已进入实用阶段,在这些方面,我国还刚刚起步。

**二、锻造工艺的发展趋势**

1) 总趋势是使锻件形状、尺寸和表面质量最大限度地与产品零件相接近,以达到

少、无屑加工的目的，为此应逐步发展和完善精密成形新技术，发展高效精密的锻造设备。

2）为适应大批量生产的需要，应发展专业化的连续生产线，建立地区性的专门化锻造中心，如齿轮精密锻造中心、连杆锻造中心、标准件锻造中心等，以利于进行技术改造及采用最新设备和先进工艺。

3）为适应新产品开发，缩短研制周期，应发展柔性加工技术和 CAD/CAM 技术。锻模的 CAD/CAM 的主要优点如下。

① 设计的速度快、准确性高，且可将设计人员从繁重的重复性劳动中解脱出来。

② 可以把多方面的经验和研究成果集中起来，方便地应用于设计加工，提高设计质量。

③ 可以实现多方案比较设计，达到优化的目的。

三、目前，我国锻造业面临的问题

1）装备水平低，其主要表现是设备老化、精确度低。

2）管理体制亟待理顺，生产厂点过多，力量分散。

3）厂家封闭式经营。

4）研究和生产不平衡。

## 本章小结

| | | | |
|---|---|---|---|
| 锻压加工基础知识 | 常见的金属压力加工方法 | | 锻造、冲压、挤压、轧制、拉拔等 |
| | 锻压的特点 | | 压合原铸造组织中的内部缺陷(如微裂纹、气孔、缩松等)，细化晶粒，提高力学性能，生产率高，锻件形状不能太复杂 |
| | 冷变形强化 | | 随着金属冷变形程度的增加，金属材料的强度和硬度都有所提高，但塑性有所下降的现象称为冷变形强化。消除冷变形强化的方法是再结晶退火 |
| | 热变形 | | 在再结晶温度以上进行的变形称为热变形，也称为热加工，其无加工硬化现象 |
| | 锻造流线(纤维组织) | | 在锻造时，金属的脆性夹杂物质被打碎，顺着金属主要伸长方向呈碎粒状或链状分布；塑性夹杂物质随着金属变形沿主要伸长方向呈带状分布，这样热锻后的金属组织就具有一定的方向性，沿着铸造流线方向（纵向）抗拉强度较高，而垂直于铸造流线方向（横向)抗拉强度较低 |
| | 金属的可锻性 | 概念 | 衡量金属材料承受锻造加工的能力 |
| | | 衡量指标 | 塑性越好，变形抗力越小，金属的可锻性越好 |
| 自由锻 | 基本工序 | 镦粗 | 是使坯料高度减小、横截面面积增大的锻造工序，常用于锻造圆盘、齿轮、凸缘等零件 |
| | | 拔长 | 也称为延伸，是使坯料横截面面积减小、长度增加的锻造工序，常用于锻造杆件类与轴类零件，如轴、拉杆、连杆、曲轴等 |
| | | 冲孔 | 利用冲头在坯料上冲出通孔或不通孔的锻造工序，常用于锻造齿轮坯、环套类等空心零件 |
| | | 弯曲 | 采用一定的工装模具将坯料弯成所规定的外形的锻造工序，常用于锻造角尺、弯板、吊钩等轴线弯曲的零件 |

（续）

| | | | | |
|---|---|---|---|---|
| 自由锻 | 工艺规程的制定 | 绘制锻件图 | | 在零件图的基础上考虑工艺余块、机械加工余量、锻件公差等因素绘制的 |
| | | 计算坯料的质量 | | $m_{坯料} = m_{锻件} + m_{烧损} + m_{料头}$ |
| | | 计算坯料的尺寸 | | 根据坯料质量和密度关系，按 $V_0 = m_{坯料}/\rho$ 计算出坯料的尺寸 |
| | | 确定锻造工序 | | 确定锻造工序的主要依据是锻件的结构形状，见表7-2 |
| | | 选择锻造设备 | | 空气锤、蒸汽-空气锤、水压机等 |
| | | 确定锻造温度范围 | | 始锻温度：比固相线低150~250℃左右；终锻温度：一般高于金属再结晶温度50~100℃ |
| | 结构工艺性 | | | 尽量避免锥面或斜面结构；避免几何体的交接处形成空间曲线；避免加强肋板和凸台等结构 |
| 模锻 | 锤上模锻 | 制坯模膛 | | 拔长模膛、滚压模膛、弯曲模膛、切断模膛 |
| | | 模锻模膛 | | 预锻模膛和终锻模膛 |
| | | 工艺规程的制定 | 绘制模锻件图 | 选择分模面、确定加工余量和公差、确定模锻斜度、确定模锻圆角等 |
| | | | 计算坯料质量 | 坯料质量包括锻件、飞边和烧损质量 |
| | | | 确定模锻工步 | 主要由模锻件的形状和尺寸确定 |
| | | | 选择锻造设备 | 蒸汽-空气锤、高速锤等 |
| | 结构工艺性 | 分模面 | | 应具有合理的分模面，分模面应使膜膛深度最小，宽度最大，敷料最少，模锻件易于从锻模中取出 |
| | | 模锻斜度 | | 零件上与锤击方向平行的非加工表面，应设计锻模斜度 |
| | | 外形 | | 尽量避免薄壁、高筋等结构，外形力求简单、平直、对称 |
| | 其他模锻 | 压力机上模锻 | | 摩擦压力机上模锻、曲柄压力机上模锻、平锻机上模锻 |
| | | 胎模锻 | | 扣模、套膜（筒膜）、合模 |
| 冲压 | 基本工序 | 分离工序 | | 剪切、冲孔、落料 |
| | | 成形工序 | | 弯曲、拉深、翻边、缩口、局部成形 |
| 锻压常见缺陷 | 锻件常见缺陷 | | | 表面裂纹、折叠、白点、过热、过烧、氧化、脱碳、开裂、折叠等 |
| | 冲压件常见缺陷 | | | 冲裁件：毛刺、翘曲不平、尺寸精度超差等；弯曲件：形状与尺寸不符、弯曲裂纹、表面擦（拉）伤等；拉深件：裂纹和破裂、皱纹和折纹、表面划痕（拉伤）等 |

## 知识巩固与能力训练题

### 一、填空题

1. 锻压是_____和_____的总称。

2. 在锻压生产中，金属的变形程度常以_____来表示，即以变形前后的横截面面积比、长度比或_____表示。

3. 自由锻的基本工序有_____、_____、_____、_____、错移和扭转等。

4. 落料是使板料沿封闭轮廓分离的工序，冲下来的部分_____。

5. 锻件坯料加热时，应尽量提高始锻温度，但要避免产生_____、_____和_____、脱碳和严重氧化等缺陷。

6. 工业上常用的金属压力加工方法有_____、_____、_____、_____、_____等。

7. 按金属固态成形的温度将成形过程分为两大类，其一是_____，其二是_____，它们以再结晶温度为分界线。

8. 金属材料的可锻性常用金属的_____和_____来综合衡量。

9. 冲孔是使板料沿封闭轮廓分离的工序，冲下来的部分_____。

10. 拉深是_____的过程。

二、选择题

1. 金属热变形与冷变形的分界线是____。

A. 回复温度　　　　　　　B. 再结晶温度

C. 加热温度　　　　　　　D. 软化温度

2. 在锻压过程中，磷是钢中的有害杂质，使钢的强度、硬度显著提高，而塑性、韧性显著降低，尤其在低温时更为严重，这种现象称为____。

A. 冷脆性　　　　　　　　B. 热脆性

C. 时效脆性　　　　　　　D. 氢脆

3. 用以综合衡量金属锻造性能的因素是金属的____。

A. 塑性、变形抗力　　　　B. 弹性

C. 强度　　　　　　　　　D. 冲击韧度

4. 选择模锻件分模面的位置时，必须保证的是____。

A. 分模面是一个平面　　　B. 各个模膛均浅而宽

C. 模锻件能顺利出模　　　D. 分模面采用直线分模

5. 在落料工序中，要获得 50mm 圆盘，凸模和凹模单边间隙为 0.1mm，凸模刃口尺寸为____。

A. 50mm　　　　　　　　B. 50.02mm

C. 49.8mm　　　　　　　D. 52mm

三、简答题

1. 为什么要"趁热打铁"？

2. 锻造流线的存在对金属的力学性能有何影响？在机械零件设计中应如何考虑锻造流线的问题？

3. 绘制自由锻件图时应考虑哪些因素？

4. 锤上模锻时，预锻模膛起什么作用？为什么终锻模膛四周要开飞边槽？

5. 冲压有哪些基本工序？冲压有哪些特点？应用范围如何？

6. 生活用品中有哪些是由板料冲压制成的？

四、应用题

1. 试确定图 7-59 所示自由锻件的成形工序，其中 $d_0 = 2d_1 = 4d_2$，$d_0$ 为坯料直径。

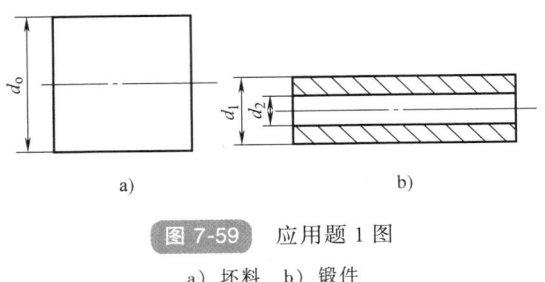

图 7-59　应用题 1 图

a) 坯料　b) 锻件

2. 判断图 7-60 所示锻压结构设计是否合理，请指出不合理的地方，并说明原因。

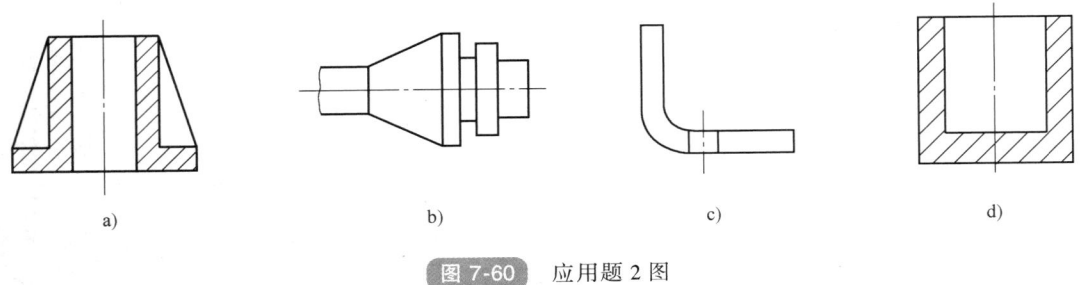

图 7-60　应用题 2 图

a) 自由锻件　b) 自由锻件　c) 弯曲件　d) 拉深件

3. 图 7-61 所示冲压件应采用哪些基本工序？

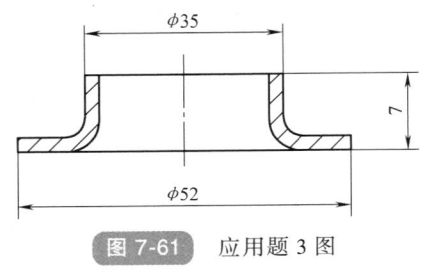

图 7-61　应用题 3 图

# 第八章

## 焊接加工及应用

**知识目标**

1） 掌握常用金属材料的焊接性。

2） 掌握电弧焊工艺基础知识。

3） 了解埋弧焊、气体保护焊、气焊、气割、压焊、钎焊的特点及应用范围。

4） 掌握焊接变形的原因及预防措施。

**能力目标**

1） 具有焊条电弧焊工艺设计的能力。

2） 具有合理选择毛坯或零件焊接加工方法的能力。

3） 具有手工操作电弧焊的能力。

4） 具有分析焊接变形产生原因的能力。

## 案例导入

如图 8-1 所示，众所周知的国家体育场"鸟巢"是 2008 年北京奥运会主会场，承担奥运会开、闭幕式和田径、足球决赛等多项比赛任务。此项工程于 2003 年 12 月 24 日开工建设，2008 年 6 月竣工。"鸟巢"建筑造型独特新颖，顶面为双曲面马鞍形结构。独到的重型钢构高空大跨度马鞍形设计造型，不仅使结构变得十分复杂，而且带来难以控制的应力应变状态。这是最复杂的钢结构工程，整个结构没有一颗螺钉和铆钉，100% 全焊钢结构，所有构件作用力全都由焊缝承担，作为影响结构体系安全运营的焊接工序质量要求之高是显而易见的。美国《时代》周刊、英国《泰晤士报》将"鸟巢"分别评为 2007 年世界十大建筑之首。

**图 8-1** 国家体育场"鸟巢"

在工业生产中，经常需要将两个或两个以上的零件按一定形式和位置连接起来，常见的连接方法有键连接、销连接、螺纹连接、焊接和铆接等。本章主要讲解焊接。

# 第一节　焊接概述

焊接是通过加热或加压或两者兼用的方法使分离的金属焊件通过原子间扩散与结合而形成永久性连接的加工方法。

## 一、焊接方法的分类

焊接方法的种类很多，按照焊接过程的特点通常分为熔焊、压焊和钎焊。常用焊接方法的分类如图 8-2 所示。

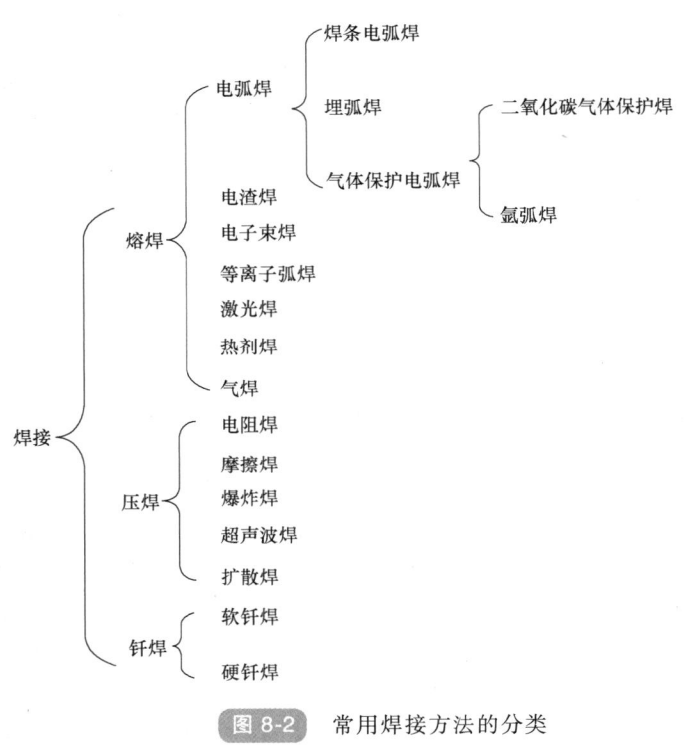

图 8-2　常用焊接方法的分类

1. 熔焊

熔焊是将两个焊件的连接部位加热至熔化状态，加入（或不加入）填充金属，在不加压力的情况下，使其冷却凝固成一体，从而完成焊接的方法。

2. 压焊

在焊接过程中，必须对焊件施加压力（加热或不加热）以完成焊接的焊接方法，称为压焊。

3. 钎焊

采用比母材熔点低的金属材料作为钎料，将焊件和钎料加热到高于钎料熔点，低于母材熔点，利用液态钎料润湿母材，填充接头间隙并与母材相互扩散实现连接焊件的工艺方法，称为钎焊。

二、焊接的特点

焊接与铆接等其他连接方法相比，具有以下一些突出特点。

1）可减轻结构重量，节省金属材料。焊接与传统的铆接方法相比，一般可以节省金属材料 15%～20%，减轻金属结构自重。

2）可以制造双金属结构。例如：利用对焊、摩擦焊等方法，可将不同金属材料焊接，制造复合层容器等，以满足高温、高压、化工设备等特殊性能要求。

3）能化大为小，由小拼大。在制造形状复杂的结构件时常常先把材料加工成较小的部分，然后采用逐步装配焊接的方法由小拼大，最终实现大型结构，如轮船体等的制造都是通过由小拼大实现的。

4）结构强度高，产品质量好。在多数情况下焊接接头能达到与母材等强度，甚至接头强度高于母材强度，因此，焊接结构的产品质量比铆接要好，目前焊接已基本上取代了铆接。

5）焊接时的噪声较小、工人劳动强度较低，生产率较高，易于实现机械化与自动化。

6）容易产生焊接应力、焊接变形及焊接缺陷等。由于焊接是一个不均匀的加热过程，所以，焊接后会产生焊接应力与焊接变形。同时，由于工艺或操作不当还会产生多种焊接缺陷，降低焊接结构的安全性。如果在焊接过程中采取合理的措施，可以消除或减轻焊接应力、焊接变形及焊接缺陷。

随着焊接技术的迅速发展，焊接工艺不断完善，焊接质量及生产率不断提高，焊接生产在建筑、桥梁、船舶、航天、机械制造、电子等各个领域也将得到更广泛的应用和发展。

提示：焊接是随着金属的应用而出现的，古代的焊接方法主要是铸焊、钎焊和锻焊。我国商朝制造的铁刃铜戈，就是铁与铜的铸焊件，其表面铁与铜的熔合线蜒蜒曲折，接合良好；春秋战国时期曾侯乙墓中的建鼓铜座上有许多盘龙，就是采用分段钎焊连接的；公元前3000多年埃及出现了锻焊技术。

# 第二节　常用的焊接方法

一、电弧焊

电弧焊是利用电弧放电（俗称为电弧燃烧）所产生的热量将焊条与焊件互相熔化并在冷凝后形成焊缝，从而获得牢固接头的焊接方法。常用的电弧焊主要有焊条电弧焊、埋弧焊、气体保护电弧焊等。

1. 焊条电弧焊

焊条电弧焊是用手工操作焊条进行焊接的电弧焊方法，是目前生产中应用最广泛、最普遍的一种焊接方法。

（1）焊接电弧的产生　焊接电弧是由焊接电源供给的，在两电极间或电极与焊件间，在气体介质中产生的强烈而持久的放电现象。

焊接电弧产生的过程如图 8-3 所示。当焊条（电极）的一端与焊件（电极）瞬间接触时，将造成短路而产生高温，使相接触的金属很快熔化并产生金属蒸气。当焊条迅速提起的瞬间，焊条末端与焊件间隙中的空气被电离，产生正离子和自由电子，正离子奔向阴极，自由电子奔向阳极，这些带电粒子在运动途中及到达电极表面时，将不断发生碰撞与复合。碰撞与复合将产生强烈的光和大量的热，其宏观表现是强烈而持久的放电现象，即电弧。

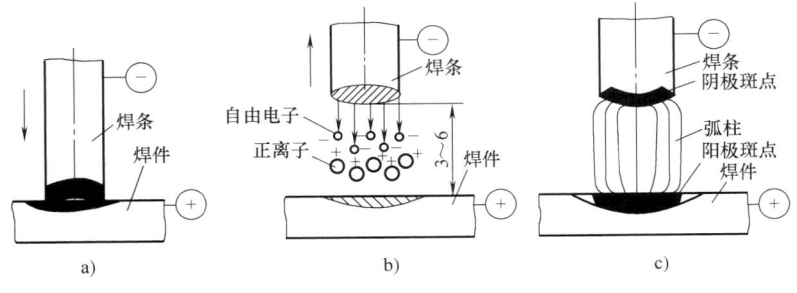

图 8-3　焊接电弧产生的过程

a）焊条与焊件接触　b）提起焊条　c）引燃电弧

（2）焊接电弧的构造及热量分布　焊接电弧由阴极区、阳极区、弧柱区三部分组成，如图 8-4 所示。

1）阴极区。阴极区是发射电子的区域，产生的热量约占电弧总热量的 36%。用低碳钢焊条焊接钢材时，阴极区的温度约为 2400K。

2）阳极区。阳极区是接收电子的区域，产生的热量约占电弧总热量的 43%。用低碳钢焊条焊接钢材时，阳极区的温度约为 2600K。

3）弧柱区。弧柱区是指阴极区和阳极区之间的气体空间区域，产生的热量约占总热量的 21%，但弧柱中心散热差，温度高达 6000~8000K。

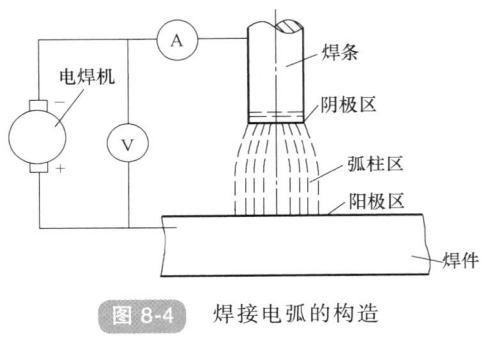

图 8-4　焊接电弧的构造

（3）焊接电弧极性及其选用　阴极区和阳极区的温度与热量不同，当采用直流电源时，有下列两种极性接法。

1）正接法。焊件接电源正极，焊条接负极，如图 8-5a 所示，此时焊件受热多，宜焊厚板大焊件。

2）反接法。焊件接电源负极，焊条接正极，如图 8-5b 所示，此时焊件受热少，宜焊薄板小焊件。

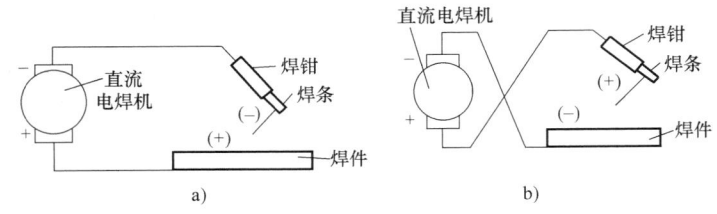

图 8-5　直流弧焊时两种极性接法

a）正接　b）反接

**提示：**正接法和反接法的选用只适合直流电焊机，当采用交流电焊机时，因正负极不断交替变化，所以不存在正接和反接。

（4）焊条电弧焊焊接过程　焊条电弧焊焊接过程如图8-6所示。在焊条与焊件间形成电弧热，使焊件局部和焊条端部同时熔化形成熔池，焊芯熔化为熔滴，并借助重力和电弧气体吹力的作用过渡到熔池中。同时电弧热还使焊条的药皮熔化或燃烧，药皮熔化后与液体金属产生物理与化学作用，使得液态熔渣不断地从熔池中浮出，覆盖在熔池金属上，药皮燃烧产生大量的保护气体围绕于电弧周围，使得熔池金属与周围介质隔绝。焊接过程中焊条不断地向前移动形成新的熔池，先形成的熔池则逐渐冷却凝固，形成连续的焊缝。

（5）焊条

1）焊条的组成与作用。焊条由焊芯和药皮两部分组成。

焊芯起导电和填充金属的作用。焊芯熔化后作为填充金属与母材金属共同组成焊缝，因此焊芯的化学成分直接影响焊缝的质量。通常焊接钢用的焊芯材料有碳素结构钢、低合金结构钢和不锈钢三类。

药皮是压涂在焊芯表面上的涂料层，对保证焊缝金属的质量和力学性能极为重要，在焊接过程中的主要作用如下。

① 改善焊接工艺性。药皮中的稳定剂具

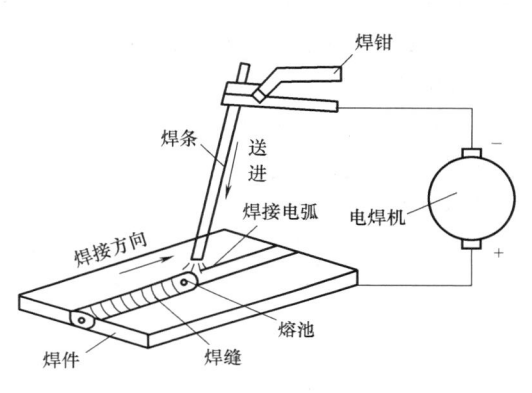

图 8-6　焊条电弧焊焊接过程

有易于引弧和稳定电弧燃烧作用，减少金属飞溅，便于保证焊接质量。

② 机械保护作用。药皮熔化后产生气体和熔渣，隔绝空气，保护熔滴和熔池金属。

③ 冶金处理作用。药皮里含有铁合金等，能去硫、脱氧、脱磷、去氢和渗合金，从而改善焊缝质量。

2）焊条的分类、型号及牌号。

① 焊条的分类。按照化学成分和用途，焊条可分为碳钢焊条、低合金钢焊条、不锈钢焊条、堆焊焊条、铸铁焊条、铜及铜合金焊条、铝及铝合金焊条等，其中以碳钢焊条和低合金钢焊条应用最为广泛。按照药皮性质，焊条可分为酸性焊条和碱性焊条。酸性焊条熔渣中酸性氧化物的比例较高，焊接时，熔渣飞溅小，流动性和覆盖性较好，因此焊缝美观，对铁锈、油脂、水分的敏感性不大，但焊接中对药皮合金元素烧损较大，抗裂性较差，适用于一般结构件的焊接；碱性焊条熔渣中碱性氧化物的比例较高，焊接时，电弧不够稳定，熔渣的覆盖性较差，焊缝不美观，焊前要求清除掉油脂和铁锈，但它脱氧去氢能力较强，故又称为低氢型焊条，焊接后焊缝的质量较高，适用于焊接重要的结构件。

② 焊条的型号及牌号。焊条的型号是国家标准中规定的焊条代号，按 GB/T 5117—2012、GB/T 5118—2012 规定，碳钢焊条型号用一个大写的英文字母和四位数字表示，如E4303、E5003、E7015 等。E 表示焊条，前两位数字表示熔敷金属抗拉强度的最小值（单位为 $kgf/mm^2$）；第三位数字表示焊条的焊接位置（"0"与"1"表示全位置焊，"2"表示平焊，"4"表示立焊）；第三、第四位数字表示药皮类型和电流类型。表8-1列出了几种常用碳钢焊条的型号及适用范围。

表 8-1　几种常用碳钢焊条的型号及适用范围

| 型号 | 药皮类型 | 焊接电流 | 焊接位置 | 适用范围 |
|------|---------|---------|---------|---------|
| E4303 | 钛型 | 直流正反接或交流 | 全位置焊接 | 焊接一般低碳钢结构 |
| E4316 | 碱性 | 直流反接或交流 | 全位置焊接 | 焊接重要的低碳钢结构 |
| E4320 | 氧化铁 | 直流正接或交流 | 平焊、平角焊 | 焊接低碳钢结构 |
| E5003 | 钛型 | 直流正反接或交流 | 全位置焊接 | 焊接重要的低碳钢和中碳钢结构 |
| E5015 | 碱性 | 直流反接 | 全位置焊接 | 焊接重要的低碳钢和中碳钢结构 |
| E7015 | 碱性 | 直流反接 | 全位置焊接 | 焊接重要的中碳钢和高碳钢结构 |

　　焊条牌号是焊条行业统一的焊条代号，一般用大写汉语拼音字母和三位数字表示，如 J422、J607 等。拼音字母表示焊条的类别，前两位数字表示焊缝金属抗拉强度的最小值（单位为 $kgf/mm^2$），最后一位数字表示药皮类型和电源种类。例如：J422 中 J 表示结构钢焊条，焊缝金属抗拉强度不小于 42 $kgf/mm^2$，最后一个数字 2 表示钛钙型药皮、直流或交流电源。表 8-2 列出了常用焊条型号和牌号对照表。

表 8-2　常用焊条型号与牌号对照表

| 型号 | 牌号 | 型号 | 牌号 |
|------|------|------|------|
| E4303 | J422 | E5003 | J502 |
| E4316 | J426 | E5015 | J507 |
| E5016 | J506 | E6016 | J606 |
| E6015 | J607 | E7015 | J707 |

　　**提示**：对于特殊性能的焊条，可在焊条牌号后缀主要用途的汉字（或汉语拼音字母），如高韧压力容器用焊条有 J507R，打底焊条有 J507D，超低氢焊条有 J507H，低尘焊条有 J507DF，立向下焊条有 J507X 等。

　　3）焊条的选用。结构钢焊条选用原则是要求焊缝和母材具有相同水平的使用性能。结构钢焊条选用时，主要考虑以下两点。

　　① 选择与母材的化学成分相同或相近的焊条，焊件为碳素结构钢或低合金结构钢应选用结构钢焊条。

　　② 选择与母材等强度焊条。根据母材的抗拉强度，按等强度原则选择相同强度等级的焊条。例如：Q345（16Mn）的抗拉强度约为 520MPa，因此选用 J502 或 J506、J507 焊条。

　　(6)　焊条电弧焊工艺设计基础

　　1）焊接接头。用焊接方法将两个焊件连接起来，连接的部位称为焊接接头。

　　① 焊接接头形式。包括焊条电弧焊在内的各种熔焊方法常用的接头形式有对接、搭接、角接和 T 形接等，如图 8-7 所示。接头形式的选择应根据焊件的结构形状、焊件厚度、焊缝强度及施工条件等方面来考虑，同时要保证焊接质量和尽量降低焊接成本。

　　② 坡口形式及应用。根据设计或工艺需要，在焊件的待焊部位加工并装配成一定几何形状的沟槽，称为坡口。开坡口的目的是保证焊件焊透，提高生产率和降低成本。坡口形式的选择主要是根据焊件厚度决定的。常用的对接接头的坡口形式有 I 形坡口（不开坡口）、V 形坡口、X 形坡口、U 形坡口四种，如图 8-8 所示。

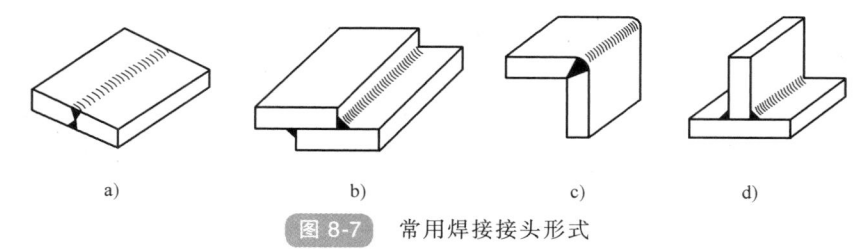

**图 8-7**　常用焊接接头形式

a）对接接头　b）搭接接头　c）角接接头　d）T形接头

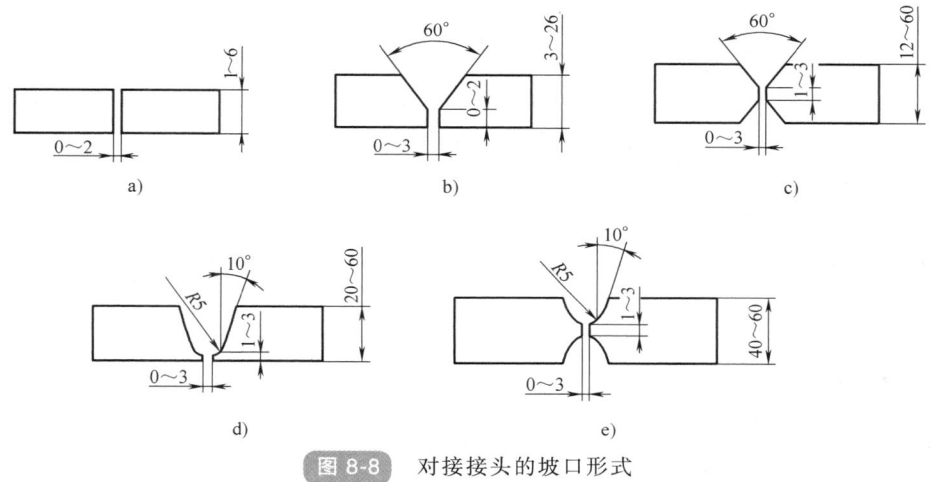

**图 8-8**　对接接头的坡口形式

a）I形坡口　b）V形坡口　c）X形坡口　d）U形坡口　e）双U形坡口

　　板厚在 6mm 以下对接时，一般采用 I 形坡口直接焊成；板厚较大时，接头处根据焊件厚度开各种坡口。V 形坡口形状简单，加工方便。在板厚相等的情况下，X 形坡口比 V 形坡口需要的填充金属少，生产率高，并且焊后角变形小，但是 X 形坡口需要双面焊。U 形坡口根部较宽，容易焊透，也比 V 形坡口焊条消耗量少，节省焊接工时，焊接变形也较小，但是 U 形坡口形状复杂，加工较困难，一般只在重要的厚板结构中采用。对于要求焊透的受力焊缝，在焊接工艺允许的情况下，应尽量采用双面焊，这样可以保证焊透，减少变形和保证焊接质量。

　　2）焊接位置。焊接时，焊件接缝所处的空间位置称为焊接位置。按焊缝在空间位置的不同可分为平焊、立焊、横焊和仰焊，如图 8-9 所示。平焊操作方便，劳动条件好，生产率高，焊缝质量易于保证。因此一般应尽可能将焊件放在平焊位置进行施焊。立焊时熔滴易向下流淌，成形较困难，不易操作。横焊时熔滴易偏向焊缝的下边，产生熔化不良、焊瘤和未焊透等缺陷。仰焊时熔滴最易下滴，焊缝成形更困难，操作难度最大。

　　焊接位置是否合理，对焊接接头质量和生产率影响很大，因此在焊接时，合理设计焊接位置非常重要，一般应从以下方面考虑：便于焊接操作，避免密集交叉，避开最大应力和应力集中位置，对称布置。

　　3）焊接参数的选择。焊接参数主要包括焊接电流、焊条直径、焊接层数、电弧长度和焊接速度等，下面主要介绍焊条直径和焊接电流的选择。

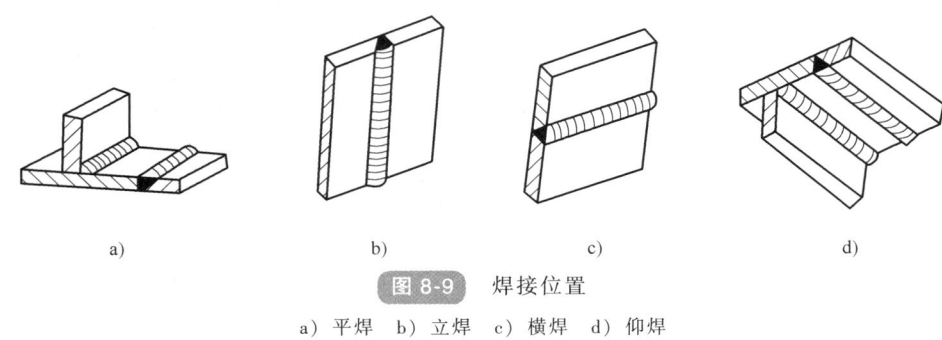

**图 8-9** 焊接位置

a）平焊　b）立焊　c）横焊　d）仰焊

① 焊条直径的选择。焊条直径的大小与焊件厚度、接头形式、焊接位置和焊接层数有关。厚度大的焊件，应选用直径较大的焊条。当用细焊条焊厚度大的焊件时，常会出现焊不透缺陷；而用粗焊条焊厚度小的焊件时，则容易出现烧穿缺陷。平焊时所用的焊条直径可大些，立焊时的焊条直径不超过 5mm；仰焊或横焊时焊条直径不超过 4mm。多层焊时，为防止焊不透，第一层焊道应采用较小直径焊条进行焊接，其余各层可根据焊件厚度，选用较大直径焊条。T 形接头、搭接接头散热条件比对接接头好，可选用较粗直径的焊条，以提高生产率。

对于一般焊接结构，焊条直径可根据焊件厚度从表 8-3 中查得。

**表 8-3　焊件厚度、焊条直径与焊接电流的关系**

| 焊件厚度/mm | 1.5~2 | 2.5~3 | 3.5~4.5 | 5~8 | 10~12 | >12 |
|---|---|---|---|---|---|---|
| 焊条直径/mm | 1.6~2 | 2.5 | 3.2 | 3.2~4 | 4~5 | 5~6 |
| 焊接电流/A | 40~70 | 70~90 | 100~130 | 160~200 | 200~250 | 250~300 |

② 焊接电流的选择。焊接时流经焊接回路的电流称为焊接电流。焊接电流的选择主要取决于焊条直径（表 8-3）。焊条直径越大，焊接电流也越大。焊接电流太小时，会造成未焊透、未熔合等缺陷，并使生产率降低；焊接电流太大时，焊条尾部要发红，部分药皮要失效或崩落，机械保护效果变差，容易产生气孔、咬边、烧穿等缺陷，并使焊接飞溅加大，影响焊缝质量。选择焊接电流首先应在保证焊接质量的前提下，尽量选用较大的电流，以提高劳动生产率。

2. 埋弧焊

埋弧焊是电弧在焊剂层下燃烧进行焊接的方法，可分为自动埋弧焊和半自动埋弧焊两种。它的工作原理是：电弧在颗粒状的焊剂下燃烧，焊丝由送丝机构自动送入焊接区，电弧沿焊接方向的移动靠手工操作或机械自动完成。

（1）埋弧焊焊接过程　在焊接过程中，电弧被焊剂覆盖，有机械装置驱动送丝和电弧移动，如图 8-10 所示。

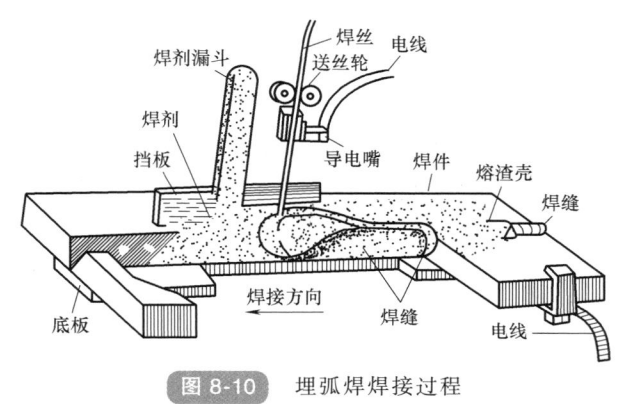

**图 8-10** 埋弧焊焊接过程

焊接时，自动焊机头将焊丝自动送入焊接区自动引燃并保证一定的弧长，焊剂从焊丝前面的漏斗中不断流出堆在焊件表面电弧周围，电弧在颗粒状熔剂（焊剂）下燃烧，焊件金属与焊丝被熔化成较大体积的熔池，焊机带着焊丝自动均匀向前移动，熔池金属被电弧气体排挤向后堆积形成焊缝。

（2）埋弧焊的特点与应用　埋弧焊与焊条电弧焊相比，优点如下。

1）焊缝质量好。焊接电弧和熔池都是在焊剂层下形成，提供了良好的焊接保护，焊接参数自动调整控制，焊接过程稳定。

2）生产率高。埋弧焊允许使用更大的焊接电流，熔深大，焊接速度快，所以生产率高。

3）成本低。埋弧焊能量损失小，使用连续焊丝接头损失小，一般厚度的焊件不需要开坡口等，可节约大量能源材料和工时，因此成本低。

4）劳动条件改善。埋弧焊过程已实现机械化、自动化、无可见弧光，烟尘较少。

但它也存在一些不足，如焊接时电弧不可见，不能及时发现问题，接头的加工与装配要求较高，焊前准备时间长。

埋弧焊主要用于焊接碳钢、低合金高强度钢和不锈钢等材料，适用于焊接较厚的大型结构件的直线焊缝和大直径环形焊缝，广泛应用于船舶、机车车辆、飞机起落架、锅炉及化工容器等，如图8-11所示。

a)　　　　　　　　　　　　　　　　b)

图8-11　埋弧焊的应用

a）锅炉　b）化工容器

3. 气体保护电弧焊

气体保护电弧焊是用外加气体作为电弧介质并保护电弧和焊接区的电弧焊，简称为气体保护焊。按保护气体的不同，气体保护电弧焊分为二氧化碳气体保护焊和惰性气体保护焊（氩弧焊、氦弧焊等）两类。

（1）二氧化碳气体保护焊　二氧化碳气体保护焊是利用二氧化碳作为保护气体的气体保护焊，如图8-12所示。焊丝由送丝机构控制，经送丝软管从焊枪头部的导电嘴中自动送出，焊丝既是电极也是填充金属。

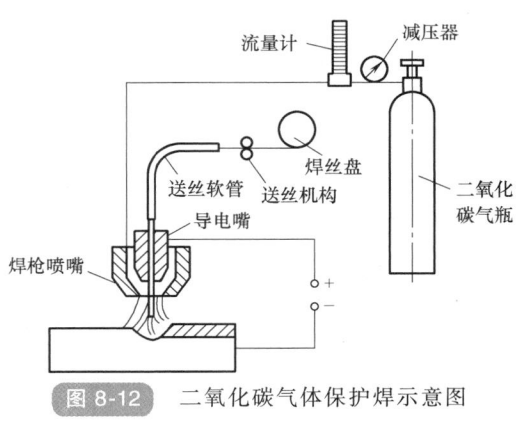

图8-12　二氧化碳气体保护焊示意图

二氧化碳气体由气瓶经减压器、流量计等从喷嘴以一定速度喷入焊接区，把电弧、熔池与空气隔开，可防止空气侵入熔池，焊接过程由焊工手持焊枪进行。

二氧化碳气体保护焊具有成本低（二氧化碳气体来源充足、价廉）、焊接质量好、生产率较高和操作方便等优点，常用于低碳钢和低合金结构钢的焊接，主要焊接薄板。

（2）氩弧焊　氩气是惰性气体，不溶于液态金属。氩弧焊是使用氩气作为保护气体的气体保护焊，也是常用的一种惰性气体保护焊。按所用电极不同，氩弧焊分为熔化极氩弧焊和不熔化极（钨极）氩弧焊两种，如图 8-13 所示。

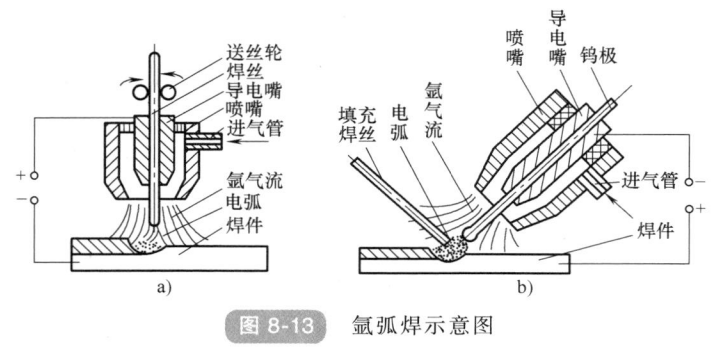

图 8-13　氩弧焊示意图

a）熔化极氩弧焊　b）不熔化极（钨极）氩弧焊

熔化极氩弧焊用可熔化的金属焊丝作为电极，并兼作焊接时的填充材料，允许使用较大的电流，适用于较厚焊件的焊接。

不熔化极（钨极）氩弧焊用钨或钨合金作为电极，钨极与焊件间产生电弧，焊接时钨极不熔化，只起导电和产生电弧作用。钨极的载流能力有限，因此适用于薄件的焊接。

氩弧焊的优点是焊缝金属纯净，成形美观，焊缝致密，焊接变形小；焊接电弧稳定，飞溅少，表面无熔渣；明弧可见，便于操作，易于实现自动化；缺点是设备和控制系统较复杂，氩气较贵，焊接成本较高。氩弧焊常用于各类合金钢、易氧化的有色金属及合金的焊接。

## 二、气焊与气割

### 1. 气焊

气焊是利用气体火焰作为热源的焊接方法。常见的气焊是氧乙炔焊。

（1）气焊火焰　气焊质量的好坏与所用气焊火焰的性质有极大的关系。改变氧气与乙炔体积比，可得到三种不同性质的气焊火焰，如图 8-14 所示。

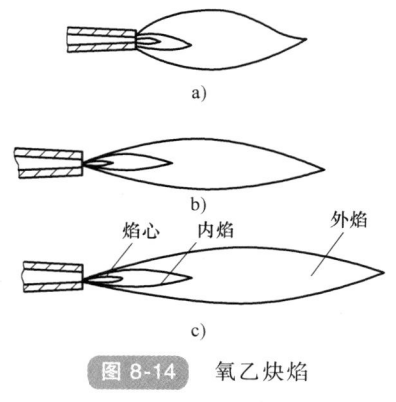

图 8-14　氧乙炔焰

a）氧化焰　b）中性焰　c）碳化焰

1）中性焰。氧气与乙炔体积比为 1.1~1.2，在一次燃烧区内既无过量氧又无游离碳的火焰为中性焰。氧气与乙炔充分燃烧，内焰的最高温度可达 3150℃，适合于焊接低中碳钢、低合金钢、纯铜、铝及铝合金等。

2）氧化焰。氧气与乙炔体积比大于 1.2，有过量的氧，在尖形焰心外面形成一个有氧化性的富氧区的火焰为氧化焰。由于氧气充足，燃烧剧烈，因此最高温度可达 3300℃，适合于焊接黄铜、镀锌铁皮等。

3）碳化焰。氧气与乙炔体积比小于1.1，含有游离碳，具有较强的还原作用，也有一定渗碳作用的火焰为碳化焰。碳化焰的最高温度为3000℃，适合于焊接高碳钢、高速钢、铸铁及硬质合金等。

（2）气焊过程 图8-15所示为氧乙炔焊焊接过程。气焊前，先调节好氧气和乙炔压力，装好焊枪。点火时，先打开氧气阀门，再打开乙炔阀门，随后点燃火焰，将火焰调节成所需要的火焰。焊接时，氧气与乙炔的混合气体在焊嘴中配成，混合气体点燃后加热焊丝和焊件的接边，形成熔池。移动焊嘴和焊丝，形成焊缝。灭火时，应先关乙炔阀门，再关氧气阀门，否则会引起回火。

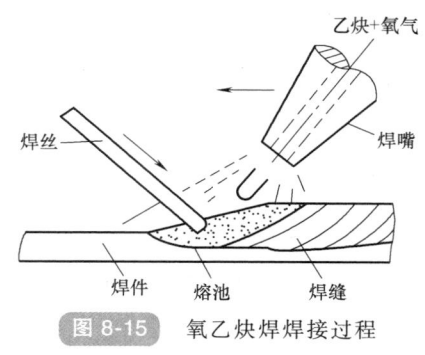

图 8-15　氧乙炔焊焊接过程

**提示：**气焊焊丝一般选用与母材相近的金属丝，焊接时常与焊剂配合使用。气焊焊剂用来去除焊接过程中产生的氧化物，还具有保护熔池、改善熔融金属流动的作用。

（3）气焊的特点 气焊设备简单，不需要电源，气焊火焰易于控制，操作简便，灵活性强。气焊的焊接温度低，对焊件的加热时间长，焊接热影响区大，过热区大。但气焊薄板时不易烧穿焊件，对焊缝的空间位置也没有特殊要求。气焊常用于焊接厚度在3mm以下的薄钢板、铜合金、铝合金等，也用于焊补铸铁。气焊对无电源的野外施工有特殊的意义。

2. 气割

气割是利用预热火焰将被切割的金属预热到燃点，再向此处喷射氧气流，被预热到燃点的金属在氧气流中燃烧形成金属氧化物，如图8-16所示。同时，这一燃烧过程放出大量的热量，这些热量将金属氧化物熔化为熔渣，熔渣被氧气流吹掉，形成切口，从而实现工件的切割。气割实质上是金属在氧气中燃烧的过程。

气割的效率高、成本低、设备简单、操作灵活，且不受切割厚度与形状的限制，并能在各种位置进行切割。

目前，气割广泛应用于纯铁、低碳钢、中碳钢和普通低合金钢的切割。

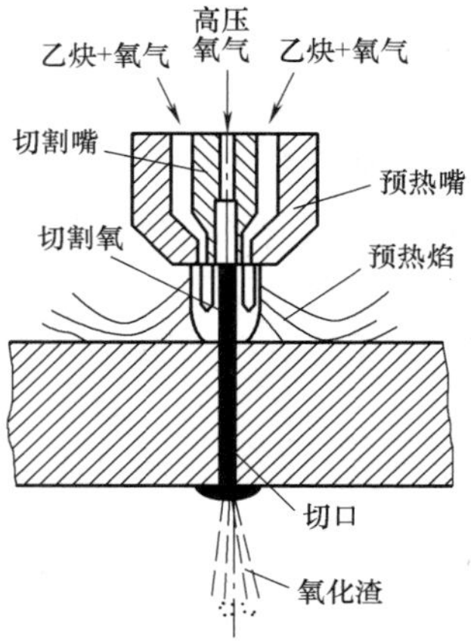

图 8-16　气割

三、电阻焊

电阻焊是焊件组合后，通过电极施加压力，并利用电流通过接头的接触面产生的电阻热进行焊接的压力焊接方法。电阻焊常分为点焊、缝焊和对焊三种。

1. 点焊

点焊是利用柱状电极加压通电，在搭接焊件接触面之间焊成一个个焊点的一种焊接方法，如图8-17所示。

点焊时，先加压使两焊件紧密接触，然后接通电流。因为两焊件接触处电阻最大，所以产生热量最大，电阻热将焊件搭接之处的接触点加热到局部熔化状态，形成一个熔核。断电后在压力作用下熔核结晶形成焊点，然后移动焊件或电极到新焊点。

焊完一点后，当焊接下一个焊点时，有一部分电流会流经已焊好的焊点，称为分流现象，如图 8-18 所示。分流将使焊接处电流减小，以致加热不足，造成焊点强度下降，影响焊点质量。因此，两焊点之间应有一定距离以减少分流。当焊件厚度越大、材料导电性越好、焊件表面存在氧化物或脏物时，都会使分流现象加重。提高焊点质量可以通过合理选取焊接电流、通电时间、电极压力和提高焊件表面清理质量等方法实现。

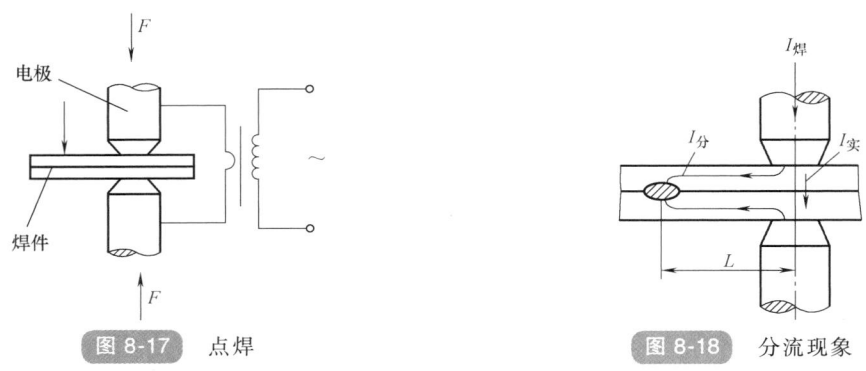

图 8-17　点焊　　　　　　　　图 8-18　分流现象

点焊主要用于密封要求不严的薄板冲压壳体件的焊接，尤其是汽车、飞机薄板外壳的拼焊和装配，电子仪器、仪表、自行车等都离不开点焊。点焊的焊件厚度一般为 0.05～6mm，有时范围扩大到从 10μm（精密电子器件）至 30mm（钢梁、框架）。

2. 缝焊

缝焊焊接过程与点焊相似，如图 8-19 所示，只是采用滚盘作为电极，边焊边滚，焊件在电极之间连续送进，配合间断通电，形成连续焊点，并使相邻两个焊点重叠一部分，形成一条有密封性的焊缝。缝焊用于有气密性要求的薄板结构，如汽车油箱及管道等。缝焊分流现象严重，一般只用于板厚 3mm 以下的薄板结构。

3. 对焊

对焊是对接电阻焊，按焊接过程不同可分为电阻对焊和闪光对焊。

（1）电阻对焊　焊接过程是先加预压，使两焊件端面压紧，再通电后利用电阻加热至塑性状态，再断电加压顶锻，产生一定塑性变形而焊合，如图 8-20 所示。

电阻对焊操作简单，接头外形较圆滑，但焊前对焊件端面加工和清理有较高的要求，否则接触面容易发生加热不均匀，产生氧化物夹杂，使焊接质量不易保证，因此，电阻对焊一

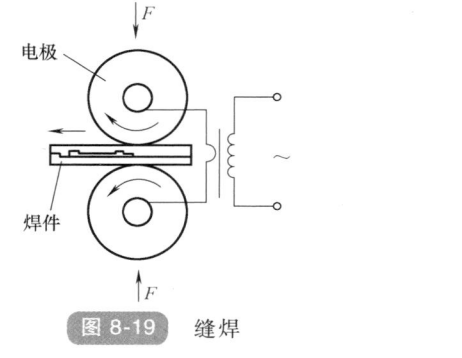

图 8-19　缝焊

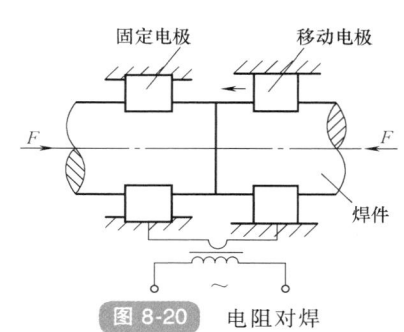

图 8-20　电阻对焊

般仅用于端面简单、直径小于 20mm 和强度要求不高的焊件。

（2）闪光对焊 焊接过程是两焊件不接触，先加电压，再移动焊件使之接触，由于接触点少，其电流密度很大，接触点金属迅速达到熔化、蒸发、爆破，呈高温颗粒飞射出来，故称为闪光。经多次闪光加热后，端面均匀达到半熔化状态，同时多次闪光把端面的氧化物也清除干净，于是断电加压顶锻，形成焊接接头，如图 8-21 所示。

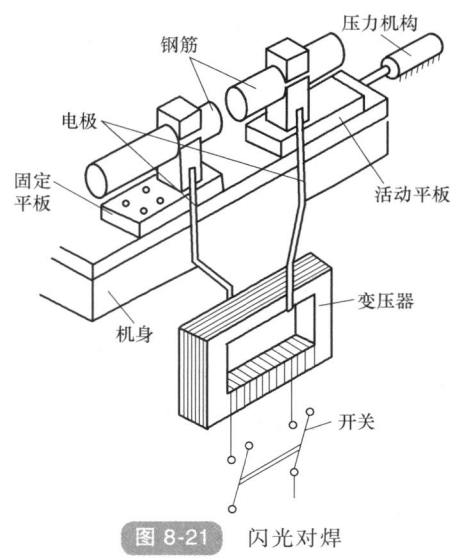

**图 8-21** 闪光对焊

闪光对焊常用于焊接受力大的重要焊件。它即可以进行同种金属焊接，也可以进行异种金属焊接，如钢与铜、铝与钢对接等，常用于锚链、刀具，自行车圈、钢轨等焊接。

**四、摩擦焊**

摩擦焊是利用焊件表面相互摩擦所产生的热，使端面达到热塑性状态，然后迅速顶锻，完成焊接的一种压焊方法。它的特点是焊接变形小、质量高，能够进行全位置焊接，操作简单，无烟尘、辐射、飞溅、噪声、弧光等危害，易实现焊接自动化，生产率高，尤其适合于焊接异种材料，如铜与铝的焊接、铜与不锈钢的焊接等。

**五、钎焊**

钎焊是采用比母材熔点低的金属材料作为钎料，将母材和钎料加热，使钎料熔化而母材不熔化，利用液态钎料填充接头间隙，润湿母材并与母材相互扩散实现连接的焊接方法。

1. 钎焊的分类

按所用钎料熔点不同，可把钎焊分为软钎焊和硬钎焊两种。

（1）软钎焊 钎料熔点在 450℃ 以下的钎焊称为软钎焊。常用钎料是锡铅钎料，钎剂是松香、氯化锌溶液等。软钎焊接头强度低，工作温度低，主要用于电子线路元件的连接等。

（2）硬钎焊 钎料熔点高于 450℃ 的钎焊称为硬钎焊。常用钎料是铜基钎料和银基钎料等，钎剂是硼砂、硼酸、氟化物等。硬钎焊接头强度较高，工作温度高，主要用于受力较大的钢铁、铜合金构件的焊接，如自行车架、硬质合金刀具等。

钎焊的加热方法很多，如烙铁加热、气体火焰加热、电阻加热、高频加热等，如图 8-22 所示。

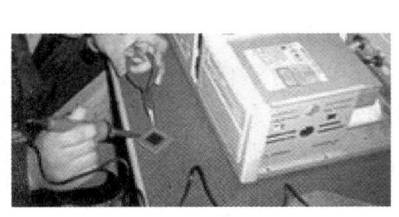

a)

b)

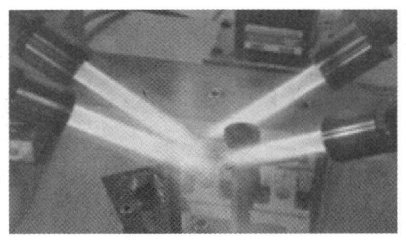

c)

**图 8-22** 钎焊的加热方法

a）烙铁加热 b）电阻加热 c）气体火焰加热

2．钎焊的特点

1）尺寸精度高。钎焊时加热温度低，故钎焊金属的组织和性能变化小，变形也小。

2）钎焊可以实现性能差异大的异种金属的连接。

3）生产率高，操作简单，易于实现机械化生产，可一次同时钎焊几条焊缝。

钎焊接头的承载能力与接头连接面积大小有关。通常钎焊接头为搭接接头，如图 8-23 所示。一般通过增加接头长度（为板厚的 2~5 倍）来提高接头的强度。另外使焊件之间的装配间隙尽量小（约为 0.05~0.2mm），目的是增强毛细作用，增加钎料渗透能力，以增加焊件结合面积，从而提高接头的强度。

图 8-23　钎焊接头形式

## 第三节　常用金属材料的焊接

**一、金属材料的焊接性**

1．焊接性概念

金属材料的焊接性是指材料在一定的焊接工艺条件下获得优质接头的难易程度，包括两方面内容：一是工艺性，即在一定焊接工艺条件下，焊接接头产生工艺缺陷的倾向，尤其是出现裂纹的可能性；二是使用性，即焊接接头在使用中的可靠性，包括力学性能及耐热、耐蚀等特殊性能。

评定某种金属材料的焊接性，还要看选择什么焊接方法和采取什么工艺措施，对过去认为焊接性差的金属，通过采取工艺措施和先进的焊接方法，仍能得到优良的焊接接头，则认为采取工艺措施后焊接性是良好的，如钛合金的氩弧焊。

2．钢焊接性的评定

钢材的焊接性取决于碳当量，即钢中碳及合金元素的含量。把钢中合金元素（包括碳）的含量按其作用换算成碳的相当含量称为碳当量，用符号 $w_{CE}$ 表示。碳钢和低合金结构钢常用碳当量来评定它的焊接性。国际焊接学会推荐的碳当量公式为

$$w_{CE} = \left( w_C + \frac{w_{Mn}}{6} + \frac{w_{Cr}+w_{Mo}+w_V}{5} + \frac{w_{Ni}+w_{Cu}}{15} \right) \times 100\%$$

在计算碳当量时，各元素的质量分数都取成分范围的上限。经验表明，碳当量越高，裂纹倾向越大，焊接性越差。当 $w_{CE}<0.4\%$ 时，钢材焊接性良好，焊接冷裂倾向小，焊接时一般不需要预热等工艺措施；$w_{CE}=0.4\%~0.6\%$ 时，钢材焊接性较差，冷裂倾向明显，焊接时需要预热和采取其他工艺措施防止裂纹产生；$w_{CE}>0.6\%$ 时，钢材焊接性能差，冷裂倾向严重，需采取较高预热温度和严格工艺措施。

**二、常用金属材料的焊接**

1．碳素结构钢的焊接

（1）低碳钢的焊接　低碳钢的碳当量较低，焊接性好，一般不需要预热，不需要其

他的焊接工艺措施，即可获得优质的焊接接头。另外，低碳钢可用各种焊接方法进行焊接，只有厚度大的结构焊接或在0℃以下低温焊接时才考虑预热，需要将焊件预热至100～150℃。

（2）中、高碳钢的焊接 中碳钢的碳当量较高，焊接性比低碳钢差，因此，焊接前必须进行预热，使焊接时焊件各部分的温差较小，以减少焊接应力。例如45钢焊接时，一般预热至150～250℃。另外，焊接时，应选用抗裂能力强的低氢型焊条，如E5015、E5016等，并采用细焊条、小电流、开坡口、多层多道焊，焊后缓冷等。

高碳钢焊接性更差，一般不作为焊接结构用材料。高碳钢的焊接主要是工具或刀具的焊补。

2. 低合金高强度结构钢的焊接

低合金高强度结构钢由于化学成分不同，焊接性能也不同。当$w_{CE}<0.4\%$时，焊接性能良好，一般不需要预热，是制造锅炉、压力容器等重要结构的首选材料。当板厚较大或环境温度较低时，焊前要预热，焊后要进行消除应力的热处理。当$w_{CE}>0.4\%$时，焊接性能较差，焊前需预热，焊接时要在工艺上采取一系列措施防止冷裂纹，焊后应及时进行消除应力的热处理。

3. 不锈钢的焊接

在各类不锈钢材料中，奥氏体不锈钢应用最广。奥氏体不锈钢属于高合金钢，不能用碳当量公式评定其焊接性能。其中以12Cr18Ni9为代表的不锈钢，焊接性能良好，适用于焊条电弧焊、氩弧焊、埋弧焊。焊条电弧焊选用化学成分相同的奥氏体不锈钢焊条；氩弧焊和埋弧焊时，选用焊丝应保证焊缝化学成分与母材相同。

4. 铸铁的焊补

铸铁中含碳量高，硫、磷杂质含量也较多，因此，焊接性能差。铸铁的焊补主要问题有两方面：一是易产生白口组织，加工困难；二是易产生裂纹，此外还易产生气孔。

预防白口的措施是焊前将焊件整体或局部预热到600～700℃并在400℃以上焊接，焊后缓冷，并调整焊缝化学成分，在焊条或焊丝中加入碳、硅等石墨化元素，使石墨充分析出，使焊缝形成灰口组织。预防裂纹的措施是注意焊前预热和焊后缓冷，分小段焊接采用小电流、断续焊，焊条不做横向摆动等。

5. 铝及铝合金的焊接

铝及铝合金的焊接较为困难。铝极易生成熔点很高的氧化铝薄膜，阻碍金属融合；液态铝可吸收大量氢，而固态则几乎不溶解氢，因此熔池凝固时易形成气孔；铝的导热系数大，要求使用大功率热源；铝的线膨胀系数大，易变形；铝及铝合金熔化时无明显颜色变化而不易被操作者觉察，焊接时容易烧穿。为保证焊件不致烧穿与塌陷，焊前可在其下放置垫板。对于厚度超过5mm的焊件，焊前应预热。焊接铝及铝合金，目前以氩弧焊较为理想。

6. 铜及铜合金的焊接

铜及铜合金的焊接性较差。铜的导热系数很高，焊接要采用大功率热源，且焊前和焊接过程中要预热，否则易焊不透；铜的线膨胀系数和收缩率大，焊接变形严重，需采用适当的焊接顺序及焊后锤击等工艺措施，以减小应力，防止变形；铜在高温下易氧化产生热裂纹；铜在液态容易吸收氢，凝固时来不及逸出，易形成气孔，焊前应仔细清除焊件、焊丝表面的油锈和水分。目前，采用氩弧焊是焊接铜及铜合金最为理想的方法，也可采用气焊和焊条电弧焊等。

提示：焊接黄铜时易产生锌蒸发现象，蒸发的锌会在焊接区产生一层白色烟雾，不仅使焊接操作困难，而且还影响操作者身体健康，此外，锌蒸发还使黄铜的力学性能降低，为了防止锌蒸发可采用含硅的焊丝，因为硅氧化后会在熔池的表面形成一层氧化物薄膜，阻止了锌蒸发。

## 第四节　生产中常见问题分析

### 一、焊接接头的组织与性能

焊接时各焊件之间的连接是依靠焊接接头来实现的。焊接接头的金属组织和性能对焊接质量有重要影响。焊接接头包括焊缝区、熔合区和热影响区三部分。下面以低碳钢为例，分析焊接接头的组织与性能。低碳钢熔焊接头组织示意图如图8-24所示。

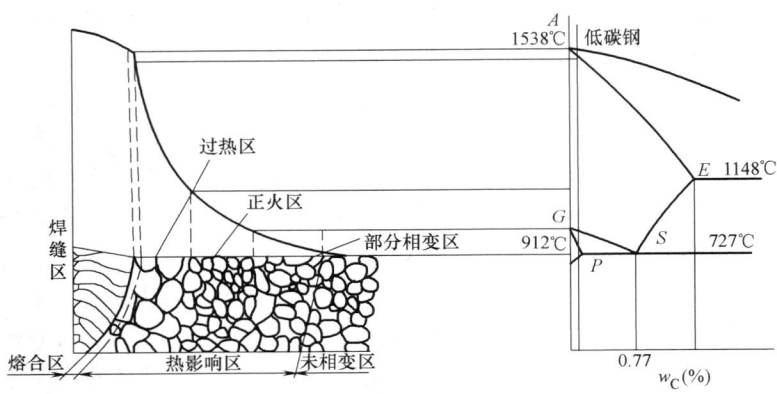

图 8-24　低碳钢熔焊接头组织示意图

#### 1. 焊缝区的组织和性能

焊缝区的组织是由熔池金属结晶后得到的铸态组织。熔池中金属的结晶一般从液固交界的熔合线上开始，晶核从熔合线向两侧和熔池中心长大。由于晶核向熔合线两侧生长受到相邻晶体的阻挡，所以，晶核主要向熔池中心长大，这样就使焊缝金属获得柱状晶粒组织，如图8-25所示。由于熔池较小，熔池中的液态冷却较快，所以，柱状晶粒并不粗大。另外，由于焊条中含有合金元素，因此可以保证焊缝金属的力学性能与母材相近。

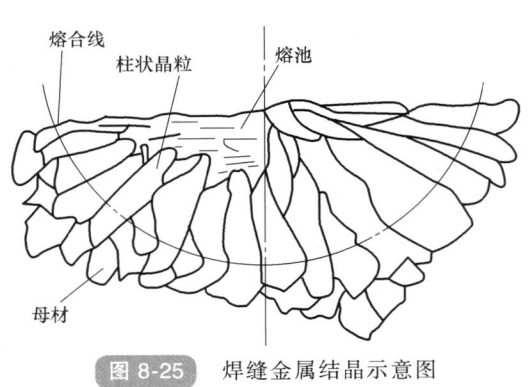

图 8-25　焊缝金属结晶示意图

#### 2. 熔合区的组织和性能

熔合区的温度在液相线与固相线之间。熔合区既有液态金属的结晶组织，又有高温形成的粗大奥氏体组织。此区域在焊接过程中始终处于半熔化状态，晶粒粗大，塑性和韧性差，化学成分不均匀，容易产生裂纹，是焊接接头组织中力学性能最差的区域。

3. 热影响区的组织和性能

热影响区由于温度分布不均匀，可以将热影响区分为过热区、正火区和部分相变区。

（1）过热区 过热区是邻近熔合区外侧的区域，温度为固相线至1100℃之间。由于温度高，奥氏体晶粒急剧长大，形成过热粗晶组织。因此此区域塑性、韧性大大降低，容易产生裂纹，也是焊接接头的一个薄弱区域。

（2）正火区 正火区处于过热区外侧，温度为1100℃至$Ac_3$线之间。由于在该温度下停留时间很短，奥氏体发生重结晶转变为均匀细小的铁素体和珠光体，相当于进行了一次正火处理。因此此区域力学性能良好，是焊接接头中力学性能最好的区域。

（3）部分相变区 部分相变区处于正火区外侧，温度为$Ac_3$至$Ac_1$线之间。部分组织进行了第二次结晶，获得细小晶粒的铁素体和珠光体，还有部分组织没有发生相变，仍然保持原始组织状态，这样，部分相变区的晶粒大小是不均匀的，因此力学性能略低于母材。

二、焊接应力与焊接变形

焊件焊接后会产生焊接应力和焊接变形，对构件的制造和使用带来许多不利影响，因而必须设法加以防止和消除。

1. 焊接应力与焊接变形概述

焊件因焊接而产生的内应力称为焊接应力。焊件因焊接而产生的变形称为焊接变形。焊接时，由于焊件是不均匀地局部加热和冷却，造成焊件的热胀冷缩不均匀和组织变化不一致，从而导致焊接应力与焊接变形的产生。焊接变形表现形式与焊件的截面尺寸、焊缝布置、焊件的组合方式及焊接接头的形式等因素有关。常见焊接变形的基本形式有收缩变形、角变形、弯曲变形、扭曲变形、波浪变形等，如图8-26所示。

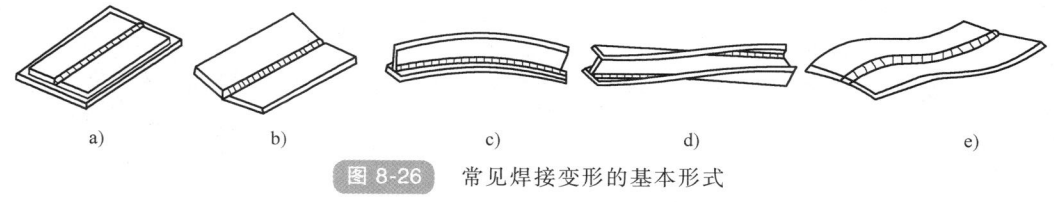

图 8-26 常见焊接变形的基本形式

a）收缩变形 b）角变形 c）弯曲变形 d）扭曲变形 e）波浪变形

焊接变形不但影响焊接结构的尺寸精度和外形美观，严重时还可能降低承载能力，甚至造成事故，所以在焊接过程中要加以控制。

2. 预防和减少焊接应力与焊接变形的措施

预防和减少焊接应力与焊接变形一般从设计方面和工艺方面采取措施。

（1）设计方面 设计焊接结构时，在保证结构有足够承载能力情况下采用尽量小的焊缝尺寸、数量；焊缝尽量对称布置；焊缝分散，避免集中。

（2）工艺方面

1）反变形法。V形坡口对接时，由于焊缝收缩产生变形，可用反变形法消除。焊接前将焊件安放在与焊接变形相反的位置，如图8-27所示。

2）刚性固定法。焊前将焊件各部分用夹具、刚性支承等强制固定以防止和减小变形。

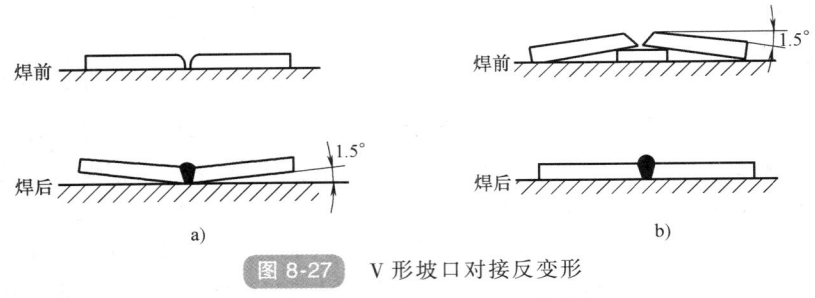

图 8-27　V 形坡口对接反变形

a）未采用反变形法　b）采用反变形法

但此法会产生较大的焊接应力，故只适用于塑性较好的低碳钢结构，如图 8-28 所示。

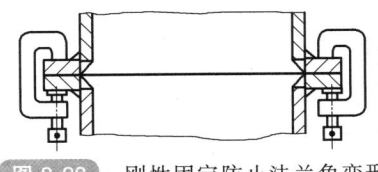

图 8-28　刚性固定防止法兰角变形

3）合理的焊接顺序。安排焊接顺序时应尽可能考虑焊件各个部分及各个方向均匀收缩。如图 8-29 所示，对称截面梁各焊缝要交替进行焊接，即按 1、2、3、4 顺序焊接。

较长的焊件要采取中分分段退焊方法进行焊接，如图 8-30c 所示。将焊件接缝划分成若干段，分段进行焊接，每段施焊时在与整条焊缝增长方向相反的方向焊接一小段。它的优点是中间散热快，缩小焊缝两端的温度差，焊缝热影响区的温度不致急剧增高，减少或避免了热膨胀变形。

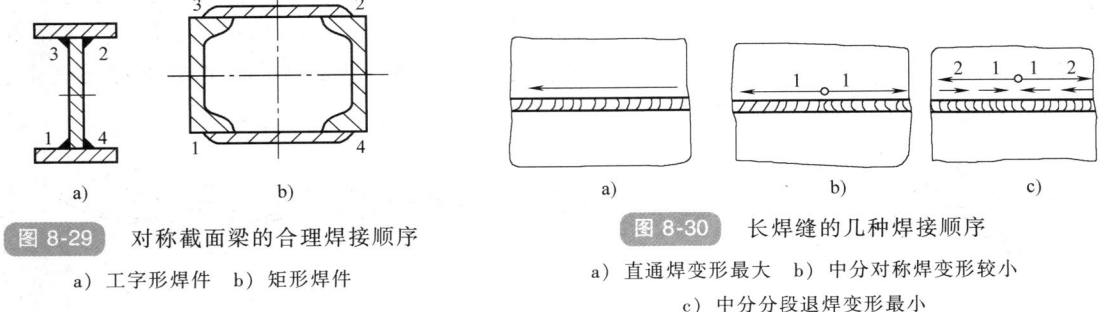

图 8-29　对称截面梁的合理焊接顺序

a）工字形焊件　b）矩形焊件

图 8-30　长焊缝的几种焊接顺序

a）直通焊变形最大　b）中分对称焊变形较小

c）中分分段退焊变形最小

4）焊前预热，焊后处理。焊前对焊件预热可以减少焊件各部位温差，降低焊后冷却速度，减小焊接应力与焊接变形。在允许的条件下，焊后进行去应力退火或用锤子对红热状态下的焊缝进行均匀迅速敲击，使之得到延伸，均可有效地减小焊接应力与焊接变形。

3. 矫正焊接变形的方法

焊后对焊接变形进行矫正是必不可少的一个工序。常用的矫正焊接变形的方法有机械矫正法和火焰矫正法两大类。

（1）机械矫正法　利用机械力的作用使焊件变形部分恢复到焊前所要求的形状和尺寸，采用油压机，气动压力机等，如图 8-31 所示。此法通常适用于塑性好的材料，如低碳钢和低合金高强度结构钢。

（2）火焰矫正法　对焊件的局部进行适当加热，使焊件在冷却收缩时产生新的变形，以矫正焊接时产生的变形。图 8-32 所示焊接后 T 形梁产生上拱，可用火焰在腹板位置进行加热，加热区为三角形，温度为 600~800℃，此时加热区产生塑性变形，冷却后腹板收缩引起反向变形，将焊件矫直。此法适用于塑性较好的低碳钢和低合金高强度结构钢。

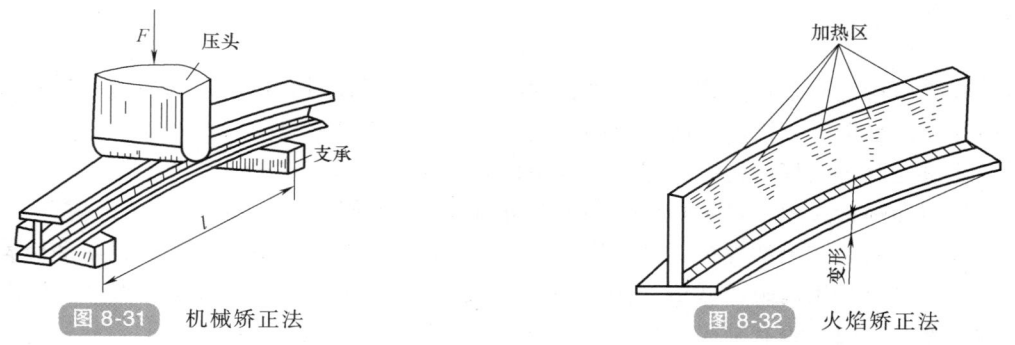

图 8-31　机械矫正法　　　　　　　　　　图 8-32　火焰矫正法

### 三、焊接缺陷及焊接质量检验

#### 1. 焊接缺陷

由于焊接结构设计、焊接工艺设计和焊接操作不当，在焊接生产过程中还会产生各种各样的焊接缺陷，如图 8-33 所示。常见的焊接缺陷如下。

（1）裂纹　焊接裂纹是危害最大的缺陷。按发生的时间不同，焊接裂纹又可分为热裂纹和冷裂纹两种。热裂纹是焊接接头冷却到固相线附近在高温时产生的裂纹，多发生在焊缝中心。冷裂纹是焊接接头冷却到 300~200℃ 以下的低温形成

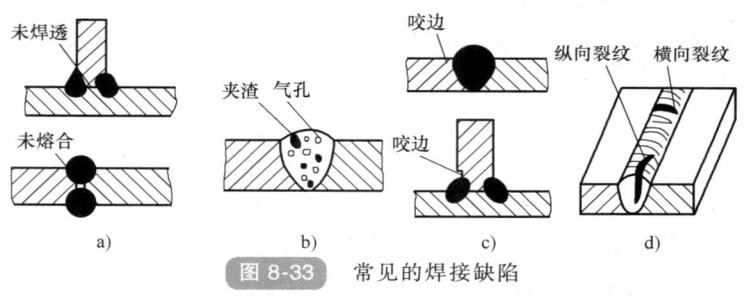

图 8-33　常见的焊接缺陷
a）未焊透与未融合　b）气孔与夹渣　c）咬边　d）裂纹

的裂纹。其中有些是在焊后几小时、几天、甚至几十天才出现，这些延迟出现的裂纹称为延迟裂纹，是较普遍的形式。常用结构钢的冷裂纹一般发生在热影响区，主要出现在易淬硬的材料，如中碳钢、合金钢和钛合金中。

（2）气孔　熔池中的气泡在凝固前未能逸出而残留下来所形成的空穴称为气孔，孔内多为 $H_2$、$CO$、$N_2$。气孔产生原因主要是焊件表面清理不良、药皮受潮或保护作用不好等。

（3）未焊透　焊接时接头根部未完全熔透的现象称为未焊透。未焊透部位相当于存在一个裂纹。它不仅削弱了焊缝的承载能力，还会引起应力集中形成一个开裂源。形成该缺陷的原因有坡口角度或间隙太小，坡口不干净，焊条太粗，焊接速度过快，焊接电流太小及操作不当。

（4）咬边　由于焊接参数选择不当或操作工艺不正确，沿焊缝的母材部位产生沟槽或凹陷称为咬边。重要结构（如高压容器）中不允许存在咬边。电流过大，电弧过长，焊条角度不当等均会产生咬边。对不允许存在咬边的结构件，可将该区清理干净后进行焊补。

（5）夹渣　焊后残留在焊缝中的焊渣称为夹渣。夹渣产生的原因是坡口角度小，焊件表面不干净，电流太小，焊接速度过快。预防夹渣的措施是认真清理待焊表面，多层焊时层间要彻底清渣，减缓熔池的结晶速度。

（6）焊瘤　熔化金属流敷在未熔化焊件或凝固在焊缝上所形成的金属瘤称为焊瘤，其

产生原因是焊接电流太大，电弧过长，焊接速度太慢，焊件装配间隙太大，操作不熟练，运条不当等。

2. 焊接质量检验

焊接质量检验是焊接结构工艺过程的组成部分，通过对焊接质量的检验和分析缺陷产生的原因，以采取有效措施，防止焊接缺陷形成，保证焊件质量。

质量检验包括焊前检验、焊接过程中检验、成品检验三部分。

焊前和焊接过程中对影响质量的因素进行检查，以防止和减少缺陷。

成品检验是在全部焊接工作完毕后进行，常用的方法有外观检验和焊缝内部检验。

外观检验是用肉眼或低倍（小于 20 倍）放大镜及标准焊板、量规等工具，检查焊缝尺寸的偏差及表面是否有缺陷，如咬边、烧穿、气孔、未焊透和裂纹等。

焊缝内部检验是用专门仪器检查内部有否有气孔、夹渣、裂纹、未焊透等缺陷。常用的方法有 X 射线、γ 射线和超声波探伤等。对于要求密封和承受压力的容器或管道，应进行焊缝致密性检验。

**提示：**焊接速度对焊缝厚度和焊缝宽度有明显的影响，当焊接速度增加时，焊缝厚度和焊缝宽度都大为下降，这是因为焊接速度增加时，焊缝中单位时间内输入的热量减少的缘故；焊接速度过大还易形成未焊透、咬边、焊接缝粗糙不平等缺陷；焊接速度过小时，则会形成易裂的"蘑菇形"焊缝或产生烧穿、夹渣、焊缝不规则等缺陷。

## 第五节　焊接结构工艺性

焊件质量一方面决定于焊接结构的设计是否合理，另一方面还与焊接结构的工艺性有关。因此要从设计和焊接工艺两方面考虑，以保证焊接结构的质量稳定，焊接工艺简便，生产率高，成本低。焊接结构工艺性一般包括焊接结构材料的选择、焊缝的布置和焊接接头的设计等方面的内容。

一、焊接结构材料的选择

随着焊接技术的发展，工业上常用的金属材料一般均可焊接。但不同材料的焊接性能不同，导致在焊接时的难易程度不同，会直接影响到焊接工艺的繁简和焊接质量的优劣。因此，在满足焊接结构使用性能的前提下，应尽可能选择焊接性能好的金属材料来制造焊接结构。特别是优先选用低碳钢和普通低合金钢等材料，其价格低廉，焊接性能好，焊接工艺简单，易于保证焊接质量。常用金属材料不同焊接方法的焊接性能比较见表 8-4。

表 8-4　常用金属材料不同焊接方法的焊接性能比较

| 材料 方法 | 焊条电弧焊 | 埋弧焊 | 氩弧焊 | 二氧化碳气体保护焊 | 气焊 | 电渣焊 | 缝焊 | 对焊 | 钎焊 |
|---|---|---|---|---|---|---|---|---|---|
| 低碳钢 | A | A | A | A | A | A | A | A | A |
| 中碳钢 | A | B | A | B | A | A | B | A | A |
| 低合金钢 | A | A | A | A | B | A | A | A | A |
| 不锈钢 | A | B | A | B | A | B | A | A | A |

（续）

| 材料＼方法 | 焊条电弧焊 | 埋弧焊 | 氩弧焊 | 二氧化碳气体保护焊 | 气焊 | 电渣焊 | 缝焊 | 对焊 | 钎焊 |
|---|---|---|---|---|---|---|---|---|---|
| 铸铁 | B | C | B | C | B | B | — | D | B |
| 铝合金 | C | C | A | D | B | D | A | A | C |

注：A—焊接性良好，B—焊接性较好，C—焊接性比较好，D—焊接性不好。

## 二、焊缝的布置

焊缝的位置直接影响到焊件的质量和焊接过程能否顺利进行，因此，要进行合理的布置。布置焊缝位置一般应考虑以下几点。

1. 应尽量采用平焊位置

因为平焊操作方便，劳动条件好，生产率高，焊缝质量容易保证。

2. 要便于施焊

在布置焊缝时，要留有足够的焊接操作空间，以满足焊接时不同的焊接工具能自如地进行焊接操作，保证焊接质量。图 8-34a 所示焊缝布置不合理，无法施焊，改为图 8-34b 所示焊缝布置后，操作便能顺利进行。图 8-35a 所示结构不合理，应改为图 8-35b 所示的结构。

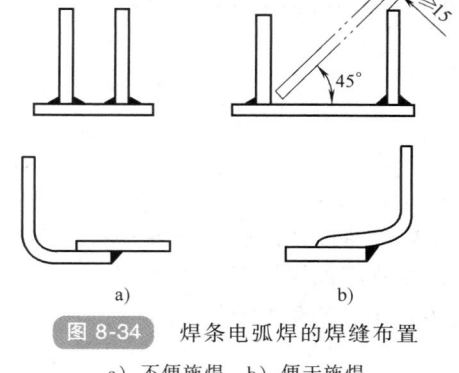

图 8-34　焊条电弧焊的焊缝布置
a）不便施焊　b）便于施焊

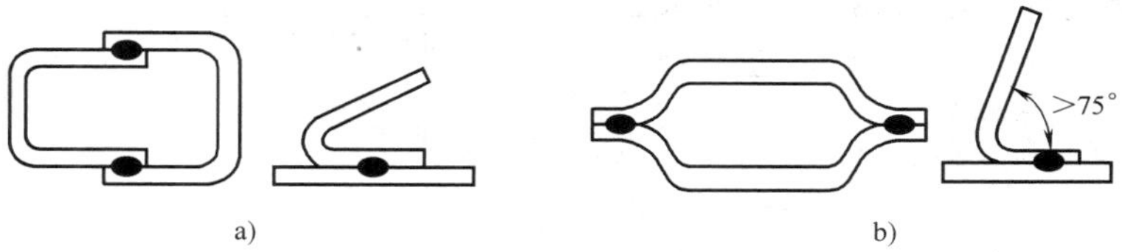

图 8-35　点焊或缝焊焊缝布置
a）不便施焊　b）便于施焊

3. 尽量减少焊缝长度和数量

减少焊缝长度和数量，能有效地减少焊接应力和焊接变形，减少产生焊接缺陷的概率，同时减少焊接材料消耗，降低成本，提高生产率。图 8-36a、b 所示焊件用四块钢板组焊而成，有四道焊缝。若改造为图 8-36c、d 所示结构，采用型材和冲压件减少焊缝，可简化焊接工艺和减少焊接变形。

4. 焊缝应尽量对称布置、避免密集交叉

在焊接结构中，如果焊缝密集交叉，会使热影响区反复加热，而导致金属严重过热，组

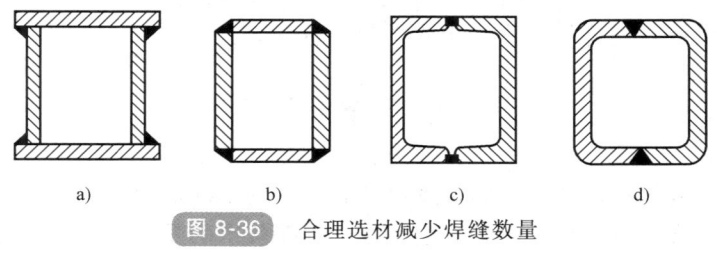

a）　　　b）　　　c）　　　d）
图 8-36　合理选材减少焊缝数量

织恶化，接头性能严重下降，并在焊接残余应力作用下，极易引起断裂。

5. 焊缝应尽量避开最大应力和应力集中部位

通常焊缝处是力学性能较为薄弱的部位，因此，焊缝应避开最大应力部位。例如：简支梁最大应力部位在跨度中间，若焊缝也在图 8-37a 所示的跨度中间最大应力处，结构承载能力弱，应改为图 8-37b 所示的焊缝布置，把焊缝移到两边靠近支承点处，改善焊缝受力状况，提高横梁承载能力；又如对压力容器应使焊缝避开应力集中的转角处，采用碟形封头，如图 8-37c、d 所示。

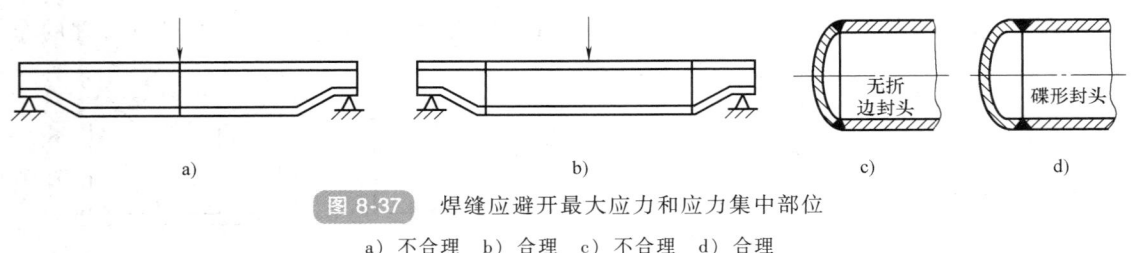

**图 8-37**  焊缝应避开最大应力和应力集中部位
a）不合理  b）合理  c）不合理  d）合理

6. 焊缝应尽量远离机械加工要求高的表面

焊接结构在某些部位要求较高精度，且必须加工后进行焊接，为避免加工精度受到影响，焊缝位置的设计应尽可能离已加工表面远一些。图 8-38a、b 所示的设计不合理，图 3-38c、d 所示的设计合理。

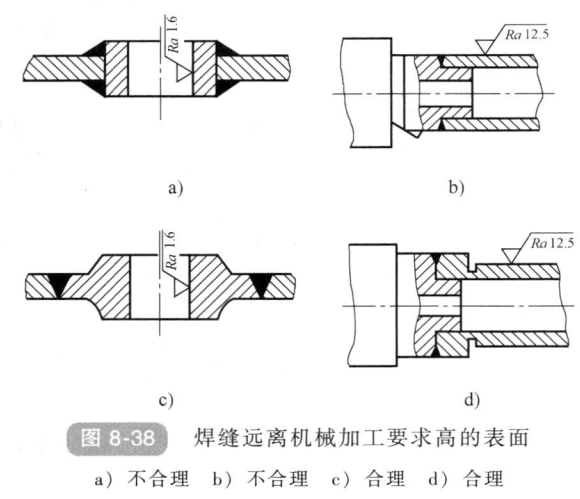

**图 8-38**  焊缝远离机械加工要求高的表面
a）不合理  b）不合理  c）合理  d）合理

**提示**：一般情况下，焊接工序应在机械加工工序之前完成，且焊缝的布置也应尽量避免需要加工的表面；如果在焊接结构上某一部位的加工精度要求较高，又必须在机械加工完成之后进行焊接工序时，应将焊缝布置在远离加工面处。

## 第六节  焊接新技术简介

随着科学技术和机械制造工业的发展以及新材料的不断涌现，焊接技术也在不断地发展和提高，很多新的焊接技术已经得到普遍应用。焊接技术的发展水平已成为衡量一个国家机械制造和科学技术发展水平的标志之一。

目前焊接技术的发展具有如下特点。

1）随着新材料和结构的不断出现，需要新的焊接技术，如电子束焊、激光焊、扩散焊等。

2）改进常用的焊接方法，提高焊接过程机械化、自动化水平，提高焊接质量、生产率和综合效益，扩大焊接应用范围，如开展以焊代铸、以焊代锻等新工艺。

3）采用计算机控制焊接过程，大力推广焊接机器人、焊接中心、专用成套焊接设备等。

4）逐步实现绿色制造、清洁生产，减少污染和危害。

一、超声波焊

超声波焊是利用超声波的高频振荡能对焊件接头进行局部加热和表面清理，然后施加压力实现焊接的一种压焊方法。进行超声波焊时，由于无电流流经焊件，无高温热源注入热量，整个焊接过程不发生材料的熔化以及大面积的冶金反应，所以，焊件表面无变形，表面不需严格清理，焊接质量高，焊接速度快。超声波焊适合于焊接厚度小于 0.5mm 的焊件。目前它广泛应用于无线电、仪表、精密机械及航空工业等领域。

二、爆炸焊

爆炸焊是利用炸药爆炸产生的冲击力造成焊件迅速碰撞，实现焊接的一种压焊方法。爆炸焊的质量较高，工艺操作比较简单，适合于一些工程结构件的连接，如螺纹钢的对接、钢轨的对接、导电母线的过渡对接、异种金属的连接等。

三、激光焊

激光焊是以聚焦的激光束作为能源轰击焊件所产生的热量进行焊接的方法，其特点是能量密度高，焊接速度快，焊缝窄，变形很小，灵活性较大，多用于仪器、微电子工业中超小型元件及空间技术中特种材料的焊接。此外，激光还可以用来切割各种金属与非金属材料。

四、等离子弧焊

等离子弧焊是借助水冷喷嘴对电弧的拘束作用获得高能量密度的等离子弧进行焊接的方法。等离子弧焊的特点是等离子弧能量易于控制，能量密度大，穿透能力强，焊接质量高，生产率高，焊缝深宽比大，但其焊枪结构复杂，对控制系统要求较高。等离子弧焊已广泛用于航空航天等军工和尖端工业技术所用的铜合金、钛合金和合金钢等金属的焊接。

五、扩散焊

扩散焊是将焊件在高温下加压，但不产生可见变形和宏观相对移动的固态焊接方法。扩散焊的特点是焊接质量高，焊件变形小，能焊接同种和异种金属材料，特别是不适用于熔焊的材料，还可用于金属与非金属间的焊接，能用小件拼成力学性能均一和形状复杂的大件，以代替整体锻造和机械加工。

六、电子束焊

电子束焊是利用加速和聚焦的电子束轰击置于真空或非真空中的焊件所产生的热能进行焊接的方法。电子束焊的特点是能量密度高，焊接速度快，焊缝窄而深，焊接变形很小，焊缝金属纯净，焊接质量很高，但焊接设备复杂且造价高，使用与维护要求技术高。电子束焊在原子能、航空航天等尖端技术部门应用日益广泛。

## 拓展知识

### 工业机器人在焊接生产中的应用

众所周知，焊接加工一方面要求操作者要有熟练的操作技能、丰富的实践经验、稳定的焊接水平；另一方面，焊接又是一种劳动条件差、烟尘多、热辐射大、危险性高的工作。工业机器人的出现使人们自然而然首先想到用它代替人的手工焊接，减轻操作者的劳动强度，同时也可以保证焊接质量和提高焊接效率。

然而，焊接又与其他工业加工过程不一样，比如，电弧焊过程中，焊件由于局部加热熔化和冷却产生变形，焊缝的轨迹会因此而发生变化。焊条电弧焊时，有经验的操作者可以根据眼睛所观察到的实际焊缝位置适时地调整焊枪的位置、姿态和速度，以适应焊缝轨迹的变化。然而工业机器人要适应这种变化，必须首先像人一样要"看"到这种变化，然后采取相应的措施调整焊枪的位置和状态，实现对焊缝的实时跟踪。由于电弧焊过程中有强烈弧光、电弧噪声、烟尘、熔滴过渡不稳定引起的焊丝短路、大电流强磁场等复杂的环境因素存在，工业机器人要检测和识别焊缝的信号特征并不像工业制造中其他加工过程的检测和识别那么容易，因此，工业机器人的应用并不是一开始就用于电弧焊过程的。

实际上，工业机器人在焊接领域的应用最早是从汽车装配生产线上的电阻点焊开始的，原因在于电阻点焊的过程相对比较简单，控制方便，且不需要焊缝轨迹跟踪，对工业机器人的精度和重复精度的控制要求比较低。点焊机器人在汽车装配生产线上的大量应用大大提高了汽车装配焊接的生产率和焊接质量，同时又具有柔性焊接的特点，即只要改变程序，就可在同一条生产线上对不同的车型进行装配焊接。

工业机器人的结构形式很多，常用的有直角坐标式、柱面坐标式、球面坐标式、多关节坐标式、伸缩式、爬行式等，根据不同的用途还在不断发展之中。工业机器人根据不同的应用场合可采取不同的结构形式，但目前用得最多的是模仿人的手臂功能的多关节式机器人，这是因为多关节式机器人的手臂灵活性最大，可以使焊枪的空间位置和姿态调至任意状态，以满足焊接需要。

一般来讲，具有六个关节的机器人基本上能满足焊枪的位置和空间姿态的控制要求，其中三个自由度（$X$、$Y$、$Z$）用于控制焊枪端部的空间位置，另外三个自由度（$A$、$B$、$C$）用于控制焊枪的空间姿态。因此，目前的焊接机器人多数为六关节式的。

对于有些焊接场合，焊件由于过大或空间几何形状过于复杂，使工业机器人的焊枪无法到达指定的焊缝位置或焊枪姿态，这时必须通过增加 1~3 个外部轴的办法增加工业机器人的自由度。通常有两种做法：一是把工业机器人装于可以移动的轨道小车或龙门架上，扩大工业机器人本身的作业空间；二是让焊件移动或转动，使焊件上的焊接部位进入工业机器人的作业空间。也有同时采用上述两种办法，让焊件的焊接部位和工业机器人都处于最佳焊接位置。

由于工业机器人控制速度和精度的提高，尤其是电弧传感器的开发并在工业机器人焊接中得到应用，使工业机器人电弧焊的焊缝轨迹跟踪和控制问题在一定程度上得到很好解决，工业机器人焊接在汽车制造中的应用从原来比较单一的汽车装配点焊很快发展为汽车零部件和装配过程中的电弧焊。另外，工业机器人电弧焊不仅用于汽车制造业，更可以用于涉及电弧焊的其他制造业，如造船、机车车辆、锅炉、重型机械等。因此，工业机器人电弧焊的应用范围日趋广泛，在数量上大有超过工业机器人点焊之势。

## 本章小结

| | | | | |
|---|---|---|---|---|
| 焊接概述 | 焊接方法的分类 | 熔焊 | | 焊件接头加热至熔化状态,不加压力完成焊接的方法 |
| | | 压焊 | | 在焊接过程中,必须对焊件施加压力(加热或不加热)以完成焊接的方法 |
| | | 钎焊 | | 采用比母材熔点低的金属材料作为钎料,钎料熔化母材不熔化,利用液态钎料润湿母材,填充接头间隙并与母材相互扩散以完成焊接的方法 |
| | 焊接的特点 | 优点 | | 结构轻、加工方法种类多、结构强度高、产品质量好、噪声较小、生产率较高等 |
| | | 缺点 | | 易产生焊接应力、焊接变形及焊接缺陷等 |
| 焊接方法 | 焊条电弧焊 | 焊接过程 | | 在焊条与焊件间形成电弧,焊件和焊条熔化形成熔池,焊条不断地向前移动形成新的熔池,先形成的熔池则逐渐冷却凝固,形成连续的焊缝 |
| | | 焊条 | 作用 | 焊芯:产生电弧导电,作为填充金属成为焊缝的部分 |
| | | | | 药皮:改善焊接工艺性,机械保护作用,冶金处理作用 |
| | | | 分类 | 酸性焊条、碱性焊条 |
| | | 工艺设计 | 接头 | 接头形式设计:对接、搭接、角接和 T 形接 |
| | | | | 坡口形式设计:I 形坡口(不开坡口)、V 形坡口、X 形坡口和 U 形坡口 |
| | | | 位置 | 按焊缝在空间位置:平焊、立焊、横焊和仰焊 |
| | | | 参数 | 焊条直径、焊接电流 |
| | | 特点 | | 设备简单通用、成本低、操作灵活、适应性广、焊接效率低 |
| | 埋弧焊 | 焊接过程 | | 在焊接过程中,电弧被焊剂覆盖,有机械装置驱动送丝和电弧移动 |
| | | 特点 | | 生产率高、焊接质量好、劳动条件好 |
| | | 应用 | | 成批生产中厚板结构的长直缝与直径较大的环缝 |
| | 气体保护电弧焊 | 二氧化碳气体保护焊 | | 具有成本低、焊接质量好、生产率较高和操作方便等优点,常用于低碳钢和低合金结构钢的焊接,主要焊接薄板 |
| | | 氩弧焊 | | 使用氩气作为保护气体的气体保护焊,也是常用的一种惰性气体保护焊 |
| | 气焊与气割 | 气焊 | | 利用气体火焰作为热源的焊接方法 |
| | | 气割 | | 利用预热火焰将被切割的金属预热到燃点,再向此处喷射氧气流,被预热到燃点的金属在氧气流中燃烧形成金属氧化物熔渣,熔渣被氧气流吹掉,形成切口,从而实现工件的切割 |
| | 电阻焊 | 点焊 | | 搭接接头压紧在两电极之间,电阻热熔化母材金属形成焊点,适用于薄板 |
| | | 缝焊 | | 搭接接头置于两滚轮电极之间,滚轮加压焊件并转动,形成连续焊缝,主要用于焊接焊缝较为规则、要求密封的结构 |
| | | 对焊 | | 使焊件沿整个接触面焊合的电阻焊方法,分为电阻对焊和闪光对焊 |
| | 摩擦焊 | 概念 | | 是利用焊件表面相互摩擦所产生的热,使端面达到热塑性状态,然后迅速顶锻,完成焊接的一种压焊方法 |
| | | 特点 | | 焊接变形小、质量高、操作简单,无烟尘、辐射、飞溅、噪声、弧光等危害,易实现焊接自动化,生产率高等 |
| | 钎焊 | 软钎焊 | | 钎料熔点在 450℃ 以下的钎焊,常用钎料是锡铅钎料 |
| | | 硬钎焊 | | 钎料熔点高于 450℃ 的钎焊,常用钎料是铜基钎料和银基钎料,接头强度高 |

（续）

| | | | |
|---|---|---|---|
| 常用金属材料的焊接 | 焊接性能 | 概念 | 材料在一定的焊接工艺条件下获得优质接头的难易程度,包括工艺性和使用性 |
| | | 评定 | 碳当量法 |
| | 碳素结构钢 | 低碳钢 | 焊接性能最好,任何焊接方法和最普通的焊接工艺即可获得优质的焊接接头 |
| | | 中碳钢 | 焊接性能较差,焊接结构多为锻件和铸钢件或进行补焊,多为焊条电弧焊 |
| | | 高碳钢 | 焊接性能差,不用于制造焊接结构,大多用焊条电弧焊或气焊来焊补修理 |
| | 低合金高强度结构钢 | | 可按碳当量不同,参照碳素结构钢的焊接 |
| | 不锈钢 | | 常用的方法是焊条电弧焊、氩弧焊和埋弧焊 |
| | 铸铁 | | 脆性大、焊接性能很差,主要进行焊补 |
| | 铝及铝合金 | | 常用的方法是氩弧焊、气焊和焊条电弧焊 |
| | 铜及铜合金 | | 常用的方法是氩弧焊、电阻焊和气焊 |
| 生产中常见问题分析 | 焊接接头 | 焊缝区 | 晶粒粗大、化学成分优于母材、焊缝强度一般不低于母材 |
| | | 熔合区 | 由结晶组织和粗晶粒的奥氏体组织组成,使塑性、韧性都下降 |
| | | 热影响区 | 过热区、正火区和部分相变区 |
| | 焊接应力与焊接变形 | 产生原因 | 焊件因焊接而产生的内应力称为焊接应力;焊件因焊接而产生的变形称为焊接变形 |
| | | 形式 | 常见焊接变形的基本形式有收缩变形、角变形、弯曲变形、扭曲变形、波浪变形等 |
| | | 预防和减少措施 | 合理的结构:采用尽量小的焊缝尺寸、数量;焊缝尽量对称布置;焊缝分散,避免集中 |
| | | | 反变形法 |
| | | | 刚性固定法 |
| | | | 合理的焊接顺序 |
| | | | 焊前预热,焊后处理 |
| | | 矫正方法 | 机械矫正法 |
| | | | 火焰矫正法 |
| | 焊接缺陷及焊接质量检验 | 焊接缺陷 | 裂纹:可分为热裂纹和冷裂纹两种 |
| | | | 气孔:熔池中的气泡在凝固前未能逸出而残留下来所形成的空穴称为气孔,其产生原因有焊件表面清理不良、药皮受潮或保护作用不好等 |
| | | | 未焊透:未焊透部位相当于存在一个裂纹,其不仅削弱了焊缝的承载能力,还会引起应力集中形成一个开裂源 |
| | | | 咬边:电流过大,电弧过长,焊条角度不当等均会产生咬边 |
| | | | 夹渣:坡口角度小,焊件表面不干净,电流太小,焊接速度过快等产生夹渣 |
| | | | 焊瘤:焊接电流太大,电弧过长,焊接速度太慢,焊件装配间隙太大,操作不熟练,运条不当等产生焊瘤 |
| | | 质量检验 内容 | 焊前检验、焊接过程中检验、成品检验三部分 |
| | | 质量检验 方法 | 外观检验:用肉眼或低倍放大镜等工具检查焊缝尺寸的偏差及表面是否有缺陷,如咬边、烧穿、气孔、未焊透和裂纹等 |
| | | | 焊缝内部检验:用专门仪器检查内部有否有气孔、夹渣、裂纹、未焊透等缺陷。常用的方法有 X 射线、γ 射线和超声波探伤等 |

（续）

| 焊接结构工艺性 | 材料选择原则 | | 在满足焊接结构使用性能的前提下,应尽可能选择焊接性能好的金属材料,特别是优先选用低碳钢和普通低合金钢等材料 |
|---|---|---|---|
| | 焊缝的布置 | | 应尽量采用平焊位置;要便于施焊;尽量减少焊缝长度和数量;应尽量对称布置、避免密集交叉;应尽量避开最大应力和应力集中部位;应尽量远离机械加工要求高的表面 |
| 焊接新技术简介 | 超声波焊 | 概念 | 是利用超声波的高频振荡能对焊件接头进行局部加热和表面清理,然后施加压力实现焊接的一种压焊方法 |
| | | 特点 | 焊件表面无变形,表面不需严格清理,焊接质量高,焊接速度快 |
| | 爆炸焊 | 概念 | 是利用炸药爆炸产生的冲击力造成焊件迅速碰撞,实现焊接的一种压焊方法 |
| | | 特点 | 质量较高,工艺操作比较简单,适合于一些工程结构件的连接 |
| | 激光焊 | 概念 | 是指以聚焦的激光束作为能源轰击焊件所产生的热量进行焊接的方法 |
| | | 特点 | 能量密度高,焊接速度快,焊缝窄,变形很小,灵活性较大,多用于仪器、微电子工业中超小型元件及空间技术中特种材料的焊接 |
| | 等离子弧焊 | 概念 | 是借助水冷喷嘴对电弧的拘束作用获得高能量密度的等离子弧进行焊接的方法 |
| | | 特点 | 焊接质量高,生产率高,焊缝深宽比大等 |
| | 扩散焊 | 概念 | 是将焊件在高温下加压,但不产生可见变形和宏观相对移动的固态焊接方法 |
| | | 特点 | 焊接质量高,焊件变形小,能焊接同种和异种金属材料等 |
| | 电子束焊 | 概念 | 是利用加速和聚焦的电子束轰击置于真空或非真空中的焊件所产生的热能进行焊接的方法 |
| | | 特点 | 焊接速度快,焊缝窄而深,焊接变形很小,焊缝质量高等 |

## 知识巩固与能力训练题

一、填空题

1. 焊接电弧由_____、_____、_____组成。

2. 焊接接头的基本形式有_____、_____、

_____、_____。

3. 预防和消除焊接应力与焊接变形一般从_____方面和_____方面采取措施。

4. 焊接方法按焊接过程的特点分为_____、_____、_____三大类。

5. 气体保护电弧焊根据保护气体的不同,分为_____焊和_____焊。

6. 埋弧焊主要适用于_____、_____、_____等材料的焊接,并

适用于_____位置焊接。

7. 埋弧焊的焊接材料是_____。

8. 气焊时，按照焊丝和焊炬的移动方向不同，可分为_____和_____两种，前者适合焊厚板，后者适合焊薄板。

9. 常用的电阻焊方法主要有_____、_____和_____。

10. 电阻焊产生电阻热的电阻有_____、_____和_____三部分，其中_____产生的电阻热是主要热源。

二、选择题

1. 下列焊接方法中属于熔焊的有____。

A. 焊条电弧焊　　　　　　　B. 电阻焊　　　　　　　　　C. 软钎焊

2. 下列金属中焊接性能好的是____，焊接性能差的是____。

A. 低碳钢与低合金高强度钢　　B. 铸铁与高合金钢

3. 焊接一般结构件时用____，焊接重要结构件时用____。

A. 酸性焊条　　　　　　　　B. 碱性焊条

4. 焊条电弧焊焊接电弧阳极区的温度大约是____K 左右。

A. 2400　　　　　　　　　B. 2600　　　　　　　　　C. 6000～8000

5. 气焊低碳钢时应选用____，气焊黄铜时应选用____，气焊铸铁时应选用____。

A. 中性焰　　　　　　　　　B. 氧化焰　　　　　　　　　C. 碳化焰

6. 下列预防和减少焊接变形的措施中____是工艺措施。

A. 焊前预热、反变形法、刚性固定法等

B. 减少焊缝数量、合理安排焊缝位置等

三、判断题

1. 在焊接过程中，应尽量防止和减少焊缝金属氧化，以保证焊接质量。（　　　　）

2. 立焊、横焊、仰焊时，焊接电流应比平焊时小。（　　　　）

3. 常用结构钢的冷裂纹一般发生在热影响区，主要出现在易淬硬的材料，如中碳钢、合金钢和钛合金中。（　　　　）

4. 由于焊接是一个局部的、不均匀的加热、冷却或加压过程，所以焊后的金属易产生变形及应力。（　　　　）

5. 二氧化碳气体保护焊时，产生气孔主要是由于保护气层被破坏，使空气侵入而形成氮气孔。（　　　　）

四、简答题

1. 什么是焊接？焊接方法分哪几种？焊条电弧焊常见的缺陷有哪些？

2. 简述埋弧焊、气焊、气割和气体保护电弧焊的特点及其应用。

五、课外拓展题

1. 结合学习内容，并查阅相关资料，拼焊图 8-39 所示的钢板，确定出焊接顺序，并说明理由。

2. 深入社会仔细观察、了解焊接技术在机械装配制造和工程建设方面的应用，写一篇题为《焊接技术应用与发展》的短文。

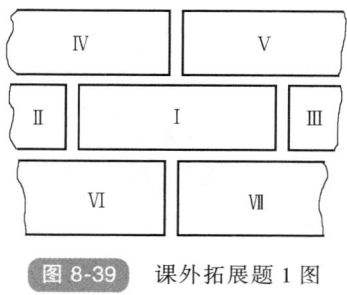

图 8-39　课外拓展题 1 图

# 附录

## 附录 A  压痕直径与布氏硬度对照表

| 压痕直径<br>d/mm | HBW<br>D = 10mm<br>F = 30D² | 压痕直径<br>d/mm | HBW<br>D = 10mm<br>F = 30D² | 压痕直径<br>d/mm | HBW<br>D = 10mm<br>F = 30D² |
|---|---|---|---|---|---|
| 2.40 | 653 | 2.86 | 457 | 3.32 | 337 |
| 2.42 | 643 | 2.88 | 451 | 3.34 | 333 |
| 2.44 | 632 | 2.90 | 444 | 3.36 | 329 |
| 2.46 | 621 | 2.92 | 438 | 3.38 | 325 |
| 2.48 | 611 | 2.94 | 432 | 3.40 | 321 |
| 2.50 | 601 | 2.96 | 426 | 3.42 | 317 |
| 2.52 | 592 | 2.98 | 420 | 3.44 | 313 |
| 2.54 | 582 | 3.00 | 415 | 3.46 | 309 |
| 2.56 | 573 | 3.02 | 409 | 3.48 | 306 |
| 2.58 | 564 | 3.04 | 404 | 3.50 | 302 |
| 2.60 | 555 | 3.06 | 398 | 3.52 | 298 |
| 2.62 | 547 | 3.08 | 393 | 3.54 | 295 |
| 2.64 | 538 | 3.10 | 388 | 3.56 | 292 |
| 2.66 | 530 | 3.12 | 383 | 3.58 | 288 |
| 2.68 | 522 | 3.14 | 378 | 3.60 | 285 |
| 2.70 | 514 | 3.16 | 373 | 3.62 | 282 |
| 2.72 | 507 | 3.18 | 368 | 3.64 | 278 |
| 2.74 | 499 | 3.20 | 363 | 3.66 | 275 |
| 2.76 | 492 | 3.22 | 359 | 3.68 | 272 |
| 2.78 | 485 | 3.24 | 354 | 3.70 | 269 |
| 2.80 | 477 | 3.26 | 350 | 3.72 | 266 |
| 2.82 | 471 | 3.28 | 345 | 3.74 | 263 |
| 2.84 | 464 | 3.30 | 341 | 3.76 | 260 |

（续）

| 压痕直径 $d/\text{mm}$ | HBW $D=10\text{mm}$ $F=30D^2$ | 压痕直径 $d/\text{mm}$ | HBW $D=10\text{mm}$ $F=30D^2$ | 压痕直径 $d/\text{mm}$ | HBW $D=10\text{mm}$ $F=30D^2$ |
|---|---|---|---|---|---|
| 3.78 | 257 | 4.46 | 182 | 5.14 | 134 |
| 3.80 | 255 | 4.48 | 180 | 5.16 | 133 |
| 3.82 | 252 | 4.50 | 179 | 5.18 | 132 |
| 3.84 | 249 | 4.52 | 177 | 5.20 | 131 |
| 3.86 | 246 | 4.54 | 175 | 5.22 | 130 |
| 3.88 | 244 | 4.56 | 174 | 5.24 | 129 |
| 3.90 | 241 | 4.58 | 172 | 5.26 | 128 |
| 3.92 | 239 | 4.60 | 170 | 5.28 | 127 |
| 3.94 | 236 | 4.62 | 169 | 5.30 | 126 |
| 3.96 | 234 | 4.64 | 167 | 5.32 | 125 |
| 3.98 | 231 | 4.66 | 166 | 5.34 | 124 |
| 4.00 | 229 | 4.68 | 164 | 5.36 | 123 |
| 4.02 | 226 | 4.70 | 163 | 5.38 | 122 |
| 4.04 | 224 | 4.72 | 161 | 5.40 | 121 |
| 4.06 | 222 | 4.74 | 160 | 5.42 | 120 |
| 4.08 | 219 | 4.76 | 158 | 5.44 | 119 |
| 4.10 | 217 | 4.78 | 157 | 5.46 | 118 |
| 4.12 | 215 | 4.80 | 156 | 5.48 | 117 |
| 4.14 | 213 | 4.82 | 154 | 5.50 | 116 |
| 4.16 | 211 | 4.84 | 153 | 5.52 | 115 |
| 4.18 | 209 | 4.86 | 152 | 5.54 | 114 |
| 4.20 | 207 | 4.88 | 150 | 5.56 | 113 |
| 4.22 | 204 | 4.90 | 149 | 5.58 | 112 |
| 4.24 | 202 | 4.92 | 148 | 5.60 | 111 |
| 4.26 | 200 | 4.94 | 146 | 5.62 | 110 |
| 4.28 | 198 | 4.96 | 145 | 5.64 | 110 |
| 4.30 | 197 | 4.98 | 144 | 5.66 | 109 |
| 4.32 | 195 | 5.00 | 143 | 5.68 | 108 |
| 4.34 | 193 | 5.02 | 141 | 5.70 | 107 |
| 4.36 | 191 | 5.04 | 140 | 5.72 | 106 |
| 4.38 | 189 | 5.06 | 139 | 5.74 | 105 |
| 4.40 | 187 | 5.08 | 138 | 5.76 | 105 |
| 4.42 | 185 | 5.10 | 137 | 5.78 | 104 |
| 4.44 | 184 | 5.12 | 135 | 5.80 | 103 |

（续）

| 压痕直径 d/mm | HBW D = 10mm F = 30D² | 压痕直径 d/mm | HBW D = 10mm F = 30D² | 压痕直径 d/mm | HBW D = 10mm F = 30D² |
|---|---|---|---|---|---|
| 5.82 | 102 | 5.90 | 99.2 | 5.98 | 96.2 |
| 5.84 | 101 | 5.92 | 98.4 | 6.00 | 95.5 |
| 5.86 | 101 | 5.94 | 97.7 | | |
| 5.88 | 99.9 | 5.96 | 96.9 | | |

## 附录 B  各种硬度与强度换算表

| 维氏硬度 | 布氏硬度 10/3000 | 洛氏硬度 | | | 肖氏硬度 | 抗拉强度 /(kgf/mm²) |
|---|---|---|---|---|---|---|
| | | A | B | C | | |
| 940 | — | 85.6 | — | 68.0 | 97 | — |
| 920 | — | 85.3 | — | 67.5 | 96 | — |
| 900 | — | 85.0 | — | 67.0 | 95 | — |
| 880 | — | 84.7 | — | 66.4 | 93 | — |
| 860 | — | 84.4 | — | 65.9 | 92 | — |
| 840 | — | 84.1 | — | 65.3 | 91 | — |
| 820 | — | 83.8 | — | 64.7 | 90 | — |
| 800 | — | 83.4 | — | 64.0 | 88 | — |
| 780 | — | 83.0 | — | 63.3 | 87 | — |
| 760 | — | 82.6 | — | 62.5 | 86 | — |
| 740 | — | 82.2 | — | 61.8 | 84 | — |
| 720 | — | 81.8 | — | 61.0 | 83 | — |
| 700 | — | 81.3 | — | 60.1 | 81 | — |
| 690 | — | 81.1 | — | 59.7 | — | — |
| 680 | — | 80.8 | — | 59.2 | 80 | 232 |
| 670 | — | 80.6 | — | 58.8 | — | 228 |
| 660 | — | 80.3 | — | 58.3 | 79 | 224 |
| 650 | — | 80.0 | — | 57.8 | — | 221 |
| 640 | — | 79.8 | — | 57.3 | 77 | 217 |
| 630 | — | 79.5 | — | 56.8 | — | 214 |
| 620 | — | 79.2 | — | 56.3 | 75 | 210 |
| 610 | — | 78.9 | — | 55.7 | — | 207 |
| 600 | — | 78.6 | — | 55.2 | 74 | 203 |
| 590 | — | 78.4 | — | 54.7 | — | 200 |
| 580 | — | 78.0 | — | 54.1 | 72 | 196 |

（续）

| 维氏硬度 | 布氏硬度 10/3000 | 洛氏硬度 | | | 肖氏硬度 | 抗拉强度 /（kgf/mm²） |
|---|---|---|---|---|---|---|
| | | A | B | C | | |
| 570 | — | 77.8 | — | 53.6 | — | 193 |
| 560 | — | 77.4 | — | 53.0 | 71 | 189 |
| 550 | 505 | 77.0 | — | 52.3 | — | 186 |
| 540 | 496 | 76.7 | — | 51.7 | 69 | 183 |
| 530 | 488 | 76.4 | — | 51.1 | — | 179 |
| 520 | 480 | 76.1 | — | 50.5 | 67 | 176 |
| 510 | 473 | 75.7 | — | 49.8 | — | 173 |
| 500 | 465 | 75.3 | — | 49.1 | 66 | 169 |
| 490 | 456 | 74.9 | — | 48.4 | — | 165 |
| 480 | 448 | 74.5 | — | 47.7 | 64 | 162 |
| 470 | 441 | 74.1 | — | 46.9 | — | 158 |
| 460 | 433 | 73.6 | — | 46.1 | 62 | 155 |
| 450 | 425 | 73.3 | — | 45.3 | — | 151 |
| 440 | 415 | 72.8 | — | 44.5 | 59 | 148 |
| 430 | 405 | 72.3 | — | 43.6 | — | 144 |
| 420 | 397 | 71.8 | — | 42.7 | 57 | 141 |
| 410 | 388 | 71.4 | — | 41.8 | — | 137 |
| 400 | 379 | 70.8 | — | 40.8 | 55 | 134 |
| 390 | 369 | 70.3 | — | 39.8 | — | 130 |
| 380 | 360 | 69.8 | 110.0 | 38.8 | 52 | 127 |
| 370 | 350 | 69.2 | — | 37.7 | — | 123 |
| 360 | 341 | 68.7 | 109.0 | 36.6 | 50 | 120 |
| 350 | 331 | 68.1 | — | 35.5 | — | 117 |
| 340 | 322 | 67.6 | 108.0 | 34.4 | 47 | 113 |
| 330 | 313 | 67.0 | — | 33.3 | — | 110 |
| 320 | 303 | 66.4 | 107.0 | 32.2 | 45 | 106 |
| 310 | 294 | 65.8 | — | 31.0 | — | 103 |
| 300 | 284 | 65.2 | 105.5 | 29.8 | 42 | 99 |
| 295 | 280 | 64.8 | — | 29.2 | — | 98 |
| 290 | 275 | 64.5 | 104.5 | 28.5 | 41 | 96 |
| 285 | 270 | 64.2 | — | 27.8 | — | 94 |
| 280 | 265 | 63.8 | 103.5 | 27.1 | 40 | 92 |
| 275 | 261 | 63.5 | — | 26.4 | — | 91 |
| 270 | 256 | 63.1 | 102.0 | 25.6 | 38 | 89 |
| 265 | 252 | 62.7 | — | 24.8 | — | 87 |

（续）

| 维氏硬度 | 布氏硬度 10/3000 | 洛氏硬度 | | | 肖氏硬度 | 抗拉强度 /（kgf/mm²） |
|---|---|---|---|---|---|---|
| | | A | B | C | | |
| 260 | 247 | 62.4 | 101.0 | 24.0 | 37 | 85 |
| 255 | 243 | 62.0 | — | 23.1 | — | 84 |
| 250 | 238 | 61.6 | 99.5 | 22.2 | 36 | 82 |
| 245 | 233 | 61.2 | — | 21.3 | — | 80 |
| 240 | 228 | 60.7 | 98.1 | 20.3 | 34 | 78 |
| 230 | 219 | — | 96.7 | 18.0 | 33 | 75 |
| 220 | 209 | — | 95.0 | 15.7 | 32 | 71 |
| 210 | 200 | — | 93.4 | 13.4 | 30 | 68 |
| 200 | 190 | — | 91.4 | 11.0 | 29 | 65 |
| 190 | 181 | — | 89.5 | 8.5 | 28 | 62 |
| 180 | 171 | — | 87.1 | 6.0 | 26 | 59 |
| 170 | 162 | — | 85.0 | 3.0 | 25 | 56 |
| 160 | 152 | — | 81.7 | 0.0 | 24 | 53 |
| 150 | 143 | — | 78.7 | — | 22 | 50 |
| 140 | 133 | — | 75.0 | — | 21 | 46 |
| 130 | 124 | — | 71.2 | — | 20 | 44 |
| 120 | 114 | — | 66.7 | — | — | 40 |
| 110 | 105 | — | 62.3 | — | — | — |
| 100 | 95 | — | 56.2 | — | — | — |
| 95 | 90 | — | 52.0 | — | — | — |
| 90 | 86 | — | 48.0 | — | — | — |
| 85 | 81 | — | 41.0 | — | — | — |

注：1kgf/mm² = 9.8MPa。

# 附录 C  常用钢的临界温度

| 牌号 | 临界温度/℃ | | | | | |
|---|---|---|---|---|---|---|
| | $Ac_1$ | $Ac_3$（$Ac_{cm}$） | $Ar_1$ | $Ar_3$ | $Ms$ | $Mf$ |
| 15 | 735 | 865 | 685 | 840 | 450 | — |
| 30 | 732 | 815 | 677 | 796 | 380 | — |
| 40 | 724 | 790 | 680 | 760 | 340 | — |
| 45 | 724 | 780 | 682 | 751 | 345~350 | — |
| 50 | 725 | 774 | 690 | 720 | 290~320 | — |
| 55 | 727 | 760 | 690 | 755 | 290~320 | — |
| 65 | 727 | 752 | 696 | 730 | 285 | — |

（续）

| 牌号 | 临界温度/℃ | | | | | |
|---|---|---|---|---|---|---|
| | $Ac_1$ | $Ac_3(Ac_{cm})$ | $Ar_1$ | $Ar_3$ | $Ms$ | $Mf$ |
| 30Mn | 734 | 812 | 675 | 796 | 355~375 | — |
| 65Mn | 726 | 765 | 689 | 741 | 270 | — |
| 20Cr | 766 | 838 | 702 | 799 | 390 | — |
| 30Cr | 740 | 815 | 670 | — | 350~360 | — |
| 40Cr | 743 | 782 | 693 | 730 | 325~330 | — |
| 20CrMnTi | 740 | 825 | 650 | 730 | 360 | — |
| 30CrMnTi | 765 | 790 | 660 | 740 | — | — |
| 35CrMo | 755 | 800 | 695 | 750 | 271 | — |
| 25MnTiB | 708 | 817 | 610 | 710 | — | — |
| 40MnB | 730 | 780 | 650 | 700 | — | — |
| 55Si2Mn | 775 | 840 | — | — | — | — |
| 60Si2Mn | 755 | 810 | 700 | 770 | 305 | — |
| 55CrMn | 750 | 775 | — | — | 250 | — |
| 50CrVA | 752 | 788 | 688 | 746 | 270 | — |
| GCr15 | 745 | 900 | 700 | — | 240 | — |
| GCr15SiMn | 770 | 872 | 708 | — | 200 | — |
| T7 | 730 | 770 | 700 | — | 220~230 | — |
| T8 | 730 | — | 700 | — | 220~230 | −70 |
| T10 | 730 | 800 | 700 | — | 200 | −80 |
| 9Mn2V | 736 | 765 | 652 | 125 | — | — |
| 9SiCr | 770 | 870 | 730 | — | 170~180 | — |
| CrWMn | 750 | 940 | 710 | — | 200~210 | — |
| Cr12MoV | 810 | 1200 | 760 | — | 150~200 | −80 |
| 55CrMnMo | 710 | 770 | 680 | — | 200~230 | — |
| 3Cr2W8V | 820 | 1100 | 790 | — | 380~420 | −100 |
| W18Cr4V | 820 | 1330 | 760 | — | 180~220 | — |

# 附录 D   实验指导书

## 实验一   硬度实验

一、实验目的

1）了解洛氏硬度计的主要构造及操作方法。

2）初步掌握洛氏硬度值的测定方法。

二、实验所用设备及材料

1）实验设备：洛氏硬度计。

2）实验材料：45钢正火及淬火试样。

三、实验内容

了解洛氏硬度标尺构成及应用范围，按照洛氏硬度计的操作方法测定金属材料硬度值。

四、洛氏硬度计的主要构造及操作方法

我国生产的洛氏硬度计型号较多，如图D-1所示为HR-150A型洛氏硬度计。实验时，将试样放在工作台上，顺时针转动手柄，使工作台上升至试样与压头接触，继续转动手柄并顶起压头，使指示器的小指针由0指向3处时（指示器表盘，如图D-2所示），将大指针指在标记C/B处（左右偏差不超过5格）。搬动加载手柄使主试验力加到试样上，停留5～10s，顺时针推动卸载手柄，卸除主试验力。这时，大指针所指示的刻度即为该试样的洛氏硬度（HRC、HRA读外圈的C标尺，HRB读内圈的B标尺）。

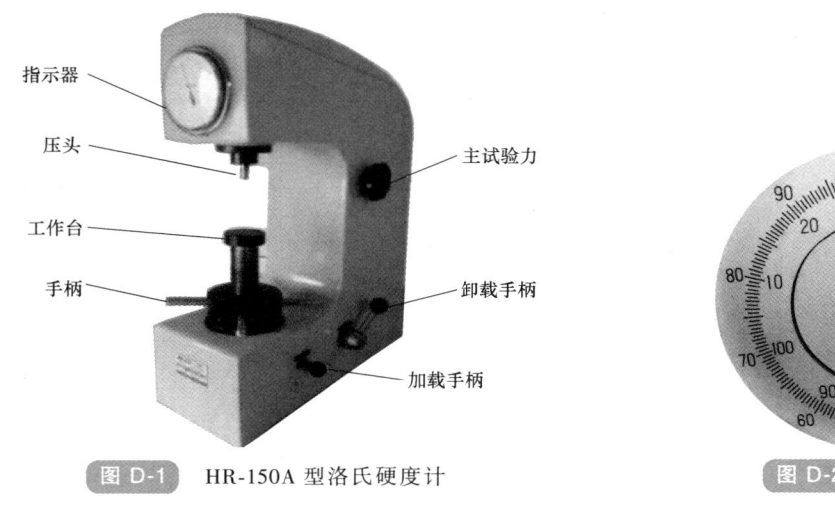

图 D-1　HR-150A型洛氏硬度计　　　　　　　图 D-2　指示器表盘

五、实验步骤及注意事项

1）清理试样表面。被测试样表面应平滑，无深的刀纹、凹坑、油污、氧化皮等缺陷和杂物。

2）根据试样材料选择压头及试验力，根据试样形状选择合适的工作台，使被测试样表面与压头垂直。

3）把试样放在工作台上，按洛氏硬度计的操作顺序进行实验，由指示器上读出硬度值并做好记录。

4）移动试样，在另一位置继续试验，两相邻压痕中心距或任一压痕中心距试样边缘一般不应小于3mm，前后共测三点，取其平均值，并做好记录。

5）将45钢正火及淬火试样洛氏硬度平均值换算成布氏硬度HBW，比较45钢正火及淬火试样硬度值的高低。

六、实验报告

1）根据选用的实验规范和记录数据填写表D-1。

表 D-1　硬度实验表

| 状态＼内容 | 实验规范 | | | 测得硬度值 | | | | 换算成布氏硬度值 HBW |
|---|---|---|---|---|---|---|---|---|
| | 压头 | 总试验力 $F$/kgfN | 所用硬度标尺 | 第一次 | 第二次 | 第三次 | 平均值 | |
| 45 钢正火 | | | | | | | | |
| 45 钢淬火 | | | | | | | | |

2）说明洛氏硬度在实验过程中的优缺点。

实验二　铁碳合金的平衡组织观察及分析

一、实验目的

1）观察及分析铁碳合金在平衡状态下的组织特征。

2）了解含碳量对铁碳合金平衡组织及力学性能的影响规律。

二、实验设备及材料

1）金相显微镜若干台。

2）铁碳合金平衡组织试样若干套。

3）铁碳合金金相图片一套。

三、实验内容

用金相显微镜观察表 D-2 中碳钢和白口铸铁的显微组织。

表 D-2　试样材料、处理方式及显微组织

| 试样号 | 合金 | $w_C$（%） | 处理过程 | 腐蚀剂（体积分数） | 显微组织 |
|---|---|---|---|---|---|
| 01 | 工业纯铁 | 0 | 退火 | 4%硝酸酒精溶液 | F |
| 02 | 20 钢 | 0.2 | 退火 | 4%硝酸酒精溶液 | F+P |
| 03 | 45 钢 | 0.45 | 退火 | 4%硝酸酒精溶液 | F+P |
| 04 | 60 钢 | 0.6 | 退火 | 4%硝酸酒精溶液 | F+P |
| 05 | T8 钢 | 0.77 | 退火 | 4%硝酸酒精溶液 | P |
| 06 | T12 钢 | 1.2 | 退火 | 4%硝酸酒精溶液 | $P+Fe_3C_{II}$（白色） |
| 07 | T12 钢 | 1.2 | 退火 | 碱性苦味酸钠熟煮 | $P+Fe_3C_{II}$（黑色） |
| 08 | 亚共晶白口铸铁 | <4.3 | 铸态 | 4%硝酸酒精溶液 | $P+Fe_3C_{II}+L'd$ |
| 09 | 共晶白口铸铁 | 4.3 | 铸态 | 4%硝酸酒精溶液 | $L'd$ |
| 10 | 过共晶白口铸铁 | >4.3 | 铸态 | 4%硝酸酒精溶液 | $L'd+Fe_3C_I$ |

四、实验步骤与注意事项

本实验采用 MR2000 型金相显微镜，如图 D-3 所示。

1）在金相显微镜下观察表 D-2 中碳钢和白口铸铁的显微组织。

① 使用显微镜前，必须将手洗净、擦干，试样要清洁、干燥，不得有残留水分和酒精等。

② 使用前应先检查一下显微镜和附件是否齐全、正常，如有缺损，应立即报告指导教师。

③ 松开紧固旋钮（按逆时针方向旋转），调节粗调旋钮，使物镜台降低到最低位置

（反向旋转，则物镜台上升）。

④ 按放大倍数的要求，选择合适的物镜和目镜，并将物镜、目镜和滤光片等都装好（在装上和卸下物镜时，需把物镜台降低，以免碰撞到物镜使物镜损坏）。

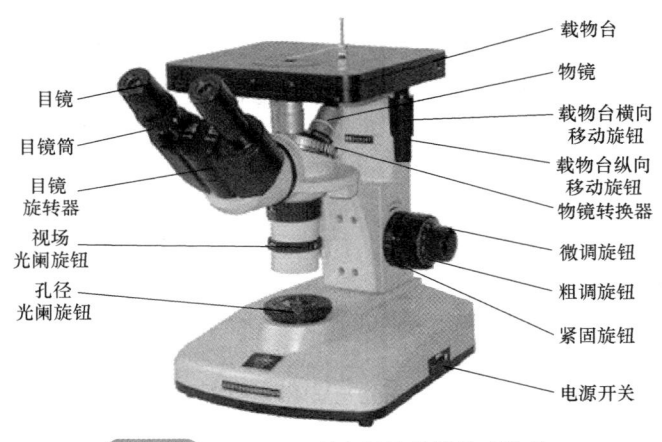

图 D-3　MR2000 型金相显微镜外观构造

⑤ 转动载物台纵向、横向移动旋钮，使载物台中心位于物镜中心孔的中央。然后将试样腐蚀面朝下置于载物台中心处，以备观察。

⑥ 打开电源开关，点亮灯泡，转动粗调旋钮，使物镜接近试样，当物像出现时，锁紧紧固旋钮，然后转动微调旋钮继续调节（动作要轻），直到物像清晰为止。

⑦ 初次调节焦距不熟练，为避免物镜与试样相碰损坏镜头，观察试样时，应先将物镜小心地移至接近试样位置，然后再边由目镜观察，边转动粗调旋钮，使物镜远离试样，当目镜视野里出现了物像轮廓后，立即改用微调旋钮进行调节。

⑧ 调节孔径光阑的大小，可控制光的强弱；调节视场光阑的大小，可控制被观察的面积。

⑨ 欲全面观察试样表面，可旋转载物台纵向、横向移动旋钮。

2）注意事项。

① 不观察时应立即关灯，以延长灯泡寿命。

② 不准用手、手巾等擦目镜、物镜等一切光学部件，如发现脏物妨碍使用，可通知指导教师用软毛刷或镜头纸擦净。

③ 使用完毕后，关闭电源，然后将物镜和目镜等放回原处，按原来状态整理好，由指导教师检查后方可离开实验室。

3）对照图 D-4 所示相图，边观察边绘出显微组织，画组织图时应抓住各个试样的组织特征，并将图中的组织用箭头引出标明组织名称，此工作在课上完成。

五、实验报告

1）实验目的。

2）用铅笔将观察的显微组织示意图画在直径为 30mm 的圆内，用箭头指出组织组成物的名称，并注明材料名称，放大倍数。

3）说明含碳量对铁碳合金的组织和性能的影响规律。

4）现场运用。料库有一批热轧态的棒料，分别是 20、45、60、T8、T12，请用显微分析法将这些料分开。

实验三　钢的热处理实验

一、实验目的

1）熟悉钢的热处理实际操作。

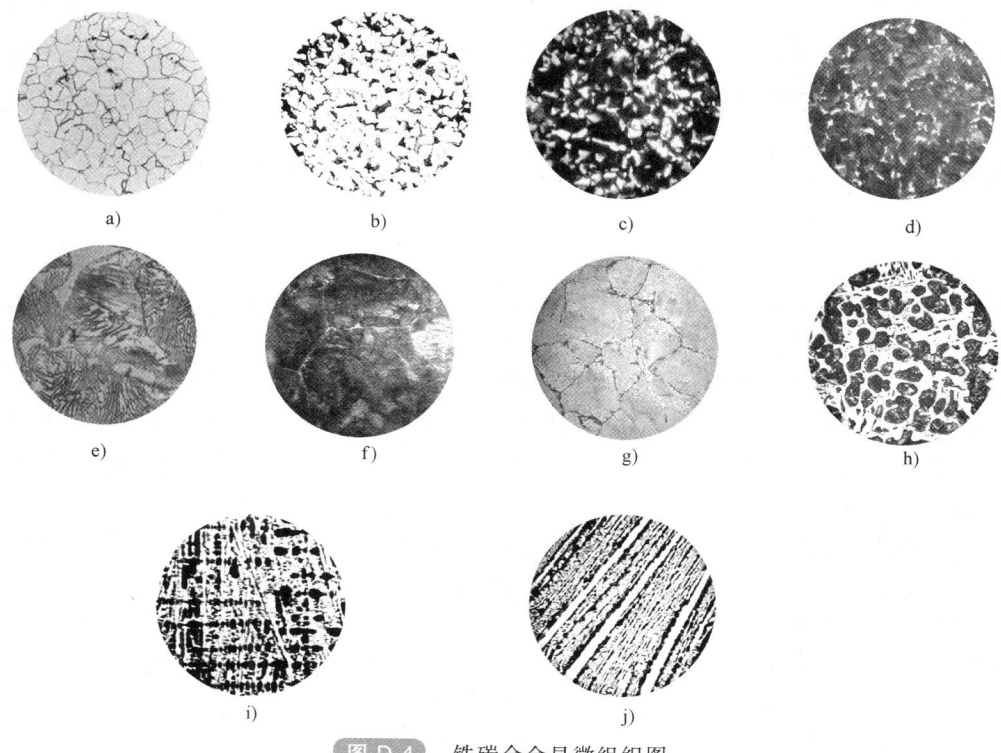

图 D-4　铁碳合金显微组织图

a）工业纯铁　b）20 钢　c）45 钢　d）60 钢　e）T8 钢　f）T12 钢　g）T12 钢（碱性苦味酸钠腐蚀）
h）亚共晶白口铸铁　i）共晶白口铸铁　j）过共晶白口铸铁

2）通过实验数据分析以下内容。

① 不同钢样退火后的硬度（原始硬度）与含碳量的关系。

② 不同钢样淬火后的硬度与含碳量的关系。

③ 同一钢样加热保温后，不同冷却速度对钢样硬度的影响。

④ 回火温度对钢样硬度的影响。

二、实验设备及材料

1）中温箱式电阻炉。

2）淬火水槽及油槽。

3）硬度计。

4）砂纸、夹钳及钢丝等。

5）退火状态的钢样：20、45、T8、T12、40Cr，尺寸不小于 50mm×30mm×10mm。

三、实验内容

在中温箱式电阻炉中，分别对不同的钢按工艺规范进行不同的热处理，通过测试其硬度，了解其力学性能的变化规律。

钢的热处理，在连续冷却情况下分为退火（本实验中设定为原始状态）、正火和淬火（本实验中分为油淬和水淬）。淬火后由于内应力较大，一般要进行回火处理。

钢在进行不同的热处理时，其内部组织和力学性能是不同的。为了了解其力学性能的变化，用其力学性能指标中的硬度来测试。对同一种钢材切割出 7 块钢样磨平并在高度方向用两位数字标记，首位数表示一种材料，第二位表示该材料的热处理方式。将此 7 块钢样按热处理工艺进行处理后，测试其硬度值。

四、热处理工艺的确定

热处理工艺包括三部分，即加热、保温和冷却，这里只介绍加热温度和保温时间的确定。

1. 加热温度

在热处理工艺中，加热温度的确定请参考第三章内容。

2. 保温时间

在热处理工艺中，保温时间的确定比较复杂，其与钢的成分、原始组织、钢样的尺寸与形状、使用的加热设备与装炉方式及热处理方法等许多因素有关。在实验室常用的箱式电阻炉中，退火、正火、淬火保温时间通常按钢样有效厚度来计算。在钢样入炉时炉温已达所需温度，且有效厚度≤50mm 时，碳钢件每个有效厚度的加热系数 $\alpha = 1 \sim 1.2 min/mm$，合金钢件每个有效厚度的加热系数 $\alpha = 1.3 \sim 1.5 min/mm$。回火的保温时间，要保证试样穿透加热，并使组织充分转变，在实验室常用的箱式电阻炉中回火，保温时间一般选择 $0.5 \sim 1h$。

五、实验步骤

1）每个同学领取试样 1～2 块，试样上打有标记，按标记规定进行热处理。

2）领到同一钢材的同学，共同协商制定出合理的加热温度和保温时间。

3）同一温度水淬试样捆在一起，油淬试样捆在一起，以便操作。

4）测定原始硬度的钢样不进行热处理，按硬度计操作方法直接测定硬度值，填入表D-3即可。

5）只淬火而不回火的钢样，在淬火后开始测定硬度，并将硬度值填入表 D-3 中。

6）淬火后需回火的钢样，按表 D-3 中要求的回火温度回火后，再进行测定硬度值，并填入表 D-3 中。

表 D-3 各种钢样热处理结果一览表

| 牌号 | 临界点 | | 淬火温度/℃ | 钢样尺寸/mm | 保温时间/min | 原始硬度（HBW） | 空冷硬度（HRC） | 油淬硬度（HRC） | 水淬硬度（HRC） | 水淬回火后硬度 HRC | | |
|---|---|---|---|---|---|---|---|---|---|---|---|---|
| | $Ac_1$/℃ | $Ac_3$/℃ | | | | | | | | 200℃回火 | 400℃回火 | 600℃回火 |
| 20 | 735 | 855 | | | | | | | | | | |
| 45 | 724 | 780 | | | | | | | | | | |
| T8 | 730 | — | | | | | | | | | | |
| T12 | 730 | — | | | | | | | | | | |
| 40Cr | 743 | 782 | | | | | | | | | | |

六、注意事项

1）本实验加热所用加热炉为电阻炉，由于炉内电阻丝距离炉膛较近，容易漏电，所以电阻炉一定要安装接地线。

2）往炉中放、取钢样必须使用夹钳，夹钳必须擦干，不得沾有油和水。开关炉门要迅速，炉门打开时间不宜过长。

3）钢样由炉中取出淬火时，动作要迅速，以免温度下降，影响淬火质量。

4）钢样在淬火液中应不断搅动，否则钢样表面会由于冷却不均而出现软点。

5）淬火时水温应保持 20~30℃ 左右，水温过高要及时换水。

6）淬火或回火后的钢样均要用砂纸打磨表面，去掉氧化皮后再测定硬度值。

七、实验报告

1）按表 D-3 格式将实验结果全部抄上，根据所得结果分析钢中含碳量对退火钢和淬火钢硬度的影响，利用 20、45、T8、T12 四种钢在同一坐标画出原始硬度与含碳量和水淬硬度与含碳量的关系曲线。

2）分析冷却速度对硬度的影响，并画出曲线说明。

3）分析回火温度对硬度的影响，并用任意两种钢的数据画出曲线说明。

# 附录 E 热加工实训指导书

**实训指导一 砂型铸造**

一、实训目的

1）能够正确选择合适的造型方法。

2）能够熟练读懂铸造工艺图。

3）能够对简单铸件的造型过程进行实际操作。

二、实训要求

1）铸造实训安全教育。

2）教师讲解、示范典型铸件造型的操作过程及注意事项。

3）实训后提交实训报告。

三、典型零件的铸造

1. 端盖的整模造型

（1）端盖的整模造型操作过程 如图 E-1 所示，端盖的最大截面在端部，而且是一个平面，造型完成后模样可以直接从砂型中起出。端盖的整模造型操作过程见表 E-1。

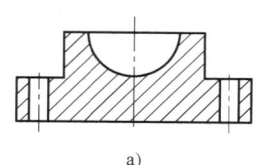 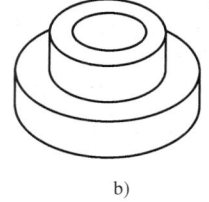

**图 E-1** 端盖零件图及模样

a）端盖零件图 b）模样

表 E-1 端盖的整模造型操作过程

| 序号 | 工序 | 操作过程 | 简图 |
|---|---|---|---|
| 1 | 造下型 | 1）安放模样。根据吃砂量选择适当的砂箱及造型平板，将模样放在平板的适当位置上，要注意留出浇注系统和冒口位置，套上砂箱 | 浇注系统位置　吃砂量　预留浇注系统位置　套上砂箱 |

| 序号 | 工序 | 操作过程 | 简图 |
|---|---|---|---|
| 1 | 造下型 | 2）填砂。根据需要在模样表面均匀撒上一薄层防黏材料，或用脱模剂擦模样表面，防止砂型黏到模样上。在模样表面筛上一层面砂 |  <br>撒防黏材料 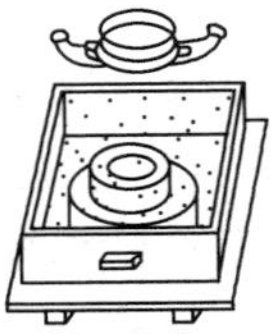　　筛上面砂 |
| | | 3）按实面砂。面砂要有一定厚度，不能露出模样，模样上凹陷处或不易春实的部分，应在放砂箱前先用手将面砂塞紧或春实，春实后的面砂厚度为20~60mm。再铲上一层型砂，厚度约为100mm | 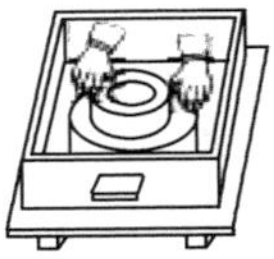 <br>按实面砂 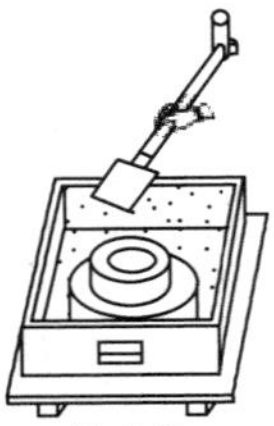　　铲型砂 |
| | | 4）春实。用砂春的扁头将分批填入的型砂逐层春实，较大砂型可用风动捣固器捣固。春头和模样要保持20~40mm距离，以免春坏模样，填入最后一层型砂后用砂春平头春实。注意：春实要有一定尺度，不是紧实度越大越好 | 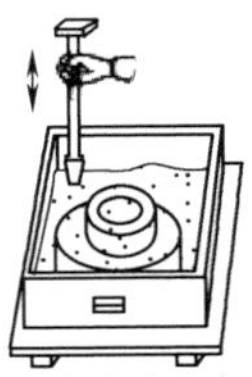 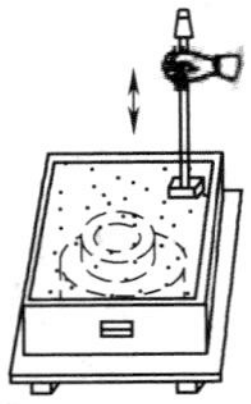 <br>砂春扁头春实　　砂春平头春实 |
| | | 5）扎通气孔。用刮板刮去高于砂箱的多余型砂，然后用通气针扎出通气孔 | 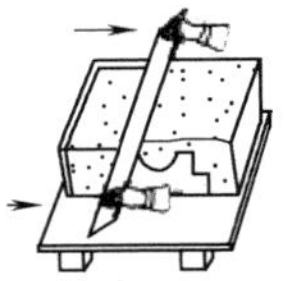 <br>刮平 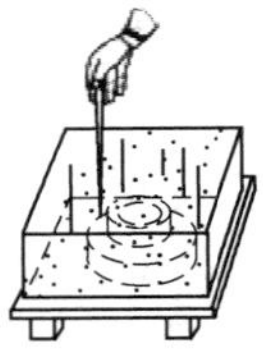　　扎通气孔 |
| | | 6）翻型。翻型也称为翻箱，就是将砂型的下面翻过来朝上。用压勺或镘刀将分型面光平。特别是模样四周的砂型，如有春不实的地方要用压勺补实并修好 | 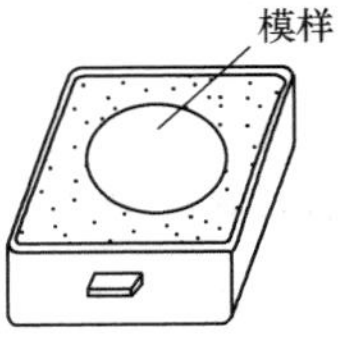 <br>翻型 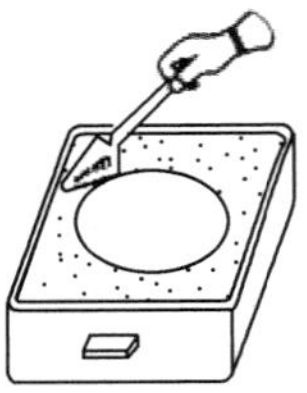　　修分型面 |

| 序号 | 工序 | 操作过程 | 简图 |
|---|---|---|---|
| 2 | 造上型 | 1) 在修好的下型表面均匀撒上一薄层分型砂。用手风箱或其他工具清除模样上的分型砂。在下型上安放上砂箱，在模样表面均匀撒上防黏材料 | 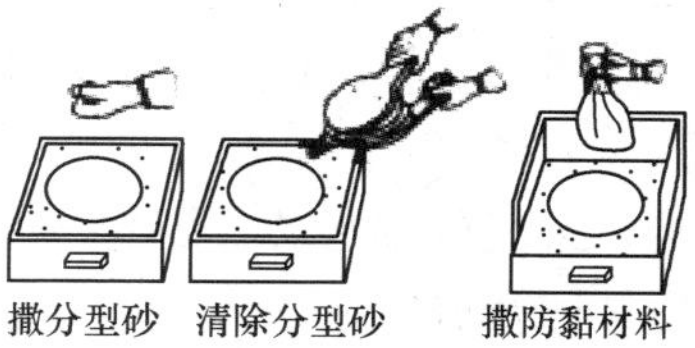 <br>撒分型砂　清除分型砂　撒防黏材料 |
| | | 2) 将浇口棒安放在适当位置上，撒面砂。分层加入型砂，用砂春扁头逐层春实。和造下型一样，最后用砂春平头春实砂型 | 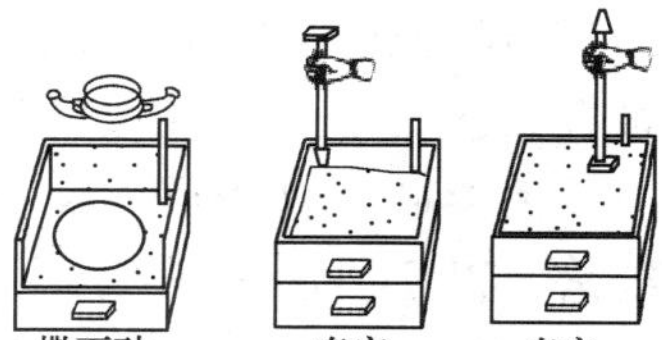 <br>撒面砂　　　春实　　　春实 |
| | | 3) 用刮板刮去多余的型砂，使砂型基本平直。然后用压勺或镘刀光平砂，特别是浇注系统处的型砂。扎出一定数量的通气孔，然后取出浇口棒 | 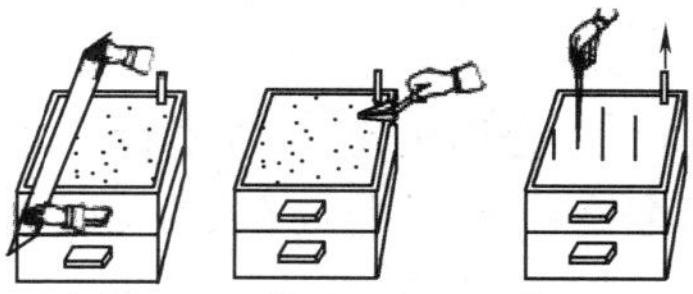 <br>刮平　　　修型　　　扎通气孔 |
| 3 | 开型 | 在直浇道上挖出漏斗型浇口杯。开型前要用撬棒在上下砂箱把手间轻轻左右撬动，使型壁和模样间产生一些间隙，然后轻轻垂直抬起上型并翻转 180° | 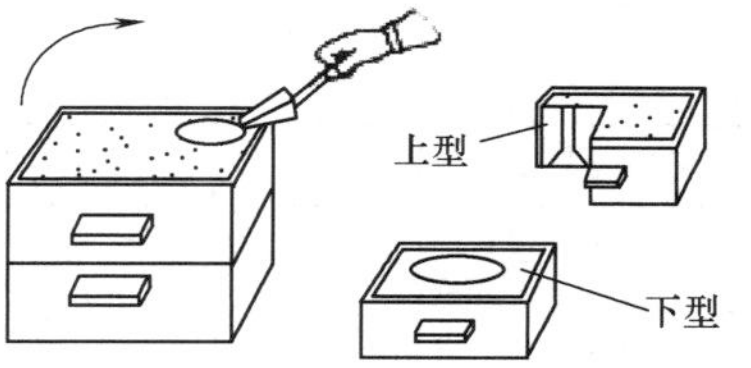 <br>挖浇口杯　　　　　开型 |
| 4 | 开浇道 | 扫除分型面上的分型砂，然后用掸笔蘸少量水，轻轻润湿靠近模样处的型砂（湿型）。用压勺或镘刀开浇道，再用砂钩等工具修好浇道 |  <br>润湿模样<br>处的型砂　开浇道　　修理浇道 |
| 5 | 起模 | 将模样向四周均匀敲动，使模样和砂型之间产生均匀间隙。然后用起模针或起模钉将模样从砂型中心起出。起模时要垂直向上提起模样，同时轻轻敲打模样，以免模样带起型砂，损坏砂型 |  <br>松动模样　起模　起模后的砂型 |
| 6 | 合型 | 将上型按定位装置对准放到下型上。然后放上压铁，并为防止跑火用型砂抹好箱缝。注意砂型应放在疏松的砂地上，以便排气 | 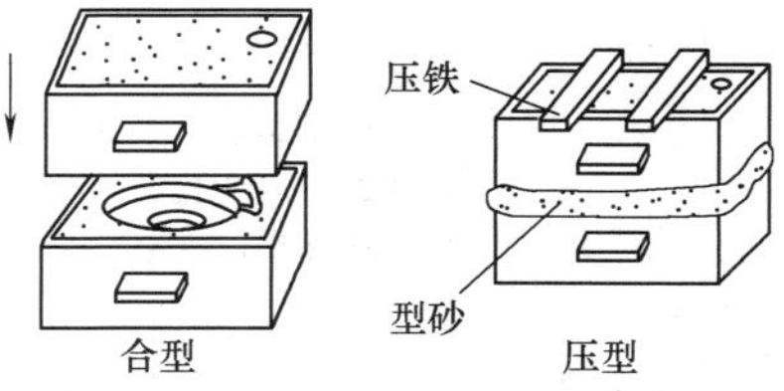 <br>合型　　　　合型 |

（2）注意事项

1）熟悉铸件技术要求，检查模样有无变形和损坏，正确选用砂箱。

2）舂砂紧实度均匀，靠近模样紧实度大一些，以获得轮廓清晰、尺寸准确的铸件。

3）砂型通气孔要分布均匀合理，当铸件较大时可做出气冒口，以便浇注时排气畅通。

4）采用煤粉砂作为面砂，要覆盖均匀；若用石墨粉作为涂料，要撒均匀，并做到敷着牢靠，以防黏砂。

5）起模前，松动模样四周间隙要均匀，间隙不能太大，以保证铸件尺寸准确。

6）开设浇注系统的位置、形状、尺寸符合工艺要求，并要做到浇道表面干净，无浮砂。直浇道下面做出浇注系统窝，以便浇注时缓冲。

7）合型前检查型腔，做到型腔无浮砂，合型定位准确，以防错箱。

2. 套筒的分模造型

（1）套筒的分模造型操作过程如图 E-2 所示，套筒的最大截面不在端部，如果做成整模，在造型时就会取不出来。因此套筒采用分模造型。套筒的分模造型操作过程见表 E-2。

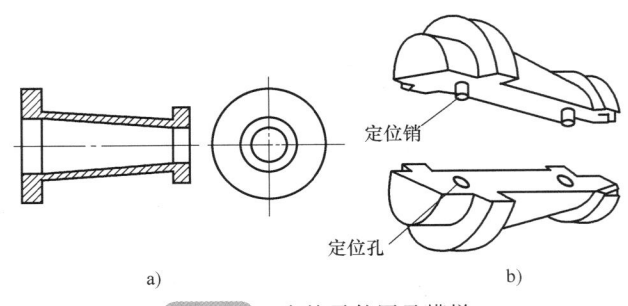

定位销

定位孔

a)                                        b)

**图 E-2** 套筒零件图及模样

a）套筒零件图　b）模样

表 E-2　套筒的分模造型操作过程

| 序号 | 工序 | 操作过程 | 简图 |
|---|---|---|---|
| 1 | 造下型 | 1）安放模样。将下模样（带定位孔的模样）放在底板的适当位置上，注意留出浇道位置。选择合适的砂箱，在模样上撒一薄层防黏材料 | 安放模样　　撒防黏材料 |
|  |  | 2）填砂舂实。在模样表面均匀地加入面砂并舂实，拐角处和不易舂实处，用手按实或用小砂舂尖头舂实。然后分层铲入型砂并舂实 | 浇道位置　按实面砂　舂实型砂 |
|  |  | 3）翻型。将舂实的砂型多余的型砂刮去，用通气针扎出通气孔。然后将砂型翻转180°，用压勺或镘刀将分型面光平 | 扎通气孔　　修型 |

（续）

| 序号 | 工序 | 操作过程 | 简图 |
|------|------|---------|------|
| 2 | 造上型 | 1）将上模样按定位标记安放在下模样上，上、下模样之间不要有型砂等杂物，保证上、下模样成为一体。套上砂箱，撒上分型砂及防黏材料，安放浇口棒和冒口模样，加面砂春实，分层加入型砂春实 | <br>放上模样　　填砂春实 |
| | | 2）用刮板刮去多余型砂，扎通气孔。取冒口模样，先用手槌或小砂春敲动冒口模样，使其与砂型之间产生间隙，以便顺利取出 | <br>扎通气孔　　取冒口模样 |
| | | 3）用压勺修整浇注系统和冒口旁边的型砂，最后用压勺开浇口杯 | <br>砂型　　修型 |
| 3 | 开型 | 如果砂型没有定位装置，应先做出定位，然后垂直向上轻轻抬起上型。将上型翻转180°，放到适当位置 | <br>模样　上型 |
| 4 | 开浇道 | 如果开型后发现分型面不理想，应进行修型；如果正常则按工艺在下型开内浇道及横浇道 | <br>横浇道　内浇道 |
| 5 | 起模 | 首先轻而均匀向四周敲动模样，使模样与砂型之间产生间隙。然后用起模钉或起模针将模样起出。上、下型的起模方法一样。起模时注意使模样垂直向上提起，同时轻轻敲击模样，防止模样带起型砂及损坏砂型。砂型如有损坏应及时修补 | <br>敲动模样　　起模 |
| 6 | 合型 | 首先将下型放到浇注场地的适当位置，把制好烘干的砂芯按工艺要求置于下型型腔中。下芯时要注意不要损坏砂型，如有损坏应及时修整。然后翻转上型，按定位标记轻轻合到下型上。最后压上压铁或锁紧砂型 | <br>砂芯<br>放砂芯　　合型 |

（2）注意事项

1）模样上、下两半配合要准确，销子连接处要开合灵活又不能松动，各连接圆角结构要合理，上、下模要吻合严密。

2）舂砂紧实度要均匀适中，以减少收缩阻力。

3）上、下模松动要均匀一致，松动间隙不可太大，起模要平稳。

4）合型前检查型腔表面不能有浮砂、灰尘。合型时要对准箱锥或定位销、定位线，以防错箱。

5）压箱均匀对称，做到浇注方便、排气畅通。

6）养成文明生产的好习惯。模样用后要及时擦净，把上、下模吻合一起平放，防止模样变形。

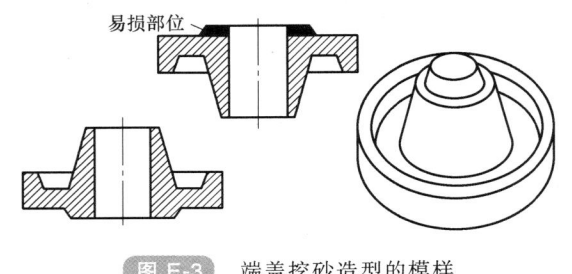

图 E-3　端盖挖砂造型的模样

3. 端盖的挖砂造型

（1）端盖的挖砂造型操作过程　图 E-3 所示的端盖可以分模造型，但木模分开后造型时上模样容易损坏。因此可以将木模做成整体的，为使木模能够从砂型中起出，就要采用挖砂造型。端盖的挖砂造型操作过程见表 E-3。

表 E-3　端盖的挖砂造型操作过程

| 序号 | 工序 | 操作过程 | 简图 |
|---|---|---|---|
| 1 | 造下型 | 1）将模样放在平板的适当位置上，套上砂箱。撒上分型粉，铲入面砂，分层铲入型砂并舂实下型。注意不易舂实部位的型砂应先用手紧实一下。用刮板刮去高出砂箱平面的型砂，扎出通气孔 | 放模样　舂砂 |
| | | 2）将下型翻转 180°，用压勺挖去妨碍起模的那部分型砂。挖砂的深度要到模样最大截面处，坡度合适，并向上做成光滑的斜面（分型面），以便于造上型时的开型和起模 | 挖去的型砂　模样　挖出的斜面 |
| 2 | 造上型 | 在挖砂形成的分型面上撒上分型砂，套上上砂箱，安放浇注系统，铲上面砂，分层填型砂并舂实、刮平、扎通气孔 | 撒分型砂　扎通气孔 |

（续）

| 序号 | 工序 | 操作过程 | 简图 |
|------|------|---------|------|
| 3 | 开型合型 | 开型时首先取出浇口棒，挖出浇口杯，然后垂直向上提起上型。将上型翻转180°，放到适当位置。和整模造型方法一样进行起模，砂型若有损坏则进行修型。合型时将砂芯下到下型，压上压铁 | 开型　合型 |

（2）注意事项

1）挖分型面时一定要挖到铸件最大截面处。

2）分型面应挖修得平整光滑，坡度应尽量小，以免上型的吊砂过陡。

3）挖砂造型时，每造一次型需挖砂一次，操作麻烦，生产率低，要求操作水平高。同时往往因挖砂不准确，使铸件在分型面处产生毛刺，影响铸件外形的美观和尺寸精度，因此这种造型方法适用于单件生产。

实训指导二　锻造

一、实训目的

1）能够正确使用锻造的主要工具及设备。

2）能够熟练读懂锻造工艺图。

3）能够对简单锻件的锻造过程进行实际操作。

二、实训要求

1）锻造实训安全教育。

2）教师讲解、示范锻造常用工具的使用要求及注意事项。

3）教师讲解、示范锻造设备的操作方法及注意事项。

4）实训后要提交实训报告。

三、典型零件的锻造

1. 台阶轴的自由锻

（1）台阶轴的锻造操作过程（表 E-4）

**表 E-4　台阶轴的锻造操作过程**

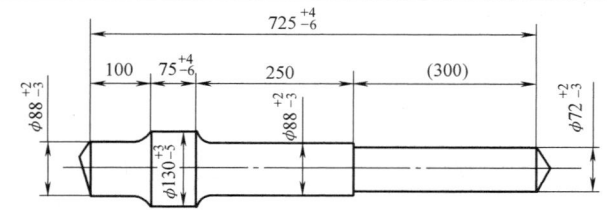

锻件名称：台阶轴
锻件质量：40kg
锻件材料：45 钢
坯料尺寸：$\phi140mm×375mm$
使用设备：750kg 空气锤

| 火次 | 温度 | 操作过程 | 简图 | 工具 |
|------|------|---------|------|------|
| 1 | 1200~800℃ | 在 62mm 处用压辊压印，并使用三角切槽 | 62　$\phi140$ | 夹钳、平砧、压辊、三角 |

251

（续）

| 火次 | 温度 | 操作过程 | 简图 | 工具 |
|---|---|---|---|---|
| 1 | 1200~800℃ | 拔长短端，拔长直径为88mm，用量具量出100mm处，用剁刀切去料头 | | 夹钳、平砧、剁刀 |
| | | 掉头，拔长，沿螺旋线翻转90°拔长，再倒棱，滚圆，锻造直径为130mm | | 夹钳、下V形砧 |
| | | 量台肩75mm长度，用压辊压印，并使用三角切槽 | | 夹钳、平砧、压辊、三角 |
| | | 用上下V形砧拔长，滚圆，锻造直径为88mm | | 夹钳、上V形砧、下V形砧 |
| | | 量取250mm，用三角切槽，并使用上下V形砧拔长，直径为72mm，用量具量出725mm，切去料头 | | 夹钳、上V形砧、下V形砧、剁刀 |
| | | 用摔子摔圆各外圆，校直 | 按锻件图 | 摔子、平砧 |

（2）注意事项

1）自由锻的送料应快速、准确，在下砧板上平移。

2）拔长时锤击的力度一致，以保证压下量一致，以免出现台阶。

3）拔长送进量均匀一致，各送进量互相有搭边，保证获得均匀、平整的加工面。

4）拔长多使用连续击打，送料配合好，不能空打。

2. 凸肩齿轮的锻造

（1）凸肩齿轮锻造操作过程　凸肩齿轮锻件使用的坯料为圆钢，其锻造工艺为局部镦粗、双面冲孔、滚圆和修整。锻件图及操作过程见表7-4。

（2）注意事项

1）镦粗锤击时力要轻，拍掉氧化皮，再重击镦粗变形，重击时锻件应在砧座的中心，用力平稳。

2）冲深孔时，冲头的温度会较高，要用水及时冷却冲头。

3）如无法准确定位冲孔的位置，应采用定位板进行辅助定位；也可以用合适的压环印槽，先轻击锻出孔位，再进行冲孔。

3. 柴油发动机六拐曲轴的模锻

（1）六拐曲轴的锻造操作过程　柴油发动机六拐曲轴，形状复杂，截面变化大，六拐成360°空间分布，拐柄间的间距小，精度要求高，其他技术要求也较高。该锻件不带平衡块，用台阶分模，在模锻锤上锻造，其锻造操作过程见表E-5。

（2）注意事项

1）制坯包括拔长、滚压和成形三个工步。滚压时要注意是不对称滚压，坯料在模膛中只能做90°来回翻转，翻转三次即可；滚压后放入成形模膛时，要以法兰盘为基准定位，并将坯料凸台朝上。要随时清除模膛内外的氧化皮并防止锻件错移。

2）终锻时在模膛撒少量锯末，坯料放好后先轻击一锤，吹去氧化皮后重击成形。

3）校正要严格控制校正温度（高于800℃），校正后平放，以防止弯曲。

**表 E-5 柴油发动机六拐曲轴的锻造操作过程**

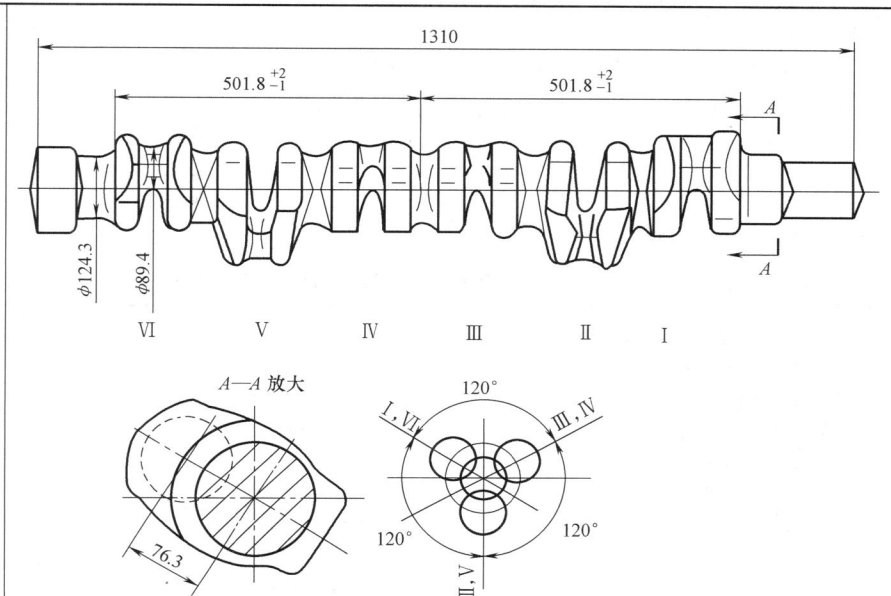

锻件材料：42CrMo
下料尺寸：$\phi$170mm×1200mm
毛坯质量：224.5kg
锻件质量：170kg
技术要求
1. 锻件错移不大于0.5mm。
2. 锻件直线度误差不大于0.8mm。
3. 主轴轴线和曲柄轴线的平行度误差为不大于0.02mm/100mm。
4. 未注圆角半径：外圆角为 $R$4mm，内圆角为 $R$6mm。
5. 未注模锻斜度为5°。

| 工序号 | 工步号 | 名称 | 工序（工步）内容要求 | 设备 | 工具 |
|---|---|---|---|---|---|
| 1 | — | 下料 | 坯料加热温度为400~450℃ | 16MN 棒料剪床 | |
| 2 | — | 加热 | 炉温为1220℃，料温1200℃ | 室式加热炉 | |
| 3 | （1） | 拔长 | — | 10t 锤 | 拔长模 |
| | （2） | 滚压 | 不对称滚压 | — | 滚压模 |
| | （3） | 成形 | — | | 成形模 |
| 4 | — | 终锻 | — | 16t 锤 | 终锻模 |
| 5 | — | 切边 | — | 20MN 液压机 | 切边模 |
| 6 | — | 热校正 | 校正温度高于800℃ | 16t 锤 | 终锻模 |
| 7 | — | 检查 | 按锻件图及技术要求检验 | — | |

### 实训指导三 焊接

一、实训目的

1）掌握焊接生产工艺过程、特点和应用。

2）能正确选择焊接电流及调整火焰，独立完成焊条电弧焊、气体保护电弧焊的平焊操作。

3）掌握常用焊接接头形式和坡口形式，了解不同空间位置的焊接特点。

4）了解熔焊的常见缺陷及其产生原因。

二、实训要求

1）教师讲解、示范焊接实训安全技术。

①焊接人员现场作业必须佩带特殊工种操作证。

② 工作前应检查电焊机是否接地，电缆、焊枪绝缘是否完好，操作时应穿绝缘胶鞋或站在绝缘底板上。

③ 操作时，必须戴手套和面罩，系好套袜等防护用具。

④ 不得将焊枪放在工作台上，以免短路而烧坏电焊机，发现电焊机或线路发热烫手时，应立即停止工作。

⑤ 操作完毕或检查电焊机及电路系统时，必须拉开电闸。

2）教师讲解、示范焊接操作过程和注意事项。

三、典型零件的焊接

1. 平板的焊接

（1）平板的焊条电弧焊操作过程（表 E-6）

**表 E-6 平板的焊条电弧焊操作过程**

项目名称:单面焊双面成形的平对接焊

焊件材料:低碳钢板

钢板尺寸:600mm×250mm，厚 8mm

使用设备:交流电焊机,供给电为交流电 220V,焊接工作时,输出电压为 20~30V

焊条直径:2.5mm、4mm

| 步骤 | 操作要求 | 操作过程 | 工具、设备 |
|---|---|---|---|
| 1)焊前准备 | 坡口加工:开 V 形坡口 | 用氧乙炔火焰手工切割或自动切割 V 形坡口 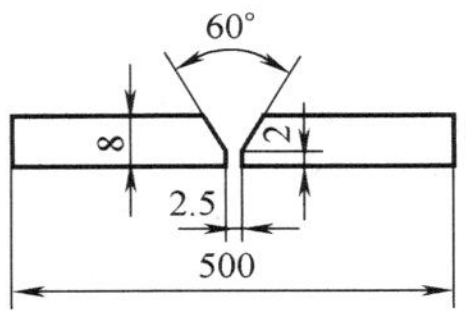 | 火焰切割机 |
| | 焊前清理:清除铁锈和油污 | 用钢丝刷、砂纸清理焊缝 20~30mm 范围铁锈和油污 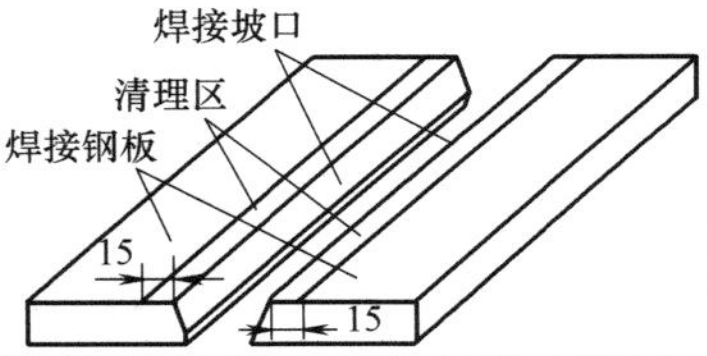 | 钢丝刷、砂纸 |
| 2)焊接参数选择 | 根据接头要求,需要采用多层焊缝,首层主要是打底焊 | 焊条:直径为 2.5mm<br>电流:70~80A<br>运条方法:直线往复或三角形 | 焊条、电焊机 |
| 3)装配与点固 | 避免强制装配 | 装配并在焊缝两端 20mm 处点固 10~15mm,再敲击除渣 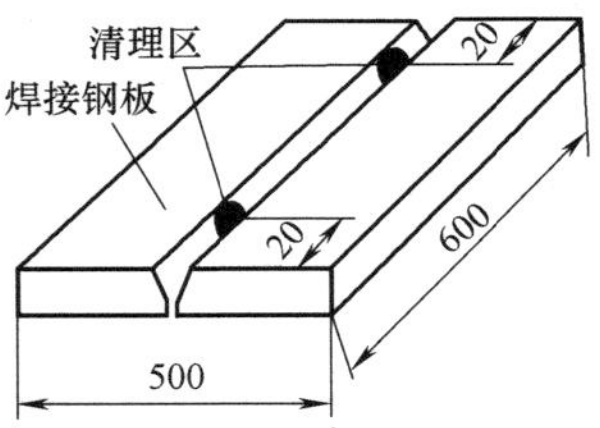 | 焊条、电焊机 |

（续）

| 步骤 | 操作要求 | 操作过程 | 工具、设备 |
| --- | --- | --- | --- |
| 4)焊接 | 打底焊：使焊件背面形成焊缝 | 从左向右焊，引弧稳弧使熔池形成半圆形或椭圆形，防止焊不透、夹渣或产生焊瘤 | 焊条、电焊机 |
|  | 其余各层：每层厚度为焊条直径的 0.8~1.2 倍 | 先清除焊渣，后选用直径为 4mm 的焊条继续分层焊接<br>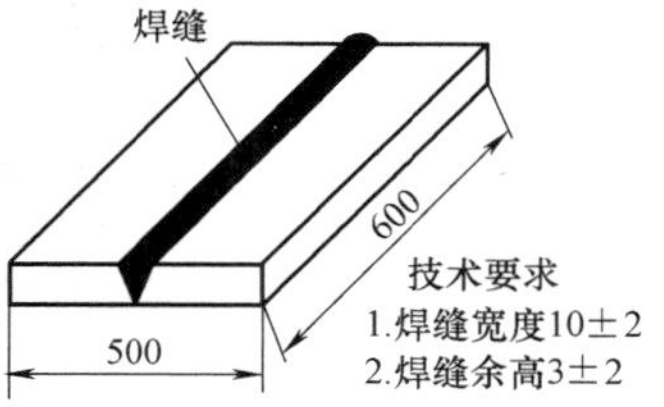<br>焊缝<br>600<br>500<br>技术要求<br>1.焊缝宽度10±2<br>2.焊缝余高3±2 | 焊条、电焊机 |
| 5)清理与检查 | 除去焊件表面飞溅物、焊渣。进行外观检查，有缺陷时要补焊 | 目测检查，发现问题，用焊接检测尺测量 | 钢丝刷、砂纸、焊接检测尺 |

（2）平板的二氧化碳气体保护焊操作过程（表 E-7）

**表 E-7　平板的二氧化碳气体保护焊操作过程**

项目名称：平板平对焊
焊件材料：低碳钢板
钢板尺寸：500mm×150mm，厚 3mm
使用设备：焊接电源、送丝机构、焊枪、供气系统和控制系统
焊丝直径：主要选用直径为 1.6mm 焊丝，打底焊推荐使用直径为 0.8mm 焊丝

| 步骤 | 操作要求 | 操作过程 | 工具、设备 |
| --- | --- | --- | --- |
| 1)焊前准备 | 焊前清理：根据焊件材质的要求清洗其表面 | 在要焊的地方用钢丝刷刷掉铁锈、油漆或其他污染物<br>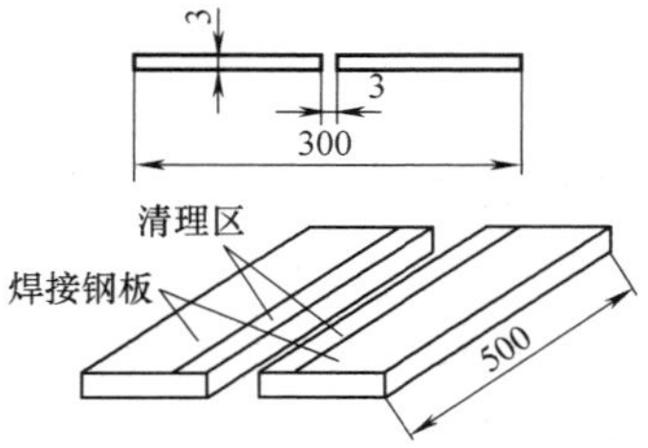<br>3<br>3<br>300<br>清理区<br>焊接钢板<br>500 | 钢丝刷 |
| 2)装配与点固 | 避免强制装配 | 装配并在焊缝两端 20mm 处点固 10~15mm，再敲击除渣<br>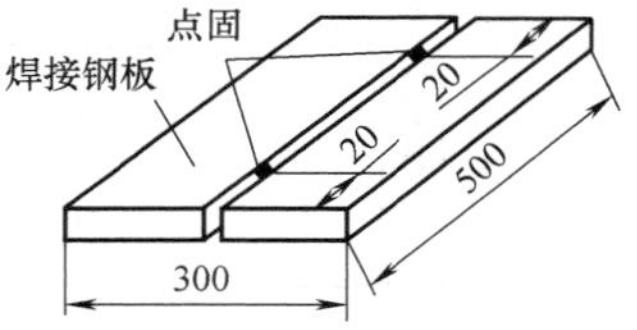<br>点固<br>焊接钢板<br>20<br>20<br>500<br>300 | 焊丝、电焊机等 |

（续）

| 步骤 | 操作要求 | 操作过程 | 工具、设备 |
|---|---|---|---|
| 3）焊接工艺 | 短路过渡时，采用细焊丝、低电压和小电流 | 合上电源的闸刀，接通主电源，打开焊机开关<br>调节电压<br>用电位器（1~10）可调节送丝速度（2~15m/min）<br>扣上焊枪上的扳机式开关，即可进行焊接，放松开关，即停止焊接<br>先在一块干净的板上进行试焊<br>焊枪停留在焊件表面不能形成正常的电弧，可将电压开关调到较高的电压位数上；焊件被焊穿了孔，焊接电流太大，则减小电压 | 焊丝、电焊机等 |
| 4）焊接 | 焊后不需要清渣 | 按上述调整后通 $CO_2$ 气体引弧<br>引燃电弧后，通常采用左焊法<br>焊接结束前，必须收弧。若收弧不当，容易产生弧坑并出现裂纹、气孔等缺陷<br>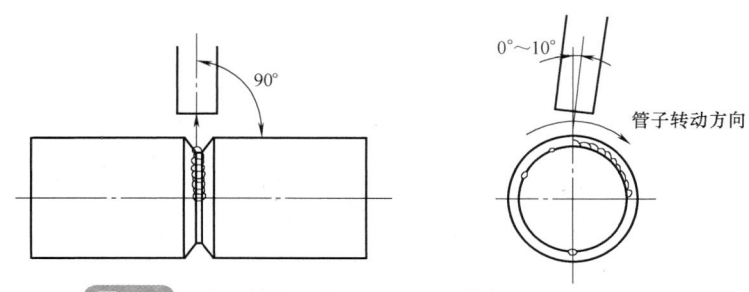 | 焊丝、电焊机等 |

（3）注意事项

1）焊接时电流不宜过大，焊接速度不能过快或过慢。

2）焊缝表面不能出现咬边、烧穿、焊瘤、凹坑等现象。

3）焊接时不能出现焊道与焊道间或焊道与母材未完全熔化的现象，影响接头的连续性，降低焊接强度。

4）熔焊时，接头根部若出现未完全焊透的现象，易造成应力集中，产生裂纹影响接头的强度等。

5）焊件表面焊前需清理干净、多层焊时前道焊缝的焊渣也需清除干净，否则会造成焊缝内部有气孔。

2. 小径管水平转动的 $CO_2$ 气体保护对接焊

小径管水平转动的 $CO_2$ 气体保护对接焊示意图如图 E-4 所示。

**图 E-4**　小径管水平转动的 $CO_2$ 气体保护对接焊示意图

1）小径管水平转动的 $CO_2$ 气体保护对接焊操作过程及要求见表 E-8。

**表 E-8　小径管水平转动的 $CO_2$ 气体保护对接焊操作过程及要求**

项目名称:小径管水平转动的 $CO_2$ 气体保护对接焊

焊件材料:钢管两段,材料为 Q235A 钢,规格为 $\phi60mm\times5mm\times250mm$

使用设备:NBC-400 半自动焊机、$CO_2$ 气瓶等

焊接材料:H08Mn2SiA 焊丝,焊丝直径为 1.2mm

| 步骤 | 操作过程及要求 | 工具、设备 |
|---|---|---|
| 1)焊前准备 | 将工作场地打扫清洁<br>机械加工 V 形坡口<br>清理管子坡口里外边缘 20mm 范围内的油污、铁锈、水分及其他污染物,使之呈现金属光泽,并清除毛刺 | 钢丝刷、渣锤等 |
| 2)焊接参数选择 | 焊丝直径选择 1.2mm<br>焊丝质量:光滑平整、不应有毛刺、划痕、锈蚀和氧化皮等<br>$CO_2$:纯度不应低于 99.5%<br>电弧电压:18~20V<br>焊接电流:90~110A<br>$CO_2$ 气流量:15L/min | 焊机、焊丝、二氧化碳气瓶等 |
| 3)焊接 | 焊件尽可能平放,需要焊接的焊件应用专用焊接夹具定位<br>先点焊成形,经检验点焊成形的零部件符合要求后再焊接<br>采用左向焊法,单层单道焊,小管子水平转动时的焊枪角度如图 E-4 所示<br>尽可能地右手持枪焊接,左手转动管子,使熔池保持在平焊位置,管子转动速度不能太快,否则熔池金属会流出,焊缝成形不美观<br>因为焊丝较粗,熔敷效率较高,采用单层单道焊,既要保证焊件背面成形,又要保证正面美观,很难掌握。为防止烧穿,可采用断续焊法,像收弧方法那样,用不断引弧、断弧的办法进行焊接 | 焊机、电弧手套、防护面罩、工作帽、绝缘胶鞋、焊接夹具、渣锤、木槌、扳手、螺钉旋具等 |
| 4)清理与检查 | 焊件焊缝及附近表面应清理干净,无毛刺、焊渣、油、锈等 | 钢丝刷、砂纸等 |

2）注意事项。

① 焊件尽可能平放,并采用平焊。

② 焊机在使用时应确保电气开关、指示灯灵活、好用,送丝机构送丝连续、均匀。

③ 尽可能地保持熔孔直径一致,以保证背面焊缝的宽、高均匀。

④ 焊缝不允许有裂纹、夹渣、气孔和咬边等焊接缺陷,若发现应及时处理。

# 参 考 文 献

[1]  王英杰，张芙丽. 金属工艺学 [M]. 北京：机械工业出版社，2010.

[2]  高美兰，白树全. 工程材料与热加工基础 [M]. 北京：机械工业出版社，2015.

[3]  司乃钧，舒庆. 热成形技术基础 [M]. 北京：高等教育出版社，2009.

[4]  张至丰. 机械工程材料及成形工艺基础 [M]. 北京：机械工业出版社，2007.

[5]  宋杰. 工程材料与热加工 [M]. 大连：大连理工大学出版社，2008.

[6]  杨海鹏. 金属材料与热处理 [M]. 北京：化学工业出版社，2014.

[7]  王贵斗. 金属材料与热处理 [M]. 北京：机械工业出版社，2008.

[8]  王忠诚. 零件整体热处理与典型实例 [M]. 北京：化学工业出版社，2014.

[9]  孙学强. 机械制造基础 [M]. 2版. 北京：机械工业出版社，2008.

[10]  骆莉，陈仪先，王晓琴. 工程材料及机械制造基础 [M]. 武汉：华中科技大学出版社，2012.

[11]  宋新书. 环境工程材料及成形工艺 [M]. 北京：中国环境科学出版社，2005.

[12]  王书田. 金属材料与热处理 [M]. 2版. 大连：大连理工大学出版社，2015.

[13]  崔忠圻，覃耀春. 金属学与热处理 [M]. 2版. 北京：机械工业出版社，2007.

[14]  梁戈. 机械工程材料与热加工工艺 [M]. 2版. 北京：机械工业出版社，2015.

[15]  丁仁亮. 金属材料及热处理 [M]. 5版. 北京：机械工业出版社，2016.

[16]  杨慧智，吴海宏. 工程材料及成形工艺基础 [M]. 4版. 北京：机械工业出版社，2015.

[17]  李炜新. 金属材料与热加工 [M]. 北京：中国计量出版社，2006.

[18]  王欣. 热加工实训 [M]. 北京：机械工业出版社，2001.

[19]  李荣雪. 金属材料焊接工艺 [M]. 北京：机械工业出版社，2008.

[20]  杜力，王英杰. 机械工程材料 [M]. 北京：机械工业出版社，2014.

[21]  余岩. 工程材料与加工基础 [M]. 2版. 北京：北京理工大学出版社，2012.

[22]  姜敏凤，董芳. 机械工程材料及成形工艺 [M]. 3版. 北京：高等教育出版社，2014.

[23]  黄丽荣. 金属材料与热处理 [M]. 大连：大连理工大学出版社，2011.

[24]  邱葭菲. 焊接方法与设备使用 [M]. 北京：机械工业出版社，2013.

[25]  雷世明. 焊接方法与设备 [M]. 北京：机械工业出版社，2004.

[26]  王学武. 金属学基础 [M]. 北京：机械工业出版社，2012.